KB157683

여가학의 이해 제2판

여가학의 이해 [제2판]

© 고동우, 2020

1판 1쇄 발행__2007년 2월 25일
1판 8쇄 발행__2018년 3월 15일
2판 1쇄 발행__2020년 8월 30일

지은이__고동우
펴낸이__김미미

펴낸곳__세림출판
　　　　등록__제2007-000014호

공급처__(주)글로벌콘텐츠출판그룹
　　　　대표__홍정표　이사__김미미　편집__권군오 김수아 이상민 홍명지　기획·마케팅__노경민 이종훈
　　　　주소__서울특별시 강동구 풍성로 87-6　전화__02) 488-3280　팩스__02) 488-3281
　　　　홈페이지__http://www.gcbook.co.kr　메일__edit@gcbook.co.kr

값 22,000원
ISBN 979-11-90919-17-3　93980

· 이 책은 본사와 저자의 허락 없이는 내용의 일부 또는 전체의 무단 전재나 복제, 광전자 매체 수록 등을 금합니다.
· 잘못된 책은 구입처에서 바꾸어 드립니다.

여가학의 이해

제2판

고동우 지음

2007
문화관광부
우수학술도서
선정

understanding of leisure studies

세림출판

개정판 서문

「놀지 않고 공부만 하는 아이는 바보가 된다」는 초판의 서문 첫 문장은 여전히 유효하다. 이 책의 초판을 출간할 때만 하더라도 개정 작업이 이토록 늦어질 것이라고 예상하지 않았다. 연구자로서 에너지 넘치던 40대 초반의 작업은 거칠었고, 급하게 내놓은 원고는 곧 수정하고 개정할 기회를 만나게 될 것이라고 믿었다. 매년 강의실에서 발견하곤 했던 원고의 오류와 미진은 해를 거듭할수록 누적되었고, 학자적 죄의식과 부끄러움도 비례하여 축적되었다. 개정 작업에 대한 압박은 자발적이기도 했고 타의적이기도 했다. 모든 작업이 늦어진 이유는 오로지 저자의 게으름과 역량 부족 탓이다. 더 늦기 전에 오류를 바로잡고 새로운 이슈를 소개하는 일이라도 해야만 했음을 밝혀둔다.

이 책을 지지했던 동료학자들의 의견을 빌려 말하면, 초판은 여가행동의 심리적 과정에 지나치게 할애하였고, 따라서 심리학을 전공하지 않은 독자에게는 다소 어려울 것이라는 지적이 있었다. 달리 말하여, 여가 현상의 사회적, 문화적, 경제적, 정책적 문제를 다소 간과하였다는 지적이기도 하였다. 개정판에서는 여가 현상에 대한 다양한 접근과 연구 결과를 균형 있게 소개하는 데 초점을 두었다. 연구방법론을 과감하게 배제하였고, 여가심리학 분야를 다소 줄이는 대신, 사회 문화적 맥락과 여가의 관계 문제, 그리고 여가산업과 정책 분야를 폭넓게 추가하여 정리하였다. 또한 현대 사회의 여가문제를 진단하고 관리하기 위한 기초 개념을 정리하여 소개하였다.

개정판은 모두 4개 영역으로 구분할 수 있다. "제1부 여가학의 기초"에서는 여가학 연구의 필요성, 여가 가치관의 역사적 변화, 여가 개념에 대한 논의, 그리고 현대문명에서 대두하게 된 여가혁명(leisure revolution)의 특징과 배경을 정리하였다. "제2부 여가행동의 이해"에서는 심리적 과정으로서 여가행동의 여러 특징을 정리하였다. 소비행동으로서 여가행동, 여가동기, 여가체험, 결과 및 개인차 등을 다루었고 생애발달과 여가경험의 관계를 정리하였다. 재미의 개념적 구조와 재미 달성 방법에 대한 이론 등도 포함하였다. "제3부 여가문제와 현대 사회문화"에서는 여가제약 vs 여가지속 성의 문제, 여가과잉과 문제여가, 현대사회의 문제적 여가 현상들(즉, 소외, 자본화, 향락화, 사행성, 기술의존성 등), 그리고 사회문화적 맥락으로서(13장) 계급, 일, 성 (sex), 종교 등 민감한 이슈와 여가의 관계를 다루었다. "제4부 여가서비스 공급과 관 리"에서는 전통적으로 중요하게 고려되었던 여가상담/교육/복지 등의 문제를 재정리 하였고, 추가적으로 여가산업의 관리 문제로서 경제학적/경영학적 접근(15장)과 여 가정책과 제도적 관리의 실태를 소개하였다(16장).

초판과 비교하여 개정판의 두드러진 특징은 여가학 분야에서 중요하게 다루어왔던 여가 지속성(즉, 진지한 여가와 여가 전문화 등)을 체계적으로 정리하였고, 현대사회 의 문화적 맥락과 여가의 관계(즉, 13장)를 포괄적으로 정리하였다는 점이다.

개정 작업을 마무리하고 보니, 한 학기 수업용으로 내용이 부족할 수도 있고, 넘칠 수도 있을 것이라는 생각이 든다. 강의자의 지식 배경과 강의 방식에 달려있을 것이다. 독자들을 위하여 각 장의 뒷부분에 [연구문제]를 제시하여 공부한 내용을 점검해볼 기 회를 제공하였다. 모쪼록 이 책을 접한 모든 분들의 지적 호기심을 자극할 수 있다면, 저술의 목표는 이미 달성한 셈이 될 것이다. 여가학 연구를 이어갈 수 있도록 도움을 준 제자들과 동료 학자들, 그리고 가족에게 고마움을 남긴다. 특히 코로나19 팬데믹으 로 집안에 박혀 작업 중인 남편을 싫증 없이 챙겨준 아내에게 이 책을 바친다.

2020년 7월 장마철 어느 날
광교산 자락에서
저 자

CONTENTS

CONTENTS

제2부
여가행동의 이해

CONTENTS

제3부
여가문제와 현대 사회문화

CONTENTS

CONTENTS

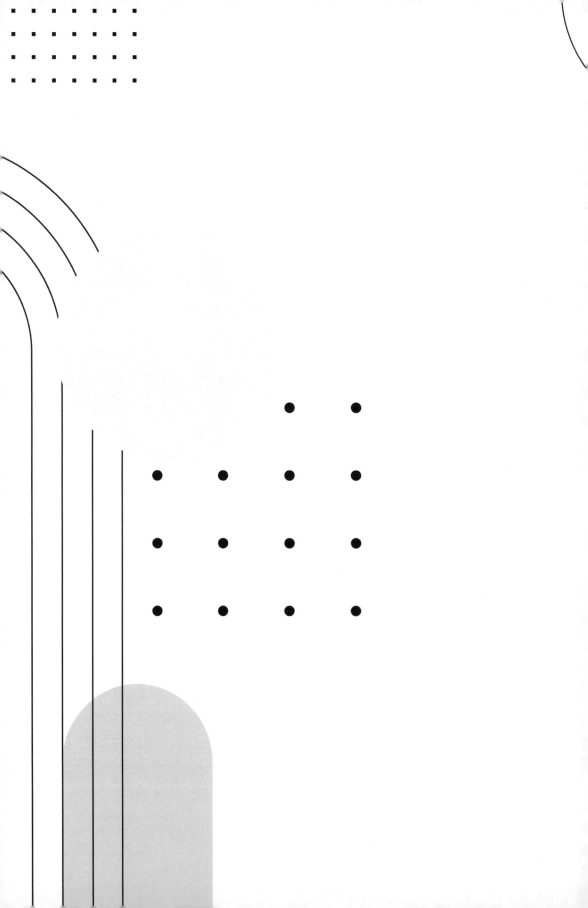

제1부

여가학의 기초

제1장 ┃ 여가학 소개

① 여가 연구는 왜 필요한가?

(1) 즐거움을 추구하는 존재, 인간

　행복의 의미는 개인마다 조금씩 다를 수 있으나 우리는 누구나 몸과 마음의 행복을 희망한다. 그것은 즉각적이거나 단기간의 즐거움일 수도 있고 장기간에 걸쳐있는 지속적인 분위기일 수도 있다. 개인적인 수준의 행복일 수도 있고 사회적인 수준의 행복일 수도 있다. 행복을 추구하는 방법도 개인마다 다를 수 있지만 동서고금을 막론하여 그것은 어느 사회에서나 화두였다. 그래서 행복과 밀접하게 관련된 건강이나 삶의 질이 이 시대의 화두가 되었다는 주장은 새로운 것이 아니다. 어느 역사에서나 생존과 성장 및 행복의 문제는 가장 중요한 이슈였고, 모든 인간의 행위 또한 이 문제와 관련이 있다.

　냉정히 말하면 우리가 공부하는 다양한 과목들이나 국가 및 지방 정부의 정책과 제도는 물론이고 작은 집단이나 가족도 행복을 추구하는 공통의 목표 아래 존재한다. 사회의 평화를 통해 구성원으로 하여금 행복을 느끼게 만들어 줄 것인가의 문제는 사회 정책에서 다룰 것이고, 운동을 통해 건강을 유지함으로써 행복의 조건을 얼마나 준비하여 둘 것인가 하는 것은 개인적인 운동 습관에서 고려하여야 한다. 경제적 문제를 해결하고 사회 활동을 하는 데 요구되는 가처분 소득을 확보하기 위한 경제 행위로서 노동 역시 행복 추구와 엄밀히 관련되어 있다. 다른 사람을 이해함으로써 혹은 사회 문화를 이해함으로써 더 나은 대인관계나 사회 체계를 만들어 내기 위한 노력은 심리학이나 사회학의 과제이지만 이 역시 행복 추구의 기치를 벗어나지 못한다. 행복은 우리 모두의 가장 중요하고 궁극적인 목표 가치인 셈이다.

많은 학문 영역이 사실은 개인과 사회의 행복 추구라는 목표 달성에 도움이 될 것이라는 가정 아래 존립하는 셈이다. 그런데 행복이라는 주제의 핵심은 즐거움이다. 행복에 이르는 경험의 통로이자 결정적인 구성 요소로서 즐거움은 삶의 중요한 가치가 된다. 그래서 행복을 추구하는 인간은 곧 '즐거움을 추구하는 존재'이다. 행복을 추구하는 다양한 개인 행동이나 문화 중 즐거움에 가장 직접적으로 관련된 현상이 곧 여가(leisure)이다. 행복한 삶을 결정하는 직접적인 경험으로서 즐거움은 대체적으로 여가활동을 통해 구할 수 있다고 믿는다. 그래서 평생에 걸쳐 혹은 인생의 상당 기간 직업이나 노동 없이 살아가는 사람은 있어도, 여가생활을 하지 않고 살아가는 자유인은 없다. 남녀노소 누구나 다양한 양식과 경험으로 이루어진 여가활동을 하며 살아간다. 즐거움은 고단한 노동이 아니라 여가경험에서 찾을 수 있다고 믿기 때문이고, 여가를 행복에 이르는 직접적인 통로로 인식하기 때문이다.

사실 건강이나 돈, 제도, 대인관계기술 등등은 여가행동의 직접적인 수단이 된다는 점에서 기존의 다양한 학문 영역에서 중요한 연구 주제가 되어왔다. 대표적인 사례는 주5일 근무제 같은 노동시간제도이며, 이러한 제도를 개발하기 위해 선진국의 복지정책 연구나 노동 사회학/경제학의 생산성 연구, 혹은 시간계획 연구들이 있어 왔다. 이들 접근은 예외 없이 여가 관리와 관련이 있다. 더불어서 행복을 위해 개인적인 수준에서 여가 기회를 얻고자하는 개인적인 노력의 추세는 거스를 수 없는 대세가 되었다. 그야말로 21세기는 여가문화의 시대가 된 것이다. 그래서 많은 학자들은 미래 사회를 '여가문화의 시대'라고 부른다. 이러한 시대 조류에 맞추어 여가학의 가치가 새롭게 조명되어 왔다.

엄밀히 말하면, 모든 학문의 존재 가치는 인간과 인간을 둘러싼 환경을 이해하고 설명하는 데 있다. 그러므로 여가 현상이 존재하는 한 여가 연구는 인간을 이해하는 한 가지 통로가 된다. 그것만으로도 여가학은 존재 가치를 확보한 셈이 된다. 여가의 역사는 인류의 역사와 궤를 같이한다. 모든 인간 현상이 탐구의 대상이 되었던 그리스 시대에도 예외는 아니었으며, 아리스토텔레스가 시도하였던 여가의 의미 탐구는 현대의 학자들에게도 가치가 있다. 결국 여가행동 혹은 현상은 양식과 관점이 다를 뿐 동서고금을 통하여 언제나 존재하였고 연구되어 왔다. 여가라는 현상은 심리적, 신체적, 시간적, 공간적, 사회적, 역사적, 경제적, 문화적, 정치적 수준의 만연한 경험이자 실제이며 삶의 정수이기 때문이다. 여가의 역사가 인류 문명과 공변하여 왔다는 사실은 여가 현상이야말로 인간을 이해하는 데 가장 중요한 본질적 연구 대상이 될 수 있음을 의미한다. 일을 하는 것이 피할 수 없는 것이라면, 그래서 인간의 본성이 뒤틀릴 수도 있는 조건이라면, 여가 현상은 그것이 의미하는 바 자유의지에 의해 유발된 것임을 가정할 때 인간의 가장 근원적인 본성을 내포하고 있다. 결국 학문적 대상으로서 여가 현상은 인간 이해의 가장 중요한 테마라고 할 수 있으며 '여가학 연구'는 다른 어떤 학문보다도 중요하다고 할 수 있다. 그래서 '여가 연구는 왜 필요한가?'라는 질문은 우문이다. 그것은 '왜 학문이 필요한가?'라는 질문과 다르지 않다.

(2) 여가학의 정체성

역사적으로 여가 연구는 문화적으로 주목을 끌지 못하고, 무시되거나 비주류의 연구 분야로 치부되어 온 것이 사실이다. 뒤에서 보는 것처럼, 그리스 로마 시대의 선각자들에 의해 찬미되었던 '여가 혹은 놀이'의 의미는 중세와 산업 사회를 거치면서, 또한 기독교나 유교적 윤리관에 의해 철저하게 배격되거나 최소한의 소극적 수준에서 허용되었을 뿐이다. 산업사회 이후 각광받아 온 현대 학문의 어느 영역에서도 여가 현상은 불필요하거나 사소한 연구 영역으로 간주되어 왔다. 이러한 시각의 학문적 전통으로 인해 여가 연구의 지난 30여년 역사가 체계를 추구하여 왔음에도 불구하고 아직도 논란은 정리되지 않았다. 논란의 핵심은 여가학이 학문적 정체성(identity)을 지닌 하나의 독립된 개별학문(a discipline)으로 정립될 수 있는가의 문제이다. 왜냐하면 연구 대상으로서 여가 현상이 존재한다고 해서 그것이 다른 사회적 현상과 독립적으로 존재하는 것이 아닌 복합 현상으로 인식되고 있고, 실제로 많은 기존의 다른 학문 영역에서 독자적인 관점에서 여가 현상을 끊임없이 탐구하고 있기 때문이다.

사실 지난 30여년 심리학, 사회학, 경제학, 문화학, 인류학과 같은 기초 사회과학 분야에서 여가 현상은 지속적으로 주요 연구대상이 되어왔다. 최근 들어 응용 학문 영역으로 굳건히 자리매김한 관광학, 체육학, 경영학, 임학, 소비자학, 미디어/정보학 등에서도 나름의 관점에서 여가 현상을 비중 있게 다루고 있다. 다시 말해 여가 현상은 각각의 독립된 개별 학문 영역(a discipline)에서 하위의 연구 분야(a field or a study area)로 인식되어 왔다. 반대로 지적하면, 아직까지 여러 관점을 아우르는 통합적 관점에서 여가 현상을 다루지 못하고 있다는 비판이 가능하다.

하나의 연구 분야가 개별 학문으로서 인정받기 위해서는 최소한 두 가지 조건을 갖추고 있어야 한다. 첫째는 '독자적인 연구 대상을 확보하고 있는가'의 문제이고, 둘째는 '독자적인 연구 패러다임(paradigm)을 확보하였는가'의 문제이다. 전자는 주제의 문제이고 후자는 방법론의 문제이다. 가령, 경제학은 인간의 모든 경제적 현상을 다루고 있고 인간은 경제적 동물로서 합리적 의사결정을 한다는 대전제에서 출발한다. 사회학은 철학으로부터 분리되어 나올 때 사회적 관계 현상을 연구 주제로 하고 나왔으며 "사회"라는 단위를 분석의 수준으로 설정하였다. 또한 심리학은 철학의 모토인 인간의 존재 가치 중에서 정신과 행동의 기제를 분석하고자 하였고, 기존의 철학적 연구 방법과 달리 과학적 연구 방법을 표방하며 철저하게 개인을 분석의 단위(a unit of analysis)로 설정하였다.

이들 기초 사회과학 분야는 지식의 구축 과정을 거치면서 독자적인 방법론적 패러다임을 제시하여 왔다. 패러다임이란 세상을 바라보는 눈이며 세상을 이해하고 해석하는 방법론적 체계이다. 가령, 심리학에는 최소한 다섯 종류의 패러다임(구성주의, 기능주의, 행동주의, 인지주의, 인본주의 등)이 있다. 사회학에서도 여가 현상을 바라보는 여러 관점이 있다. 예컨대, 사회계층적 관점, 강단사회학적 관점, 마르크스주의, 헤게모니적 관점, 기호학적 관점, 결합체 사회학적 관점, 그리고 일상성 초점주의 등이 그것이다(이장영 등, 2004: 제3장 참조).

그러면 여가학은 과연 연구 대상과 독자적 패러다임이라는 두 가지 조건을 확보하고 있는가?

우선 "여가학의 연구 영역이 존재하는가"라는 첫 번째 질문에 대한 대답은 "그렇다"이다. 모든 인간 현상은 연구 가치가 있다. 왜냐하면 모든 학문은 인간과 인간을 둘러싼 모든 작용을 이해하고 설명하고 예측하는데 목표가 있기 때문이다. 따라서 인간의 주요 행위로서 여가 현상을 연구하는 것은 학문적 행위라고 할 수 있으며, 여가 연구는 여가 현상이 실재하는 것만으로도 존재 가치가 있다. 결국 여가행동을 둘러싼 모든 현상, 이를테면 여가행동, 여가동기, 여가체험, 여가의 결과, 여가정책, 여가관련 법규,

여가문화, 여가소비, 여가의 기능, 여가제약, 여가 산업, 여가 관리 등은 모두 연구대상이 될 수 있으며 여가학의 연구 영역이 된다.

그러나 두 번째 질문은 매우 곤혹스러운 것일 수 있다. 연구 대상으로서 개인 혹은 사회의 여가 현상을 말할 수는 있어도 독자적인 연구 패러다임을 꼬집어 내세우기는 매우 어렵기 때문이다. 사회학자들은 사회학적 패러다임으로, 경제학자들은 경제학적 패러다임으로, 심리학자들은 심리적 개념을 활용하여 여가 현상을 다루어 왔다. 그러한 이유로 해서 많은 사회과학자들은 여가학이 독자적으로 존재하는 것이 아니라 단지 종합학문의 위치를 가질 뿐이라고 주장하기도 한다.

그렇다면 과연 여가학의 독자적인 패러다임은 어떻게 구축할 것인가? 이러한 질문에 대한 답변의 책임은 오직 여가 현상을 연구하는 학자들에게만 달려있는 게 아니다. 냉정히 말하여 여가 현상의 독특한 심리적, 사회적 혹은 경제적 기제를 간단명료하게 정리할 수만 있다면 여가학 연구는 기존 학문과는 다른 독자적인 시각에서 여가 현상을 설명하는 틀을 확보할 수 있을 것이다. 미리 말하면, 여가학을 연구하는 많은 학자들은 여가 현상을 설명하는 독자적인 이론 틀을 찾는데 심혈을 기울이고 있고 지난 30여간 적지 않은 성과가 나오고 있다. 당장 잘 구축된 이론이나 패러다임을 명확히 말하기 어렵더라도 이 부분의 미래는 낙관적이라고 할 수 있다.

한 가지 힌트는 모든 인간 현상 중에서 여가 현상은 행위자의 자유의지를 전제하여야만 이해될 수 있다는 명제에 있다. 다른 힌트는 앞에서 지적한 것처럼, 인간이 여가 행동을 통해 즐거움과 행복을 추구하고 있다는 사실에 있다. 결국 자유의지와 즐거움 추구라는 전제를 고려하면, 여가학은 "인간은 자유롭게 즐거움을 추구하는 존재"임을 전제하고 있다. 결국 다른 여타의 사회과학과 비교할 만한 수준에서 여가학은 독자적 관점의 출발점을 확보된 셈이고, 세부적인 연구 방법과 이론의 구축은 연구자들의 능력과 시간에 달려있다고 하겠다. 지난 30여년 동안 많은 연구 결과가 축적되고 있고, 일부 이론은 여가 현상만을 독특하게 설명하는 지식체계를 갖추어가고 있으므로 패러다임이라는 면에서 여가학 연구는 이미 독자적인 정체성을 만들어가는 과정이라고 할 수 있다. 여가학은 독자적인 학문 영역으로서 존재가치가 충분하다고 말할 수 있다.

(3) 현대 여가학의 위치

현대적 의미의 여가 연구가 태동하게 된 배경에는 1960년대 이후 미국을 비롯한 선진국이 경제공황을 극복하면서 삶의 질, 행복, 즐거움 등과 같은 이슈들이 사회적으로 주목받기 시작하였고, 여가 현상이 이를 달성하는 주요 기회로 간주되었던 분위기가 있다. 자동 생산체계에 의한 시간적 여유와 경제적 여유는 개인들로 하여금 삶의 질의 문제에 관심을 갖게 만들었고, 여가활동은 가장 중요한 생활의 요소로 논의될 수 있었다. 여가생활이 강조되는 사회적 분위기는 실용주의 학문을 표방하여 온 미국의 여러 대학에 영향을 주었고, 개별 학문 영역에서도 독자적인 관점에서 여가 현상을 연구하기 시작하였다. 독립된 개별 학문으로 인정받는 심리학, 사회학, 문화인류학, 경제학, 경영학, 체육학 분야의 선구적인 연구자들에 의한 여가 현상 탐구가 끊이지 않았다. 그중 몇몇 학자들은 여가학의 역사에서 매우 중요하게 기록된다.

심리학 분야의 Neulinger(1974, 1981a,b), Iso-Ahola(1980), Csikszentmihalyi (1975, 1990), Deci & Ryan(1985) 등은 여가행동의 심리적 본질을 정확하게 짚어냈으며, Brightbill(1960), Kaplan(1960), Kelly(1982, 1983, 1996), Stebbins(1982), Rojeck(1985, 1995, 2000, 2005), Veblin(1899) 등은 사회학적 관점에서 여가 현상의 사회적 특유성을 이해하고 있고, De Grazia(1962), Dumazedier(1974), Huizinga(1938)는 문화인류학적 관점에서 여가학의 가치를 조명하는데 공헌하였다. 이들을 포함한 선구적인 학자들의 노력으로 여가학은 이미 독자적인 학문 영역으로서 정체성을 확보하였다고 해도 과언이 아니다(Jackson & Burton, 1989).

다양한 학문 영역에서 여가 현상은 단지 연구 주제의 하나로 간주되기도 하지만, 어떤 학문 분야에서는 이미 여가 현상을 둘러싼 여러 요소들을 가장 비중 있는 연구 주제로 간주하기도 한다. 가령, 스포츠를 다루는 체육학에서 레크리에이션이나 치료 레크리에이션의 개념으로 여가 현상이 집중 탐구되고 있고, 여가의 한 종류에 해당되는 순수 여행(pleasure travel)이 핵심개념인 관광학 분야에서는 그것이 곧 연구 대상의 중심에 있다. 삼림자원을 다루는 임학에서는 공원관리나 숲치유와 같은 주제로 여가 현상을 탐구하고 있다. 오늘날 자본주의 사회의 대학들이 공통적으로 보유하고 있는 전공이나 학과가 바로 환대 서비스교육 분야인 것처럼, 여가와 여가서비스 산업을 탐구하고 교육하는 현상은 범지구적 수준에서 만연하다.

결국 현대 학문의 흐름에서 여가학 연구의 접근 방식은 크게 세 가지로 구분할 수 있다. 첫째는 패러다임이 명확한 기초 사회과학분야(경제학, 심리학, 사회학, 지리학 등)에서 이론체계를 제공하는 방식이며, 둘째는 연구 영역으로 구분된 종합적인 응용 학문 분야에서 여가 현상을 하나의 연구 영역으로 다루는 방식이며(가령, 놀이/여가 교육, 여가서비스경영, 레저스포츠, 관광/호텔학, 여가자원관리학, 여가심리학, 여가 경제학, 여가사회학, 문화산업학, 여가소비학 등), 마지막으로 독자적이고 종합적인 접근을 통하여 여가학을 하나의 개별 학문 혹은 전공분야로 다루는 방식이다. 그러므 로 독자적인 여가학을 중심에 놓고 보면 다른 학문 분야와의 관계를 예시적 수준에서 [그림 1-1]과 같이 묘사할 수 있다.

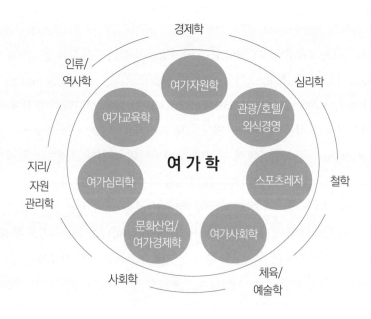

[그림 1-1] 예시적 수준에서 본 '여가학'의 학문적 위치

2 여가학의 성격과 영역

연구 대상으로서 여가학의 탐구 범위는 여가행동을 둘러싼 모든 현상이라고 할 수 있다. 개인의 여가행동을 결정하는 환경요소(물리적, 사회적, 정치적 환경 등), 개인내 특성(성격, 동기, 태도, 가치관 등), 대인 관계와 사회문화적 여가, 여가행동의 결과와 기능, 여가정책, 여가산업과 시장, 사회적 문제로서 여가문제 등이 여가학의 연구 범위에 포함된다. 그러므로 분석의 수준이나 단위가 통일되지 않은 채 여가에 대한 전반적인 현상을 다룬다는 점에서 '여가학'은 종합학문이라고 할 수 있다.

그리고 기초사회과학의 연구 방법론과 이론체계를 활용한다는 점에서 응용사회과학이라고 할 수 있고, 다양한 패러다임이 통합적으로 접근되는 것을 허용한다는 점에서 학제간 연구 영역(interdisciplinary study area)의 성격을 지닌다. 여가 현상에 대한 학제간 연구를 통하여 많은 지식과 이론이 구축되면 종합학문으로 자리매김되고, 나아가 하나의 개별학문으로서 성장하게 될 것이다. 여가학 연구는 다음과 같은 의의를 가지고 있다.

첫째, 여러 사회과학의 출발선이 인간의 존재 가치를 탐구하려는 철학적 문제에 있는 것처럼 여가학은 여가 현상을 연구함으로써 인간과 사회를 좀 더 잘 이해하는 데 도움을 준다. 현상을 이해하지 못하면 인간 사회의 다양한 문제를 해결하기 위한 처방은 기대하기 어려울 것이다.

둘째, 여가문제를 탐구하여 인간의 행동 기제를 이해하게 되면 그것은 곧바로 사회적 수준의 여가문제를 해결하는 데 응용할 수 있다. 여가제도를 개선하고 중독과 같은 병리적 여가 현상을 예방하거나 개선하는 데 도움이 된다. 그러므로 여가학 연구는 그 자체가 삶의 질을 모색하는 처방 연구가 될 수 있으며 따라서 여가학은 실천학문이라고 할 수 있다.

셋째, 여가학은 복합적인 여가 현상을 다양한 관점에서 탐구하는 것을 허용한다는 점에서 여타 다른 학문의 발전에 공헌한다. 종합학문으로서 그리고 후발 발문으로서 여가학은 그 자체만으로 가치가 있지만 탐구를 통해 여타 관련 학문의 이론을 발전시키는 데 도움을 주고 있다. 결국 개별학문으로서 타 학문의 도움을 받고 있지만 동시에 보조학문으로서 타학문의 범위를 넓혀주고 있는 셈이다.

이러한 의의를 지닌 여가학의 연구 범위는 매우 넓다. 체계적인 여가연구의 역사가 1980년에 이르러서야 시작되었을 만큼 짧다고 평가하더라도 연구 대상의 측면에서는 다른 어떤 학문의 사례보다도 넓을 수 있다. 이 장에서는 지금까지 학자들이 다뤄온 여가학의 주요 주제를 정리함으로써 그 범위를 가늠해 보기로 한다.

(1) 순수 여가학

여가 연구에서 가장 오래된 주제는 여가(leisure)의 개념에 관한 문제였다. 아직도 이 문제는 논란 중에 있지만 지난 1980년대 초까지 가장 많이 다루어진 여가 연구는 개념적 정의에 관한 것이었다. 여가 현상의 단위를 책정하고자 하는 학자적 의지가 개입되었기 때문일 수도 있지만, 다양한 학문적 시각에 따라 개념이 달라지는 현상이 발견된다. 뒤에서 다루겠지만, 객관적 관점 대 주관적 관점의 대립, 제도적 관점 대 행위자 관점의 차이, 사회학/경제학적 접근 대 심리학적 접근 등 결코 쉽지 않은 논의가 있어왔고, 아직도 이 문제는 결론에 이르지 못했다. 여가 개념의 문제는 다소 철학적인 문제를 내포한다. 이 책의 2장에서 여가 개념을 집중적으로 다룬다.

① 여가 심리학

여가 현상에 대한 심리학적 관점이 체계적으로 정리되기 시작한 것은 1974년 Neulinger의 저서 "The Psychology of Leisure" 발간이 주효하였다. 이후 Iso-Ahola(1980)의 저서 "여가 사회심리학(The Social Psychology of Leisure and Recreation)"은 여가행동의 전반적인 현상인 동기, 결과, 환경의 범위를 심리학적 관점에서 깊이 있게 탐구할 수 있는 방향을 제시하였다. 여가 현상의 핵심에 행위자 개인이 존재한다는 사실로부터 여가행동의 원인과 과정 및 결과를 먼저 이해하여야 한다는 심리학적 관점은 언제나 가장 중요하다. 이러한 관점에선 개인이 지니고 있는 여러 심리적 특성이 구체적인 여가행동을 유도하는 과정 그리고 그러한 행동의 결과 등이 주요 분석 대상이 된다. 성격, 동기, 태도, 체험, 사후 결과 및 장기적 기능 등이 지속적인 연구 주제이며 이러한 연구 결과들이 다른 학문 영역의 여가 연구에도 많은 영향을 미치고 있다. 여가심리학에서는 철저하게 개인을 분석의 수준으로 삼는다는 특징이 있으며 특히 심리학의 황금기를 보이고 있는 미국의 학문적 풍토로부터 적지 않은 영향을 받았다.

한편 전통적인 심리학의 주요 영역인 인지심리학, 동기심리학, 발달심리학 등 많은 영역에서 전개된 연구와 이론들이 놀이와 여가행동을 소재로 하여 수행되었으면서도 이들 연구가 정작 여가문제에 초점을 두지는 않았다는 사실이 아이러니하다. 대표적인 사례가 J. Piaget의 인지발달이론, Berlyne의 호기심 이론, Csikszentmihalyi의 flow 이론, Deci의 내재적 동기이론 등이다. 이들 이론과 개념은 여가 현상의 본질을 다루고 있으면서 심리학의 체계 안에서도 중요한 지위를 달성하고 있다는 점이 주목할 만하다. 이런 현상으로부터, 향후 여가심리학적 주제의 이론적 의의가 상당한 파급력을 가질 것이라는 평가를 할 수 있다.

② 여가 사회학

여가 현상에 대한 탐구 중, 사회학적 관점은 가장 역사가 오래되었다고 볼 수 있다. 사회주의 이념의 창시자인 마르크스(K. H. Marx)와 엥겔스(F. Engels) 또한 역설적이게도 자유 시간을 조건으로 하는 여가 현상의 문제를 지적하였다. 사회학적 관점이 심리학적 관점과 다른 것은 여가 현상을 이해하는 분석의 수준이 개인이냐 집단/사회냐에 있다. 여가 사회학에서는 제도적 관점이나 통시적 관점 혹은 외현적 관점에 입각하여 사회적 수준의 여가 현상을 이해하고자 한다.

다만 사회학적 접근 내에서도 여가 현상을 바라보는 시각은 크게 나누어진다. 하나는 여가행동을 자유의지의 소산이라고 보는 시각이며, 다른 하나는 자본주의 제도와 이념 혹은 시장 구조가 만들어낸 부산물에 불과하다는 관점이다. 전자의 경우에는 여가활동의 유형 등과 같이 객관적이고 분류 가능한 자료 조사를 통하여 여가 현상을 설명하고자 하며, Kaplan, Kelly, Parker, Stebbins, Shivers 등 미국의 학자들이 대표적이다. 후자의 경우에는 마르스크의 이론 체계를 뿌리로 하여 여가행동은 결코 자유의지에 의한 게 아니며 사회 자본이 결정한 부산물에 불과하다고 본다. 후자의 관점에서 보면, 여가행동에서 얻는 재미 경험이나 자유감 같은 인간 고유의 결정적 개념이 아무것도 없다고 본다. 설사 행위자가 지각한 것일지라도 그것은 본질이 아니라는 시각이며, 유럽의 프랑크푸르트학파와 Rojeck 등이 대표적인 여가학자이다.

③ 여가와 문화인류학

문화인류학의 연구가 문화적 산물이나 공동체의 상징물 혹은 사회 내 보편적 행동 양식으로부터 그것의 원인과 결과를 이해하는 것이라고 볼 때, 여가문화양식의 연구는 문화인류학의 가장 중요한 주제가 된다. 실제로 호이징아는 놀이야말로 문화이며 놀이 양식의 변화야말로 인류의 역사와 궤를 같이한다고 주장한다. 놀이를 곧 여가의 한 범주라고 보면 여가행동 혹은 여가문화는 가장 중요한 문화인류학의 연구 주제가 되며 여가 현상은 한 시대 혹은 한 사회를 조망할 수 있는 의미 있는 창문이 된다. 이러한 경향은 앞으로도 크게 다르지 않을 것이다. 다만 여가 현상을 다룸에 있어서 문화인류학과 사회학적 접근은 분석의 수준이 다르지 않으며, 이 분야 많은 연구들은 정확히 구분하기 어려운 부분이 있다. 이는 사회와 문화가 본시 떨어질 수 없는 그릇과 내용물의 관계에 있기 때문이다.

④ 여가 경제학

경제학은 제한된 자원의 효율적 분배를 다루는 학문이다. 여기서 중요한 전제는 '제한된 자원'이라는 조건이다. 경제적 행위자인 인간은 결국 제한된 자원을 효율적으로 다루는 합리적 존재인 셈이다. 이성과 합리성은 인지심리학의 대전제이면서 동시에 경제학의 원리를 지탱하는 조건이기도 하다. 이런 점에서 보면, 즐거움을 추구하는 (그래서 종종 비합리적인) 행동으로서 여가 현상을 탐구한다면 경제학의 인간관과 다른 인간의 본성을 발견할 수 있을지도 모른다. 그러나 설사 그런 탐구가 이루어진다고 해도 경제학적 원리가 수정되리라는 기대를 하기는 어렵다. 왜냐하면 경제학적 관점에서 여가 현상은 개인 단위가 아니라 산업이나 시장의 구조 및 여가환경자원을 다루기 때문이다. 즉, 여가 현상을 담고 있는 산업 영역이 존재하는 한 경제학적 접근은 무시할 수 없다. 여가산업의 연관분석이나 리조트와 같은 관광지 개발의 경제적 효과 분석에 대한 연구들은 모두 경제학의 기존 이론을 응용하는 것이다. 최근 들어 자주 회자되는 문화산업 역시 여가산업의 일부를 반영하며, 문화산업의 국가 경쟁력과 같은 표현도 경제학적 측면의 평가에 의지한다. 이러한 이유로 실제 국내외 여가학과나 관광학과의 교수들 중에는 경제학의 학문적 배경을 가진 사람들이 많다. 여가 현상을 산업의 일부로 보는 관점이 변하진 않는 한 경제학적 접근은 계속될 것이다.

(2) 응용 여가학

순수 여가학 분야가 기초 사회과학의 기존 이론이나 관점을 차용하여 여가 현상을 규명하는데 초점을 둔 반면 응용 여가학 분야에서는 인간의 삶의 질이나 여가경영 혹은 여가 관리의 문제를 해결하기 위한 노력을 하고 있다. 사실 오늘날의 여가학 발전에 순수 사회과학의 이론적 수급이 큰 영향을 미쳤지만, 여가 현상 중 일부 분야를 독자적인 전문 연구 영역으로 설정하였던 몇몇 응용 학문 분야의 탐구적인 노력도 지대한 공헌을 하였다. 예컨대, 체육/스포츠관련학, 관광학, 호텔외식학, 삼림자원학, 문화산업학 등이 대표적인 분야들이다.

① 체육/스포츠관련학

이 분야에서 여가는 주로 레크리에이션(recreation)이라는 이름으로 다루어졌다. 재생 혹은 복원의 개념을 어원으로 하는 레크리에이션은 신체적 운동을 동반하는 여가활동이다. 그러므로 다양한 형태의 여가활동 중 일부에 해당되며, 체육학 분야에서는 매우 중요한 연구 영역이 된다. 여가활동을 비롯한 여가시설 및 여가 프로그램의 개발을 통해 실제적으로 응용할 수 있는 전략을 모색하여 왔다. 국내외 관련학과에서는 레크리에이션 지도자를 양성하고 프로그램 운용의 실무자를 양성하는 데 초점을 둔 경향이 있다.

지난 40여년 동안 특히 미국을 중심으로 치료레크리에이션(therapeutic recreation)의 개념이 주목을 받으면서 여가학의 새로운 분야로 대두되어왔다. 레크리에이션을 포함한 여가활동의 장애를 겪는 사람을 직접 도와주거나 신체 재활에 목표를 두어 소수자(minority)의 삶의 질을 고양시킬 수 있는 전략을 개발한다는 점에서 매우 중요한 연구 분야라고 하겠다. 치료레크리에이션의 개념은 특히 사회복지학이나 특수교육학 분야의 관심 주제이기도 해서 이 분야 연구는 다학제적 접근이 활발하다. 향후 치료의 개념은 신체활동을 의미하는 레크리에이션 개념에서만이 아니라 여가학 전반에서 중요한 주제가 될 가능성이 있다. 미국에서는 ARTA(American Therapeutic Recreation Association, 치료 레크리에이션 협회)가 1984년도에 결성되어 이 분야 전문가를 양성하고 관리할 뿐 아니라 회원의 직무개발에도 노력하고 있다. 그럼에도 불구하고 최근 들어 치료레크리에이션 의 전문성에 대한 대학 교육의 수요는 줄어드는 추세가 확인된다.

② 관광학

세계관광기구(World Tourism Organization)에서는 '1박 이상 1년 이내의 여행' 을 기준으로 관광 개념을 정의하지만 이는 제도적으로 원활한 통계 관리를 위한 범위 설정에 불과하다. 행위자의 입장에서, 본래의 관광은 여가 여행(leisure travel)을 뜻 한다. 즐거움을 얻기 위한 모든 여행은 관광인 것이다. 그런 의미에서 엄밀히 보면 관 광학은 여가학의 하위 영역에 불과하다. 그러나 우리나라에서 관광학의 역사는 여가 학의 역사보다 오래되었으며, 대학의 관광학과에서도 훨씬 전문적인 체계를 갖춘 교 육과정을 확보하고 있다. 국내의 경우 여가학과를 개설한 4년제 대학교는 찾기 어렵 지만, 관광관련학과는 100여 학교(전문대 포함)가 넘는다.

여가학에 앞서 관광학이 먼저 자리를 차지하게 된 주요 이유는 여가의 중요성이 강 조되었다기보다 국가경제의 발전에서 관광 관련 산업의 전망이 더 크게 인식되었기 때문이다. 2차대전 이후 스페인과 같은 패전국을 중심으로 소위 "굴뚝없는 공장"이라 는 슬로건 아래 관광산업을 수단으로 피폐한 국가경제를 재건하려는 노력이 각광을 받고 있었다. 관광산업 중 호텔 숙박업과 여행사업 등은 핵심적인 두 축이 되었고 이 분야의 서비스 실무 인력을 양성하기 위한 교육기관의 확보 노력이 오늘날 관광학과 의 모태가 되었다.

영국의 토마스 쿡(Thomas Cook)이라는 전도사가 1841년 처음으로 여행사를 운영한 것이 대중관광의 효시가 되었고 그래서 이를 관광학 역사의 뿌리라고 주장하는 학자들이 있으나 관광 현상이 학술 연구의 대상이 된 것은 1974년 이후이다. 선구적인 학자로서 E. Cohen(1978)과 Dann(1981) 등 순수 사회학자들의 공헌이 컸다. 사회문화적 현상으로서 관광학 연구는 주로 영국을 중심으로 하는 유럽에서 이루어졌으며, 북미 쪽에서는 관광경영이나 정책 개발 혹은 호텔경영의 실무 문제를 해결하기 위한 노력이 주류를 이루고 있다.

③ 호텔/외식 경영학

호텔경영학이 대두하게 된 배경은 관광산업의 발전에 있다. 환대서비스 산업의 인력을 양성하려는 시도가 호텔경영학과와 같은 새로운 교육 영역을 개발하게 하였고, 경영학의 영역 확장도 또 다른 이유이다. 즉, 경영학 분야에서 일부 학자들은 여가 기업의 경영문제에 관심을 두었으며 그 중에서도 호텔은 중요한 연구 대상이 되었다. 특히 미국의 아이비리그에 포함되는 코넬대학교에서 호텔경영학을 독자적인 전공영역으로 개설하면서 호텔을 포함한 환대 산업(Hospitality industry)은 경영학의 중요한 연구대상으로 주목받게 되었다.

초기 환대산업의 주요 연구 대상은 서비스 실무의 관리가 초점이었다. 전통적인 경영학이 다루어왔던 재화와는 달리 서비스란 무형의 것이며, 생산과 소비가 동시에 발생하는 공시성을 지니며, 공급자의 마음을 팔아야 하는 독특성을 지니고 있다. 따라서 전통적인 경영학의 관점을 바꾸지 않고는 이해할 수 없는 현장의 문제를 내포한다. 이러한 현상 때문에 이 분야의 연구는 역으로 경영학의 새로운 이론 체계를 구축하는 데 도움을 주었다. 서비스 정책학이나, 최근 유행했던 서번트 리더십(servant leadership), 서비스 품질(service quality) 등의 개념이 대표적인 사례가 된다. 또한 대형 호텔의 세계화 전략(즉 체인 호텔), 대형 외식업체의 등장 등도 이러한 분야의 학문적 발전에 크게 공헌하였고, 최근에는 서비스 마케팅만이 아니라 조직관리, 기업 정책 등에서도 전통적인 경영학의 범위를 넘어서는 새로운 이론(가령, 감정노동)이 등장하고 있다.

④ 여가자원학

여가산업 개발은 크게 하드웨어(hardware)와 소프트웨어(software)로 나누어진다. 앞에서 살펴본 대부분의 학문 영역은 소프트웨어에 해당되는 반면, 삼림자원학이나 조경학 등은 전형적으로 환경자원의 관리와 연관되어 있다. 특히 삶의 질을 강조하여 온 미국의 국가 정책은 시민들에게 주말과 휴가를 즐길 수 있는 기회를 제공하기 위하여, 그리고 자연을 보호하기 위하여 국립공원을 체계적으로 관리할 필요가 있었으며 이러한 추세에 맞추어 많은 대학들이 공원관리(Park management 또는 Administration)나 조경학(Landscape)라는 전공영역을 개설하였다. 이러한 전공은 소위 농과대학 소속으로 개설되었는데(예를 들어, Texas A & M 대학, 콜로라도대학, 유타주립대, 미시간주립대 등), 리조트 및 스키장 개발이나 공원 개발, 도시계획 등이 주요 연구 주제가 된다. 국내에서도 도시계획이나 관광개발학이라는 전공 분야로 발전하고 있다. 과거에는 지역 주민의 권리가 배제된 채 공급자 중심의 환경개발 정책이 주류를 이루었으나 최근에는 여가 소비자와 지역 주민의 관점을 고려하는 방향으로 연구와 교육이 전개되고 있다. 그 중심에 있는 개념이 지속가능한 개발(sustainable development)이다.

⑤ 기타

이들 외에도 가족여가의 문제를 가장 중요한 주제 중 하나로 여기고 있는 가족학, 실제 지도와 인지도의 차이 및 교통 문제를 다루는 지리학, 문화정책과 정치적 이념의 관계를 다루는 정책/정치학적 접근들도 무시할 수 없다. 또한 과거에는 무시되었던 여가교육, 문학과 예술 등이 여가연구의 주제가 되기도 한다. 디지털 혁명의 여파로 인해 현대인의 라이프스타일이 급속도로 변하고 있는 현상도 주목할 필요가 있다. AI, AR, VR, IoT, 디지털 게임산업, SNS, 개인 미디어 등등 일일이 거론할 수 없을 만큼의 새로운 디지털 기술과 문화양식이 여가행동의 범위 안에서 명멸하고 있다. 이들 디지털 기술은 그 자체로서 여가 경험의 대상이며, 또한 전통적인 여가활동의 수단이 되고 있다. 따라서 여가연구의 범위는 정해진 영역에 국한되지 않는다. 오히려 진화 학문으로서 여가학의 위상을 생각해 볼 만하다.

흔히들 21세기를 **"여가문화 시대"**라고 한다. 삶의 질이니 웰빙(wellbeing)이니 하는 말들도 모두 여가 기회와 여가경험의 질을 염두에 둔 표현이다. 결국 여가학은 기초 학문으로부터 패러다임을 받아들이고, 인접한 응용 학문과 끊임없는 교류를 허용하면서 독자적인 학문 영역으로 자리를 갖추어가는 과정에 있다. 학문적인 수준에서 연구자의 열린 자세만 보장된다면, 사회 혹은 구성원이 여가생활을 추구하는 한 여가학의 범위는 확장될 것이고 여가학 이론은 발전할 것이다.

연·구·문·제

1 여가학 연구를 수행해야 하는 이유를 설명하시오.
2 여가학이 추구하는 가치가 무엇인지 논의하시오.
3 여가학의 연구 대상과 그것의 범위를 설명하시오.
4 여가학의 정체성을 확보하기 위해서는 무엇이 필요한지 논의하시오.
5 여가학의 발전에 영향을 주는 기초 학문 분야들은 무엇이며, 각 분야는 여가학에 어떻게 관련되는지 설명하시오.
6 여가학은 다른 학문에 어떻게 공헌하는지를 논의하시오.
7 여가학 분야의 전문가가 갖추어야 할 자질에 대해 논의하시오.

제2장 | 시대별 여가 가치관의 변화

여가 현상 그 자체는 인류가 지구상에 나타난 선사시대부터 있었으며 노동 문명의 역사보다도 더 길다고 할 수 있다. 여가 현상을 하나의 학문적 주제로 다루기 위한 노력은 근대 이후에야 가능했다. 이러한 추세는 동양이나 서양이 다르다고 볼 수 없다. 여가 현상이 독자적인 사회적 행동양식으로 자리 잡지 못하였을 때, 여가 가치관을 말하는 것은 그래서 별 의미가 없었다. 우리가 여가 혹은 여가 가치관의 역사를 말하는 것은 "여가 현상" 그 자체에 대한 시대적 관점이 비교적 명확히 형성된 상황을 전제로 한다. 여가학자들에 의하면, 대략 부족국가의 태동 이후에야 여가의 개념이 생활의 어떤 부분이나 영역이 되기 시작했고, 거기에 좋거나 나쁜 평가적 관점이 부여되기 시작했을 것으로 추정된다. 그러므로 여가 개념에 대한 사회적 가치관 형성의 논의나, 이에 대한 고찰의 흔적을 고대 국가의 문명에서 찾아볼 수 있다.

한편 현대의 많은 학문 분야가 서양의 고대 철학에 뿌리를 두고 있고, 특히 여가 현상을 학문적 수준에서 다루기 위한 논리적 체계 역시 서양의 가치관에 근거하고 있다. 따라서 여가 가치관의 변화 과정을 이해하기 위해서는 서양의 그것을 먼저 고려하는 것이 타당해 보인다. 여기서는 서양문화사에 나타난 여가 가치관의 변화를 먼저 살펴보고 나서 우리나라의 여가 역사를 간단히 기술할 것이다. 이어지는 3장에서 현대 사회의 여가 가치관을 통합하여 정리한다.

1 문명의 태동과 여가

'즐거움'을 여가의 본질이자 핵심 속성으로 간주한다면 여가 문명의 발흥 시점은 대략 10만 년 전 호모 에렉투스(Homo Erectus)가 집단생활을 하고 불을 발견하여 사용한 시기라고 추정할 수 있다. 왜냐하면, 인류가 공동체를 이루면서 생존을 위한 부담을 덜어내고 불을 사용하면서 드디어 요리와 섭식의 즐거움을 구별해냈을 가능성이 있기 때문이다(Shivers, 1997, p.9). 그러나 후기 구석기시대(대략 B.C. 50,000 ~ B.C. 10,000년)를 지배한 현생인류(Homo Sapiens)의 유적에 이르러서야 형식이 있는 여가활동의 흔적을 찾을 수 있다. 예컨대 이 시대의 흔적을 알려주는 동굴벽화 그 자체가 하나의 예술 행위의 결과일 수 있고, 벽화 속 이야기는 삶의 여러 가지 양식(사냥, 신앙, 놀이, 기록 등등)을 상징적으로 알려주기 때문이다.

그러나 현생 인류 문명의 발흥 시기에 대한 견해는 훨씬 이후의 시기로 추정한다. 고고학적 고증은 관점과 방사성 탄소연대 추정 방법에 따라 약간 다른 면이 있다. 일반적으로 B.C. 8000 ~ 9000년경 소위 "비옥한 초승달 지역(the Fertile Crescent : 티그리스와 유프라테스 강 사이)"에서 시작한 메소포타미아 문명으로 추정되어 왔다. 최근 재레드 다이아몬드(Jared Diamond, 1997)는 『총, 균, 쇠』라는 명저를 통해 인류 문명의 태동이 최신 빙하기 이후인 약 B.C. 11000 년경에 이루어졌을 것으로 보정하여 주장하였다. 물론 이 선사시대의 문명이 우리가 말하는 "여가적 속성"을 어느 정도 반영하는지를 논의하는 건 쉽지 않다. 또한 그것이 오늘날의 "노동이나 일"을 의미하는 것이라고 말하기도 어렵다. 생존 문제, 환경 결정, 비합리적 믿음, 직관과 느낌이 혼재된 시기였을 것으로 추정될 뿐이다.

원시사회를 상상해보면 일과 여가영역이 구분되었을 것이라고 보기 어렵다. 일과 여가의 개념도 없었을 뿐더러 둘 사이의 구분도 없었을 것이다. 그럼에도 불구하고 의심의 여지없이 인간의 본성은 일보다 여가에 더 가깝다. 왜냐하면 인간의 자발적 욕구를 전제로 하는 행위나 경험은 가장 자연스러운 현상이기 때문이다. 선사시대의 여가 현상은 다른 인간 영역과 명확히 구분되지 않았을 것이다. 수렵과 채집을 통하여 생존 방법을 추구하였던 선사시대의 여가는 사실 삶의 그 자체였을 것이고 노동이나 가정생활과 별개가 아니었다고 볼 수 있다. 말 그대로 생활의 "짬"을 내는 것이 여가의 전부였을 수도 있고, 아니면 수렵이나 제례 의식 속에 여가적 속성이 자연스럽게 내포된 수준이었을 수 있다. 사냥과 같은 활동은 노동인 동시에 오늘날의 놀이 속성을 내포하였을 것이다.

소위 단순 사회(simple society)라고 불리는 원시사회에 대한 최근 연구들은 특히 아프리카 정글 속에서 살아가는 부족사회를 탐구함으로써 의미있는 자료를 도출하기도 한다. 남미의 아마존 부족이나 아프리카의 부시맨 부족의 생활양식에 대한 여러 보고들은 이런 논리를 뒷받침한다. 단순사회의 대표적인 예로 간주되는 부시맨(bushman) 부족의 경우, 생활 그 자체가 일인 동시에 놀이이며, 생활 중 어느 것이 일이고 어느 것이 놀이인지 구별할 수 없다고 한다. 소위 원시인의 여가활동은 우상숭배의 수단으로서 각종 의식(rituals)의 일부로 녹아있거나, 때때로 부족의 단결과 사기를 고양하기 위한 오락적 활동을 통해 미학적 쾌락을 추구하는 형태로 나타난다는 것이다. 그래서 원시사회의 제사장(a king-priest)을 최초의 여가계급(a leisure class)으로 간주하는 관점도 있다.

② 여가의 미분화와 분화

현생 인류문명의 태동기인 원시 사회에 나타난 여가생활의 흔적이 발견된다고 해서 이 시기에 '여가'를 독립적인 생활양식으로 간주했다는 증거는 찾기 어려울 듯 하다. 여가 개념이 사회적으로 형성되고 그것의 가치를 평가하기 시작한 시점은 사회적 계급의 분화가 이루어진 부족국가의 형성과 관련이 있다(이장영 등, 2004; Shivers, 1997). 소위 청동기 시대로 불리는 고대국가에서는 공동체, 전쟁, 농사, 노예, 무역, 예술, 건축 등등의 문명 양식이 발전하였다. '비옥한 초승달'(The Fertile Crescent) 지역에선 B.C. 4000 ~ B.C. 1000년에 걸쳐, 수메르, 이집트, 바빌론, 앗시리아, 이스라엘 등 여러 부족국가가 분쟁과 통합의 과정을 진행하고 있었다.

이 시기 지중해 건너편에서는 크레타 섬을 중심으로 문명이 형성되었고, 크레타 섬의 문명을 지배한 이들은 그리스 지역의 원주민이 아니라 소아시아 서쪽 지역의 출신들이었을 것으로 추정되고 있다. 크레타 문명이 어떻게 멸망했는지는 불분명하나(지진이라는 설도 있다), 대략 B.C. 1600년 ~ B.C. 1100 년 경에는 미케네 문명으로 대표되는 그리스 도시 국가들이 형성 발전하였다. 북쪽에서 온 도리안족(Dorian)의 침략을 받고 멸망한 그리스 문명은 이후 약 300년간 암흑기에 접어들었다고 한다. 그러나 이 시기에 일상 생활양식의 쇠퇴가 있었지만 그리스의 언어와 사상이 전승되고 유지되었다고 한다.

B.C. 800년 ~ B.C. 600년의 시기는 소위 그리스 문명의 르네상스 시대라고 불리는데 새로운 낙관론과 모험정신이 나타나고 융성해진 시기로 평가되고 있다. 예컨대, B.C. 776년 최초의 올림픽경기가 개최되었다(중국에서는 서주(西周)에서 동주(東周)로 변화하던, 즉 춘추시대(春秋時代)의 시발기이다). 기록에 의하면, 도시국가 로마는 B.C. 773년에 형성되었고, 그리스는 이탈리아 반도와 스페인 해변 지역까지 정복하고 있었으며, 음악은 이미 그리스인들의 일상이 되었다고 한다. B.C. 700년에 호머(Homer)에 의해 일리아드(Iliad)와 오딧세이(Odyssey)가 기술되고, B.C. 680년부터 아테네에서는 처음으로 매년 간접선거를 통해 왕을 선출하기 시작했고, 처음으로 동전이 공표되어 사용되기 시작했다. B.C. 650년에 이르러 처음으로 아테네에서는 아크로폴리스(Acropolis)가 세워졌고, 이 즈음 그리스, 이집트, 앗시리아, 중국, 인디아 등 전 지구적 주요 문명지역에서 문자를 사용하기 시작했다.

(1) 고전 그리스와 헬레니즘 시대(The Classical Greece and Hellenic Age)의 여가

우리가 '고대 그리스 시대'라고 말할 때, 그 시기는 대략 B.C. 600년 ~ B.C. 323년 사이를 의미한다. 이후 알렉산더 대왕의 침략으로 마케도니아 제국이 지배한 시대(B.C.323 ~ B.C. 31년)를 '헬레니즘 시대'라고 한다. 고대 그리스 시대는 헤로도토스를 비롯한 위대한 역사가와, 소크라테스와 플라톤으로 대표되는 위대한 철학자들의 시대였고, 또한 현대 민주주의의 뿌리가 된 직접 민주주의 실험이 이루어졌고, 뛰어난 건축 문화가 융성했던 시기이다. 이 시기의 문명은 자유정신으로 상징되는 인간 본성의 발견과 표현이라고 말할 만하다. 노예가 아닌 귀족 부인들도 자기 충족을 위해 다양한 수공예 활동이나 작물재배를 즐기기도 하고, 그 상품을 시장에 내다 팔기도 했다고 한다. 또한 운동 경기와 같은 다양한 게임이 노소를 불문하여 만연했고, 제례의식이나 영웅을 기념해서, 혹은 손님을 접대하는 의미로 혹은 놀이 그 자체를 즐기기 위한 게임이 성행했다고 한다.

여가 현상에 대한 옳거나 그른 판단 혹은 바람직한 여가활동의 방향에 대해서 비교적 논리적으로 접근한 시기는 B.C. 5세기 고대 그리스의 시대였다. 플라톤에 이어 현대 학문의 아버지라고 불리는 아리스토텔레스의 시대에 이르러 그 논리 체계를 완성하였다고 할 수 있다. 그리스 시대는 알려진 것처럼 노예제도에 기반을 둔 귀족주의 사회였다. 신체노동과 정신활동이 확연히 구분되면서 신체 노동자인 피지배 계급과 정신 활동자인 지배 계급으로 구성되는 계급 제도가 정착되었다. 사회 전체 구성원의 식생활을 지탱하는 생산노동의 담당은 말할 것도 없이 노예들의 몫이었고, 정치, 종교, 문화, 예술, 철학과 같은 정신활동은 특권 귀족계급만의 전유물이었다. 정신활동이라고 해서 그것이 곧 오늘날과 같은 경제 생산의 직업을 의미하는 것은 아니다. 뒤에서 진술한 것처럼 그것은 오히려 사유와 토론같은 여가활동의 특징을 지니고 있었다. 경제적 생산 활동으로서 노동과 정신적 생산 활동인 여가가 제도적으로 그리고 개념적으로 구분된 시기는 바로 이때부터라고 할 수 있다.

정신활동의 주체인 귀족이 지배하는 사회가 되면서 노동을 기피하고 여가를 중시하는 사회 통념이 형성되었다. 여가활동을 중시하는 사회적 가치관이 성립된 것이었다. 고대 그리스 시대 귀족들이 여가를 통해 지적, 예술적, 창조적, 철학적 성취를 추구할 수 있었던 이유는 2가지로 정리된다(Shivers, 1997, p.38). 첫째, 귀족이나 자유민이 정신활동 즉 정치, 문화, 종교, 예술 등을 적극적으로 추구할 수 있었던 배경에는 자유시민 1명당 15명이나 되는 노예들이 신체노동을 통하여 그들을 먹여 살릴 수 있는 사회 구조가 있었다(이장영 등, 2004, p.28). 둘째는 노예들이 있어서 귀족들의 표준 생활이 단순해졌고 전형적인 노동시간이 없는 비교적 여유로운 자유시간을 즐길 수 있었고, 그 결과 더 생산적인 여가활동에 대한 관심이 생겼으며, 고전 철학과 예술을 탄생시킬 수 있었다는 것이다.

오늘날 우리가 사용하는 여가(餘暇)라는 한자말은 단지 영어의 leisure 라는 단어를 번역한 것에 불과하다. 어원적으로 보면 leisure라는 말은 그리스어 licere에서 나왔으며, licere의 의미를 지니는 scolé라는 다른 단어도 있었다. 오늘날 학교를 뜻하는 school이 scolé에서 도래한 것임은 쉽게 집작할 수 있다. scolé는 정지, 평온, 명상, 자기개발, 창조 등의 의미를 지닌 것인데 따라서 오늘날의 '레저'라는 말 속에는 자기수양이나 계발의 뜻이 포함된다.

현대 서양 철학의 근간이 된 그리스 철학의 대표 주자인 플라톤과 아리스토텔레스는 인류 역사상 처음으로 놀이, 레크리에이션 및 여가에 대해 심도있는 철학적 논리를 폈다. 사제지간인 플라톤과 아리스토텔레스의 관점이 일치하는 것은 아니지만 약간의 갈등은 오히려 인간의 존재 가치, 윤리, 정부, 인식론 및 교육에 대한 다양한 개념을 낳는데 공헌하였다. 흥미로운 사실은 둘 다 교육 과정을 설계하면서 '놀이'의 필요성을 강조하였다는 점이다.

플라톤(Platon)의 관점 : 소크라테스의 제자였던 플라톤은 이상주의 철학자였다. 놀이나 여가에 대한 플라톤의 생각은 오늘날 많은 학교의 교과과정 설계에 적용되고 있다. 그는 『공화국(Republic)』과 『법(The Law)』이라는 저서를 통해, 놀이야말로 신성한 것이며, 신에게로 다가갈 수 있는 거의 유일한 통로라고 주장하였다. 아이들의 자연스런 성장 과정에서 놀이는 절대적으로 필요하고, 놀이를 통해 신체적, 정신적, 사회적 기술을 습득한다고 믿었다. 결국 놀이와 교육은 궁극적으로 목표가 동일하며, 따라서 교육과정에서 놀이는 필수적인 것이어야 한다는 주장이다. 여기서 말하는 놀이는 연극, 신체운동, 음악, 춤, 문학 등을 모두 포함한다. 이러한 관점에서 여가는 시간의 단위가 아니며, 일상적인 삶의 일부 그 자체이다. 노동 속에도 이미 즐거움을 주는 놀이적 요소가 있을 수 있고, 삶은 그 자체가 즐거운 일상이라는 관점이다.

플라톤의 관점에서, 훌륭한 인생을 영위하고 신에게 봉헌하는 삶을 살아갈 수 있는 가장 바람직한 길은 바로 놀이를 통해서 가능한 것이었다. 체력과 지성의 균형을 강조했던 플라톤에게 있어서, 신을 깨달을 수 있는 자기실현이란 진지한 자세를 요구하는 물질추구로부터 자유로운 상태가 되어야 가능한 것이며, 따라서 인생을 유머와 낙관주의로 채워가는 것이야말로 가장 가치 있는 삶의 모습이라고 보았다. 결국 그의 관점에서 이상적인 삶이란 신의 모습으로 살아가는 것이며, 그 핵심에 놀이성의 경험이 있다.

아리스토텔레스(Aristoteles)의 관점 : 플라톤의 제자인 아리스토텔레스의 관점도 크게 보면 그의 스승과 다르지 않다. 교육에 대한 그들의 관점은 매우 유사하였다. 둘 다 완전한 인간상, 건강한 사회를 만들어내는 데 가장 중요한 것이 교육이라고 보았으며, 교육의 체계에는 놀이가 가장 중요한 역할을 한다고 보았다. 그러나 플라톤이 이상주의자(idealist)라면 아리스토텔레스는 경험주의자(empiricist)였다.

아리스토텔레스는 신을 인간사의 중심에 놓지 않았다. 인간의 존재가치는 신에게로 가까이 가는 것이 아니라 행복(happiness)을 추구하는 데 있다고 보았다. 그에게 있어서 모든 인간행위의 목적은 행복(eudaemonia/eudaimonia)을 얻는 것이다. 행복은 보편적으로 추구해야 할 궁극적 가치이며, 인간의 가장 근원적이고 자연스런 욕구의 대상이라고 보았다. 그의 관점으로 보면 행복은 바람직한 삶(good life)의 산물이며, 도덕적 경계 내에서 인간의 잠재력을 충분히 발휘할 수 있도록 하는 삶의 방식이기도 하다. 이러한 행복을 성취하는 것은 바로 여가활동을 통해서 가능하다고 보았다. 왜냐하면, 여가(scolé)는 본질적으로 건강, 선한 행동, 자기의지, 지적 만족 등과 같은 가치(values)가 포함되어 있다고 믿었기 때문이다. 이러한 가치들의 상호작용을 통하여 완전한 인간이 탄생된다고 생각하였다. 다른 말로 하면 이러한 가치들의 산물이 곧 행복인 것이다. 행복을 주창한 아리스토텔레스의 관점을 오해한 일부의 학자들은 마치 바람직한 삶의 모습으로 쾌락(hedonism)을 말하기도 하지만 이는 명백히 아리스트텔레스의 주장이 아니다. 쾌락은 행복에 이르는 극히 작은 통로에 불과하며, "진정한 행복은 도덕선(virtues)과 일치할 때에만 비로소 가능한 것이다"라는 그의 충고를 무시한 결론일 뿐이다.

결국 그의 저서 『윤리학』을 통해 설파한 행복의 조건으로서 여가 개념은 다소 이상적이고 규범적인 접근(normative approach)의 선상에 있다. 다시 말해서 아리스토텔레스의 여가관에서, 여가는 자기실현(self-actualization)의 기회이며 이는 완벽한 상태의 여가 본질을 의미한다. 여가는 좋은 것이고, 활동 그 자체가 목적인 활동이며, 덕과 선을 함축한 인간의 자기 개발과 관련된 활동이므로 곧 자기 수련의 기회라고 할 수 있었다. 이 시대의 용어 'scolé'는 이런 의미를 지니고 있었으며 오늘날의 학교라는 단어는 여기서 파생되었다. 반대말인 'a-scolia'에는 노동이라는 의미가 포함되어 있으며, 노동(일)은 단지 생존의 기회를 얻기 위한 수단에 불

아리스토텔레스
B.C. 384~322

과하고, 결국 자기실현을 위해 노동은 피해야 할 것으로 보았다. 이러한 점에서 'a-scolia'는 노예들의 것이고 'scolé'는 귀족의 것이며 철학자의 것이었다. 다시 말해 아리스토텔레스는 노동을 천한 것, 그리고 여가는 신성한 것으로 간주하였다. 이러한 시각은 여가를 긍정적으로 보는 것이긴 하나 귀족주의 사회관을 반영하는 것이다. 이것이 B.C. 4세기 그리스의 사회 가치관이었다.

그러나 행복을 궁극적인 인간의 목표로 설정하며, 여가경험을 강조한 아리스토텔레스의 관점은 현대에 이르러 de Grazia(1962)나 Peiper(1952) 등에 영향을 미쳤으며 이러한 시각은 곧 존재론적 여가관이라고 불린다. 여가는 인간의 존재가치의 의미를 지니고 있으며, 단순히 열심히 살아가야 한다는 적극적인 삶의 가치관보다도 상위 개념인 셈이다. 나중에 설명하겠지만 존재론적 여가 가치관은 오늘날의 철학적/심리학적 인간관 중에서 인본주의 패러다임과 매우 유사한 측면이 있다.

(2) 로마시대(~ A.D. 4C)의 여가

그리스 도시국가 체제가 페르시아 전쟁(B.C.490년 시작)을 통해 짧은 기간 동안 아테네를 중심으로 한 통일 기간이 있었으나, 펠로폰네소스 전쟁(B.C. 405 년 끝)에서 스파르타에 패한 아테네는 결국 멸망의 길로 들어섰고, 마케도니아의 침략 전쟁이 끝나자 찬란했던 그리스 문명도 역사의 뒤안길로 접어들게 되었다. 이후 동양의 문화와 접목되면서 새로운 헬레니즘 시대가 형성되었다.

펠로폰네소스 반도에서 그리스 도시국가 문명이 파괴되기 시작하는 동안 지중해 서쪽에 위치한 이탈리아 반도에서는 로마가 세력을 점차 확장하고 있었다. 이탈리아 반도에 문명이 형성된 시기는 대략 B.C. 800년 정도로 추정된다. B.C. 510 ~ B.C. 265년 사이에는 이 지역에서 왕정을 폐지한 로마(로마 공화정)가 지배력을 갖추어 이탈리아 반도 전역을 지배한 것으로 알려진다. 이후 서지중해 지역의 패권을 쥐고, B.C. 167년에 이르러 동지중해 권역까지 지배하게 되었고, 로마 공화정(res repulica)이 쇠퇴하게 된 B.C. 79년까지 로마는 크고 작은 전쟁을 치르면서 지중해 연안지역을 병합하고 지배하는 제국이 되어갔다. B.C. 2세기 기술적 진보를 이루어낸 로마는 지중해 연안 지역의 강자로 부상하였으며, 마침내 그리스는 로마의 통치하에 놓이게 되었다(B.C. 147). 일반적으로 로마 공화정의 종식 시점에 대한 반론이 있지만, 기원전 27년 로마 원로원으로부터 아우구스투스가 특별한 권력을 부여받은 사건을 기점으로 중시한다.

고대 로마가 지중해 연안을 통치하게 된 저력에 대한 역사가의 해석은 다양하다. 그 중 하나는 이탈리아 반도의 철광석을 이용한 철기문명이 형성되어, 상대적으로 강력한 무기와 군대조직을 갖출 수 있어서 로마는 기술적인 측면에서 다른 어느 나라의 세력보다도 강했다는 해석이다. 그러나 기록에 의하면 그리스 문명은 지중해 주변 모든 도시국가들로부터 선망의 대상이었다고 한다. 그리스의 학문적, 예술적, 사회적 가치를 인정하는 것이었다. 그리스의 많은 예술품이나 신전은 약탈의 대상이 되었고, 심지어 그리스인들이 가졌던 행복의 여가 가치관도 전이되었다. 로마의 콜로세움과 같은 원형경기장도 결국 그리스 문명의 영향을 받은 것이었다. 로마인들은 가벼운 식사를 즐기고, 그리스인 노예를 가정교사로 삼아 자녀 교육을 담당하게 했다는 기록도 있다.

하지만 여가의 긍정적 측면을 받아들인 로마에서 공화정이 쇠퇴하고 제국의 체제가 자리잡으면서 여가활동은 궁극적인 행복을 추구하는 방식이 아니라 지배계급의 향락적 취향으로 변모하기 시작했다. 자기실현이라는 진정한 행복 추구가 아니라 쾌락 추구로 변질되었으며, 급격하게 향락적으로 변하기 시작하였다. 대중 목욕탕이 대두한 것도 이 시대였다. 한 가지 중요한 사실은 로마 제국이 식량배급의 제도를 가지고 있었다는 것인데, 이는 결국 정부가 시민의 생활양식까지 지배하는 것이라고 할 수 있으며 그 만큼 자유로운 사회가 아니었다는 것이다. 많은 역사학자들은 로마 제국이 멸망하게 된 주요 원인으로 바로 향락적 여가문화를 꼽기도 한다.

기원전후 강력한 제국을 형성한 로마는 5순제라는 몇 시기를 제외하고는 피지배계급의 착취에 열을 올렸으며 시민들의 여가활동 조차 강력한 통제의 수단으로 활용되기도 하였다. 예를 들어 식량배급을 할 수 없는 조건에서 시민들의 불만을 무마하기 위하여 원형경기장의 검투사 경기를 수 개월에 걸쳐 개최함으로써 시민들의 관심을 검투사 경기에 쏠리게 만드는 전략이 나온 것도 이 시대이다. 알려진 것처럼 우리나라에서 지난 1970년대 ~ 1980년대 독재정권 시절 3S 정책(sport, sex, screen)을 통해 정부와 정치에 대한 국민의 에너지를 각종 여가활동으로 왜곡시키는 전략을 쓰기도 했다. 아직도 많은 독재국가들은 이런 방법을 통해 정권을 유지하는 경향이 있다. 영화

'글라디에이터'의 장면은 이런 제도를 잘 보여주고 있다.

　요한 호이징아(J. Huizinga)에 의하면, 공화정 이후 로마는 세계를 지배하는 제국으로 성장하면서 소위 세계의 우수한 문화를 스폰지처럼 빨아들여 발전시켰다. 이집트와 헬레니즘의 유산은 물론 동양의 문물을 흡수하였다. 행정부와 법, 도로 건설, 전쟁 기술 등은 과거 어느 역사에서도 보지 못한 수준의 완결성이 있었고, 경제와 문화는 번영의 시스템을 갖출 수 있었다.

　그러나 로마제국 후기에 이르러 노예제도, 착취, 문화이식, 족벌주의 등의 제도에 의해 문명은 질식되고 생기를 잃어가기 시작했다. 무자비하고 잔인한 게임을 위한 원형극장과 서커스, 방종이 넘치는 무대, 원기회복은 커녕 무기력을 유발한 대중 목욕탕 등이 넘쳐났으나 이들 중 어떤 것도 로마의 문명을 견고하고 지속하게 만드는데 도움이 되지 못했다. 이런 여가문화는 대부분 쇼이자 오락, 그리고 헛된 영광에 불과했다. 로마제국의 말기 부패가 이어지는 현상을 호이징아는 다음과 같이 탄식했다.

> "놀이 요소는 로마의 문학과 미술에서도 분명하게 나타난다. 심한 과장과 공허한 수사가 로마 문학의 특징이며, 육중한 내부 구조체를 얄팍하게 가장한 표면 장식, 그리고 공허한 풍속화로 장난하거나 무기력한 우아함으로 타락한 벽화가 로마 미술의 특징이다. 로마가 〈중략〉 고대적 위대함에 고질적인 천박한 낙인을 찍은 것이 바로 이와 같은 특징들이다. 생활은 문화의 게임이 되었고 의식적 형태는 남았지만 종교적 정신은 사라져 버렸다. 〈중략〉 마침내 기독교가 로마 문명을 그 제의적 기초로부터 격리해 버리자 로마 문명은 급작스레 시들어 버렸다."(Huizinga: 김윤수 역, 1993, p.268).

　결론적으로 말하면, 서로마 시대의 여가 가치관에는 아리스토텔레스의 행복 추구 여가관이 전승되었으나, 시간이 지나면서 지배 계급에 의해 여가활동 자체가 향락적으로 변질되었다고 볼 수 있다. 행복에 이르기 위한 명상, 자기발전, 교육, 심신단련, 철학 등의 방법보다는 향락을 통한 쾌락 추구에 국한되었으며, 이러한 문화는 결국 로마제국 자체의 멸망에 이르는 한 가지 원인이 되었다.

(3) 중세(동로마)의 여가(A.D. 455 ~ 1455) : 놀이의 암흑기

노예제도와 착취에 의존하게 되면서 자유농민이 사라지는 동안 로마제국은 대내적으로 국력이 약화되고 교회 세력과 맞물린 권력투쟁이 심화되고 문명은 부패한 상태에 이르렀다. 로마 제국이 부패하는 동안 새로운 가치관으로 무장한 전혀 새로운 종교 세력이 그 힘을 얻어가고 있었다. 소위 기독교 세력이 그것인데 교황제도를 통하여 교황과 사제들은 정치권력을 능가하는 사회적 영향력을 확보하였으며, 종교 교리에 근거한 새로운 여가 가치관이 형성되고 있었다. 황제와 교황 사이의 갈등의 결과가 교황의 승리로 귀결되고 결국 황제를 교황이 임명하는 상황에 이르게 되었는데, 그 시발점이 밀라노 칙령(313년)이었다. 권력투쟁이 심화되는 동안 서민의 불만은 커져가고 있었고, 대외적으로 게르만족, 고트 족, 반달족, 훈족의 세력을 키우며 로마를 위협하는 빈도가 빈번해졌다. 마침내 A.D.476년 고트족에 의해 서로마 황제가 폐위당하는 수모를 겪으며 제국은 멸망하였고, 콘스탄티노플(즉, 현재의 이스탄불)을 수도로 하는 '동로마 제국'만 남게 되었다. 우리가 중세라고 부른 시기는 '서로마 제국'의 황제 권력이 영향력을 상실하고 기독교 교회(Catholic church)가 유럽을 실질적으로 지배하게 된 시기를 일컫는다. (이후 중세 서유럽은 각 지역별 여러 도시국가의 명멸기로 접어들게 된다).

서로마 제국의 멸망하게 된 궁극적인 원인에 대해서는 아직도 의견이 분분하지만, 서로마 제국의 멸망 이후, 향후 1000년 동안 유럽은 그야말로 암흑과 혼돈의 시기에 접어들었다. 그 중에서도 중세 전반 500년간(5C ~ 10C)을 소위 **암흑기(*the dark age*)**라고 부른다. 동로마의 비잔틴(Byzantine)과 기독교 교회의 권력 투쟁이 이어졌고 치유할 수 없는 갈등이 팽배해지는 동안 실제적으로 교황과 일부 귀족계급이 세상을 지배하는 사회가 되었다. 그 기간에 지중해 연안의 아라비아 지역에서는 이슬람(Islam) 제국이 발흥하여 북부아프리카, 스페인, 중동 지역을 정복하였다. 중세 사회는 소위 장원제도(feudalism)가 경제적 기반을 지탱하는 구조였으며, 도시 자치 권력이 허용되면서 도시에 거주하는 10%의 인구가 나머지 노예와 농민을 지배하는 사회였다. 은행, 회계, 공공재정의 개념이 생겼고, 무역, 여행, 산업이 경제 발전을 이끌었다.

이 시기의 여가문화는 다분히 새로운 종교 사상인 기독교 교리와 그리스 철학의 융합적 결과로 나타났다. 로마 시대의 향락적 여가관을 대체하는 새로운 대안으로서 기독교 교리가 세력을 얻은 것이었다. 그러나 그리스 시대 철학이 그대로 전승되지는 않았다. 왜냐하면 그리스 시대에 신앙이란 범신론에 가까운 것이었고, 최소한 올림푸스를 지배하는 12신이 있었으며 이들 신은 모두 플라톤 철학에서 의미하는 것처럼 "이상적 인간상(ideal image of human)"을 대변하는 것이었기 때문이다.

반면 기독교 사상에서 신이란 유일하며 이 세상을 창조하고 통제하는 절대자이고, 행복이나 구원은 결국 오직 유일신에 의해서만 가능한 것이라고 여겨진다. 모든 인간 행동양식은 이 유일신을 중심으로 구조화되어야 한다는 종교 교리가 유럽의 세상을 지배하게 되었다. 여기에는 노예, 시민, 귀족 및 황제도 예외가 아니었다. 그래서 자유 시간이나 남는 시간 혹은 여가활동 조차도 신 중심의 양식으로부터 자유롭지 못하였다. 이 시대에 여가는 '신에게 기도하는 시간 혹은 신을 위한 찬미의 시간'으로 인식되었다(설민신, 1997).

기독교의 신(神)중심의 사고는 철저하게 모든 인간행동에 적용되었고, 금욕주의라는 가치관을 만들어냈다. 이러한 가치관은 고대 로마의 향락적 여가문화에 대한 반발이라고 할 수 있다. 나아가 지나친 금욕주의와 신 중심의 사고는 인본주의 사상인 그리스 철학과 본질적으로 반대되는 것이었다. 그러나 로마 교황의 득세는 모든 다른 사상이나 양식을 배제하고 억압하였으며, 자유의지나 쾌락으로서 여가의 의미는 철저하게 배격되었다. 신 중심 사고는 인간을 단지 구원의 대상으로만 간주하게 하였다. 여가활동은 고작해야 종교 안에서만 허용되었고, 따라서 여가활동의 기회를 위해 각종 종교의식이 성행하게 되었다. 카니발이라는 사육제조차도 종교 교리 안에서 이루어졌고, 먼 훗날에야 축제의 의미를 지닌 여가적 속성을 지니게 되었다.

(4) 십자군 원정(A.D. 1095 ~ 1291)과 르네상스 시대(A.D. 1350 ~ 1525)

권력화된 종교문화는 결국 자유의지를 가지고 살아가는 일반 시민의 불만과 불편을 만들어내는 틀에 불과한 것이었다. 500년 동안 억눌린 자유의지는 11세기가 되면서 다양한 방식으로 분출되기 시작했다. 그렇다고 해서 암흑기가 갑자기 사라진 건 아니다. 교회의 재정 문제와 권위 상실을 복구할 만한 기회를 찾던 교황이 이슬람 제국으로부터 성지(예루살렘)를 탈환한다는 명분으로 십자군(Crusaders) 원정이라는 종교전쟁을 일으키고(1095년) 유럽의 젊은이들은 새로운 세상의 문물을 접할 기회를 가지게 된다. 이후 9차에 걸친 십자군 원정이 200년 동안 전개되고 그 말미에 유럽 전역의 문화운동으로 이어진다. 징기스 칸이 페르시아를 정복하고(1218년), 마르코 폴로가 중국을 여행한 때도 이 시기였다(1271년).

전쟁 등 여러 가지 이유로 중세 유럽의 생활문화는 이탈리아에서 르네상스 운동이 터져 나오기 전부터 1세기 이상의 기간을 두고 점진적으로 쇠락해갔다. 반면 도시가 발달하면서 새로운 도시문화는 과거 장원제도 하에서는 상상하지 못했던 삶의 방식과 새로운 지식의 진화를 양산하였고, 이는 다시 다양한 지적 노력을 분출하는 기회를 만들어냈다(Shivers & deLisle, 1997, p.63). 또한 인간성을 무시한 가치관을 지향했던 종교 세력조차 절대 권력을 휘두르면서 부패하기 시작했고, 더 이상 참을 수 없다는 선구자들이 나타나기 시작했다. 그리스 철학으로 돌아가자는 인본주의를 강조하는 분위기가 나타났다. 14세기 이탈리아에서 시작한 이런 사회 전반의 개혁 운동이 곧 르네상스이다.

당시 부패한 종교권력을 비판한 피렌체의 총독 단테가 '신곡'을 저술한 사건이 중세 1000년을 단절시킨 르네상스의 거의 시발점이라는 평가도 있다. 르네상스 운동이 이탈리아에서 시작하게 된 이유에 대한 해석은 다양하다. 지중해의 중계무역 패권을 쥐게 된 베네치아의 경제력, 그 중 플로렌스의 메디치 가문에 의한 문화 예술 활동에 대한 지원, 자연과학과 수학 등에 초점을 두었던 중세 스콜라 학파와 달리 단테 등 인본주의자들의 그리스 문학과 철학에 대한 관심, 종교적 권위주의에 대한 저항 정신의 팽배 등등이 그것이다. 이런 문예부흥은 16세기까지 유럽 전역으로 확산된다.

르네상스 시대의 가치관은 몇 가지로 요약된다. 첫째는 종교적 교의로부터 인간을 해방시키자는 것이었다. 이는 지나치게 엄격한 교리가 인간의 자유의지를 억압했기 때문에 나온 문화 현상이었다. 둘째, 도시화와 교역의 증가는 경제적 가치를 중시하는 사회 문화를 낳았고, 이는 자유중상(自由重商)의 가치관을 팽배하게 만들었다. 셋째, 자유의 다른 표현 방식으로서 인간성의 표현 기회인 인문, 예술을 강조하게 되었다. 인문, 예술의 표현 기회는 곧 여가시간 혹은 여가활동을 창조의 기회로 인식하는 계기가 되었다. 이러한 여가 가치관은 그리스 시대 인간 중심의 여가관과 일맥상통한다. 이런 이유에서 이 시대를 '놀이의 황금기'(Huizinga: 김윤수, 1997)라고 부른다. 고급 여가를 향유할 수 있는 기회가 생긴 것이다. 파리에 세계 최초로 옥내 테니스 코트가 생긴 것도 이 시기(1308년)였고, 영국에서는 테니스가 옥외게임(1351년)이 되었다 (Shivers & deLisle, 1997:68). 레오나르도 다빈치가 태어나고(1452년), 처음으로 악보가 출간되고 영국에선 볼링을 금지하고(1465년), 미켈란젤로가 태어났으며 (1479년), 브뤼셀은 유럽 무역산업의 중심이 되고, 크리스토퍼 콜롬버스가 대항해를 시작했다(1492년). 이런 상황이 대두하게 된 배경 중 하나는 장원제도와 교황의 부패로 인해 권위와 영향력이 줄어들고 14세기 말부터 국가의 중앙집권제가 강화되면서 유럽내 국가간 영토, 정치, 경제, 문화 경쟁이 발발했기 때문이다.

(5) 종교개혁 시대(16C ~ 17C)와 여가

르네상스 운동은 인문, 예술, 놀이로 대변되는 대중문화에만 영향을 미친 것이 아니었다. 이어지는 세기에는 르네상스의 인본주의 가치관이 종교 세계에도 획기적인 영향을 미쳤다. 교회의 전횡에 서민의 반발이 점점 심해지던 시기에 **메디치 가문**의 아들 '레오 10세'(LEO X, 재위 1513 ~ 1521년)가 교황 자리에 올랐고, 그는 사치스런 생활을 즐겼다. 그러나 재정 결핍의 곤란을 겪던 그가 면죄부 판매를 승인하자 교회의 부패와 서민의 불만이 전 유럽에 퍼졌다. 이 시기 성직자였던 독일의 '**마르틴 루터(M. Luther)**'가 면죄부 판매에 반발하는 내용을 중심으로 기성 교회를 비판하는 95조 라틴어 반박문을 1517년 비텐부르크 교회 정문에 게시하자 곧바로 독일어로 번역이 되어 독일내 성직자들에게 전파되었고, 약 2년만에 전 유럽에 걸쳐 종교개혁의 분위기가 팽배해졌다.

이후 1509년 프랑스에서 태어난 '**칼빈(Jean Calvin)**'은 루터보다 한 세대 정도 뒤에 프랑스와 스위스를 중심으로 복음주의 종교운동을 전개하였다. 그의 종교개혁 운동은 전 유럽으로 확산되면서, 전혀 새로운 종류의 생활양식이 보급되기 시작했다. 칼빈의 사상 중 가장 중요하게 강조된 것이 성실, 근면이었고, 자신의 일에서 성공한 사람은 누구나 신의 은총을 받을 수 있다는 주장이었다. 그래서 여가는 게으른 것으로 간주되었을 뿐만 아니라 악마의 일로 치부되었다. 다만 여가가 인정되는 것은 그것이 노동력을 위한 재충전의 기회일 때뿐이었다. 이런 이유에서 아이러니하게도 칼빈은 다양한 레크리에이션을 즐겼다고 한다.

칼빈의 인생관

프랑스 리옹에서 태어난 칼빈(Calvin)은 프랑스에서 법을 공부하길 원하는 아버지의 뜻과는 달리 인문학(humanism)에 심취하였다. 물론 동시대를 살았던 인본주의자들(humanists)의 주장(즉, 보편적으로 즐거움을 추구하는 것은 윤리적이며 바람직하다는 논리)에는 영향을 받지 않았다고 한다. 그가 정작 깊은 인상을 받은 것은 규율을 강조하고 즐거움과 고통으로부터 무감각해져야 한다는 고대 로마의 스토이즘(Stoicism) 철학이었다. 이 시기에 그는 교회에서 금지하는 개혁에 대한 서적을 탐독하였고, 그로 인해 체포될 것을 두려워하여 스위스 바젤로 옮겼으며 여기서 그는 종교개혁에 대한 자신의 생각을 [The Institute of the Christian Religion]이라는 책으로 정리하였다. 이 책은 개혁운동의 옹호론이자 교본이 되었고 유럽 전역에 막대한 영향을 미쳤으며 루터의 이념을 뛰어 넘는 것이었다.

루터가 신을 한없이 자비롭고 아버지같은 존재로 보았던 반면, 칼빈은 신을 세상의 모든 것을 주관하는 존재이며 자신의 주권을 열정적으로 지켜내는 집념이 강한 존재로 인식하였다. 또한 누구나 (그가 교황이든 일반 신도이든) 신의 도움이 없이는 구원을 받을 수 없다고 생각하였고, 근면한 생활을 통하여 신의 은총을 받을 수 있다고 여겼다. [중략] 그래서 여가는 단지 게으르고 나쁜 것이며(mischief), 악마의 소행으로 간주하였다. 실제로 그가 제시한 생활 규정에는 공공숙박시설(public inn)에서 춤을 추거나, 주사위, 카드 놀이를 하는 것을 금지하고 있다. 그러나 정작 칼빈 자신은 다양한 종류의 레크리에이션 활동에 몰입하였다고 한다. 그는 자신의 여가활동을 합리화하기 위하여 노동을 위한 힘을 재충전하는 기회로서 여가활동은 신으로부터 허락되었다고 주장하였다. [중략] 나아가 그는 자신의 일에서 성공한 사람은 누구나 신의 은총을 받는다고 말했다(Shivers & deLisle, 1997: 69-70). 이로부터 소위 천직(mission: 天職)의 개념이 생겨난 것이다.

칼빈의 사상은 청교도주의(Protestantism)로 불리며, 노동의 신성함을 강조하였고, 이로부터 천직(天職, mission)의 개념이 생겼다. 천직의 개념은 르네상스 이후 도시 문화의 핵심 가치였던 중상주의 경제 이념과 조화를 매우 잘 이루고 있다. 성실하게 돈을 버는 행위는 바람직한 가치가 되었고, 그래서 근면, 성실은 최대의 덕목이 된 반면, 여가는 부정적으로 인식되었다. 결국 이 시기에 고급 여가를 향유할 수 있는 계급은 귀족에 국한되었다.

(6) 중상주의(重商主義)와 대항해 시대(15C ~ 17C)

유럽을 중심으로 일어난 종교개혁의 운동은 소위 대항해 시대와 맞물려 있고, 이어지는 해양제국들의 식민지 개척과도 연결된다. 베네치아의 상인이었던 '마르코 폴로'가 중국과 동남아 및 서아시아를 여행하여(1271~1295) 필록(筆錄)한 동방견문록이 15세기에 이르러 유럽인의 호기심을 자극했고, '바스코 다 가마'가 인도 항로를 개척하여 향신료와 보석을 싣고 리스본에 돌아와서 16배의 이윤을 남긴 사건, '콜럼버스'가 아메리카 대륙을 발견한 사건(정작 그는 그곳을 인도의 일부로 알고 죽었다고 한다), 15세기 나침반의 개량과 조선술의 발달 등등은 여러 제국으로 하여금 대항로와 식민지 개척을 하게 하는 촉매제가 되었다. 그리고 상인들에게는 무역업을 통해 막대한 이윤을 남길 수 있는 기회가 되었다. 이러한 시대 조류는 자연스럽게 근면, 성실의 천직 개념에 기대어 부자가 되는 것에 정당성을 부여하는 것이었고, 소위 중상주의 가치관이 팽배해졌다. 모험과 여행, 무역, 식민지 개척, 자본, 경쟁 등 다양한 가치관이 뒤섞여서 돌아가는 시대였다.

(7) 산업혁명 이후 근세(18C ~ 20C 초)의 여가

18C 산업혁명은 르네상스 이후, 중상주의와 종교개혁에 의한 노동의 신성성 및 자유주의의 결합으로 만들어진 기술 혁명이라고 할 수 있다. 영국을 중심으로 성공한 증기기관의 발명과 여타 기술의 발달로 일컬어지는 산업혁명은 교통수단의 발달과 생산 공장을 대두시키는 계기가 되었다. 특히 공장의 발달은 전통적인 농업문명과는 판이하게 다른 생활양식을 낳았다. 즉, 유럽의 전통적인 농경사회를 공업사회로 변모시킨 것이다.

공장이 생기면서 일터와 놀이터(즉, 가정)가 시간적, 공간적으로 완전히 구분되는 생활구조를 낳은 것이다. 공장은 비로소 현대적 의미의 도시화를 이루는 근거가 되었다. 나아가 소위 자본주의라고 불리는 경제 이데올로기를 만들어냈다. 자본주의 이념은 중상주의, 노동의 신성성, 투자, 대량생산이라는 특징을 고스란히 포함하고 있다. 생산성이 강조되었기 때문에, 종교개혁의 시대적 이념을 넘어 생산성 중심의 노동 지향적 가치관을 강화하는 계기가 되었다. 다시 말해서, 근면, 성실이 신의 은총을 위해서만이 아니라 개인의 소득과 공장의 생산성을 위한 미덕이 된 것이다. 우리는 이런 시대를 산업중심의 시대라고 부르며, 여가는 단지 노동의 수반 활동에 불과한 것으로 간주된다. 여가와 일의 개념이 구분되고, 집터와 일터가 나누어지면서, 청교도주의의 천직(天職)의 개념은 더욱 강화되고, 여가는 단지 일을 위한 재충전의 시간일 뿐이었다. 이런 문화가 곧 노동 착취의 이념이 되었다. 19세기에 심화된 노동 착취의 사회문제로부터 처음으로 노동자들의 여가 현상에 대한 이론적 탐구가 마르크스(Marx)와 엥겔스(Engels)에 의해 이루어졌다는 사실이 흥미롭다. 어쨌든 산업혁명은 생산기술과 교통기술의 급속한 발전을 야기하고, 국지전을 세계대전으로 확장시키는 촉매제가 되었고, 전 세계의 자본주의 경쟁을 심화시켰고, 반작용으로서 사회주의 혁명과 공산주의 국가를 양산하였고, 대중여가와 대중여행을 유발한 계기가 되었다.

(8) 세계대전 이후(20C 중 ~ 1970년대)의 여가

전쟁은 세계 평화를 저해하고, 인권을 유린하는 절대적인 부정적 가치를 낳지만, 전쟁의 부산물에는 기술 발달과 같은 것들이 있다. 우리가 사용하는 많은 상품과 일상의 기술들은 전쟁 상황에서 개발되거나 군대에서 사용하던 기술들이다. 휴대폰의 원리는 전쟁에서 사용하던 무전기에서 출발한 것이고, 대형 비행기는 군대의 수송기에서 나왔다. 특히 선박과 항공 기술로 대변되는 교통수단의 발달은 거의 정확하게 전쟁의 부산물이다. 전쟁의 효율성을 위해 사용되던 기술이 전쟁 이후에 자본주의 사회의 다양한 기술 문명이 되는 것이다.

20세기 전반에 있었던 두 번의 세계대전은 산업혁명의 기술을 더욱 발전시키는 계기가 되었다. 세계대전 이후, 공장은 자동화 기술에 의한 대량생산이 가능해졌고, 노동 생산성이 좋아졌을 뿐 아니라 개인의 소득 증대로 이어졌다. 이러한 경제 상황의 변화는 곧 대중여가와 대중관광 현상을 심화시켰다. 휴가의 개념이 제도화되고, 다양한 생활 기구들 특히 가전기구의 발달은 가사노동의 생산성마저 변화시켰다.

그러나 1970년까지는 여전히 산업사회라고 할 수 있으며, 노동 생산성 중심의 사회라고 할 수 있다. 왜냐하면 시장의 수요와 공급 관계가 여전히 '수요 〉 공급'의 구조로 이어졌으며, 따라서 자본가 입장에서는 소비상품을 얼마나 많이 생산하느냐 하는 것이 중요했고, 소비자의 문제는 고려할 필요가 없었기 때문이다. 자본가는 새로운 상품 개발이나 수요 창출같은 문제에 대해서는 관심을 두지 않고, 대량 생산에만 치중하면 되는 사회구조였다.

이러한 경제생활은 곧 여가문화에 대한 수요로 이어졌으며, 사회적으로 혹은 개인적으로 여가의 가치를 긍정적으로 재해석하게 만들었다. 휴가 제도나 노동 시간에 대한 제도적 규제 같은 것이 이런 측면을 반영한다. 그러나 산업 사회의 여가 가치관은 여전히 대량생산이라는 노동 구조의 지배 하에서만 가능한 것이었다. 여가시간이 많아지긴 했으나 여가는 여전히 소비적인 것으로 간주되고, 단지 노동을 위한 재충전 기회라는 가치 범주를 벗어나지 못했다. 산업 사회가 낳은 대중소비 현상 역시 표준화된 자동 생산 체계와 다른 것이 아니었다. 누구나 비슷한 형태의 여가활동을 하고, 비슷한 시기에 휴가를 가고, 단체 여행을 하는 등 여가소비문화가 암묵적으로 표준화되어 있는 구조를 지니게 되었다. 이러한 시대와 현상을 대중여가 사회의 대중여가문화라고 부른다. 대중여가 사회의 문제는 개인의 독특한 취향을 사회가 허용하지 않는다는 데 있으며, 이로 인해 몰개성화와 사회적 소외라는 문제를 야기한다. 1980년대 이후를 지칭하는 후기산업사회와 최근 디지털 사회의 여가 특징은 뒤에서 설명할 것이다.

③ 우리나라의 여가 가치관

여가 현상과 여가 연구의 역사적 배경을 설명하기 위하여 유럽을 중심으로 하는 서구 사회의 여가를 살펴보았다. 여가 연구의 뿌리가 그리스 로마 시대의 문화와 철학(특히 스토아 철학)에 있기 때문이다. 그러나 동양 사회, 특히 우리나라의 여가 현상과 가치관을 살펴보는 것도 필요하다. 엄밀하게 보면, 현대 우리 사회의 여가 현상과 가치관은 서구의 세계관과 동양의 전통적인 가치관이 융합된 결과이다. 그리고 자본주의와 민주주의 및 디지털 기술문명이 현대 여가문화를 만들어 낸 핵심적인 영향 요인들이겠지만, 우리 전통문화의 역사적 영향력 역시 무시할 수는 없을 것이다.

(1) 전통 농경사회의 여가

우리나라의 전통에서 여가라는 현상은 있었을지 모르지만, 용어는 존재하지 않았다. 여가라는 용어는 20세기에 들어서야 우리 사회에 소개되었다. 동양이든 서양이든 전통사회의 가장 큰 특징은 지배계급과 피지배계급의 구분에 있다. 청동기 시대 이후 부족국가가 형성된 다음 지배계급이 모든 좋은 것을 독점하게 되었으며, 따라서 여가는 귀족의 것이었고 서민의 여가는 부정적인 것으로 간주되었다. 우리나라의 경우 귀족계급의 여가생활은 전통적으로 신선사상에 근거한 풍류도 문화였다. 삼국유사에서 보면, 신라의 화랑도는 명산대천을 유람하는 것이 가장 중요한 교육의 일환이었다고 한다. 이러한 교육 방법은 서양의 **그랜드 투어 개념**[1]과 의미가 일치한다. 이것은 자연의 뜻을 거스르지 않는 신선사상의 요체이며, 나중에 풍류도라고 불렸다. 그러나 풍류의 원래 의미인 호연지기를 키우고자 하는 이념적 본질이 후대에 이르러 왜곡되고, 나중에는 음주가무를 즐길 수 있는 능력이야말로 지배계급의 기준이 된다. 이러한 현상은 고려시대는 물론 조선시대의 양반문화에서도 잘 나타난다. 산수가 수려한 곳에 정자를 짓고, 기생을 불러 음주가무를 즐기는 것이 양반 사회가 희망하는 여가문화였다.

반면, 피지배계급에 해당되는 천민이나 농민의 여가문화는 "일과 여가의 미분화" 현상으로 집약할 수 있다. 단, 농번기와 휴농기(겨울)를 구분하여 휴농기에는 다양한 종류의 여가생활이 가능했다. 그러나 휴농기의 여가활동들도 대부분 투전과 같은 소모적 활동에 불과하였고, 농번기에는 노동 생산성을 위한 제도적 장치로서 여가 기회가 주어졌을 뿐이다. 가령, 공동체 의식을 위한 각종 축제(즉, 길쌈놀이, 강강수월래, 차전놀이, 연등제 등등) 등이 허용되었다.

---

1) Grand Tour: 17C중반 ~ 19C초, 유럽 특히 영국을 중심으로 성행한 상류층 자제들의 그리스, 이탈리아, 프랑스 여행.

요약하면, 전통 농경사회에서는 두 가지 여가 가치관이 공존했다고 볼 수 있다. 하나는 노동생산성을 위한 수단이거나 휴농기의 자기 파괴적인 활동으로서 서민의 여가라고 할 수 있다. 다른 하나는 풍류도로 합리화된 귀족의 여가생활로서 화랑도 문화나 양반 문화라고 할 수 있다.

(2) 일제 강점기의 여가

19세기 말 세계 질서의 급변 중에 우리 사회의 정치적, 사회적 구조는 급속하게 허물어졌다. 전통적인 가치관은 일제 강점기를 거치면서 왜곡되었다. 19세기 말부터 20세기 중반까지 한반도는 일종의 전쟁터였다. 일제강점기에는 여가를 생각할 겨를이 없었을 것이다. 일제는 한국의 전통적인 가치관을 말살하기 위하여 다양한 문화정책을 폈다. 일제에 의해 전통적인 놀이 문화도 왜곡되기 시작했다. 예컨대, 일제에 의해 소개된 화투는 도박문화를 이용한 일종의 우민화(愚民化) 정책이었다. 화투가 오늘날의 민화투나 고스톱 문화의 근거가 되었다. 이 시기에 생산적이거나 자기 개발을 위한 여가문화가 보편적으로 있었다는 증거는 찾기 어렵다.

(3) 광복 및 한국전쟁 이후의 여가 : 1980년대까지

남한 단독정부가 들어서고 정치적 격변기를 거치고 나서, 정부가 취한 제도적 장치는 경제 재건의 정책 일변도라고 할 수 있었다. 이 시대는 전통적인 산업사회로의 진입기였으며, 서구 산업 사회에서 요구하는 노동생산성을 강조하는 시대가 되었다. 시장구조는 "공급 〈 수요"의 관계에 있었고, 대량생산이 강조되는 시대였다. 그래서 '여가'에 대한 부정적 인식이 팽배하였고, 여가는 단지 노동을 위한 수단으로서만 가치를 인정받았다. 예를 들어, 해외여행 금지는 1980년 후반까지 이어졌고, 당시 해외여행은 극히 일부 특권층만이 가능한 여가활동이었다. "해외여행 자유화" 조치는 1989년에서야 이루어졌다.

특히, 박정희, 전두환, 노태우로 이어진 독재 정권은 두 가지 공통적인 목표를 가지고 있었던 것으로 이해된다. 첫째는 국가 차원의 경제 성장이었고, 둘째는 독재 정권을 유지하기 위한 방편으로 여가문화 정책을 폈다는 것이다. 전자의 경우에는 앞에서 말한 노동을 위한 수단으로서 여가 가치관을 강화시킨 것을 의미하며, 여가를 단지 재충전의 기회로 인식하게 만든다는 것이다. 후자의 문제는 특히 로마 시대 황제들이 사용하였던 여가정책과 닮아있다. 독재정권하에서는 거의 공통적으로 3S(sport, sex, screen) 정책을 통한 여가문화 왜곡 정책이 나타난다. 1970년대 프로레슬링, 프로복싱, 고교야구, 요정, 미디어 등을 활성화시킨 것이나, 1980년대 프로야구, 프로축구, 영화산업, 술집 등의 활성화 현상은 국민들의 시선을 이러한 여가문화에 묶어두기 위한 정책의 결과라고 평가할 수 있다. 이 시대 사회과학 서적이나, 사상을 담은 가요 등이 금지되었다는 사실은 이러한 평가를 뒷받침한다. 1990년대 이후 우리나라의 여가문화와 가치관은 1980년대 이후 서구 사회와 유사해 보인다. 이에 대해선 다음 절에서 설명할 것이다.

4 현대적 의미의 여가 : 후기산업사회와 디지털 혁명

후기산업사회란 대량생산과 노동 자동화를 통하여 사회적, 개인적 수준의 소득이 증가하고 노동시간이 줄어들며, 상대적으로 여가에 대한 수요가 증가하였을 뿐만 아니라 문화 자체가 다양해진 사회를 총칭하는 말이다. 우리나라를 기준으로 1990년대 이후(미국 등 선진국의 경우는 1980년대에 이미 이 시대에 진입했다.), 후기산업사회가 도래한 가장 큰 이유는 기술문명에 의한 경제 구조의 변화 때문이다. 산업사회에서 확대된 생산기술의 발달은 대량생산을 가능하게 했으며 노동시간의 감소 및 소득의 증대를 유도하였다. 특히 "수요 〉 공급"의 산업 사회 시장 환경은 많은 새로운 자본가의 등장을 유도하였다. 왜냐하면 어떤 소비 상품을 만들어내기만 해도 시장이 이를 소화하는 구조에서는 자본만 있으면 상품을 생산 판매할 수 있다는 경제 가치관을 유발할 수 있기 때문이다.

그러나 새로운 자본가가 기존의 시장에 도전적으로 접근하면 시장에 나오는 상품은 많아질 수밖에 없고, 평균의 수요 수준을 넘을 정도로 공급이 증가하면 시장은 경쟁 구조로 변한다. 즉, 대량생산 시대는 곧바로 "수요 〈 공급"의 시장 구조를 만들어냈고, 공급과잉의 상태에 도달하고 경쟁은 피할 수 없다. 이 점이 바로 생산자의 시장 전략을 바꾸게 하는 요인이다. 경쟁 시장에서는 상품 생산의 양도 중요하지만 상품의 질이 더 중요하게 되고, 대량생산보다는 맞춤 생산이 필요하고, 생산도 중요하지만 소비자를 향한 판매 전략(즉, 마케팅)이 중요하다. 그래서 생산자의 입장에서는, 산업사회가 생산 중심의 사고방식을 요구한다면, 후기산업사회는 소비중심의 사고를 이해하여야 하는 구조가 된 것이다. 생산 기술을 개발하는 것 못지않게 마케팅 전략 개발이 중요하고, 소비자의 입장에서는 구매상품을 확보하는 노력보다 자신에게 맞는 상품을 제대로 고르는 것이 더 중요해진 것이다.

산업사회에서는 소비자가 생산자의 지배를 받았지만 공급과잉의 후기산업사회에서는 생산자가 소비자의 요구를 맞추어 가야 하는 구조가 된다. 소비자의 욕구 수준은 복잡해지고 소비문화는 다양해졌다. 가장 중요한 소비자의 특징은 이성중심의 소비행동에서 감성중심의 소비 경향으로 바뀐다는 것이다. 그래서 감성 체험을 핵심으로 하는 여가행동 역시 일종의 소비문화로 간주되며, 소비문화는 이제 삶의 질을 향상하는 방향으로 전개되기 시작했다. 여가 개념에 대한 가치관 역시 달라지고 있고, 과거 노동 생산성을 위한 보조 수단의 가치로부터 여가의 즐거움 자체가 삶의 질의 핵심이 된다는 의식이 팽배해졌다.

후기산업사회의 여가 가치관은 문화다원주의를 인정하는 방식으로 형성되고, 여가는 정부나 기업, 혹은 전체 사회의 것이 아니라 개인의 권리로 간주되고, 수단이 아니라 목적 그 자체가 되며, 일이 오히려 여가의 수단이 된다는 의식으로 나타난다. 심지어 노동(일) 상황에 어떻게 여가적 속성을 가미할 수 있는지, 그래서 일을 즐겁게 만들 수 있는지를 고민하게 한다. 나아가 여가문화는 더 이상 생산 활동이나 노동 행동과 별개의 것, 혹은 그것의 수단이 아니라 "여가문화" 자체가 일종의 산업으로 그 가치를 인정받게 된다. 이런 현상이 바로 오늘날 우리가 여가문화산업라고 부르는 것이다. 그리고 산업으로서 "여가문화"를 강조하는 최근의 현상은 디지털 기술의 발전에 힘을 받은 바가 크다.

최근 우리 사회는 이미 후기산업사회라는 용어로도 부족한 수준의 문명 변혁기에 접어들었다. 1960년대 들어 개발되기 시작한 컴퓨터공학과 인지주의 이론은 상호보완적으로 발전하게 되었고, 자연스럽게 아날로그방식의 정보처리기법이 디지털 정보처리방식으로 전환되면서 "인공지능"이라는 새로운 기술 영역으로 진화하였다. 디지털 기술문명은 이제 지구상의 현대 문명을 주도하는 위치에 올라섰다. 이와 같이 디지털 기술이 현대인의 거의 모든 생활 영역에 자리 잡으면서 산업과 지식 및 라이프스타일을 통째로 변모시키는 이 현상을 우리는 "디지털 혁명"이라고 부른다. 디지털 기술혁명을 통해 이분법적으로 나누어졌던 생산과 소비가 병합되고, 일과 여가의 본질적인 구조와 환경을 변화시켰고, 재택근무와 같이 일상 터전과 직장의 개념을 바꾸어 버렸다. 디지털 혁명으로부터 야기된 여가 가치관의 변화도 눈에 띤다. 예컨대, 단순히 개인적 여가의 중요성이 강조되는 것이 아니라 SNS를 통한 경험의 공유 현상이 두드러졌고, 그것이 또한 동시에 생산의 수단이 되기도 한다. 진정한 프로슈머(Prosumer)[2]의

---

2) prosumer: 미국의 미래학자 앨빈 토플러(1980)가 저서 '제3의 물결'에서 처음 소개한 개념. 생산자이면서 소비자이며, 소비자이면서 생산자라는 뜻으로서, 프로듀서(producer)와 컨슈머

등장을 가능하게 하고 있다. 일과 여가의 관계를 이분법적으로 보아왔던 전통 대신 통합의 관점에서 이해하고 재설계하려는 시도들도(Duerden, Courtright & Widmer, 2018) 최근 들어 늘고 있다. 이러한 학문적 추세는 모두 현대 사회의 통합적 여가 가치관을 반영한다. 이 문제는 이 책의 제3부에서 다시 다룬다.

<table>
<tr><td colspan="2" align="center">연 · 구 · 문 · 제</td></tr>
</table>

1 고대 그리스 시대의 여가 가치관을 설명하시오.

2 고대 그리스와 로마 시대의 여가문화는 어떤 공통점과 차이점이 있는가?

3 여가에 대한 아리스토텔레스와 플라톤의 관점을 비교 설명하시오.

4 로마가 멸망한 이유를 여가문화의 측면에서 설명하시오.

5 르네상스와 종교개혁 시대의 여가 가치관은 어떻게 다른가?

6 산업혁명 이후, 일과 여가의 관계는 어떻게 달라졌는가?

7 대량생산 시대의 여가문화는 어떤 모습인가?

8 대량생산 시대가 후기산업사회로 변모하게 된 주요 이유는 무엇인가? 시장의 구조는 어떻게 달라졌는가?

9 후기산업사회를 여가문화의 시대라고 부를 수 있는 이유는 무엇인가?

10 후기산업사회, 특히 디지털 사회에서 일과 여가의 관계는 어떻게 규정하여야 하는가? 산업사회에서 일과 여가 관계와 비교하여 설명하시오.

11 디지털 시대 새롭게 대두한 여가문화의 모습을 기술하시오.

(consumer)의 합성어이다.

제3장 | 여가의 개념과 철학적 기초

1 여가란 무엇인가?

인류 역사에서 여가라는 개념이 사용되기 시작한 이유는 부족국가의 형성으로부터 지배계급과 피지배계급의 구분이 생겼기 때문일 것이다. 개념적 표상에 대한 문화적 차이도 있다. 서양에서는 이미 고대 그리스 시대에 여가 개념이 생기고 그것의 긍정적 가치를 인식하였으나, 동양에서는 오랫동안 여가를 '틈'이나 '짬' 수준의 자투리 시간 정도로 이해하여 왔다. 문화적 유사성도 있는데, 예를 들어 중세 동양과 서양의 농경사회를 지배하던 유교와 기독교 사상은 여가를 게으름으로 죄악시하였기 때문에, 동/서양 모두 여가 현상과 개념에 대한 학문적 고찰이 요원하였다. 현대적 의미의 여가 개념이 학술적으로 다루어지기 시작한 시점은 소위 산업혁명 이후의 일이다.

산업혁명 이후 '노동 시간'과 '남는 시간'이 제도적으로 구분되기 시작하면서 현대적 의미의 여가 개념이 형성되기 시작했다. 주목할 점은, 현대적 의미의 여가 개념이 대두되고 논의되기 시작한 것조차 특정 사회 계급의 라이프스타일이 지배적인 사회 현상이 되었기 때문이라는 점이다. 구체적으로 말해서, 산업혁명 이후 공장 노동자의 노동 시간과 남는 시간이 구분되고, 휴가와 은퇴 개념이 생기고, 노동자의 여가가 일터와 사회 및 가정에 여러 가지 영향을 미쳤기 때문에 그것을 연구할 필요가 생겼다는 것이다. 그리고 일반적으로 체계적 연구의 기초는 개념에 대한 정의와 전제에서 출발한다. 실제로 지난 1980년대까지 여가 연구 중 가장 많은 비중을 차지했던 주제는 바로 여가 개념에 대한 것이었다. 그럼에도 불구하고 아직까지 여가 개념에 대한 통일된 정의나 합의는 존재하지 않는다. 여가 가치관의 역사에서 보는 것처럼 여가 현상을 어떤 시각으로 보느냐에 따라 그 정의가 달라지기 때문이다.

개념적 정의에 대한 통일된 합의가 존재하지 않는다는 것은 학문적 수준에서 장점이 될 수도 있고, 단점이 될 수도 있다. 장점으로는, 어떠한 관점에서든 여가 현상을 이해할 수 있는 통로가 열려있다는 것이다. 따라서 다양한 접근을 수용할 수 있는 상황이기 때문에 기존의 학문 체계와는 전혀 다른 새로운 학문체계를 만들어내는 데 도움이 될 수 있다. 그러나 통일된 정의가 존재하지 않는다는 것은 역설적으로 지식의 축적을 어렵게 만들고 나아가 여가학의 정립을 어렵게 할 수도 있다. 학문 체계란 이론의 체계이며 이런 체계는 일정한 패러다임이 존재하여야만 가능하기 때문이다. 그렇다고 해서 단 하나의 패러다임만을 고집할 필요가 없다. 가령, 하나의 합의된 현상에 대하여 여러 가지 패러다임이 적용될 수 있기 때문이다. 경제학, 사회학, 심리학 등도 모두 각각의 통일된 연구 대상이 있으며 단지 학문적 범위 내에서 다양한 패러다임을 수용하고 있다. 결국 여가학이 존재하기 위해서는 암묵적으로든 경험적으로든 통일된 연구 대상에 대한 정의가 공유되어야 한다. 여기서는 기존의 다양한 정의 방식을 정리하고 나서 여가학이 다루는 여가 현상을 개념적으로 통합하여 정의하고자 한다.

이미 언급한 것처럼 *"여가(餘暇)"* 라는 한자말은 영어의 leisure를 번역하기 위해 일제 강점기에 빌려온 표현에 불과하다. 우리나라 국어사전에서 '여가'는 '겨를, 짬 혹은 틈'을 의미하지만 우리나라를 포함한 한자 문화권에서 전통적으로 여가 현상은 독립적인 생활영역으로 인식하지 못했다. 이 말은 여가생활이 전통적으로 미미한 수준의 남는 시간 활용을 의미하는데 국한된다는 것을 뜻한다. 그러나 현대 사회에서 여가는 서구 사회의 leisure와 동격으로 사용되고 있다. 따라서 한자말의 의미를 풀어내는 방법보다 영어 단어 leisure의 뜻을 풀어보는 방법이 현대적 여가 개념을 이해하는 데 도움이 될 것이다.

(1) Leisure의 어원

대부분의 학문적 용어가 그러하듯 여가라는 말의 어원도 그리스/로마 시대의 언어에 근거하고 있다. 크게 세 가지 용어가 여가의 어원으로 알려져 있다. 첫째는 라틴어

Optium(또는 *otium*)으로서 이는 "아무것도 하지 않는 여분 혹은 한가로움, 휴식" 등으로 정의된다. 이는 무위활동상태(無爲活動狀態)를 뜻하며 소극적 관점을 반영한다. 영어단어 option의 어원으로 이해된다. 둘째 단어 *Licere*는 오늘날의 자유(free-)를 의미하는 것으로서 "허락된 것 혹은 자유롭게 된 것"을 뜻한다. 이 역시 적극적 행위의 반영은 없는 의미이며, 여가에 대한 소극적 정의의 근거가 된다. 이 어원으로부터 현대 영어의 licence(면허)가 생겨났다.

이와는 달리 그리스어 *Scolé*(또는 *schole*)는 학업(學業, school)의 고어(古語)로서 "평온, 평화, 학문, 철학, 창조적 활동" 등을 뜻하며, 자유재량과 자기향상 및 자기실현의 의미를 담고 있다. 처음 두 가지 용어에 비해 훨씬 적극적인 행위를 포함한다는 점에서 적극적 정신활동상태(精神活動狀態)의 의미를 내포한다. Licere 라는 단어가 scolé의 대체어로 사용되기도 했다고 하는데, 따라서 Licere라는 단어는 두 가지 의미를 담고 있었다고 한다.

이들과 반대되는 용어는 그리스어 a-scolia와 라틴어 neg-otium이 있다. 이들은 모두 바쁨, 작업, 노동 등의 의미가 있으며, 오늘날의 일, 직업, 생산 및 사업 등의 용어로 발전하였다. 흥미로운 점은 여가를 의미하는 scolé, otium 등의 단어에 접두어(a-, neg-)를 붙여 단어를 만들었다는 것인데, 이들 달리 해석하면 여가가 중심이고 일이나 노동은 그에 대한 부산물로 간주되었다는 것을 알 수 있다. 다시 말해 그리스 로마 시대에 여가는 생활의 중심으로 간주되었으며 일보다 더 중요한 것으로 인식되었음을 유추해 볼 수 있다. 그리스인들의 삶을 정리하였던 역사학자 E. Hamilton은 다음과 같이 말한다 :

"물론 합리적인 그리스인에게 여가가 주어진다면 그들은 그것을 어떤 사물에 대하여 생각하고 발견하는 데 활용할 것이다. 궁극적으로 여가와 지식의 추구 사이에는 불가분의 관계가 있었다" (*Shivers & deLisle, 1997, p.42*).

<표 3-1> 여가(LEISURE)의 어원과 의미(조현호, 2001:25 내용을 재정리)

	어원	원래 정의	현대적 정의	가치관	추구 방향성
Leisure	Otium	아무것도 하지 않음 여분 한가로움	남는 시간	소극적 의미	정신적/신체적 평형상태. 이완 추구
	Licere	허락됨 자유로움	나태 휴식 자유시간		
	Scolé	평화, 학문, 철학, 명상 및 창조	자유재량 자기향상 자기실현	적극적 의미	발전적 긴장추구

(2) 여가 개념의 종류

세 가지 어원에 근거한 여가 개념과 정의는 현대에 이르러 최소 3가지에서 최대 8가지까지 확장 분류된다. 이들 개념은 모두 산업혁명 이후 일과 노동의 장면이 구분되기 시작하면서 대두되기 시작했다. 여가 개념의 본질에 대한 이해가 달라지면서 여가활동의 분류 체계에도 학자들마다 견해가 다른 특징이 있다. 그러나 개념을 분류할 때는 분명하고 일관된 기준이 적용되어야 한다. 또한 범위가 분명히 명시되어야 한다. 분석의 단위를 고려한 접근방식으로 보면, 학자들이 제시한 기존의 여가 개념은 크게 세 가지로 분류하는 것이 타당해 보인다.

① 객관적/제도적 관점의 여가 개념

첫 번째는 객관적/제도적 관점의 접근으로서, 여가 현상을 비교적 '관찰가능한 단위'로 간주한다. 여기에는 최소한 두 가지 단위가 존재한다. 하나는 시간 단위로서 여가 개념이고, 다른 하나는 활동 단위로서 개념이다. 전통적으로 **사회학자들이나 경제학자들이 선호하는 방식이다.**

시간 단위로서 여가 : 여기서 시간 단위의 여가는 남는 시간(residual time)이거나 자유시간(free time)으로서 여가이다. 이러한 접근은 모두 하루의 일과를 시간 단위로 구분하고, 일이나 노동시간을 전제한 다음에 남는 시간을 고려한다. 그러므로 여가 개념을 정의하는 데 있어 노동이나 일을 삶의 중심으로 가정하는 것이다. 이러한 시간이 생활필수 시간이며 구속시간이라고 보는 것이다. 자유시간을 여가의 개념으로 정의하는 대표적인 학자로서 Kaplan(1960)은 현대 사회에서 발견할 수 있는 최소한 5가지 종류의 자유시간을 나열하였다:

- 부유한 사람들의 영구적이고 자발적인 여가
- 미취업자들의 간헐적이고 비자발적인 여가
- 취업자에게 정규적으로 할당된 자발적인 여가
- 장애인들의 영구적인 소외(permanent incapacity of the disabled)
- 노년기 자발적 은퇴 등

한편 Shivers & deLisle(1997)은 자유시간으로서 여가가 생기는 통로를 6가지로 분류하여 소개하고 있다:

- 첫째, 다른 경제적 생활수단(economic ownership)을 확보함으로써 생활을 위하여 노동을 하지 않아도 되는 경우
- 둘째, 기술적 진보(technological advance)를 통해 노동 시간과 노고를 줄일 수 있는 경우
- 셋째, 의도적인 업무 지연(procrastination)을 통해 확보한 자유재량 시간(즉, 급한 일을 미뤄두는 것)
- 넷째, 제한되거나 강요된 게으름(restriction or enforced idleness)의 시간 (즉, 수감자 또는 입원환자)
- 다섯째, 은퇴 후 시간
- 여섯째, 생존 필수 활동이나 숙제 완결 후 남는 재량 시간(즉, 아이들의 경우) 등

남는 시간이냐 자유시간이냐 대한 논쟁도 여전히 존재한다. 굳이 적극성의 여부를 놓고 보면, 남는 시간이라는 의미보다는 자유시간이라는 표현이 상대적으로 적극적

방향성을 내포한다. 다시 말해, 자유재량의 의미를 강조한다는 점에서 남는 시간보다 자유시간의 관점에는 여가의 가치를 격상시키려는 의도가 있다. 남는 시간의 수준에서 여가 현상은 비도덕적인 측면을 포함할 수도 있다. 예컨대 유명한 저서 "유한계급론(The leisure class)"을 저술한 Thorstein Veblen(1899)은 여가를 '비생산적인 시간 소비'(nonproductive consumption of time, p.46)라고 정의하면서, 결국 부유한 이들의 남는 시간 수준에 불과하다고 비판한다.

남는 시간이든 자유시간이든 이러한 접근은 다분히 사회학적 혹은 경제학적 접근이라고 할 수 있으며, 주로 실용주의를 표방하는 미국의 여가사회학자들의 입장이며, 강단사회학적 관점이다.

활동 단위로서 여가 : 여가 개념을 시간이 아닌 활동의 단위로 인식하는 사람들도 있다. 이러한 관점의 최초 주장자는 아마도 Dumazedier(1960) 로 인정된다. 그는 여가를 남는 시간 그 자체가 아니라 "남는 시간에 자유의지로 수행하는 활동"으로서 여가 개념을 정의하였다. 그의 주장을 따르면, 우리에겐 직업이나 가족 혹은 사회적 책무로부터 벗어난 상태의 자유 의지에 의해 수행하는 많은 일들이 있는데 그것들은 휴식을 위하여, 즐기기 위하여, 지식 활동이나 취미로서 자기 연마를 위하여 혹은 공동체적 삶을 위한 사회봉사 등을 포함한다. 이러한 모든 자유 의지의 수행 활동을 여가라고 본다. 이러한 접근은 시간에 비해 훨씬 그 단위의 범위가 줄어든 것이다. 일련의 행동 과정 즉, '시작과 끝이 있는 자유의지의 단위'로서 '활동'을 여가 개념의 중심으로 보았다는 점에서 구체화한

것이다. 역시 미국의 여가사회학자 Kelly(1996)가 이러한 관점의 대표적인 학자이다. 다만 시간 단위의 관점에서처럼 노동이나 일을 인생의 중심으로 간주한다는 점에서 전제가 일치한다.

그러나 여가를 '자유시간이나 남는 시간에 수행하는 자유재량 활동'으로 보는 관점은 행위자의 주관적 입장을 고려하는 것처럼 보이나 실제적으로는 범주화의 오류를 범하는 경우가 많다. 활동으로서 여가 개념을 정의하는 이유는 제도적으로 관리가 용이하기 때문인데 따라서 종종 동일한 명칭을 단 하나의 범주로 분류해버리는 오류를 범한다. 예컨대 게임은 일반적으로 여가활동의 범주에 포함되지만 프로게이머에게 게임은 노동일 수 있다. 필자의 경우 글쓰기는 종종 즐거운 여가활동이지만 또 다른 날에는 귀찮은 노동일 뿐이다. 그래서 활동으로서 여가 개념은 행위자의 관점이라기보다 관찰자의 관점이며 정작 시간을 보내거나 활동을 수행하는 행위자의 주관적 입장은 배제되고 있다.

〈표 3-2〉 접근 방식에 따른 여가 개념의 분류

관점	단위	정의	학문적 근거	장점	단점
객관적 관점(이분법적)	시간	남는 시간	사회학 경제학	비모수 통계 제도적 관리 노동과 대비	행위자 무시 상황 무시
		자유시간			
	활동	자유 활동			
주관적 관점 (다원적/상대적)	마음 상태	경험의 의미	심리학 철학	행위자 중심 노동과 양립가능	관리 어려움

② 주관적/행위자 관점의 접근(철학적/심리학적 관점)

객관적 관점과 달리 행위자의 주관적 관점을 중시하는 접근 방식에서는 여가를 상대적 개념으로 인식한다. 여가는 일이나 노동으로부터 완전히 분리된 것이 아니기 때문에 이분법적으로 여가냐 아니냐를 말할 수 없다고 본다. 행위자의 마음상태가 그 경험을 여가로 보느냐 아니냐가 중요한 기준이며, 행위의 목적이 가장 중요하다. 이러한 접근은 다시 존재론적/철학적 관점과 심리학적 관점으로 구분된다. 물론 두 가지 세부적인 접근이 명확히 구분되는 것은 아니고 단지 경험적 기준(empirical criteria)을 제시할 수 있느냐의 여부에 따라 구분될 뿐이다.

존재/마음의 상태로서 여가 : 여가를 존재 혹은 마음의 상태로 간주하는 관점은 이미 말한 고대 그리스 철학에 근거를 두고 있다. 삶의 목적으로서 행복은 곧 여가 기회를 통해서만 가능하다고 보는 아리스토텔레스의 관점이 반영된 것이다. 이런 관점에서는 마음과 정신수양의 상태가 곧 여가이며, 어떤 일정량의 시간을 여가활동으로 할당하는 순간 이미 행복은 제한된 것으로 인식된다. 다시 말해 시간의 단위를 초월한 의미로서 마음의 상태, 즉 자유정신, 명상, 자유의지가 여가인 것이다. 이러한 관점은 특히 종교적 명상을 주장한 J. Pieper(1952) 에 의해 강하게 주장되고 있다. 그의 관점에서 여가란 곧 정신적, 영적 태도(attitude)이며 시간이나 제도와 같은 외적 조건에 의해 결정되는 불가피한 결과물이 아니라 마음의 자세 혹은 영역 조건 그 자체이다3). 현대적 의미의 행복 철학을 설파하고 실천한 Bertrand Russell(1932) 역시 이러한 관점을 지지한다. 러셀에게 있어서 열정의 원동력은 사랑, 지식, 그리고 인류에 대한 연민이었으며, 그 중에서도 그의 삶을 지탱하게 했던 가장 중요한 원천은 지식 탐구였다고 한다. 이러한 접근은 생활의 이상적 모습을 염두에 둔 규범적 접근(normative approach)이라고 할 수 있다.

심리적 조건으로서 여가 : 주관적 접근 중에서도 심리학적 관점은 특히 인식론에 근거하고 있다. 여가가 마음의 상태이긴 하나 어떤 기준의 마음의 상태인가 하는 것이 중요하다. 경험주의적 접근을 표방하는 심리학의 관점에서 여가를 분류하는 마음의 상태는 반드시 영적 태도이거나 자기 개발의 방향을 의미하는 것은 아니다. 다시 말해 규범적 접근이 아니라 행위자의 주관적 관점에 근거하는 것이다.

만약 행위자가 최소한 두 가지 기준을 확보하고 있다고 믿는다면 그것은 곧 여가로 분류하여도 된다. 그것이 시간이든, 활동이든, 경험 그 자체든 간에 그 행위를 스스로

---

3) J. Peiper의 논점은 제13장에서 다시 정리하였다.

선택하여 결정하였는가의 여부(즉, self-determination: 자기결정감), 그리고 행위의 목적이 내재적 보상을 추구하는 동기 상태(즉, intrinsic motivation: 내재적 동기)를 확보하였는가의 여부이다. 이 두 가지 조건을 확보한 경험이라면 그것이 신체적 활동이든 정신적 활동이든 혹은 직업이든 혹은 그런 시간이든 여가 상태가 된다. 이러한 관점은 여가심리학자 Neulinger(1974)에 의해 최초로 정리되었다. 이러한 관점은 존재론적 접근에 비해 훨씬 구체적인 정의 방식이며, 모든 인간 경험을 상대적 기준에서 여가적 속성을 지니고 있는 수준으로 분류 가능하다고 본다. 나중에 보게 되겠지만, 이러한 기준에서는 세상의 모든 경험이 순수 여가(pure leisure)에서 순수 직업(pure job)에 이르기까지 상대적으로 배열하는 것이 가능하다.

③ 두 가지 관점의 장단점

여가 개념의 정의와 분류에 절대적이며 객관적인 기준을 적용할 수 있을까? 아니면 주관적이며 상대적인 기준으로 여가 개념을 정의하는 것이 과연 문제는 없을까? 이러한 질문은 여가 현상을 연구하는 모든 이들의 과제가 아닐 수 없다. 각각의 관점은 나름대로 장점과 단점을 모두 지니고 있다. 어떤 장면에서 연구하느냐에 따라 각각의 관점을 달리 차용할 수도 있다. 여기서는 객관적 관점과 주관적 관점의 장단점을 정리하기로 한다.

객관적 정의의 장단점 : 이러한 관점은 이미 말한 것처럼 사회학적 혹은 경제학적 관점이라고 할 수 있는데 사회학 사전에 의하면, 여가는 "1일 24시간 중 노동, 수면, 기타 필수적인 것에 바쳐진 시간을 제외한 잉여시간(surplus time)"으로 규정된다. 여가를 시간 단위로 보거나, 자유재량 활동으로 보는 관점의 가장 중요한 장점은 계량화가 가능하다는 것이다. 계량화란 곧 통계 자료로 활용할 수 있다는 것을 의미하는 바, 다른 관리적 접근을 가능하게 한다. 우선 중앙정부나 지방정부의 입장에서 제도적 관리를 하는데 객관적인 자료를 제공할 수 있다. 가령, 노동시간을 구분하고 남는 시간이나 자유시간을 설정할 때, 그것은 제도적으로 얼마나 복지 사회에 다가가고 있는가를 가늠하는 객관적인 기준이 될 수 있다. 개인적인 수준의 하루를 24시간으로 나누고 하루중에 노동시간, 가정 필수시간 그리고 남는 시간을 구분하면 시간예산(time-budget)

을 설정하는 데 도움을 줄 수 있다. 시간예산 설정이 계획성 있는 삶을 살아가는 데 도움이 된다는 것은 이미 잘 알려져 있다.

계량화가 가능한 것은 시간만이 아니다. 남는 시간이나 자유시간에 수행하는 자유활동으로 여가 개념을 정의하더라도 활동의 유형을 분류하면 그 빈도를 추적할 수 있다. 다시 말해 자유활동으로 정의하는 방식도 시간 단위의 접근과 유사한 장점을 지닌다. 특히 활동 단위로 여가를 정의하는 접근은 사회학자들, 경제학자들이나 체육/레크리에이션 전문가들 사이에서 유행하고 있다. 이러한 관점에서는 국민의 여가활동 유형을 빈도 분석하는 것이 가능하다. 그래서 가령 등산, 수영, 테니스, TV 시청 등이 주요 여가활동으로 분류되기도 하고, 다른 유형의 활동들이 덜 비중 있는 것으로 구분되기도 한다. 이런 분류가 가능하면 선진국의 주요 여가활동 유형과 우리나라의 그것을 비교하는 것이 가능하고, 나아가 세부 집단별 비교나, 시대별 비교도 가능해진다. 이러한 비교는 당연히 계량화에 이은 제도적 관리의 장점이라고 할 수 있다.

그러나 이러한 객관적 접근은 그 자체로서 중대한 한계를 지니고 있다. 실제로 계량화 가능성이 말처럼 쉬운 것이 아니다. 가령, 하루 중에 보내는 시간 중에는 그것이 일인지, 생활필수 시간인지, 혹은 남는 시간인지를 구분하기가 어려운 경우가 더 많다. 하루 중에 수행하는 활동도 마찬가지이다. 그 활동이 자유재량 활동인지 아니면 의무나 강제 혹은 필수에 의한 활동인지를 양분하기는 실제로 어렵다. 예술가가 예술행위를 하는 것은 자유활동인가, 아니면 남는 시간에 수행하는 것인가, 그것도 아니면 생존을 위한 전략인가? 가정주부가 가사활동을 하는 것은 정말 자유의지가 없는 순수한 생활필수 활동이며 시간인가? 대학교수가 연구실에서 연구하는 것은 일인가 여가인가? 이런 종류의 질문은 수 없이 많다. 의사의 처방에 따라 등산과 같은 운동을 한다면 그것은 여가인가 아니면 단지 치료인가? 이런 질문에 명쾌하게 답변할 수 없다면, 여가를 남는 시간이나 자유활동으로 제한하는 것은 한계가 될 수밖에 없다. 불명료한 실체에 대하여 계량화를 시도하는 것 자체가 오류이기 때문이다.

객관적 관점의 두 번째 문제는 바로 "자유(freedom)"라는 용어 자체에 있다. 자유와 자유가 아닌 것을 이분법적으로 구분할 수 있을까? 실제로 우리가 보내는 많은 시간이나 수행하는 많은 활동 속에는 자유의지가 개입되었을 가능성이 많다. 그렇다고 해서 절대적 의미의 자유 상태가 성립할 수 있을까? 환경이나 제도 및 사회적 관계로부터 영향을 받지 않는 시간이나 경험이 존재한다고 믿는다면 그것은 오해일 뿐이다. 이렇게 보면 자유의지란 절대적 의미가 아닌 상대적 개념으로 이해하여야 하며, 따라서 자유(freedom)라는 용어 대신 '지각된 자유감(perceived freedom)'이 더 타당한 표현이 된다.

사회학자들이나 경제학자들에 의해 이루어지는 여가와 여가가 아닌 것을 이분법적으로 구분하려는 시도는 사실 일 중심의 세계관을 반영한다. 산업혁명 이후 공간적으로 일터(즉, 공장)가 구분되기 시작하였고, 일은 생존을 위한 보편적인 수단으로 인식되었다. 일터가 아닌 가정이나 사회적 환경 맥락은 비노동 공간이 된다. 다시 말해 일과 여가를 구분하려는 전통은 산업사회의 산물이며, 이러한 구분은 다시 제도적 면에서 상당한 실용적 시사점이 있었지만, 일터와 놀이터가 구분되지 않는 전문직이나 자유직 혹은 가정주부 등의 생활에는 잘 맞지 않는다. 그래서 산업혁명 이후 근대 사회의 여가 개념은 직업을 가지거나 경제사회적으로 지배적 위치에 있는 남성의 여가를 반영할 수는 있으나 여성을 포함한 소수자의 여가를 이해하는 데 한계가 있다는 비판도 있다(Godbey, 2003, p.35).

주관적 정의의 장단점 : 주관적 정의는 객관적 정의의 단점을 모두 상쇄한다. 관찰자 입장이 아니라 행위자의 입장에서 여가 개념을 이해하려는 시도이기 때문에 보다 더 사실에 가깝다는 장점이 있다. 여가 주체인 행위자의 행위 목적에 근거한다는 점에서 주체를 이해하는 데 도움이 된다. 이러한 관점은 인간을 적극적 행위의 주체로 인식한다는 점에서 인본주의적 철학을 담고 있다. 남는 시간이나 주어진 시간을 보내는 존재가 아니라는 뜻이다. 이러한 측면이 바로 인간 이해의 가치관으로 볼 때 장점이 된다.

물론 존재론적 관점 즉 철학적 관점에서 보는 여가는 측정 가능한 대상이 아니다. 존재 상태 그 자체를 여가로 인식하기 때문에 그것을 단편적으로 계량화하는 시도 자체가 모순이기 때문이다. 그러므로 역설적으로 존재론적 관점의 가장 큰 단점은 여가 현상을 계량화할 수 없다는 것이며, 따라서 계량화에 근거한 제도적 관리의 어려움을 극복할 수 없다.

그런데 마음의 상태로 인식하는 심리학적 관점에서는 여가와 여가가 아닌 것을 구분할 수 있는 기준을 제시한다. 다시 말해 행위자의 행위 결정이 누군가에 의해 이루어졌다고 지각하는가의 문제, 그리고 그 행위의 목적이 무엇인가의 기준에 의해 모든 인간 활동이나 경험을 이분법이 아니라 다차원적으로 구분한다. 이러한 접근은 철학적 접근이 지니고 있는 비계량화의 한계를 어느 정도 극복하게 해준다. 즉 상대적 계량화가 가능하다는 장점이 있다. 심리학적 기준에서 인간의 모든 경험이나 활동은 그것의 동기에 의해 결정되는 것이며 동기가 무엇이냐에 따라 '순수 여가(pure leisure)', '반여가(semi-leisure)', '순수 노동(pure work/job)' 등으로 분류할 수 있다고 본다. 이러한 이유 때문에 초기 여가문화학자인 de Grazia(1962)는 "누구나 남는 시간을 가질 수 있으나 여가를 경험할 수 있는 사람은 많지 않다."고 말한다.

특히 앞서 말한 절대적 자유 개념 대신에 "지각된 자유감"과 "내재적 동기"라는 개념을 그 기준으로 삼고 있기 때문에 행위자의 입장을 훨씬 많이 고려한 접근이 된다. 그러나 객관적 관점의 정의와 비교할 때, 상대적 수준의 심리적 상태는 일관된 측정 수준을 설정하기 어렵다는 점에서 여가와 여가가 아닌 것을 구분하는데 여전히 한계가 있다. 이러한 관점에서는 어떤 일정한 경험이나 활동에 대하여 여가적 속성을 얼마나 강하게 보유하고 있느냐에 따라 그것을 상대적으로 비교하는 것만이 가능하다. 결국 상대적으로 다소 복잡한 기준이 될 수 있다.

④ 통합적 접근

대표적인 두 가지 관점 외에도 몇몇 학자들은 다른 차원에서 여가 현상을 이해하고자 하였다. 가령, 베블린(T. Veblen, 1899)은 여가를 남는 시간의 범위에서 이해하였으나, 일종의 계급 구분의 기준으로 인식하고 있으며, 이 때 여가는 일종의 소비행위로서 현시적/상징적 소비의 특징을 지닌다. 다시 말해서 경제적 부를 확보한 부르주아 계급은 한가한 사람들이며, 단지 돈을 품위 있게 사용하는 방법에 몰두하게 되고, 소비행위 자체를 통해 인생의 만족을 추구하며, 그런 소비행위의 두드러진 특징이 곧 현시적 소비(conspicuous consumption)라는 것이다. 그러므로 이런 관점에서는 노동자를 포함한 소수자들의 여가는 거의 없는 것이며, 소수자들은 특권계급의 소비행동 양식을 모방하는 게 여가의 전부가 된다고 본다.

여가를 즐길 수 있는 존재는 특권계층에 국한된다. 결국, 여가소비는 자본주의가 만들어낸 향락적 현상일 뿐이라고 본다. 이런 접근방식은 사회주의 이념과 일맥상통한다. 그러나 이러한 관점은 지나치게 여가를 부정적인 것으로 인식하는 것이며, 초기 철학자들이 주장했던 자기본위, 자기 수양, 자기 계발과 같은 인본주의적 요소를 배제하고 있다. 또한 여가 개념에 대한 명확한 정의를 제시하기보다는 자본주의 체제가 지닌 사회적 현상의 일부만을 고려하고 있다는 점에서 매우 제한적이다. 물론 이러한 관점은 나중에 네오 맑시즘을 따르는 유럽의 사회문화학자들에 의해 더 심도 있는 이론으로 발전하게 된다.

자유 활동 및 상대적 경험을 동시에 고려한 시간 단위로 여가 개념을 정의하는 경우도 있다. 예를 들어 Gist와 Fever는 노동과 그 밖의 의무적인 일로부터 해방되어 자유로이 긴장을 풀며, 기분전환을 하고 사회적 성취를 추구하고, 자기 발전을 위해 사용할 수 있는 시간으로 여가 개념을 정의하였고, P. Weiss는 시간 개념과 심리적 상태를 결합하여 일과 후의 남는 시간을 가장 적절히 사용하는 것을 여가로 보았으며, 시간 그 자체라기보다 가치를 부여하고 목표를 설정하여 최선의 상태에 이르기 위해 노력하는 시간을 갖는 것이라고 보았다(이수길 등, 2003:9-10, 재인용). 이러한 접근은 단순히 잉여시간이나 남는 시간(residual time)으로 정의하는 것보다 진전된 것이다. 그러나 여전히 시간 단위로 초점을 두고 있고, 행위목적의 유형을 구체적으로 한정하였다는 점에서 더 제한적인 범위로 여가 개념을 규정하고 있는 셈이다. 결국 단순한 시간 이상

의 가치를 부여하는 것이긴 하나 이상적이고 도덕적인 규범이 개입된 관점이다. 다시 말해 이런 관점에서 보면, 현시적 소비와 같은 것은 가치로운 것이 아니기 때문에 진정한 여가가 아닐 수 있다.

여가가 긍정적인 것이냐 아니면 부정적인 것이냐를 가늠하는 가치기준을 설정하는 것은 사실 객관적 학문의 입장이 아니다. 과학의 가장 중요한 기준 중 하나는 바로 가치중립이기 때문이다. 사실을 있는 그대로 이해하고 설명하는 것이야말로 객관적 학문의 첫째 단계이다. 그러므로 여가 현상의 본질을 그대로 설명하고 정의하는 것이야말로 여가학의 가장 중요한 조건이 된다.

⑤ 여가는 적극적 개념인가 소극적 개념인가?

여러 가지 여가 개념이 제안되고 논의되어 왔지만, 핵심적인 차별점은 자유재량 시간이냐, 아니면 심리적 조건(즉, 지각된 자유감과 내재적 동기의 여부)의 상태냐 하는 문제이다. 왜냐하면 활동으로 정의하는 경우에도 자유재량이나 남는 시간을 가정하고 있고, 통합적 관점 역시 자유재량의 시간이라는 조건을 가정하고 있기 때문이다. 그런데 심리적 조건으로서 여가 개념의 정의 방식은 시간이나 활동을 선결조건으로 보는 게 아니라 오히려 후속 경험 맥락으로 간주한다. 즉, 자유의지의 발로와 내재적 동기의 발현이 시간과 활동을 결정할 수 있다는 논리를 가능하게 한다.

반면 자유재량 시간이거나 남는 시간이라는 표현에서 '자유재량'의 의미는 행위자의 의지를 행위의 선행 조건이 아니라 다른 강제/속박이 허용한 부산물 수준에서 평가된다. 그러므로 소위 객관적 관점의 자유재량 시간이나 남는 시간 혹은 자유활동의 정의 방식은 심리학적 정의 방식과 비교하여 여가행위를 소극적 수준에서 이해하려는 시도라고 할 수 있다. 다른 말로 하면 이들 객관적 관점의 접근은 이런 산업사회의 가치관인 '노동중심의 세계관'을 반영한다. 반면 경험 상태로서 여가 개념은 여가중심의 가치관을 반영하며 적극적인 인간관을 표방하고 있다. 다음과 같은 질문에 대한 답이 힌트를 제공할 것이다:

"후기산업사회를 살아가는 우리의 여가는 과연 의지의 발로인가 아니면 주어진 것인가?"

2 상대성 개념으로서 여가 현상

현대의 여가학자들은 어떤 하나의 경험과정이나 활동을 여가인가 아닌가로 구분하기 위하여 행위자의 관점에 주목하여야 한다고 주장한다. 이들은 다분히 기존 심리학적 개념들을 활용하여 행위자의 지각 상태를 묘사하고, 이에 근거하여 구성개념을 정의하고, 여가와 비여가를 이분법적으로 나누지 않는다. 다시 여가를 행위자의 기준에서 상대적 개념으로 인식하고 있는 것이다. 현대적 의미의 여가 개념은 그래서 일 중심의 가치관이 아니라 인본 혹은 복지 중심의 세계관을 반영한다고 말할 수 있다.

(1) 여가 개념의 상대적 기준

여가 개념의 상대적 기준에 대하여 몇몇 학자들은 서로 다른 용어를 사용하여 설명한다. 그러나 사용하는 용어가 다를 뿐 의미는 비슷한 면이 많다. 대표적인 주장들을 간단히 살펴보자.

① Neulinger(1974, 1981a,b)의 관점

Neulinger는 미국의 심리학자로서 여가 행동을 심리학적으로 분석한 최초의 선구자라고 할 수 있다. 두 번에 걸친 저서에서 그는 여가 현상을 진단하는 가장 중요한 심리적 기준을 제시하였으며, 인간 현상은 여가와 여가가 아닌 것으로 양분할 수 있는 게 아니라 상대적으로 분류하는 것이 가능할 뿐이라고 보았다. Neulinger의 개념 틀은 다음 장에서 구체적으로 다루고 여기서는 소개 수준에서 요약하여 기술한다.

첫째 기준은 어떤 행위의 참여 여부에 대한 결정이 스스로에 의한 것인가 아니면 타인이나 제도의 강제에 의한 것인가의 차원이다. 이를 심리학의 용어로 말하면 자기결정감(self-determination)이라고 하며, 개인이 지각하는 수준에서 **"지각된 자유감 (perceived freedom)"** 이라고 한다. 이미 말한 것처럼 자유라는 개념은 절대적인 의미를 가질 수 없다는 점에서 상대적 수준에서 스스로 "지각한(perceived)" 의미의 자유가 될 수밖에 없다[4].

두 번째 기준은 수행하는 행위의 목적이 내재적 보상(intrinsic reward)을 추구하는

가 아니면 외재적 보상(extrinsic reward)을 추구하는가의 여부이다. 내재적 보상을 추구하는 목적을 가지게 되면 이런 마음 상태를 '**내재적 동기**(intrinsic motivation)'라고 부른다. 반대로 외재적 보상을 추구하는 동기 상태는 '**외재적 동기**(extrinsic motivation)'라고 한다. 가령, 축제에 참여하는 것이 축제의 여러 가지 즐거움을 얻기 위한 것이라면 내재적 동기 상태가 되는 것이고, 축제 참여를 통해 돈을 벌 수 있다고 생각한다면 이는 외재적 동기가 된다.

결국 이 두 가지 심리적 차원의 조합에 의해 최소한 4가지 유형의 행동양식이 구분된다. 다음 장에서 구체적으로 살펴보겠지만 이러한 유형은 '순수 여가' 상태에서 '순수 직업' 상태까지 다양한 양식을 반영하고 있고, 인간의 모든 경험과 활동이 주관적 지각 상태에 근거하여 객관적으로 나열하는 것이 가능하다는 장점이 있다. 무엇보다도 Neulinger의 여가 모형은 여가의 상대적 개념을 체계적으로 정립하는 데 큰 공헌을 하였다는 의의가 있다.

② J. Kelly(1982, 1996)의 관점

Kelly는 미국의 대표적인 여가사회학자임에도 불구하고 전통적인 유럽의 사회학자들과는 다른 관점에서 상대적 기준을 중시하였다. 그는 "일정한 형식을 갖춘 활동은 언제나 완전한 여가가 될 수 없다. 거의 모든 것들은 어떤 조건이 전제되는 한 어느 정도의 강제성을 포함하기 마련이다. 〈중략〉 여가는 시간 속에 있는 게 아니며, 행위 속에 있는 것도 아니다. 여가란 행위자의 마음 속에 있다"고 말한다(Kelly, 1982, pp. 21-22). 이러한 주장은 여가의 상대적 속성을 강조하는 것이며, 특히 행위를 둘러싼 '사회적 맥락(social context)'을 어떻게 경험하느냐에 따라 여가의 정도를 가늠할 수 있다고 본다.

Kelly가 제안한 두 가지 기준은 각각 "*자유선택의 기회*"와 "*의미 지각*"이다. 전자는 이미 de Grazia나 Neulinger가 말한 '지각된 자유감'의 다른 표현이다. 다시 말해서 스스로 선택한 느낌이 곧 자유선택의 기회로 인식되며, 이런 조건에서 행위자는 여가 경험을 지각한다는 것이다. 후자인 '의미 지각'은 다소 어려운 개념인데, 행위자가 자

---

4) '지각된 자유감'은 적극성 기준에서 '자기결정감'과 '해방감'으로 구분할 수 있다.

신이 수행하는 경험의 가치를 활동의 내적 구조에서 찾느냐, 아니면 활동을 둘러싼 사회적 맥락에 근거해서 찾느냐의 여부를 말한다. 활동의 내적 의미란 결국 행위자와 활동 사이의 직접적인 관계를 지각하는 것을 뜻하는 반면, 사회적 맥락에서 의미를 찾는다는 것은 행위 주체자와 활동 사이에 다른 사람이나 구조, 제도 등이 개입되어 있는 것을 말한다. 그만큼 활동과 개인은 덜 직접적인 관계에 놓이게 된다. 이런 개념은 다소 복잡한 것이긴 하나 이미 말한 지각된 자유감과 내재적 동기의 차원을 확장한 의미로 해석할 수 있다. 그러나 다소 불명료한 용어를 활용하였다는 점을 지적할 수 있다.

③ Samdahl(1988)의 관점

사회심리학자인 Samdahl(1988)은 '상징적 상호작용주의'에 근거하여 여가 개념을 이해하고 있다. 그 역시 Kelly처럼 사회적 맥락을 중시하였는데, 그가 제시한 상대적 기준 역시 Neulinger의 개념 틀 내에서 이해할 수 있다. Samdahl이 제안한 두 가지 기준은 각각 **"역할제약(role constraint)의 여부"**와 **"자기표현(self-expression)의 기회"**이다.

여기서 말한 역할제약의 여부란 자유 선택의 의미가 확장된 개념이다. 다시 말해 자신이 수행하는 역할이 제약을 받는다고 지각하느냐의 여부이며, 결국 지각된 자유감의 다른 표현이라고 볼 수 있다. 두 번째 차원인 "자기표현"은 가치 표현의 기회를 의미하며 자신이 가지고 있는 신체적, 경제적, 정신적 이미지나 가치 및 신념을 어떤 활동 경험으로 표현할 수 있느냐의 여부를 뜻한다. 나중에 보겠지만 여가활동은 사실 가치표현의 기회이며, 가치표현의 여부는 다시 중요한 내재적 보상이 된다는 점에서 이런 개념은 일리가 있다. 그러나 가치표현의 경험은 내재적 보상 중 극히 일부에 불과하다는 면에서 이런 개념적 틀은 제한적이라고 하겠다.

④ G. Godbey(2003)의 관점

Godbey는 앞에서 고찰하였던 다양한 관점의 여가 개념을 소개하면서, 여러 관점의 여가 개념들이 각각 한계를 지니고 있을 뿐 아니라 역사적으로도 사회적 불평등의 문제를 내포하고 있음을 지적하였다. 다시 말해 여가의 역사에서 거의 모든 연구는 남성의 여가 시간 혹은 고용노동과 여가의 관계를 탐구하는 수준에 머무르고 있으며, 결국 노동력을 가진 남성 중심의 여가만을 고려한 한계가 있다고 지적한다. 결과적으로 우리는 여가의 의미를 남성 중심으로 이해하고 있다고 본다.

Godbey는 여가라는 현상을 현대 사회에서 문화 보편적으로 적용하는 것도 어렵다고 지적한다. 비교 문화의 측면에서 보면, 집단주의 성향이 강해서 사회질서와 조화 및 사회적 요구에 부응하는 아시아인들에 비해, 서양인들은 개인주의가 강하고 개인적 성취와 표현의 자유를 강조하는 경향이 있다. 나아가 아시아인들은 출세와 같이 일을 통한 성취와 만족을 추구하는 반면 서양인들은 일과 여가를 각각 독립적으로 추구하는 경향이 있다고 지적한다. 그러므로 서양의 현대 학문에서 도출된 여가 개념이 문화 보편적으로 적용할 수 있다는 관점이 문제라는 것이다.

이런 비판을 거쳐 Godbey(2003)는 여가 개념을 다음과 같이 제안하였다 : "여가는 개인적으로 즐겁고, 직관적으로 가치있고, 신념에 대한 기초를 제공하는 방식으로, 내부에서 생겨나는 지고의 사랑으로부터 행동할 수 있도록 문화와 물리적 환경이라는 외적 강제로부터 상대적 자유를 누리며 사는 것이다"(권두승 등 공역, 2005, p.37).

그러나 불행하게도 이런 진술은 모호해서 무슨 뜻인지 이해하기 쉽지 않다. 그가 부연 설명한 진술을 검토해보면, 결국 핵심적인 두 가지 요소를 지적한다. 하나는 상대적 자유(relative freedom)의 개념으로서, 어떤 강제로부터 벗어나는 자유(freedom from ~)와 다른 무엇인가를 추구하는 자유(freedom to ~) 사이의 범위 조건이 요구된다. 둘째는 행위 동기로서 "내면적으로 강렬해서 거부할 수 없는 수준의 사랑 (internally compelling love)"에 의해 수행하게 될 만큼 '직관적으로 가치 있는 활동'이어야만 여가라고 할 수 있다. 어떤 활동에 대한 사랑이 강렬하면 그 경험을 정당화할 필요가 없을 만큼 신뢰가 생긴다고 주장한다(즉, 어떤 다른 이유를 찾을 필요가 없다는 의미이다).

그런데 Godbey(2003)의 이런 주장은 이미 앞에서 정리된 '지각된 자유감'과 '내재적 동기'의 개념적 범위를 벗어나지 않는다. 상대적 자유의 개념은 지각된 자유의 다른 표현에 불과하고, 그의 표현 "내면적으로 강렬해서 거부할 수 없는 사랑"이 이미 그가 지적한 것처럼 내적 동기(internal motivation)를 포함할 뿐 아니라, 내면화된 동기(internalized motivation)라면 그 자체가 내재적 동기의 요소이기 때문이다 (Ryan & Deci, 2000). 결국 Godbey의 여가 개념 역시 Neulinger의 개념적 틀 안에서 정리된다.

(2) 여가 개념의 공통 요소와 통합적 정의

여가 개념의 절대적 기준과 상대적 기준에 대한 여러 가지 관점은 각각 장단점을 지니고 있다. 행위자의 입장을 고려한다는 점에서 절대적 기준보다 상대적 기준이 보편적 적용에 더 타당할 수 있다. 그리고 사용하는 용어는 다르지만 여가 현상을 행위자 수준에서 설명하기 위한 여러 학자들의 구분 기준은 주관적 경험을 강조하는 유사성이 있다.

그 중에서도 Neulinger의 개념적 틀은 이해하기 쉽고 행위자의 경험에 대한 주관적 지각을 상대적으로 측정 가능한 수준에서 정의하고 있다. 상대적 개념을 허용하는 여가학자들의 다른 주장도 표현이 조금 다를 뿐 Neulinger의 여가 개념 울타리에 포함된다. 결국 "여가"란 '경험이라는 마음의 상태이며 그 마음의 핵심은 지각된 자유감과 내재적 동기의 정도'라고 할 수 있다(성영신, 고동우, 정준호, 1996a). 이를 좀 더 풀어서 표현하면, 여가는 **"행위자가 경험 과정의 내재적 보상을 추구하기 위하여 비교적 자유롭게 결정하여 참여할 때의 마음 상태"**라고 정의할 수 있다.

그런데 '경험으로서 여가 현상'에 직접적으로 영향을 미치거나 결정하는 수준의 맥락이나 조건이 있을 수 있다. 다시 말해 일정한 시간이나 활동 단위의 맥락은 종종 경험으로서 여가의 범위를 쉽게 구분할 수 있도록 도와준다. 사회적, 개인적 여가 현상을 이해하는 데 있어서 단위를 설정한다면 관련 지식을 공유하기 쉽다는 점에서, 몇 가지 용어를 구분하여 사용할 필요가 있다. 연구 단위로서 일련의 행동과정(behavioral process)은 소위 활동(activity)이라고 규정한다. 그러므로 여가활동이란 여가 경험 (즉, 마음 상태)이 이루어지는 일련의 행동 집합이며, 그 과정은 시작과 끝을 가지고 있다. 이런 점을 고려하여 성영신 등(1996a)은 "여가활동"을 '개인이 어떤 즉각적이고 주관적인 경험을 얻기 위하여 비교적 자유롭게 선택하여 참여하는 모든 활동'이라고 정의한 바 있다. 그러나 내재적 동기의 목표인 내재적 보상이 반드시 "즉각적"이어야 할 이유는 없어 보인다. 그러므로 지각된 자유와 내재적 보상의 조건 경험을 더 명확하게 표현하여 **여가활동**을 수정하여 정의하면, **"개인이 어떤 내재적 보상을 구하기 위하**

여 비교적 자유롭게 선택하여 참여하는 일련의 활동"이라고 할 수 있겠다.

이렇게 여가와 여가활동을 정의하면 자연스럽게 여가시간이라는 개념도 정의 가능하다. 이미 말한 것처럼 절대적 의미의 자유 시간은 누구에게도 존재하지 않는다는 점에서 여가시간이 곧 자유시간이라고 말할 수는 없다. 오히려 앞에서 정의한 여가활동이 가능한 시간이야말로 "여가시간"이 될 수 있고, 이 역시 상대적 개념이 된다.

여가, 여가활동 및 여가시간의 개념을 구분하여 상대적 수준에서 정의하면, 이미 논란이 있었던 외현적 조건(시간, 활동)과 심리적 조건을 두루 고려하는 포괄성을 지니게 된다. 이런 기준에서 보면 수영, 등산, 게임, 독서, 인터넷 활동 등 여러 인간 활동은 행위자의 자유의지와 행위 목적에 따라 여가(leisure) 활동이 될 수도 있고 일(work) 혹은 직업(job)이 될 수도 있다. 정리하면 〈표 3-3〉처럼 '여가' 개념을 중심으로 여가활동과 여가시간을 맥락적으로 정의, 요약할 수 있다.

〈표 3-3〉여가 개념의 정의

여가	"행위자가 경험 과정의 내재적 보상을 추구하기 위하여 비교적 자유롭게 결정하여 참여할 때의 마음 상태"
여가활동	"개인이 어떤 내재적 보상을 구하기 위하여 비교적 자유롭게 선택하여 참여하는 일련의 행위로서 시작과 끝을 가진 활동 단위"(예, 수영, 등산, 게임 등)
여가시간	"여가활동이 이루어질 수 있거나 실제 이루어지는 시간"

1   여가 개념에 대한 동서양의 전통적인 관점을 구분하여 설명하시오.

2   여가 개념의 어원을 제시하고 각각의 차이를 설명하시오.

3   여가 개념에 대한 객관적 관점과 주관적 관점의 장단점을 비교하여 설명하시오.

4   여가 개념의 주관적 관점인 심리학적 접근과 철학적 접근을 구분하여 설명하시오.

5   심리학적 관점에서 여가 개념을 규정하는 기준은 무엇인가?

6   객관적 관점의 여가 정의가 지니고 있는 문제점과 대안은 무엇인가?

7   여가 개념을 구분하는 절대적 기준과 상대적 기준 중 어느 것이 더 타당한지 논의하시오.

8   여가, 여가활동, 여가시간의 개념을 구분하여 정의하시오.

제4장 | 여가의 기준과 유사 개념

우리는 앞에서 여가 개념의 본질이 행위자의 마음 상태인 경험의 구조에 있으며, 경험을 둘러싼 외현적 조건(또는 맥락)으로서 여가활동과 여가 시간의 개념을 논의하였다. 상대적 수준의 두 가지 기준이 여가경험의 수준을 결정한다는 사실도 고찰하였다. 여기서는 각 기준의 의미를 구체적으로 살펴보고, 유사 개념과 비교함으로써 여가 개념의 상대적 위치를 이해하기로 한다.

1 여가 개념의 두 가지 준거(Neulinger, 1974, 1981a, 1981b)

(1) 지각된 자유감(perceived freedom) : 적극적 자유와 소극적 자유

여가 개념을 설명할 때 자유감은 거의 공통적으로 여가 개념의 전제조건이거나 필수 하위요인으로 간주된다. 많은 이들은 '일상으로부터의 탈출' 혹은 '자유추구' 현상에 주목한다. 시간 맥락에서 보면, 구속된 시간을 벗어나는 것, 그래서 남는 시간 혹은 잉여시간이라는 표현은 여가 개념을 설명하는 단골 용어가 된다. 자유시간이라는 용어가 일상 탈출의 맥락에서 사용되는 것이다. 이러한 접근은 잘못된 게 아니다. 왜냐하면 자유로운 상황을 전제하지 않으면 여가 경험은 존재할 수 없기 때문이다. 그러나 이미 지적한 것처럼, 절대적 의미의 자유가 성립되는가의 문제는 논의거리이다. 그리고 자유감이 어떤 수행(즉, 여가)의 전제 조건이 아니라 여가경험을 지각할 때의 '단순한 공감 상태'에 해당된다는 철학적 주장도 있다(Harper, 1986). 이와 관련하여 Neulinger(1981a,b)는 실제로 자유로운지 혹은 자유롭다고 착각하는지의 여부는 중요한 게 아니고, 행위자가 그 상황을 자유롭게 지각하는지의 여부가 가장 중요하다고 강조한다. 그리고 나아가 그 상황이 여가인지 아닌지를 가늠할 수 있는 가장 결정적인 요인이 바로 '지각된 자유감'이라고 강조하였다. 나아가 지각된 자유감이 확보된 마음의 상태는 여가(leisure state of mind)이고, 그렇지 않은 제한/강제의 마음 상태는 비여가(non-leisure state of mind)라고 지칭하였다. (이런 점에서 보면 내재적 동기의 여부는 여가 경험의 촉진 요인으로 이해된다). 지각된 자유감이 여가의 결정적인 조건이라는 주장은 다른 여러 학자들의 자료에 의해 확인되었다(Gunter & Gunter, 1980; Iso-Ahola, 1979, 1999; Kelly, 1972). 지각된 자유감과 관계된 중요한 이슈는 자유(freedom)라는 의미가 두 가지 양극 사이의 범위 안에서 상대적으로 지각된다는 사실이다. 즉, 한쪽 끝이 '강요/속박에서 벗어나는 것'으로서 소극적 자유라면, 다른 쪽 끝에는 '자발적 의지에 의한 결정과 선택 경험'인 적극적 자유가 있으며, 그래서 자유감은 이 두 가지 양극의 범위 안에서 생겨나는 자기 경험에 대한 지각이다.

① 소극적 자유(freedom from~)

소극적 자유는 강요/속박/강제/의무 등이 야기하는 불편과 불쾌의 마음 상태를 벗어나고자 하는 의지의 결과이다. 이 개념은 어떤 행위나 시간 혹은 경험 상태를 여가 현상으로 인식할 수 있도록 만드는 최소한의 기준으로 이해되어 왔다. 그래서 여가는 일과 강제로부터 벗어난 마음 상태를 전제로 한다. 이런 마음의 상태에서 우리는 고난한 직장생활을 보상하기 위한 여가 경험을 구하기도 하고, 휴식과 같은 경험을 보내기도 한다. 심지어 많은 이들에게 있어서 여가는 일상적 삶의 구속으로부터 임시로 벗어나는 것(temporary freedom from routine life)으로서 충분할 수도 있다.

그런데 '도피로서의 자유감'이 그 자체로서 여가가 되던, 혹은 여가 경험의 조건이 되던 그것은 스스로 쟁취하거나 획득하는 것이 아니라 주어지는 것이다. 제도나 타인에 의해 혹은 일상의 시간 스케줄에 의해 정규적으로, 제도적으로, 혹은 다른 더 큰 힘에 의해 결정되는 것에 불과하다. 이러한 자유는 그래서 단지 소극적 자유일 뿐이다. 소극적 자유의 개념에서 여가는 단지 시간을 보내는 것이며 이것은 '목적없는 경험(purposeless experience)'일 뿐이다. 그래서 킬링타임(killing time)이라는 말도 소극적 자유 행위에 불과한 것이다. 그것은 "속박으로부터 해방의 의미" 그 이상이 아니기 때문이다. 그래서 우리는 종종 이러한 경험 상태를 "해방감"이나 "탈출감"이라고 부른다.

② 적극적 자유(freedom to do sth)

능동성을 요구하는 자유가 바로 적극적 자유이다. 이런 관점에서 여가는 단순히 남겨진 시간을 보내는 것이 아니라 무엇인가를 적극적으로 추구하여 결정할 수 있는 자유감을 의미한다. 직접 선택하고 행위를 취하는 것이야말로 적극적 자유 상태이다. 그러므로 '개인이 원하기 때문에 스스로 그것을 선택하여 수행하고 있다는 느낌의 마음 상태'를 '지각된 자유'라고 정의하였던 Neuliner(1974, p.15)의 관점에서 자유는 적극적 의지의 발현을 의미한다. 이런 적극적 의지의 의미 때문에, 귀인이론(attribution theory)을 주창했던 Weiner(1974)는 지각된 자유를 "내부 통제감(internal locus of control)"으로 이해하였다. 그래서 적극적 자유는 곧 자기결정(self-determination)의 개념에 맞닿아 있다. 동기심리학자들에 의하면 자기결정은 인간의 가장 기본적인 욕구이며 자기 성장을 위한 전제조건이 된다(Deci & Ryan, 1985). Mannell & Bradley(1986)는 실험을 통해, 어떤 상황에 대하여 선택의 자유가 클수록, 그리고 내부 통제감(internal locus of control)이 클수록 그 상황에서 '여가경험'을 할 가능성이 더 크다는 결과를 확인하였다. 그래서 적극적 자유를 누릴 수 있는 사람은 소극적 자유를 누리는 이들에 비해 정신적으로 더 건강하다고 알려져 있다. 전체 인생에서 성취 가능성이나 성공 가능성이 더 높은 것은 말할 것도 없다.

적극적 자유의 중요성을 강조한 Bregha(1991)는 여가를 시간이나 활동이 아니라 능력의 문제라고 말한다. 그에 의하면, 좋은 여가경험을 가질 수 있는 조건으로 필요한 능력이 최소한 세 가지 있다. 첫째, 구체적인 여가활동에 필요한 지식과 자질을 갖추고 있느냐의 문제이다. 어떤 여가가 개인에게 좋고 나쁜지를 판단할 수 있는 능력, 여가활동을 수행하기 위해 필요한 기술(가령, 스키), 그러한 여가활동의 결과를 예상할 수 있는 지혜와 그 결과를 책임질 수 있는 능력 등이 그것이다. 당연히 이러한 자질을 갖추고 있을수록 고급 여가를 즐길 수 있을 것이다. 둘째, 자기가 하는 행위에 대하여 의미를 부여할 수 있는 능력이다. 행위만이 아니라 소비를 위해 지불하는 금전의 가치를 가늠할 수 없다면 소비를 통한 여가경험은 낭비에 불과하다. 조깅화를 구매하며 수 십 만원을 지불할 때, 또는 해외여행을 가는데 수 백 만원의 비용을 지불하면서도 그만한 가치가 느끼지 못한다면, 그 활동의 진면목을 즐길 수 없는 것이다. 셋째는 사회적 허용 규범을 내면화시키는 것이다. 사회적 관계 규범을 벗어나서 즐기는 여가는 좋은 여가가 아니며 그야말로 규범 일탈에 불과하다. 반규범 행위가 그 개인에게는 여가경험이 될 지도 모르나 다른 사람에게는 위협이 된다. 그래서 사회가 허용할 수 있는 규범의 범위를 제대로 인식하지 못하면 그러한 행위는 제도에 의해 처벌된다. 반사회적 여가는 결코 좋은 여가가 아니며, 과잉여가(overflowed leisure)가 될 가능성이 있다.

(2) 내재적 동기(intrinsic motivation)

여가경험의 상태를 결정하는 두 번째 조건은 내재적 동기의 여부이다(Neuliner, 1974). 내재적 동기란 자기목적의(혹은 합목적적) 동기 상태를 말하며, 철학적 수준에서 말하면 이런 경험은 아리스토텔레스가 말한 합목적성(autotelic experience)의 개념에서 찾을 수 있다. 다시 말해 행위 자체 혹은 활동 수행의 즉각적 체험으로서 즐거움과 같은 보상을 목표로 하는 것이다. 이와 반대의 의미를 지닌 용어가 외재적 동기(extrinsic motivation)인데 외재적 동기는 행위 결과에 대응하여 주어지는 것들 즉, 처벌회피, 보상, 사회적 인정 등을 목표로 하는 심리 상태를 의미한다. 전통적인 동기 심리학자들에 의하면, 외재적 보상(금전, 상 등)이 주어지다가 제거되어 버리면 행위자가 가졌던 초기의 내재적 동기(즉, 초기 흥미)는 사라진다고 본다(Amabile, DeJong, & Lepper, 1976; Deci & Ryan, 1975, 1985). 왜냐하면 외재적 보상이 주어질 때, 그것은 행위자의 수행을 정당화(합리화)시키는 단서로 작용하기 때문이다. 일반적으로 사람들이 직업을 여가라고 보지 않는 이유도 곧 내재적 동기의 여부를 기준으로 판단하고 있기 때문이다. 직업은 대개 금전보상을 목표로 수행하는 일이다. 만약 학생이 사회적 지위를 구하기 위하여 혹은 취업을 목표로 학교를 다닌다면 학교생활은 여가라기보다 일에 가깝다. 반대로 학교생활 자체, 즉, 공부나 동아리 활동이 재미있어서 그것 자체의 즐거움 때문에 학교를 다닌다면 이는 내재적 동기를 반영하는 것이고, 따라서 여가에 가깝다고 할 수 있다.

(3) 두 가지 기준의 조합으로서 인간사

상기한 두 가지 심리적 기준을 적용하여 인간 행동과 경험을 분류하면, 최소한 4가지 조합이 만들어진다. 지각된 자유감 차원과 동기의 차원을 각각 양분하여 조합을 만들어 보자. 지각된 자유감이 상대적으로 적은 조건 즉 강제 상황과 지각된 자유감이 많은 자유선택 조건으로 나눌 수 있고, 내재적 동기가 작동하거나 또는 외재적 동기가 작동하는 조건으로 각각 나눌 수 있다. 이런 방법으로 Neulinger(1981a)는 6가지 범주로 분류된 여가패러다임을 제안하였다. 〈표 4-1〉에 제시한 것처럼, [지각된 자유 여부 (2) × 동기상태(3)]의 함수로 정리하였다. 여기서 주목을 끄는 것은 지각된 자유의 2가지 조건에 따라 마음의 상태를 "여가 vs 비여가"로 구분한 점이고, 동기 상태를 "내재적 – 복합적 – 외재적" 수준으로 3분하였다는 점이다. 여기서 '복합적 동기' 상태는 사실 많은 현대인의 일상에 부합한 조건일 수 있으나, 개념적으로는 나중에 자기결정이론(self-determination theory)에서는 이를 내면화 혹은 통합된 수준의 외재적 동기(identified, introjected, or integrated extrinsic motivation)로 재정의 되었다(즉, Ryan & Deci, 2000). 다시 말해 굳이 복합적 동기 상태를 분류할 필요가 없고 넓은 의미에서 '외재적 동기'로 볼 수 있다는 뜻이다.

〈표 4-1〉 Neulinge의 여가 패러다임(Leisure Paradigm)

자유	지각된 자유(Perceived Freedom)			지각된 제한(Perceived Constraint)		
동기	내재적 동기 (intrinsic Motivation)	둘 다 (복합적)	외재적 동기 (Extrinsic Motivation)	내재적 동기 (intrinsic Motivation)	둘 다 (복합적)	외재적 동기 (Extrinsic Motivation)
경우	(1)	(2)	(3)	(4)	(5)	(6)
	Pure Leisure	Leisure-Work	Leisure-Job	Pure Work	Work-Job	Pure Job
마음상태	LEISURE			NON-LEISURE		

(자료원: Neulinger, 1981a, p.18)

이런 이유로 중간의 복합 동기의 경우(즉, ⑵ leisure-work와 ⑸ work-job)를 제외한 후 검증 가능한 수준에서 재정리된 단순화한 여가 상태를 묘사한 것이 〈표 4-2〉이다(Mannell, Zunanek, & Larson, 1988, p.292). 이를 중심으로 정리하면, 지각된 자유감이 많으면서 내재적 동기가 작동하는 조건에서는 순수 여가(pure leisure) 상황이 된다. 지각된 자유감은 있으나 외재적 보상을 추구하는 경우는 여가-직업(leisure-job) 즉 여가적 속성과 반여가적 속성이 적당히 섞여 있는 상황이 된다. 그리고 스스로 선택하지 못한 강제적 조건에서 외재적 동기를 가지고 있다면 이는 순수 직업(pure job) 상황이 되고, 강제조건과 내재적 동기가 결합하면 순수 일(pure work)이 된다.

〈표 4-2〉 Neulinger의 여가패러다임에 근거한 단축형 상대적 여가 개념

		동기(motivations) 유형	
		외재적(Extrinsic)	내재적(Intrinsic)
지각된 자유감 (perceived freedom)	제한 (Constraint)	순수 직업(Pure Job)	순수 일(Pure Work)
	자유 (Free)	여가-직업(Leisure Job)	순수 여가(Pure Leisure)

(자료원: Kleiber et al., 2011, p.132; Mannell et al., 1988, p.292)

그러면 각각의 조건에 맞는 사례들은 무엇일까? 우선 '순수 여가'의 경우와 '순수 직업'의 경우는 쉽게 상상해볼 수 있다. 시간 제약이나 조건 제약 없이 방학 동안에 연인과 함께 동해안으로 2박3일간 여행을 간다면, 비교적 자유로운 의사결정의 결과이며 또한 여행의 여러 가지 즐거움을 추구하는 경우라고 할 수 있다. 이 때 즐거움은 동해안의 자연으로부터 구할 수도 있고, 연인의 감미로움으로부터 구할 수도 있을 것이다. 이런 경우 완전한 '순수 여가' 상태가 된다. 그 여행은 여가활동이고 그 경험은 여가경험이며, 그 시간은 여가시간이 된다. 그리고 즐거움을 주는 다양한 맥락은 체험의 원천(sources)이 된다.

'순수 직업'의 경우도 비교적 이해하기가 쉽다. 불경기에 자기가 원하는 직업을 구

한다는 것은 매우 어려울 것이다. 이런 상황에서 직업은 선택의 여지없이 받아주는 대로 취할 수밖에 없다. 그러므로 자유 선택의 기회가 매우 제한된 조건이 된다. 또한 그 직장을 통해 얻고자 하는 것은 일의 즐거움이라기보다 경제적 가치 즉 금전이거나 사회적 지위 등인 경우가 더 많다. 다시 말해 외재적 보상을 추구하는 외재적 동기의 상황이다. 이런 직업 생활의 가치는 순수 직업의 범위를 벗어나지 않는다. 우리 사회에서 많은 성인들은 자기 자신의 생존이나 가족의 생활을 위해 도시를 떠나지 못하고 직장을 그만두지 못한다. 이런 조건에서 여가적 속성이 개입하기란 쉽지 않으며 전형적인 직업의 구조를 지닌다. 대학 생활을 하는 것도 대학과 학과를 스스로 선택한 것이 아니라, 밀려서 할 수 없이 여기까지 왔다고 생각하면 자유감은 제한될 것이고, 대학을 다니는 이유도 부모의 기대나 향후 졸업 후의 결과를 기대하는 것과 같이 외재적 동기에 의한 것이라면 순수 직업의 범위에 머무르게 된다.

이와 달리 두 가지 여가 조건 중 한 가지만 개입된 상태도 있다. 제한된 선택으로서 자기의지가 개입할 여지가 없었으나 그 활동을 하는 동안 그것이 재미있어졌다거나 그 재미를 추구하게 되었다면 그것은 '순수 일'이 된다. 여기서 말하는 일(work)이란 포괄적 의미의 활동(activities)으로서 반드시 금전을 위한 노동만을 뜻하는 것은 아니다. 가령, 우리는 친구가 전화하여 같이 놀자고 할 때, 다른 놀이 즉 데이트 약속이 미리 잡힌 경우 '다른 "일"이 있어서 오늘은 같이 놀 수 없다'고 말한다. 이 때 약속한 데이트는 분명 여가활동이지만 표현하기를 '일'이라고 한다. 어떤 정치인들은 선거를 게임처럼 여기기도 하고, 사업가들은 사업을 게임처럼 접근하기도 한다. 이들에게 선거나 정치나 전쟁이나 혹은 사업은 분명 객관적으로 직업 활동이지만 동시에 여가활동처럼 인식되는 일로 표현된다. 또 다른 사례는 학창시절 '체육 수업시간' 같은 경우이다. 대부분의 남학생은 체육 수업시간을 기다린다. 그 시간은 스스로 정한 시간이 아님에도 불구하고, 그래서 제한된 자유 상황임에도 불구하고 그 체육시간의 즐거움을 기다리게 된다. 이런 경우는 우리 주변에서 매우 자주 볼 수 있다. 이것을 여기서는 순수 일 상황이라고 부른다.

'여가-직업'의 경우도 주변에서 자주 볼 수 있다. 뛰어난 지적 능력을 가진 사람이라면 직업을 스스로 선택하여 결정할 수 있다. 그러나 그 직업의 목표는 여전히 돈이거나 사회적 지위일 수 있다. 많은 대학교수들에게 그 직업은 떠밀려서 갖게 된 게 아니다. 아직도 많은 사람들은 대학의 빈자리를 보며 공부에 열중한다. 그들은 자유의지에 의해 그 직업을 선택하려는 것이다. 그러나 정작 대학교수가 되고 난 다음 그들의 생활양식을 보면, 연구와 교육의 즐거움에 빠져 있는 사람들이 있는가 하면 교수라는 명함을 이용하여 다른 일에 매진하는 사람들이 있다. 정치나 돈벌이에 열중하는 사람들도 있고, 학내외 보직을 얻기 위해 동분서주하는 사람들도 많다. 이들을 연구실에서 만나기란 매우 어렵다. 교육과 연구 수행의 즐거움이라는 내재적 보상보다 지위와 돈 같은 외재적 보상을 추구하기 때문이다. 이런 이들은 전형적인 여가-직업의 수준에서 대학교수의 역할을 수행하는 것이다. 다른 예로서 만약 당신이 어떤 이성을 만난다고 치자. 그러나 그 만남의 이유가 이성이 가진 내재적 매력 때문이 아니라 돈이나 지위 때문이라면 그 연애는 '순수 여가' 혹은 '순수 일'이라기보다 '여가-직업'에 가까운 것이라고 보아야 한다.

여가-직업이나 순수 일의 상황은 사실 여가적 속성이 반 정도 개입되어 있는 것이다. 그래서 이러한 상황을 우리는 반여가(semi-leisure) 상황이라고 한다. 현실적으로 보면 순수 여가의 경우는 매우 드물다. 그리고 순수 직업의 경우도 드물 것이다. 인생의 많은 활동이 순수 직업의 상황이라면 그 사람은 아마도 노예 생활을 하고 있다고 보면 된다. 그리고 순수 여가 생활만 하는 사람이라면 그는 그리스 시대의 귀족이나 철학자라고 할 수 있다. 정상적인 사회 구조에서는 여가적 속성과 직업의 속성이 어느 정도 섞여 있는 경우가 더 많을 것이다. 그리고 상황을 어떻게 지각하느냐 하는 것은 결국 행위자 개인에게 달려 있다. 다시 말해 여가경험의 행복을 구할 수 있느냐의 여부는 개인의 지각 방향이 결정한다. 당신의 행복은 당신의 생각에 달려 있는 것이다.

② 여가와 유사 개념

여가 개념과 유사한 용어들이 많다. 일부는 여가의 대체 개념으로 사용되기도 하고, 일부는 여가의 하위 개념으로 쓰이기도 한다. 또한 일부 용어들은 일정 부분 영역을 공유하고 있으나, 서로 다른 영역을 가진 것들도 있다. 여가 개념을 어떻게 정의하느냐에 따라 여가와 유사 개념의 관계가 달라지고, 반대로 유사 개념의 정의 방식에 따라 그 관계가 달라지기도 한다. 옳고 그름의 문제가 아니라 관점의 차이로 인한 현상일 수 있다. 그러나 여기서는 여가경험의 본질적 특징 및 기준을 중심으로 유사 개념을 비교하여 정리하고자 한다. 여기서는 그간 많은 논란이 되고 있는 레크리에이션, 놀이, 게임, 겜블링, 여행, 관광 등의 개념을 여가 개념과 비교하여 설명할 것이다. 이를 위하여 우선 앞에서 진술한 여가, 여가활동, 여가 시간의 개념적 차이를 염두에 두고, 마음 상태로서 지각된 자유감과 내재적 동기라는 핵심 구성 요인을 기준으로 비교 설명할 필요가 있다.

(1) 레크리에이션(recreation)

라틴어 récreo라는 어원에서 파생된 "레크리에티오(recretio: 재생, 재활)"와 "레크리에르(recreare: 재충전, 회복)"에서 유래한 recreation이라는 영어 단어는 15세기 영국에서 처음 사용되었다고 한다. 영어 발음 상 악센트를 앞에 두면 **레**크레이션이라고 하고, 악센트를 뒤에 두면 리크리**에**이션이라고 한다. 전자의 경우는 기분전환, 재충전 등을 뜻하고, 후자의 경우는 재창조, 재생 등의 의미를 가진다. 그러므로 재충전이나 기분전환의 경험 활동은 레크레이션이고, 재창조나 재활 활동은 리크리에이션이 된다. 생리학적 측면을 고려하여 보면, 전자는 고갈된 에너지를 재충전하는 것을 뜻하고, 후자는 새로운 에너지를 만들어내는 활동을 의미한다. 즉, 전자가 과거의 정상 상태를 지향하는 것이라면, 후자는 더 미래지향적 개념인 것이다. 그러나 우리가 오늘날 레크리에이션이라고 부르는 단어는 학술적 수준에서 여가학이나 체육학 분야에서 주로 다루어졌으나, 매우 복잡하고 다양하며 통일되지 않는 정의와 용례를 가지고 있다. 주요 논쟁거리로서, 레크리에이션이 여가활동의 한 부분인가 아닌가의 문제, 신체적 활동에 국한되는가의 문제, 사회적 허용(혹은 수용)의 범위 안에서 이루어지는가의 문제, 활동의 혜택(benefits)으로서 긍정적 결과를 지향하는가의 문제, 그래서 조직화된 활동인가 아닌가(즉, 목적성이 있어서 체계화된 활동인가)의 문제 등이 지난 1950년대 이후 최근까지 이슈가 되고 있다.

레크리에이션 개념과 관련된 다양한 이슈를 고찰한 Jay Shivers(1981)는 이 개념을 여가활동의 한 종류로 이해하였던 다양한 학자들의 적용 기준을 5가지 개념으로 정리하고, 각각의 한계를 지적함으로써 그들의 개념적 정의에 의문을 제기하였다. 즉, 대부분의 학자들은 레크리에이션이 ① 언제(즉, 자유시간에), ② 왜(즉, 내재적 만족을 추구하여), ③ 어떻게(즉, 자발적 선택으로), ④ 무엇을(즉, 신체활동을), ⑤ 맥락(즉, 사회적으로 허용할 만한 조건에서)의 기준에서 논의하였다. 그러나 Shivers는 각각의 모순을 인용하면서 이런 개념적 기준이 전혀 타당하지 않다고 주장한다. 즉, 우리가 레크리에이션이라고 부르는 활동(혹은 경험)은 노동 시간이나 의무적인 가족생활 시간에도 가능하고, 어떤 활동은 취미로서 외재적 보상을 추구하는 경우가 있고, 자유 선택이 아니라 처방된 결과로서 치료나 재활 레크리에이션의 맥락에서 참여하기도 하고, 독서나 TV시청 등 앉아서 하는 레크리에이션 활동도 있고, 적법성이나 사회적 허용 기준은 때때로 역설(paradoxes)이 된다[5]고 주장했다. 그러므로 이런 주장을 고려하면 레크리에이션은 여가활동일 수도 있고 아닐 수도 있다.

다시 말해, 일부 학자들은 레크리에이션을 여가활동의 한 범주로 간주하고 있으나 냉정히 말해 이는 오해에 불과하다. 여가활동이 내재적 보상을 목표로 스스로 결정한 어떤 활동이라면, 레크리에이션은 스스로 결정하지 않을 수도 있고 반드시 내재적 보상만을 목표로 하지도 않기 때문이다. 가령, 1980년대 들어 주요 주제가 되고 있는 치료레크리에이션의 경우 혹은 보이스카웃과 같은 클럽 생활에서 주요 프로그램으로 진행되는 레크리에이션의 경우 그것은 참여자 스스로 결정하는 것이 아니라 처방이나 지침에 의해 결정될 수 있고, 뿐만 아니라 건강 치료나 협동심 고양 같은 외재적 동기가 존재하는 경우가 많기 때문이다. 그러므로 Neuliner의 기준으로 보면, 레크리에이션을 '순수 직업'이라고 범주화할 순 없지만 역시 '순수 여가'라고 하기도 어렵다. 아마도 레크리에이션은 상황과 참여자에 따라 순수 여가, 순수 일, 여가-직업의 경험적 범위를 넘나들며 이루어지는 활동이라고 해야 할 것이다.

---

5) 사회적 허용기준의 역설과 관련하여, Shivers(1981)는 성행위를 예로 들어서, 배우자와의 행위는 레크리에이션이지만 매춘은 그렇지 않다고 주장하였다.

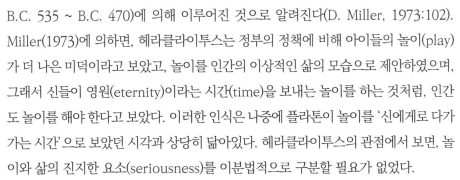

(2) 놀이(play)

　놀이는 사실 문화보다 오래된 것이다(Huizinga, 1938). 원래 이 말은 라틴어 plaga에서 유래하였으며, 그리스 시대에는 놀이가 가장 중요한 교육 수단으로 인식되기도 했다. 놀이에 대한 철학적 논의는 소크라테스 이전의 고대 그리스 시대에 이미 헤라클라이투스(Heraclitus, B.C. 535 ~ B.C. 470)에 의해 이루어진 것으로 알려진다(D. Miller, 1973:102). Miller(1973)에 의하면, 헤라클라이투스는 정부의 정책에 비해 아이들의 놀이(play)가 더 나은 미덕이라고 보았고, 놀이를 인간의 이상적인 삶의 모습으로 제안하였으며, 그래서 신들이 영원(eternity)이라는 시간(time)을 보내는 놀이를 하는 것처럼, 인간도 놀이를 해야 한다고 보았다. 이러한 인식은 나중에 플라톤이 놀이를 '신에게로 다가가는 시간'으로 보았던 시각과 상당히 닮아있다. 헤라클라이투스의 관점에서 보면, 놀이와 삶의 진지한 요소(seriousness)를 이분법적으로 구분할 필요가 없었다.

　그러나 플라톤에 이르러 놀이와 진지성의 의미가 구분되기 시작했고("Law"), 그의 제자인 아리스토텔레스 역시 "윤리학(Ethics)"에서 삶의 가치는 진지함에 있으며 재미와 오락의 놀이는 그 아래 수준이라고 간주하였던 것으로 해석된다(Miller, 1973). 그러나 그리스 시대 놀이의 의미는 단순히 본능적이고, 진지하지 않는 가벼운 것, 혹은 이성이 없는 감각적인 것만을 뜻하지는 않았다. 그러므로 현대 일부 학자들이 놀이를 이렇게 어린아이들의 것으로 국한하여 말하는 것은 오해에 불과하다.

　놀이의 가치를 긍정적으로 평가하던 고대 그리스 시대의 교육 방법으로서 놀이는 매우 중요한 수단이었다. 그 중 대표적인 것이 오늘날 우리가 연극(play)이라고 부르는 것이었고 특히 비극(tragedy)은 카타르시스를 경험하는 중요한 놀이로 인식하였다. 앞에서 말한 연극 특히 비극은 얼마나 진지한가? 극도의 이성을 동원하지 않으면 이해하기가 어려울 수 있을 것이다. 이런 점에서 보면 놀이는 오히려 진지한 것이며, 자발적이긴 하나 약속한 강제를 따르는 행위이다.

　그런데 놀이는 인간의 전유 행위일까? 놀이는 아이들과 성인만이 아니라 심지어는 동물의 세계에서도 발견된다. 근대 이후 놀이를 체계적으로 이해하고자 했던 초기 연구자 Karl Groos는 1901년 인간과 동물의 놀이가 본질적으로 동일한 요소 즉, 진지하지 않고 목적 없는 신체 활동이라는 유사성을 가지고 있다고 보았다(Smith, 1990). 비슷한 시기인 1902년에는 Luther Gulick가 동물의 놀이는 7가지 특징이 있으며 이들 중 대부분은 인간의 놀이에서도 당연히 나타난다고 주장하였다(Smith, 1990) :

첫째, 놀이는 개체가 매우 어린 시절부터 시작하게 된다.

둘째, 놀이 형식이 복잡한 정도는 해당 종(種)의 지적 수준과 직접 관련이 있다.

셋째, 각 종은 나름의 독특한 놀이 형식을 가지고 있다.

넷째, 놀이는 개체의 장기적 성장과 신체적 조화를 유지하는 데 도움을 준다.

다섯째, 개체들은 놀이가 즐겁기 때문에 논다.

여섯째, 놀이는 구체적인 행위들이 규칙적으로 연속되거나 혹은 일련의 단계로 구성된다.

일곱째, 개체는 놀이를 통해 다른 개체를 가르치거나 영향을 준다.

이와 같은 Groos와 Gulick의 통찰은 놀이가 얼마나 보편적이며 자연스러운 현상이고, 문명 이전의 자연 법칙인지를 잘 알려준다. 그러므로 여가 개념이 인간이 만들어 낸 문명의 결과임을 가정하면 놀이는 자연 법칙에 가까운 개념일 수도 있다. 이러한 이유 때문에 놀이는 고대로부터 철학적, 종교적 주제로 탐구하였고, 이런 철학적 관점은 중세, 르네상스, 종교개혁, 산업혁명 이후 근대를 거쳐 20세기까지 이어져 왔다(Miller, 1973).

20세기 중반에 이르러 놀이에 대한 탐구의 지배적인 패러다임은 전통적인 인본주의 철학의 관점에서 사회과학적 방법론으로 전이되기 시작했다. 철학적/신학적 질문이 "놀이는 좋은 것인가?"라고 한다면, 사회과학에서는 "놀이는 왜 좋은가?"(즉, 무엇을 위해 놀이는 좋은가?)라는 질문을 한다. 현대 사회과학 분야에서 도출된 12개 이상의 대부분 놀이 이론은 이 질문에 답하기 위한 논리들이다(Smith, 1990, p.241).

놀이에 대한 탐구 방법은 생물학적, 심리학적, 교육학적, 사회학적, 문화인류학적 패러다임으로 나누어 비교할 수 있으나 두 가지 이상의 관점이 복합적으로 결부된 경우 많다. 최근에는 아동발달 혹은 아동교육학 분야에서 Piaget의 인지발달이론에 뿌리를 둔 다양한 미시적 수준의 놀이 이론들이 대두되고 있다. 여기서는 Bammel & Burrus-Bammel(1982), Ellis(1973), Miller(1973), Smith(1990)의 고찰을 참고하여 1970년 이전의 비교적 고전적 관점의 이론적 틀을 정리한다〈표 4-3〉.

<표 4-3> 고전적 관점의 다양한 놀이 이론(1970년대 이전)

이론	정의/설명	주요 개념	패러다임
잉여에너지 이론 (Surplus Energy theory: Spencer, 1896)	놀이는 넘치는(그래서 억눌린) 에너지를 안전하게 사용할 수 있는 통로이다.	잉여에너지, pent-up energy	생물학적 (항상성), 본능
이완이론 (Relaxation theory: Patrick, 1916)	놀이는 피로 회복에 도움을 준다	피로, 회복, 이완, 재충전,	생물학적(각성), 레크리에이션 이론, 본능
사전연습이론 (Preexercise theory: Groos, 1901)	아이들의 놀이는 어른의 역할을 준비하는 사전연습이다	연습, 역할, 발달	생물학적 (진화론), 본능
반복발달이론 (Recapitulation theory: Gulick, 1902)	놀이는 인간이 진화상의 동물조상으로 물려받은 능력과 기술을 재현하는 것이다.	반복, 진화재현, 내현 능력, 능력 유산,	생물학적 (진화론), 본능
추동감소이론 (Drive reduction Theory: Hull, 1943)	아이들은 놀이에 참여하는 과정에서 일련의 복잡한 보상에 노출되면서 놀이를 배우게 된다.	S-R체계, 보상과 처벌,	환경결정론, 학습심리학,
연합학습(고전적 학습이론) (Classical learning theory: Pavlov, 1927)	놀이행동은 자극에 대한 연합된 학습의 결과이다.	S-R 체계,	학습심리학, 연합
정신분석이론 (Psychodynamic theory: Freud, 1955)	놀이는 미성숙하고 억압된 성적 에너지로 인한 좌절과 정서(불안, 죄의식)를 해소하위한 행위이다.	무의식, 성적 욕망, 억압, 고착, 불안과 정서	무의식결정론, 긴장 감소, 정신분석학
최적각성이론 (Optimal Arousal Theory: Berlyne, 1960;	인간은 최적의 각성을 추구하는 경향이 있고, 이를 위하여 놀이를 한다.	호기심, 다양성, 모험, 신기성 등.	인지심리학, 동기심리학, 내재적 동기론, flow 이론 등은 모두 이 조건을 전제로 한다.

귀인이론 (Attribution theory: Rotter, 1966; Weiner, 1974)	놀이를 통해 아이는 자기결정과 내부통제를 경험하고자 한다는 설명이다.	자기결정론은 내부 통제를 전제로 한다.	사회인지심리학
인지발달이론 (Cognitive Development theory: Piaget, 1962)	아이는 성숙 단계별로 인지발달 과정을 거치는데 놀이는 각 인지 발달 단계에서 필요한 주요 스키마를 형성하는데 도움을 준다.	스키마, 인지발달, 기능, 구성, 상징, 창의성 등	발달심리학, 인지심리학
정화이론 (Catharsis theory: Freud, 1955)	놀이는 부정적 감정을 씻어내는 역할을 한다. 특히 비극적 놀이가 그렇다.	비극, 역할, 공감.	정신분석학, 미학
보상이론 (Compensatory theory: Freud, Engels 등)	어떤 목표를 성취하지 못하여 욕구 충족이 안 될 때, 놀이는 욕구 충족의 대체 수단이 된다.	욕구, 보상, 충족, 목표 등	정신분석학, 사회주의,
사회화이론 (Socialization theory; Sutton-Smith, 1967)	놀이를 통해 사회적 기술을 배운다	사회적 기술과 능력, 전이, 사회화, 사회적 갈등, 문화화 등	인지발달이론, 인지심리학, 발달심리학. 갈등-문화화 이론, 일반화 이론 등
기타	1980년대 이후 각본이론, 수행이론, 변형이론. 거친이론, 상위의사소통이론 등등 다양한 미시적 수준의 이론들이 대두. 현대 놀이교육을 위해 개발된 대부분의 이론은 상징, 기능, 역할 극, 창조 등에 초점을 두고 있으며 대부분이 인지발달이론에서 파생되었다.		

　　현대에 이르러 매우 다양한 미시적 수준의 이론들이 아동 발달의 처방 프로그램 수준에서 제안되어 적용되고 있다. 더 깊은 고찰은 아동학이나 교육학의 영역에서 찾아볼 수 있다.

　　한편, 놀이의 개념과 관련하여 가장 체계적인 접근을 수행한 사람은 문화역사학자 요한 호이징아(J. Huizinga)였다. 1933년 네덜란드 라이덴 대학의 학장에 취임하면서 기념 강연으로 준비한 주제가 바로 "문화에 있어서 놀이와 진지함의 경계에 대하여"였다. 그 날 강의 내용은 훗날 『호모루덴스 Homo Ludens』라는 저작으로 출간되었으며(1938년), 이 책은 인간의 존재 가치를 이해하는 데 놀이성이라는 새로운 관점을 제시한 것으로 평가되고 있고, 그로 인해 그는 유명인사가 되었다. 그는 놀이야말로 인간의 본질이며 문화의 근원이라고 보았다. 다시 말해 문화는 놀이로부터 시작되고 인간은 인생 초기부터 이미 놀이화되어 있다고 본다. 인류의 문화는 결국 놀이의 연속이며 그 결과이다. 그래서 놀이는 문화의 역사보다 오래된 것이라는 주장이다. 그는 놀이의 구조적 차원을 7가지로 정리하였다(김윤수, 1993, p.27).

첫째는 자발성이다. 놀이는 자발성을 전제로 한다. 자발적 참여가 전제되지 않는다면 그것은 놀이가 아니다.

둘째는 탈일상성이다. 놀이는 일상생활의 시간적, 공간적 범위를 벗어난 상태에서 이루어진다.

셋째는 바로 몰입성이다. 일상 환경을 벗어났음에도 불구하고 혹은 진심이 아님에도 불구하고 우리는 놀이 장면에 진지하게 몰입한다.

넷째, 놀이를 통해 참여자가 구하는 것은 물질적인 이해 관계나 다른 이익이 아니다. 즉, 외재적 보상을 목표로 하는 것이 아니라 놀이의 즐거운 경험 그 자체인 내재적 보상을 목표로 한다.

다섯째, 놀이라는 구조 속에는 일정한 질서와 고유한 규칙이 있다. 이러한 규칙은 일상의 규칙처럼 지속적이거나 안정적인 것이 아니다. 다만 성원의 합의에 의해 스스로 결정될 수 있고 변모할 수 있다. 이러한 질서야말로 앞에서 말한 탈일상성을 유지하게 만들고 참여자로 하여금 몰입하게 만든다.

여섯째, 놀이 속에는 사회성이 있다. 구성원 사이의 관계를 돈독하게 만들고 놀이의 구성에는 참여자의 일정한 역할이 내재해 있다.

마지막으로 일곱 번째, 놀이에 참여하는 사람들은 상징물이라는 수단을 통해 일상의 세계와 그들만의 놀이 세계를 구분하려고 한다. 가상성을 반영하는 상징물은 가면이나 옷만이 아니다. 막대기가 칼이 되기도 하고 총이 되기도 한다. 혹은 땅바닥에 그어놓은 선이 국가간 경계를 상징하기도 한다.

호이징아가 제시한 놀이 개념은 후대 Loy, McPerson, & Keynon(1978, p.5)이

정의한 놀이의 특징과도 일관적이다. 그러나 놀이를 구분하는 이러한 특징에 대하여
이론(異論)이 없는 것은 아니다. 예를 들어 이 중 '사회성'은 다른 기준들과 달리 상대
적인 것에 불과하다. 이러한 기준에서 놀이는 혼자서는 할 수 없는 것으로 한정된다.
그러나 우리가 접하는 혹은 혼자 잘 노는 이들의 사례를 이해하면 사회성은 절대적인
기준이 될 수 없을 것이다. 또한 몰입성은 모든 놀이에서 나타나는 게 아니다. 가벼운
몰입상태에서 매우 진지한 몰입까지 그 수준은 상대적이며 다양할 수 있다. 동일한 놀
이 활동이라고 해도 상황에 따라 그 수준은 달라진다.

한편, 호이징아의 이론에 감명받은 프랑스의 문화인류학자 로제 카이오와(Roger
Caillois, 1958)는 보다 구체적으로 놀이의 범주를 유형화하고자 시도하였으며 호이
징아의 이론을 수정하여 놀이의 기준을 제시하였다. 그 중 대표적인 것이 바로 '불확정
성' 및 '허구성'이다. 그의 기준에서 사회성과 몰입성은 제시되지 않았으며, 또한 가상
성의 차원을 재정리하여 그 특징을 허구성(즉, 허구적인 활동)으로 분류하였다. 가상
성은 비현실(非現實)이라는 의식을 수반한다는 점에서 이를 허구성(虛構性)이라고 본
것이다. 또 하나는 '불확정성'이라는 차원인데 이는 호이징아가 말하지 못한 것이다.
불확정성은 놀이의 전개과정이나 그 결과가 미리 정해져 있지 않다는 것이다. 사실 미
리 그 결과가 정해진 놀이는 재미가 없다는 점에서 거의 수행되지 않는다. 이 말은 여
가의 전제 조건 중 하나인 자기 결정의 개념을 확장함으로써 이해할 수 있다. 결과가
미리 정해지지 않았다는 것은 놀이 과정 중 참여자의 자유의지에 의해 그 전개를 결정
할 수 있음을 의미한다(카이오와, 1958, p.34). 놀이의 규칙을 구성원의 합의에 의해
서 조율할 수 있다는 것과 일맥상통한다. 만약 놀이 과정에서 지나치게 일방적인 현상
이 나타나서 그 결과가 확정적이라면 구성원들은 그 자리에서 곧바로 규칙을 수정함
으로써 결과를 다시 예측하지 못하게 한다. 다시 정리하면 카이오와가 놀이의 차원으
로 제시한 6가지는 다음과 같다: 자유로운 활동, 시공간의 한정, 전개와 결과의 미확
정, 비생산적인 활동(내재적 보상추구), 합의된 규칙, 허구성 등이 그것이다.

무엇보다도 카이오와의 제안 중 주목을 끄는 것은 규칙성과 허구성의 관계에 근거
한 놀이의 범주 분류이다. 그는 이 두 가지 차원이 상호 배타적인 관계에 있다고 주장
하였다. 다시 말해 놀이에는 규칙을 지니면서 동시에 허구인 것이 없다고 보았다. 그보
다는 규칙을 지니든지 허구든지 둘 중의 하나일 것이라는 주장이다. 나아가 그는 이런

두 가지 차원을 기준으로 모두 4종류의 놀이를 범주화하였다. 이 네 가지 범주는 사례에 설명하였다.

	아곤 (agon: 경쟁)	알레아 (alea: 운)	미미크리 (mimicry: 모의)	일링크스 (ilinx: 현기증)
파이디아 ↑ 야단법석 소란 폭소 연날리기 혼자장기두기 카드로 점치기 퍼즐맞추기 ↓ **루두스**	규칙없는 경주 격투기 등 육상경기 권투 당구 펜싱 체커 축구 체스 스포츠 경기 전반	술래잡기 앞/뒤놀이(동전) 내기 룰렛 단식복권 복식복권 이월식 복권	흉내놀이 공상놀이 인형, 장난감놀이 가면 가장복 연극 공연예술 전반	뱅뱅돌기 회전목마 그네 왈츠 타고 노는 장치 스키 등산 공중곡예

(주) 세로에 들어간 각 단의 놀이배열 위에서 아래로 **파이디아**(paidia) 요소가 감소하고, **루두스**(ludus) 요소가 증가해가는 순서에 따르고 있다. 여기서 파이디아는 즉흥과 희열의 소란스런 상태를 추구하는 노력을 의미하고, 루두스는 진지한 과제로 이루어진 규칙성을 추구하는 노력을 의미한다.

[그림 4-1] 카이오와(R. Caillois)의 놀이 분류(이상률 역, 1994, p.70 일부 수정하여 재정리)

그러나 카이오와의 이러한 주장은 간단한 예를 통해 오류임을 알 수 있다. 규칙과 허구성이 동시에 존재하는 경우가 과연 존재하지 않을까? 다시 말해 그 두 차원은 정말 상호 배타적인 관계에 있을까? 가령, 그가 규칙 놀이로 분류한 아곤(agon: 경쟁)과 알레아(alea: 운)는 각각 승부라는 결과에 의존한다. 다만 차이점은 개인적인 노력의 경쟁이 있느냐 아니면 우연(확률)에 의존한 결과냐의 문제이다. 규칙 없는 놀이인 미미크리(mimcry: 모방)나 일링스(ilinx: 현기증)는 허구성을 전제로 한다. 이러한 구분에서 그는 미미크리가 아곤과 공존할 수 없다고 전제하고 있다. 다시 말해 모방놀이에는 경쟁요소가 없다는 것이 그의 대전제이다. 그러나 우리는 '가수흉내 내기' 놀이를 하거나 '모창대회'를 연다거나 하는 경우를 자주 접할 수 있다. 현기증 놀이인 그네 타기를 통해 누가 더 멀리, 더 높이 뛰는지를 얼마든지 경쟁할 수 있다.

엄밀히 말하면, 혼자서 놀던 여럿이서 놀던, 놀이에는 일정한 규칙이 있다. 그 규칙은 참여자의 결정이나 합의에 의해 만들어지고 수정된다. 모방이나 현기증 놀이에 허구성이라는 조건은 공통적인 것이 아니지만 규칙은 언제나 공통적으로 놀이의 구조를 지배한다. 결국 카이오와의 주장에서 "규칙성과 허구성은 상호 배타적"이라는 전제가 잘못되었음을 간단히 증명할 수 있는 것이다.

그 외의 조건들은 어떠한가? 이미 말한 것처럼 '허구성' 역시 절대적인 조건이 아니다. 그리고 결과의 미확정 현상은 자기결정의 개념으로 포괄할 수 있다. 그러므로 카이오와의 놀이 개념은 결코 명확한 기준이 되지 못한다. 그럼에도 불구하고 그가 분류한 4가지 놀이 범주는 놀이의 세계를 이해하는 데 많은 도움을 준다.

결론적으로, 놀이는 그래서 여가경험의 기본 속성인 지각된 자유(자기결정)와 내재적 동기를 모두 포함한다. 자발성과 내재적 보상 추구라는 두 가지 차원은 어떤 학자의 주장에서도 놀이의 기본 요소로 간주된다. 따라서 **놀이는 여가의 한 범주**라고 할 수 있다. 다만, 여가활동 중 놀이가 아닌 여가활동과 놀이인 여가활동을 나눌 수 있다는 사실이 중요하며 그 기준으로 고려할 만한 요소는 오직 한 가지 차원, "규칙성"이다. 다시 말해 놀이 중 가상성, 불확정성, 시공간의 분리 등이 없는 활동이 얼마든지 존재할 수 있으며 따라서 이들 요소는 상대적 수준에서 가늠할 수 있다. 그러나 놀이를 규정하는 가장 중요한 절대적인 기준은 바로 규칙성이다. 즉, 놀이는 여가활동 중 규칙이 있는 모든 것이라고 할 수 있다.

(3) 게임(game)

게임은 놀이의 한 종류이며, 놀이는 또한 여가활동의 한 종류이다. 그러므로 게임은 여가활동이다. 놀이가 규칙을 지니고 있는 활동이기 때문에, 게임은 반드시 규칙을 포함하고 있다. 다만 게임이 아닌 다른 놀이와 비교하여 보면 게임에는 "승부"라는 특징이 있다. 즉, 경쟁을 통하거나 운에 의해 결정되는 놀이 과정은 게임이라고 할 수 있으며, 카이오와의 기준으로 보면 아곤(agon)과 알레아(alea)가 게임의 범주에 포함된다. 그럼에도 불구하고 경쟁과 운이 동시에 포함되는 게임도 존재한다. 다시 말해 카이오와의 분류보다 더 많은 종류의 게임이 존재하는 것이다. 가령, 다양한 스포츠는 운보다 능력에 의한 경쟁이 더 많이 개입된다. 그러나 고스톱과 같은 놀이는 운과 실력이 적절히 개입되는 게임이다. 그래서 게임에는 최소한 세 종류의 범주가 있다. 첫째는 주로 실력에 의해 결정되는 승부, 둘째는 주로 운에 의존하는 승부, 셋째는 비슷한 수준에서 둘 다를 포함한 승부 등이 그것이다.

게임의 종류를 나누는 다른 방법도 있다. 다시 말해 참여자가 놀이 과정을 직접 조작함으로써 승부를 가르는 경우와 단순히 관찰 참여를 통해 결과만 예측하는 승부가 있다. 전자를 '직접 승부 게임', 후자는 '간접 승부 게임'이라고 할 수 있다. 가령 축구 경기의 경우, 선수로 뛰는 이들은 직접 참여 게임을 하는 반면, 응원하는 사람은 간접 참여 게임을 하는 것으로 볼 수 있다.

도박(gamble)은 게임인가? : 놀이와 게임을 논의할 때 자주 하는 질문이 도박에 대한 것이다. 도박은 게임인가? 간단히 말하면 도박은 여가가 아니다. 다만 도박은 여가적 속성을 많이 포함하고 있는 비여가활동이다. 도박은 놀이의 한 종류인 게임 경험에 기반하여 진행되긴 하지만 내재적 동기라기보다 외재적 동기에 의해 추진되는 활동이다. 다시 말해서 직접 참여 게임이던 간접 참여 게임이던 게임의 결과를 예측하여 가치(돈)를 부여하는 것이 곧 도박이다. 도박은 물론 자기결정의 결과일 수 있고, 내재적 보상 체험으로서 재미 요소를 지니고 있다.

게임의 결과에 돈의 가치를 부여하더라도 돈의 가치보다는 내재적 재미 체험을 더 큰 목표로 설정하여 승부에 참여한다면 그것은 놀이가 될 수 있다. 그러나 많은 경우 도박을 하는 사람들은 과정의 재미보다 그 결과가 가져오는 금전적 이득(즉, 이익과 손해는 즉각적으로 주어진다)에 목표를 두는 경우가 많으며, 손해 보는 상황에서는 더욱 금전적 보상을 추구하는 경향이 있다. 이런 수준에서 말하면 도박은 이미 놀이의 경계를 벗어난 것이다.

또한 도박중독과 같은 상황에서 도박에 참여하는 것은 언뜻 자기결정의 행동처럼 보이지만 그것은 이미 생리적/심리적인 구속 상태에서 이루어지는 것이다. 중독이라는 말은 그것을 하지 못할 때 정신적, 신체적으로 괴로울 정도의 견디기 힘든 상황을 경험한다는 것을 뜻하기 때문이다. 그러므로 도박이라고 이름 붙이는 한 그것은 이미 게임의 범위를 벗어나는 것이다.

다만 우리는 도박의 형태인 고스톱이나 포카 게임을 놀이로 즐길 수 있다. 고스톱을 하는 동안 돈을 걸고 그것을 하더라도 돈을 따거나 그것을 잃었을 때 그 이익과 손해에 대하여 큰 의미를 부여하기보다 그 결과는 단지 자신의 노력과 성패에 대한 정보의 역할을 하는 것으로만 간주하다면 '재미있게' 그것을 즐길 수 있다. 이런 상황은 이미 도박이 아니라 게임의 수준에서 그것을 즐기는 것에 불과하다. 도박중독을 포함한 여가중독 현상에 대해서는 뒤에서 구체적으로 다룰 것이다.

(4) 여행과 관광

현대인이 가장 선호하거나 희망하는 여가활동은 바로 여행이다. 그러나 모든 여행이 바로 여가활동이 되는 것은 아니다. 여행은 거리 이동을 전제로 한다는 점에서 탈일상성의 조건이 잘 충족된다. 그러나 여행 중에는 사업여행이나 친지방문같이 외재적 동기에 의한 것이 많다. 물론 일부 여행은 체험 과정의 즐거움을 추구하는 형태로 이루어진다. 대표적으로 휴가 기간에 가족과 함께 바닷가를 다녀오는 여행이 있다. 이처럼 즐거움이라는 내재적 보상을 추구하는 여행을 순수 여행(pleasure travel) 혹은 여가여행(leisure travel)이라고 한다. 다시 말해서 모든 여행 중 순수 여행만이 곧 여가활동이 된다. 때때로 업무차 여행을 하더라도 업무를 수행한 다음이나 중간 중간 여가활동을 즐긴다면 그것은 겸목적 여행이라고 할 수 있으며, 반여가(semi-leisure) 경험으로 볼 수 있다.

오늘날 우리가 관광(tourism)이라고 부르는 여행은 행위자 입장에서 보면 곧 여가활동이라고 할 수 있다. 관광은 곧 순수 여행이기 때문이다. 그러나 관광이라는 개념을 정의함에 있어서 제도적 관점 혹은 공급자적 관점에서 보면 겸목적 여행도 관광이 되며 심지어 업무 여행도 관광으로 간주된다. 여기서 말하는 제도적 관점 및 공급자 관점이란 여행자를 소비자(consumer)로 보고 경제적 이익을 가져다 줄 대상으로 인식하는 경우를 말한다. 가령, 호텔 경영의 입장에서 투숙객이 순수 여행자인지 사업 여행자인지는 중요하지 않다. 또한 관광 목적지 관리자의 입장에서 방문객이 어떤 여행 목적으로 지녔는지는 중요하지 않기 때문이다. 이런 관점에서 세계관광기구(WTO)는 관광을 "여러 가지 목적을 가지고 1박 이상의 여정으로 돌아올 것을 전제로 거주 지역을 벗어나서 다른 지역(나라)을 여행하는 것"으로 정의한다.

따라서 행위자 관점에서 보느냐 또는 공급자 관점에서 보느냐에 따라 관광의 정의가 다르기 때문에 그것은 여가활동으로 볼 수도 있고 비여가 활동으로 볼 수도 있다. 그러나 여행의 본질을 이해함에 있어, 보다 근본적인 접근은 행위자 관점에서 먼저 현상을 조망하여야 한다는 것이며, 그래서 순수 여행만을 곧 여가활동이라고 보는 것이 타당하다. 다만 하루 일정으로 근거리 여행을 하는 경우와 거주지를 벗어나 원거리 여행을 하는 경우를 구분하기 위한 시도로서 나들이(excursion)와 관광(tourism)을 구분하기도 한다. 즉 여기서 나들이와 관광은 모두 여가활동의 한 범주인 순수 여행에 속하는 것이지만, 편의적으로 여행거리와 기간을 고려하여 구분된다. 하루 일정인가 아니면 숙박인가, 생활거주권을 벗어나는가 아니면 근거리 여행인가를 고려하여 두 개념을 구분하는 관례가 있다. 하루 이내의 일정으로 근거리 여행을 하는 경우를 '나들이'라고 하고, 1박 이상의 일정으로 원거리 여행을 하는 경우는 '관광'이라고 구분할 수 있다. 즐거움을 목표로 한다면, 둘 다 여가활동이 된다. 즉 일정 속에 세부적으로 다양한 여가활동이 개입될 수 있으므로 순수 여행(나들이, 관광)은 복합 여가활동의 특징을 지닌다. 겸목적 여행은 그래서 '반여가 경험 활동(semi-leisure activity)'이 된다.

③ 여가활동 종류의 구분 기준

여가활동을 분류하는 작업은 여가 현상을 이해하는 데 도움이 된다. 사실 앞에서 정리한 놀이, 게임, 여행, 레크리에이션 등도 각각 여가활동의 범주 구분 기준이 될 수 있다. 예컨대 여가활동의 규칙성을 기준으로 구분하면, 놀이 형태의 여가활동과 비놀이 형태의 여가활동으로 분류하는 것이 가능하고, 공간 이동을 기준으로 하면 여행 여가활동과 그렇지 않은 여가활동 등으로 구분된다.

이들 기준 외에도 많은 학자들은 여가활동의 공간적 맥락이나 여가체험의 깊이를 고려하여 여가활동을 구분하기도 하였다. 여가활동의 공간을 중심으로 보면 옥내 여가(indoor leisure)와 옥외 여가(outdoor leisure)로 나눌 수 있고, 사회적 교류 차원에서 보면 혼자서 하는 개인 여가(solitude leisure)와 사회적 여가(social leisure)로 나눌 수 있다. 여가체험의 깊이를 고려한 경우도 있는데, 예컨대 Stebbins(1982, 1992a)와 같은 학자는 여가경험의 구조적 특징에 따라 가벼운 여가(casual leisure)와 진지한 여가(serious leisure)를 구분하기도 하였다. 특히 Stebbins의 개념은 건강한 여가경험의 방향을 제시하고 있으며, 이 책의 제3부에서 구체적으로 설명할 것이다.

설득력 있는 여가활동 유형의 구분 기준은 해당 활동을 하는 동안 요구되는 심리적 에너지의 영역이 어디에서 나오는가 하는 것이다. 여기서는 이해를 돕기 위하여 탐험적 수준에서 여가활동의 유형을 구분해 본다. 그러나 이런 기준은 절대적인 것이 아니며 각 유형의 활동을 하기 위해 사용되는 심리적 에너지의 작용 역시 상호 보완적일 수 있다는 점을 가정하여야 한다. 정신적, 신체적, 사회적 수준의 에너지를 사용하고 또 축적할 수 있는 여가활동들이 있는 반면, 에너지를 소모하기만 하는 활동들도 있고, 여러 가지 특징이 복합적인 여가활동도 있을 있다. 이를 고려하면 〈표 4-4〉로 정리할 수 있다.

〈표 4-4〉 여가활동의 유형(사용하는 에너지에 따른 기준)

유형		구체적인 여가활동 사례
정신적 여가활동	지적 여가활동	독서, 토론, 글쓰기, 과학 활동, 바둑 등
	미적 여가활동	각종 예술 감상, 음악, 만들기 등
	정신회복 여가활동	명상, 휴식 등
사회적 여가활동		게임, 사교클럽, 자원봉사 등
신체적 여가활동		각종 운동 등
소모적 여가활동		게임, TV시청, 인터넷 몰입, 음주, 섹스, 쇼핑 등
복합적 여가활동		관광, 축제 및 이벤트, 동아리 취미/여가 프로그램 등

한편 국내 여가문화 정책의 근거 논리를 제공하는 온 '한국문화관광연구원'의 『2018 국민여가활동조서 보고서』에서는 여가활동의 유형을 문화예술 관람활동, 문화예술 참여활동, 스포츠 관람활동, 스포츠 참여활동, 관광활동, 취미/오락활동, 휴식활동, 사회 및 기타활동 등으로 분류하여 조사하였다. 그러나 이러한 분류가 얼마나 타당한가, 어떤 기준을 적용하였는가의 문제에 대한 논의는 미뤄두기로 한다. 독자들은 나름의 기준으로 이 문제를 논의할 수 있을 것이다.

더 중요한 이슈는 현대 사회에 이르러 다양한 새로운 형태의 여가활동이 생겨나고 있다는 점이다. 특히 인터넷이라는 정보매체의 발달로 인해 정보와 관련된 여가활동이 생기고 있고, 기존의 여가활동 양상도 급속히 변화하는 추세에 있다. 향후 어떤 종류의 여가활동이 새롭게 생길지는 예측하기 어려울 것이다. 결국 기존의 여러 기준을 동시에 고려한 복합적 기준으로 여가활동을 나눌 수도 있다. 그 구분의 가치는 단지 여가 현상을 이해하는 데 어느 정도의 도움을 주는가에 의해 결정될 것이다. 결론은 어떤 절대적이거나 보편적인 수준에서 적용할 만한 분류기준은 없다는 사실이고, 여가 현상에 대한 관찰의 목표와 방향에 맞게 설정하여 적용할 필요성을 인정하여야 한다는 것이다.

4 현대인의 여가 표상과 여가 목적

우리는 앞에서 다양한 관점의 여가 개념을 살펴보았고, 개념 결정의 기준으로서 지각된 자유감과 내재적 보상 추구라는 심리적 상태가 핵심이 된다는 결론을 내렸다. 또한 이러한 두 가지 경험적 기준을 중심으로 여가활동과 유사 개념을 비교하였다. 그런데 이와 같은 개념적 비교를 통한 결론 도출의 방법은 이론에 근거하는 전형적인 연역적 접근방식에 해당된다. 그렇다면 실제 여가경험을 수행하는 행위자의 시각에서 스스로 지각하는 여가란 무엇일까? 즉, 귀납적으로 접근하면, 사람들의 마음 속에 가지고 있는 여가는 어떻게 표상되는지가 중요할 수 있다. 실제로 여가 참여자가 여가를 어떻게 생각하고 있는지를 알 수 있다면 앞에서 이론적으로 도출한 심리학적 기준으로서 여가 개념이 얼마나 타당한지를 가늠해볼 수 있을 것이다.

그렇다면 우리나라 사람들은 "여가"라는 단어를 어떻게 생각하고 있을까? 이와 관련하여 매우 흥미로운 연구 결과가 있다. 한국문화관광정책연구원에서 발표한 [2006 국민여가조사] 자료는 전국 3000명을 대상으로 조사한 여가활동 실태를 분석하여, 여가 개념의 이미지 체계를 정리하여 제시하였다. [그림 4-2]는 이 보고서에 소개된 우리나라 국민이 표상하는 여가의 이미지이다.

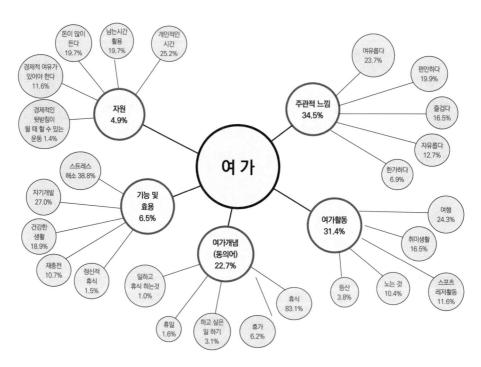

[그림 4-2] 여가에 대한 표상 사례(문화관광정책연구원, 2006, p.8에서 인용)

여기서 보면, 여가 개념은 크게 5가지 하위 영역을 연상하게 만드는 것으로 나타났다. 첫째는 주관적 느낌, 둘째는 여가활동의 종류, 셋째는 여가 개념과 동일시되는 현상, 넷째는 여가의 기능적 측면, 마지막으로 다섯째는 여가 자원에 해당되는 것이다. 이러한 결과는 우리나라 사람들의 여가 개념에 대한 표상을 잘 알려준다. 여가라는 단어로부터 한가함, 자유로움, 즐거움, 편안함 등 주로 심리적 체험들이 가장 많이 연상되고 있다(34.5% 응답률). 더불어서 여가 개념과 동의어로 분류된 응답 내용들도 주로 원하는 것 하기, 휴식, 휴가 등이었으며(22.7% 응답률) 이는 내재적 보상 추구하는 심리적 체험과 다른 차원이 아니다. 그러므로 내재적 동기를 반영하는 연상이 가장 많은 빈도를 나타내고 있으며, 이러한 결과는 우리가 앞에서 살펴보았던 심리적 상태로서의 여가 개념에 부합되는 현상이라고 할 수 있다. 그 다음으로 다양한 형태의 활동단위들이 여가 개념과 대체될 수 있는 것으로 나타났으며(31%), 기능적 측면의 내용도 적지 않았다(6.5%). 이는 전통적인 제도적 관점의 여가 표상이 상존하고 있음을 알려준다. 물론 가장 중요한 표상은 역시 심리적 상태로서의 여가 연상이다.

연 · 구 · 문 · 제

1 여가 개념의 상대적 기준은 어떤 것들인지 설명하시오.

2 자유란 무엇인가? 두 종류의 자유를 구분하여 설명하시오.

3 내재적 동기와 외재적 동기를 구분하여 설명하시오.

4 여가와 여가가 아닌 것을 4종류로 구분하여 설명하시오.

5 놀이와 여가의 관계를 설명하되, 핵심적인 구성요소를 고려하여 논의하시오.

6 게임, 놀이, 레크리에이션, 여가의 관계를 설명하시오.

7 호이징아의 놀이 개념과 카이오와의 놀이 개념은 어떻게 다른지를 설명하고, 각각의 문제점을 지적하시오.

8 도박은 여가인가 아닌가? 논리적 근거를 제시하여 논의하시오.

9 여행, 관광, 여가의 관계를 설명하시오.

10 현대 한국인의 여가 표상에 대해 설명하시오.

11 여가활동의 종류를 나름대로의 기준으로 분류하여 제시하시오.

제5장 ┃ 현대 사회와 여가혁명(Leisure Revolution)

정치 권력이나 국가 영토, 혹은 경제적 수단이나 종교적 관점에서 인류 역사를 이해하려는 전통적인 시도는 비교적 익숙해 보인다. 반면 놀이 문화의 관점에서 인류 역사를 설명하는 방법은 생소해 보일 수 있다. 그러나 놀이와 여가의 가치와 사회문화적 영향력에 주목했던 학자들은 이미 여가문화의 관점에서 시대 변혁을 평가하였고, 소위 '여가혁명(leisure revolution)'과 같은 용어를 사용하여 산업사회와 후기산업사회에서 차지하는 여가의 비중과 영향력을 강조하였다. 이들은 대부분 산업혁명 이후의 산업사회 또는 20세기 후반기인 후기산업사회의 여가 현상을 '여가혁명'으로 지칭하는 경향이 있다.

예컨대 Somers(1971)는 1820~1920년 사이의 100년 동안 미국이 여가혁명을 겪었다고 주장하였고, 역사학자 Baker(1979)는 비슷한 시기인 빅토리아 여왕 시대 영국 사회의 변화를 여가혁명의 개념으로 해석하기도 하였다. Chubb과 Chubb(1981, p.15)은 고대 그리스 시대에 가치 지향적 여가문화를 형성했던 현상을 '1차 여가혁명'으로 불렀고, 18세기 산업혁명의 결과로 인해 유발된 노동과 여가의 구분, 그리고 부산물로 나타난 여가 현상을 '2차 여가혁명'으로 부를 수 있다고 주장하였다. 나아가 Bailey(1989, p.108)는 산업혁명 이후 나타난 여가의 상업화 현상을 '가상 여가혁명 (a virtual leisure revolution)'이라고 진단하였다. 그러므로 산업혁명 이후 산업사회에 나타난 노동생산성과 자유재량 시간 혹은 여가경험의 기회 증가, 그리고 즐거움과 휴식을 추구하는 가치관의 변화 및 그로 인한 여가상업화 등을 통칭하여 여가혁명이라고 지칭하는 것은 그럴듯해 보인다. 그런데 여가혁명은 이 시점에 정지된 게 아니다.

근대 산업사회 이후의 사회, 즉 20세기 후반 후기산업사회에 이르러 전 세계적으로 증폭된 여가 시간과 여가 현상을 '제3의 여가혁명'으로 보는 학자들이 꽤 많다(김광득,

2013, pp.70~71)6). 미국의 정치적 독립 이후 이루어진 사회구조 변화와 현대화를 추적하였던 Marion J. Levy(1971)는 미국의 역사에서 3가지 변혁을 가장 중요하게 고려하였다. 1776년 미국의 독립에 따른 정치적 혁명, 산업사회에 접어든 20세기 전후 발달한 대량생산 혁명, 그리고 2차 세계대전 승전이후 1950년대 경제적 풍요를 누리게 된 미국사회의 여가혁명이 그것이다. 이 시기의 여가 현상을 제4의 물결로 부르거나(Dower, 1965, pp.9-15), 여가시간의 증폭에 주목하여 여가폭발(Leisure Explosion)로 규정하거나(Rapoport & Rapoport, 1975, p.4), Faught(1970)는 노동시간의 감소와 자유재량시간의 증가에 주목하여 이 시기 현상을 시간 부유혁명 (time wealth revolution)으로 부르기도 한다(김광득, 2013, p.70, 재인용). 아마도 이들이 21세기를 살아서 이 세상을 관찰하였다면, 디지털 현대 사회를 '제4의 여가혁명' 혹은 '디지털 여가혁명의 시대'라고 부를지도 모르겠다.

이러한 시대 구분은 노동 혹은 산업 중심의 역사관과 다른 입장이지만, '놀이하는 인간'을 중심으로 보면 논리적으로 타당해 보인다. 세분하여 말하면, 여가 현상은 노동과 견주어 볼 때 미분화 시대(산업혁명 이전)에서 분화 시대(산업사회)를 거쳐, 후기 산업사회인 현대에서는 여가균형과 통합의 시대로 이어지고 있다고 이해할 수 있다. 다시 정리하면, 산업혁명이 가져온 근대에서 여가는 비로소 시·공간적으로 노동 영역과 구분되었고, 경험 차원에서도 여가는 노동 생산성을 위한 보조적 수단으로서 평가받았을 뿐이다. 이런 사회를 우리는 '일(노동)중심의 사회'라고 부르고, 이런 사회에서 여가는 대부분 게으른 것으로 평가받거나 재충전의 기회 정도로만 허용되는 경향이 있다. 그러나 후기산업사회에서 여가생활은 최소한 노동 수준이거나 혹은 그 이상의 가치 수준으로 평가된다. 종종 노동의 결과물로서 소득을 여가생활의 수단으로 간주하기도 하고, 혹은 노동이나 작업에 여가적 속성을 첨가하여 노동을 즐겁게 만들려는 시도들도 있다. 또는 역으로 놀이와 여가활동의 전문성을 강조하거나 취미나 아마추어 수준의 정규적 활동을 내세우는 이들도 많다. 현대 사회에서 노동을 즐겁게 하자는 구호는 일(노동) 장면에 여가적 속성을 포함시키자는 것이며, 가벼운 여가보다는 진지

---

6) 김광득(2013)은 여가혁명과 유사 개념을 강조한 몇몇 학자들의 지적을 소개하였고, 여기선 그 내용을 부연하여 재정리하였다.

한 여가생활이 중요하다는 주장 속에는 일의 진지한 속성을 여가경험에 통합하자는 것이 있기 때문이다. 이런 현상은 '일과 여가의 균형과 통합'이라고 부를 만하다.

군이 일과 연계하지 않더라도 현대 사회에서 여가생활에 대한 강조는 이제 개인적, 사회적, 국가적 차원의 담론이 되고 있다. 엄밀히 말하면 우리는 이미 '여가문화의 시대'를 살고 있으며, 향후 이러한 문화는 그 영역이 더욱 확대될 것이다. 그렇다면 왜 이런 여가중심의 사회가 도래하였는가를 시대적 추이라는 측면에서 살펴볼 필요가 있으며, 그런 다음 현대 여가문화의 특징을 세분하여 관찰할 필요가 있다.

1 현대 사회의 구조적 특징

(1) 기술 발달의 측면

산업혁명은 말 그대로 18세기 서유럽을 중심으로 확산된 기술혁명을 지칭한다. 증기기관의 발명은 사회의 다양한 영역에서 새로운 기술의 변혁을 가져왔다. 생산기술의 혁신을 유발하여 공장의 대량생산을 이끌었고 노동 생산성을 획기적으로 개선하였으며, 교통기술의 발달을 유발하여 대량운송을 가능하게 했고, 무엇보다도 의료, 건축, 토목, 가전, 가구, 전기, 전자, 디자인 등 다른 2차 응용기술의 발달을 견인하였다. 예컨대 의료기술의 진보는 생명연장의 기회를 제공하였고, 건축과 가전 및 가구 기술의 발달은 생활의 편의성을 가져왔고, 디자인 기술을 통해 새롭고 세련된 오락거리를 만들 수 있도록 유발하고, 사회 구성원에게 즐거움을 제공하였다.

기술 발달은 근대를 이끈 산업혁명에만 국한되지 않는다. 오히려 최근 들어 산업혁명에 비견할만한 용어로서 **디지털 혁명**은 인류 문명의 새로운 시대를 예고하고 있다. **4차 산업혁명**으로도 불리는 디지털 혁명은 말 그대로 디지털 기술이 우리 사회의 거의 모든 영역에서 중심 역할을 하게 되고, 그것의 파급효과가 상상을 초월하는 수준에서 확장되는 현상을 말한다. 그래서 혹자는 현대를 후기산업사회가 아니라 디지털 사회 혹은 4차 산업사회라고 부르기도 한다.

산업혁명과 디지털혁명이 가져온 기술 발달은 현대 사회의 거의 모든 영역에 변혁을 가져왔다. 여가문화와 행동의 새로운 추세, 혹은 독특한 여가 현상이나 여가 가치관의 역동적인 변화를 유발하였다. 따라서 본 장에서는 우선 현대 사회의 특징으로서 기술적 차원의 변화를 관찰하고 그것이 현대 여가문화에 미쳤을 영향을 가늠해 보기로 한다.

① 생산기술의 발달과 시장구조 변화

기술혁신이 가져 온 현대 사회를 설명하는 가장 중요한 기준으로서 노동의 구조와 환경 변화를 간과할 수 없다. 시공간을 곧 여가라고 말할 수는 없어도, 노동 구조와 환경의 변화에 따른 시공간의 변화는 곧 여가활동을 포함한 거의 모든 생활의 구조적/경험적 요소를 변모시켰기 때문이다. 산업혁명 이후 지난 80년대까지 전 지구적, 문화적 특징은 산업사회로 규정된다. 우리나라는 일제로부터 광복 이후를 본격적인 산업사회로 볼 수 있을 것이다. 노동 생산성의 개선은 노동시간을 줄였고, 여가의 기회 확대를 가져왔다. 또 생산성의 증가는 노동 소득의 증가를 가져왔고, 곧 가처분소득의 증가로 이어졌다. 휴가와 같은 연속적이고 체계적인 여가시간이 제도적으로 확보되고 관리되면서 여가경험의 구조화 및 계획 수립이 가능하게 되었다. 이는 다시 여가 수요의 증가로 이어지고 시장에서는 여가상품이 등장하게 되었다. 여가상품은 다시 새로운 라이프스타일을 만들어내고 여가경험 중심의 사회문화를 구축하도록 유도했다. 이 모든 순환적 현상의 시발점은 바로 기술혁신이 가져온 노동 생산성의 개선이었다.

후기산업사회에 이르러 나타나는 여가 현상의 독특성은 소비 시장의 구조 변화에서 찾을 수 있다. 전통의 산업사회에서 소비시장의 특징은 시장구조 면에서 '수요 〉 공급' 현상으로 기술된다. 수요가 많지만 공급이 이를 따라가지 못하는 상황에서 공급자는 상품 대량생산에 초점을 두게 된다. 왜냐하면 생산만 해도 팔리는 상황에서, 중요한 초점은 생산량, 생산성 등이며 그것이 곧 기업의 성패를 결정할 것이기 때문이다. 이런 경우 소위 마케팅은 전혀 중요하지 않다. 유통 문제만 해결되면 마케팅은 거의 성공이기 때문이다. 이런 조건에서 공급자는 새로운 상품을 개발할 필요도 없고, 고객의 욕구에 맞는 고객만족 전략을 고려할 필요도 없다.

[사례 5-1] 수요 vs 공급의 구조: 우리나라 치약 상품의 사례

예컨대, 우리나라 치약 시장을 생각해 볼 수 있다. 지난 1980년까지 국내 유일한 치약은 럭키치약이었고, 경쟁 브랜드가 전혀 없는 독점시장이었다. 이런 상황에서 기업은 고객의 구미에 맞는 새로운 상품을 개발할 필요를 전혀 느끼지 못한다. 생산하는 대로 팔리기 때문이다. 그러나 80년대에 들어 새로운 종류의 치약이 시장에 나오기 시작했다. 향과 색을 주요 특징으로 하는 클로즈업, 아카시아와 같은 브랜드가 나왔고 이어서 기능성 치약 페리오와 안티프라그라는 치약이 나왔다. 경쟁에서 밀린 럭키치약은 자취를 감추게 되었고 이를 대체한 새로운 이름 '하이얀 치약'이 저가 제품으로 재포장되었을 뿐이다. 1990년대 이후 치약 시장은 브랜드 종류를 헤아릴 수 없을 만큼 다양해졌다. 이제는 단순히 만들어내는 것만으로 시장에서 생존하기 어렵다. 사실 다른 종류의 제품군에서도 동일한 현상을 보이고 있다.

그러나 [사례 5-1]에서 보는 것처럼, 대량 생산은 시장의 구조를 쉽게 레드오션 (red ocean)으로 만들어 버린다. 유사 상품이 생기고 시장은 곧바로 경쟁체제로 돌입하게 된다. 이런 레드오션 현상의 가장 큰 원인은 기술 발달과 자본 투자에 의해 대량 생산이 가능해졌기 때문이다. 자동화 기술로 인한 대량생산 체제는 두 가지 주요 결과를 낳았는데, 하나는 공급시장의 과열에 따라 공급이 수요를 초과하는 시장 구조의 등장이고, 다른 하나는 노동 생산성의 증대로 인한 소비자의 소득 증대이며 곧 가처분 소득의 증가이다. 공급이 수요를 초과하는 경쟁 시장 체제에서 기업은 끊임없이 고객의 욕구에 맞는 새로운 상품을 개발하여야 할 뿐 아니라 고객의 잠재 욕구를 자극하는 주도면밀한 마케팅 전략을 구사하여야 하는 부담을 가지게 되었다. 또한 소비자의 입장에서는 다양한 상품을 선택할 수 있는 실제적인 소비자 권리를 확보하게 되었고, 신상품이나 마케팅 전략에 대한 직접 요구가 가능해졌다. 수요도 전체적으로 양적 증가가 있지만 질적으로 다양해졌다는 사실이다. 그 다양한 수요 중 하나가 바로 여가 및 문화

소비 욕구이다. 그리고 노동시간 단축으로 상대적인 여가시간의 증가를 확보하게 되었다.

여가 소비시장에서 신상품이 지녀야 할 조건 중 가장 중요한 것이 감성을 자극하고 즐거움을 제공해 줄 수 있어야 하는 것이다. 그래서 이런 현상을 경제학적으로 진단한 Gilomore와 Pine II(1998, 1999)는 현대 사회를 '체험 경제의 시대'라고 부른다. 이러한 지적은 바로 여가적 속성 중 즐거움 체험을 강조하는 것이며 곧 현대 사회의 일반적인 시장 자체가 여가문화 현상의 일부가 되어가고 있음을 알려준다. 또한 직접적으로 소비자 여가수요의 양적, 질적 증가는 의심의 여지없는 현상이다.

② 교통수단의 발달

산업혁명과 두 번에 걸친 세계 대전이 낳은 가장 중요한 기술 변화는 교통수단에서 찾을 수 있다. 산업혁명이 대형 선박과 기차를 제조할 수 있는 증기기관을 제공하였다면, 두 번에 걸친 세계대전은 항공 운송기의 발달과 자동차 기술의 발달을 가져왔다. 이러한 교통수단의 발달은 일단 사람들로 하여금 여행을 포함한 다양한 여가활동을 가능하게 만들었다. Dower(1965)에 의하면, 18세기 산업혁명을 제1의 물결이라고 한다면, 그로인해 유발된 철도혁명을 제2의 물결, 자동차 혁명은 제3의 물결, 그리고 이후의 여가혁명으로 이어진다고 할 만큼 교통기술은 인류 문명에 지대한 영향을 미치고 있다(김광득, 2013, p.70 재인용).

교통기술의 혁신으로부터 여행은 주요 여가활동의 하나가 되었고, 상업화의 대상이 되었고, 마침내 국가의 주요 산업이 되었다. 과거에는 걸어 다닐 수밖에 없어서 포기했던 관광이 가능해진 것이며 심지어 외국 여행의 기회도 그만큼 늘어나게 되었다. 교통수단의 발달과 맞물려 다양한 종류의 관광열차 상품이나 해외 패키지 여행상품 등이 만들어졌다. 이러한 현상은 여가활동 선택 기회의 증가라고 할 수 있다.

후기산업사회에 나타난 교통 발달의 특징은 여가문화와 관련하여 크게 네 가지 측면에서 검토할 수 있다. 첫째 자동차 보급률의 증가, 둘째 고속전철의 등장, 셋째 국제선 항공기의 증가이고, 마지막으로 크루즈와 고급 선박의 개발을 들 수 있다. 자동차 보급률의 증가는 곧 개인별 취향에 맞는 여행이 가능해졌음을 의미하며, 고속철의 등장은 이동 시간을 대폭 줄여주고 있고, 항공기와 노선 개발은 해외여행의 기회를 증가시켰으며, 크루즈와 고급 선박의 대두는 단순히 여행기회의 다양화를 유도한 것만이 아니라 여가경험의 질적 변화를 이끌어냈다는 점에서 의미가 있다.

개별 소유의 자동차 문화는 곧바로 여행 목적지를 스스로 찾아가는 형태의 자유 여행을 대폭적으로 가능하게 하였고, 심지어 자동차 그 자체가 여가경험의 주요 맥락이 되기도 한다. 오늘날 카레이싱과 같은 형태의 여가활동이나 오토바이로 도로를 질주하는 종류의 고속놀이 역시 비슷한 맥락에서 설명할 수 있다. 자동차 튜닝(즉, 자동차 개조나 꾸미기 현상)은 자동차 자체가 여가 상품이 되었음을 의미한다. 레이싱 걸이 되기 위한 노력이나 자동차를 주제로 한 다양한 이벤트 등도 모두 자동차관련 여가문화라고 할 수 있다.

후기산업사회에서 기차여행은 일종의 향수 관광상품을 만들고 있다. 나아가 고속철의 등장은 기존 열차를 이용한 관광과 전혀 다른 형태의 여행을 가능하게 한다. 완행열차를 이용하면 여행목적지까지 가는 여정이 결코 짧은 게 아니었으나 고속철은 그 여정을 크게 줄여주었다. 과거 1박 2일의 여정이 이제 하루 나절이면 가능하다. 성격이 급한 현대인에게는 고속철을 이용한 여가 여행이 가능한 셈이며, 보다 고급스런 서비스를 원하는 이들에게는 적절한 교통수단이 생긴 것이다. 뿐만 아니라 2020년 현재 한국철도공사에서 공식적으로 운영하는 관광열차 종류는 9건이 확인된다(http://www.letskorail.com). 나아가 여러 종류의 열차를 활용한 '기차여행 만들기'라는 자유로운 여행패키지 프로그램을 제공하여, 소비자 스스로 숙박, 렌터카, 각종 예약권 등을 기차여행과 함께 묶어내는 방식의 유연한 상품을 개발할 수 있도록 돕고 있다. 여행사나 각 지방자치단체를 중심으로 새로운 형태의 관광열차 상품도 개발되는 추세이다.

항공기 기술 자체의 발전도 중요하지만 항공노선의 개발은 과거에 여행할 수 없었던 세계 오지에도 쉽게 접근할 수 있는 기회를 제공하고 있다. 비행기를 이용한 관광상품은 다른 교통수단의 여행 상품보다 많은 게 현실이며, 항공노선이 확보되지 않았다면 이런 현상은 불가능했을 것이다. 해외여행의 기회가 항공기와 노선을 필수 조건으로 한다는 사실은 자명하다. 추가적으로 서구 선진국에서는 일부이긴 하나 전용기나 자가용 경비행기를 이용한 여가활동이 여가시장의 영역을 담당하고 있다. 우리나라에서도 이런 형태의 새로운 여가활동이 점차 증가할 것이며, 특히 드론형 비행기 이용이 조만간 대두할 것으로 예상된다.

선박기술의 발달은 고급 선박이나 대형 선박의 제조를 가능하게 했으며, 그 예로서 최고의 여가활동으로 지칭되는 크루즈 여행이나 요트 여행의 기회를 열어 놓았다. 외국의 경우 크루즈 여행은 인생 최대의 목표가 되기도 하며, 부유층에게 가장 가치로운 여가활동으로 요트여행이 꼽히기도 한다. 그래서 어떤 이들은 요트여행을 최후의 여가활동으로 규정하기도 한다. 요트나 크루즈 여행은 소득수준과 직접 관련이 있는 것으로 알려져 있다. 또한 선박기술의 발달은 최근 들어 급증하고 있는 선상낚시 여가활동이 가능한 이유로서 무시할 수 없을 것이다.

결론적으로 교통수단의 발전은 다양한 종류의 여가활동 기회를 제공하고 있으며, 특히 여행관련 여가활동의 기회가 대폭 확보된 것을 의미한다. 자동차나 요트, 자가용 비행기 같은 경우는 여행이라는 의미보다 교통수단 그 자체에서 여가 경험을 하게 되는 것을 뜻하며, 결국 과거에는 없었던 전혀 새로운 종류의 여가활동을 대두시키고 있다. 향후 이러한 현상은 더욱 크게 나타날 것이고, 예상할 수 없는 형태의 새로운 여가활동이 대두할 가능성도 있다.

③ 미디어 및 정보기술의 발달

후기산업사회를 지칭하는 다른 이름으로서 '정보화 사회'는 여가문화시대라는 표현 못지않게 익숙하다. 정보화 사회라는 용어는 현대 사회를 특징짓는 하나의 기준이 되는데, 여기엔 정보기술, 정보문화, 정보의존 여가활동의 의미가 모두 포함되어 있기 때문이다. 정보화 사회를 이끌어 온 요인은 바로 미디어와 통신기술로서 소위 커뮤니케이션의 수단에 해당된다. 산업혁명 이후 윤전기와 인쇄기술의 도입으로부터 신문이나 잡지 같은 인쇄 정보문화가 형성되고, 전기 및 전파기술의 발달로부터 전신, 전화, 라디오가 등장하게 되었고, 종국에는 TV라는 지배적인 대중매체를 만들어졌다.

미디어 정보기술이 영상기술과 접목되면서 영화나 비디오 산업이 발전하게 되었다. 이러한 기술문명의 변화는 모두 산업혁명의 결과물이다. 그런데 이러한 미디어와 통신 기술문명은 그 자체로서 지난 100여년의 여가문화가 되었다는 점이 중요하다. 예컨대 TV 보급이 이루어진 현대 사회에서 TV시청은 가장 큰 비중을 차지하는 대표적인 여가활동으로 드러난다. 이미 2006년 조사에서 가장 많이 참여하는 여가활동으로서 TV 시청을 선택한 응답은 68.3%였고, 2018년에는 71.8%로 오히려 그 비중이 증가한 것으로 확인된다. 1년간 여가활동으로 TV시청을 경험한 비율은 96.8%로서 거의 모든 국민이 해당된다(문화관광정책연구원, 2019). 그러므로 TV를 비롯한 대중매체의 활용이 여가생활의 중요한 비중이 된 것이다. 뿐만 아니라 미디어 기술문명의 발달은 곧바로 여가정보를 알려주는 역할을 한다. 새로운 여가활동 방법이나 자원에 대한 친절한 가이드의 역할을 하는 것이다. 그런데 TV나 라디오로 대표되는 미디어 기술과 문명은 의사소통의 측면에서 분명한 한계를 지닌다. 일방적인 정보전달 방식의 커뮤니케이션이 그것이다. 이러한 이유 때문에 후기산업사회에서 여가의 대중화와 여가의 획일화 현상이 나타났다고 해석된다. 그리고 역설적으로 유행을 쫓아가지 못하는 이들에겐 사회적 소외를 유발하기도 했다.

디지털 기술혁명: 21세기에 접어들면서 정보통신 기술은 거의 혁명적인 변혁을 이루어냈다. 그것은 바로 PC보급, 인터넷 네트워크의 형성과 디지털 기술혁명으로 대표된다. 20세기와 비교하여 21세기 정보 미디어기술의 혁신으로부터 바로 일방적 커뮤니케이션 사회에서 양방적 커뮤니케이션 사회로 변모하게 되었고, 최근에는 디지털 기술에 의존한 다원적 커뮤니케이션이 가능한 사회가 되었다. 예를 들어 2018년 국민여가조사(문화관광정책연구원, 2019)에 따르면, 우리나라 국민이 1년 동안 여가활동으로 인터넷을 이용한 비율은 70.3%로 확인되었고, 가장 자주 하는 여가활동으로 인터넷을 선택한 비율은(36.7%), TV 시청(71.8%)에 이어 2위에 해당되었다.

인터넷과 디지털 기술은 급속한 속도로 인터넷 방송, 디지털 게임, SNS 등의 대중화를 이루어냈고, 디지털 기술과 디지털 사회는 그 자체로서 여가경험의 장이 되었다. 그것은 바로 사회적 여가활동의 조건과 맥락이 달라졌다는 것을 의미하기도 한다. 종교 활동이나 봉사활동, 친목모임과 동아리 예술 활동 등 거의 모든 사회적 행위를 디지털 가상공간에서 진행할 수 있게 된 것이다. 사물인터넷(IoT)은 노동과 일상생활의 영역에 깊숙이 진입하였고, AI는 이미 지능대결의 구도에서 인류의 라이벌로 자리 잡았고, 인간 세상의 여러 가지 직업을 대체할 것이라는 우려를 낳고 있다. AR과 VR을 이용한 각종 게임과 체험 프로그램이 봇물처럼 쏟아지고 있다. 이처럼 21세기 인터넷과 디지털 기술은 현대 사회의 거의 모든 영역에서 변혁을 가져오고 있으며, 미래 사회가 어떤 방향으로 전개될 지는 예측하기 어렵다.

④ 기타 다른 기술들

우리의 삶을 바꾸도록 영향을 미치고 있는 기술은 다양하다. 의료, 의약, 건축, 토목, 전기, 가구, 디자인 기술 등은 현대인의 삶과 가치관에 지속적인 영향을 미치고 있다. 의료 및 의약 기술의 발달은 인간의 건강과 장수에 획기적인 영향을 미치면서 특히 지난 반세기 동안 세계인구의 급증을 유발하였다. 건축과 토목 기술의 발달은 도로 확충이나 대형 건축, 도시설계 및 개발 등을 원활하게 하였고, 디자인 기술의 발달은 인간이 원하는 거의 모든 사물을 어렵지 않게 만들어낼 수 있도록 하고 있다. 디즈니랜드와 같은 테마공원이나 대형쇼핑몰, 현대식 백화점 등이 현대인의 주요 오락거리로 자리 잡게 된 것은 모두 이런 기술혁신의 결과라고 할 수 있다.

(2) 도시화

산업사회와 후기산업사회를 공통적으로 특징짓는 모습이 바로 도시화 현상이다. 일반적으로 산업사회에 진입하게 되면 도시화의 초기 단계를 거치게 되는데 우리나라의 경우 1960년대에 해당된다. 이촌향도(移村向都) 현상이 진행되고 급속한 도시화 현상이 생긴다. 후기산업사회에서는 도시화의 진전이 일반적으로 둔화된다고 알려져 있으나, 우리나라의 경우 이 시기에 해당되는 1990년대 이후 도시인구의 증가세는 오히려 확대되었다. 특히 수도권 집중화가 가중되었다.

지난 70년대의 경우 우리나라 도시인구는 약 40%였다. 1990년에는 도시인구 비율이 약 75%였고, 2000년대 들어 국민 중 약 80%이상이 도시에 거주하고 있으며, 2019년 현재 수도권 인구비율이 50%에 이른다는 정부의 보고가 있었다. 수도권 인구 집중 추세는 앞으로도 지속적으로 증가할 것으로 예상된다. 이러한 도시화 현상은 여가 경험과 관련하여 크게 세 가지 문제를 야기한다.

첫째는 각종 문화시설이 도시 중심으로 형성됨에 따라 도/농간 여가경험의 질적, 양적 차이를 유발한다는 것이다. 대개의 경우 도시인구의 증가는 도시 유권자의 증가를 의미하며, 지방자치제의 제도적 문제와 결부시켜볼 때 유권자의 요구를 수용하는 방식의 도시 개발은 여가시설이나 프로그램의 편중된 개발을 유도한다. 결국 여가 기회의 측면에서 도시인이 그것을 누릴 가능성이 크다는 것을 의미한다. 즉, 인구의 도시화는 여가경험의 차별화를 의미하는 것이며, 이로 인해 도시 집중화라는 악순환을 유도한다. 물론 도시에 각종 체육시설이나 여가문화시설이 갖추어진다고 해도 그것만으로 도시인의 여가욕구가 충족되는 것은 아니다.

도시화가 만든 여가 현상의 두 번째 문제는 바로 인구 밀도로 인한 개인 공간의 부족이라는 특징이다. 환경심리학의 연구에 따르면 개인은 누구나 개인 공간(personal space)을 확보하려는 경향이 있다. 가령 버스나 지하철을 타면 남들과는 떨어진 자리를 잡는 경향이 있고, 남자 화장실을 가더라도 사람들은 다른 이들과 다소 거리가 있는 빈 소변통을 찾는다. 집안에서도 가능하면 가족 모두가 개인 방을 갖기를 원한다. 이러한 개인공간의 욕구가 문화 보편적이긴 하나 그 공간 규모 면에서는 문화간 차이가 있다. 예컨대 한국인의 경우 주거공간으로서 개인공간은 대략 7평 내외 정도로 알려져 있다. 그러므로 4식구가 개인 공간을 확보하기 위해서는 실평수가 28평 이상이 되어야만 비교적 불편하지 않은 상태가 된다. 아파트로 말하면 공용면적을 포함하여 33평 정도는 되어야만 4식구가 부딪치지 않으면서 살아간다는 것이다.

개인 공간의 개념은 거리나 건물, 공원 등에도 적용된다. 그래서 많은 여가학자들은 혼잡도(crowding level)를 주요한 변수로 다루어왔다. 도시화는 곧 인구밀도가 높아진다는 것을 의미하므로 결국 시민들은 인구과밀로 인한 불편함을 느끼게 되고, 그것은 일상 탈출욕구를 유발한다. 여가시간을 활용한 도시탈출 현상이 증가하는 것은 그래서 당연하다. 도시인의 도시탈출형 여가행동은 앞으로도 증가할 것이고, 여행 산업은 발전할 것이다.

도시화의 세 번째 특징은 도시의 인공 환경과 관련이 있다. 도시 공간의 물리적 환경은 사실 인공물이 대부분이다. 농어촌과 비교할 때 그 비율은 명백히 더 크다. 그러나 인간은 누구나 태어나는 순간부터 자연 속에서 나며, 자연의 일부가 되고, 자연과 교류하며 생존한다. 결국 그것이 생태적이던 생득적이던 간에 자연교류의 욕구는 인간의 본성이라고 할 수 있다. 자연교류의 욕구를 가진 인간에게 있어서 도시의 인공 환경은 자연교류의 기회를 삭감시키는 결과가 되고, 결국 도시인은 욕구불만 상태에 빠지게 된다. 역으로 이러한 욕구불만은 그것을 상쇄시키기 위한 행동양식을 유발하게 되고, 대표적으로 자연 휴양과 같은 여가 여행을 유도한다. 다시 말해 도시의 인공 환경은 자연교류의 기회를 제공하는 여가 욕구를 유발한다는 점에서 도시화가 될수록 자연교류형 여가활동은 많아질 것으로 예상할 수 있다. 이 상황에서 교통수단의 발달은 훌륭한 촉매제가 될 것이다.

(3) 인구구조 변화

기술문명의 발달, 소득의 증가, 직업 구조의 변화 및 도시화 등과 같은 현대 사회의 특징과 맞물려 있는 인구구조의 변화는 여가문화의 변화를 예상하게 하는 주요 요인이다. 인구구조의 특징은 여러 가지 의미를 내포한다.

총인구 및 인구성장률(1960~2067년)

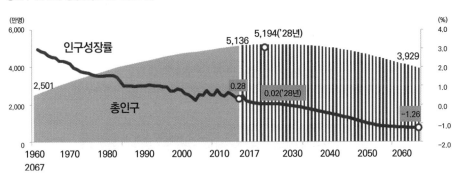

출생아수 및 사망자수(1985~2067년)

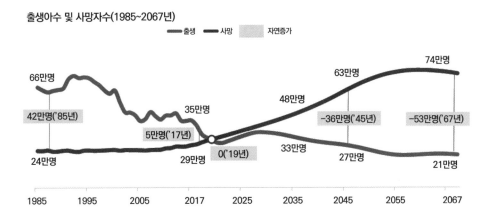

[그림 5-1] 우리나라 인구추세 예측(통계청, 2019)

앞에서 논의하였던 도시집중 현상에 추가하여 초저출산 현상, 만혼/비혼 현상, 기대수명 증가, 노령화, 핵가족화, 가족해체 등이 두드러진다. 이 중에서 노령화, 핵가족화, 가족해체 등의 현상은 현대인의 여가 현상과 관련하여 주목할 만하다.

❶ 초저출산	가임 여성 1인당 0.98명, 평균 출산 연령 31.6세
❷ 만혼, 비혼	평균 초혼연령 남 33세, 여 31세
❸ 기대수명 증가	남 79.7세, 여 85.7세
❹ 고령인구 증가	2018년 고령사회 진입
❺ 가구규모 축소	평균 가구원수 2.4명
❻ 1인 가구 급증	구원수별 비중 1인 〉 2인 〉 3인 〉 4인 순(2017)
❼ 가구주 연령 고령화	60세 이상 가구주 1990년 대비 8배 이상 증가

주 : UN기준 65세 이상 인구 7% 이상이면 고령화 사회, 14% 이상이면 고령사회, 20% 이상이면 초고령 사회로 구분
우리나라는 2018년 말 14.3%로 고령사회 진입

[그림 5-2] 국내 인구구조 변화의 특징

(하나금융연구소(2019). 국내 인구구조 변화에 따른 소비 트렌드 변화, 내용 재구성)

연령	2017년	2020년	2023년	2026년	2030년
14세 이하	12.7%	12.2%	11.7%	11.4%	10.9%
15 - 64세	71.0%	69.2%	66.8%	64.0%	60.6%
65세 이상	16.2%	18.6%	21.5%	24.6%	28.5%

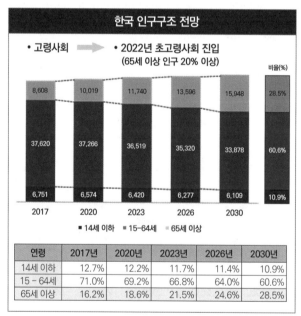

(자료원: 장래 인구추계, 통계청)

[그림 5-3] 우리나라 인구구조 전망(통계청, 2019)

① 노령화 사회

　　현대 사회의 가장 큰 특징 중 하나는 과학 및 의학기술 발달에 기인한 수명연장 현상이다. 기대수명의 증가와 더불어 노령화라고 불리는 인구 구조의 변화는 특히 우리나라와 같이 급속도의 경제 성장을 이루어낸 나라에서 두드러진다. 고령화(혹은 노령화) 사회를 진단하는 고령화 지수는 65이상의 인구와 14세 이하 인구 사이의 비율로 정의된다(즉, '65세이상인구/14세이하인구' × 100). 고령화 지수는 선진국일수록 수치가 높은 게 사실이며 인구 성장의 마지막 단계에 이른 정도를 반영한다. 우리나라의 경우 경제가 발전하고 사회가 안정되어감에 따라 65세 이상 인구가 2003년에 8%이었으나, 2018년말에 14.3%에 이르러 이미 고령화 사회에 접어들었다([그림 5-2], [그림 5-3]). 6.25 한국동란 이후부터 1963년 이전에 태어난 소위 베이비붐 세대의 본격적인 은퇴시기를 맞았고, 통계청의 추정에 의하면 2022년에 우리사회는 초고령 사회에 접어들 것이다.

　　고령화 사회에서 주목받는 사회적 이슈가 바로 노인복지와 노년 여가의 수요문제이다. 향후 노년층은 과거의 노년층과 분명히 다른 점이 있는데 그것은 바로 경제 권력의 소유이다. 과거 경제성장 시기에 주도적인 역할을 담당했던 베이비붐 세대가 노년이 됨으로써 자본이라는 권력을 쥔 채 은퇴하게 되었고, 자본을 따라가는 시장의 원리에 따라 노년층은 사회 경제를 좌지우지하는 권력자가 된다. 이러한 현상은 과거 노동력 근간의 산업사회나 농경사회와 전혀 다른 양상이다. 이들은 또한 과거의 노인들과 달리 평균적으로 더 건강하고, 행복에 대한 욕구가 강하며, 여가시간이 많으며 경제적으로 여유가 있는 계층이다. 다시 말해 자식 걱정만 하던 과거 노년층과 달리 여가활동을 포함한 개인 복지에 관심이 많고, 개인과 사회 및 국가에 대하여 복지 권리의 실현을 직접적으로 요구한다.

　　이들의 요구는 크게 세 가지 측면에서 고려된다. 첫째는 국가 차원의 노인복지정책을 요구하는 것이며, 둘째는 사회적 수준에서 실버타운과 같은 노인복지 산업을 유도하는 것이며, 마지막으로 개인적인 차원에서 적극적인 여가활동을 추구한다는 점이다. 결국 노년층은 고급 여가시장의 잠재적인 소비자라고 할 수 있다.

　　반면 노령화 사회를 주도적으로 준비하지 못한 노인들은 경제력을 확보하지 못하게 되고, 자식에게 의존하거나 그것마저도 여의치 않은 상황에 놓이게 된다. 이러한 노인들은 극심한 소외감을 느끼게 되고 노인소외 현상은 다시 사회적 문제가 된다. 노인소외의 문제는 뒤에서 말하는 핵가족화 및 가족해체 현상과도 밀접한 관련이 있다.

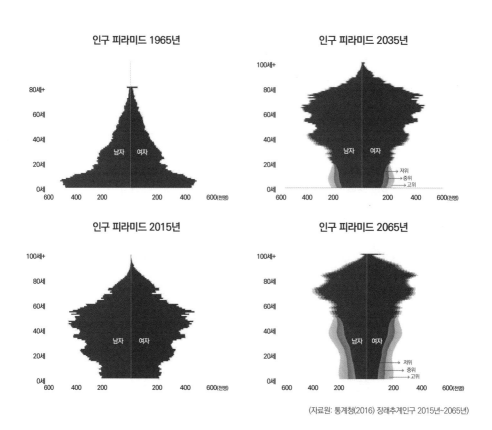

(자료원: 통계청(2016) 장래추계인구 2015년~2065년)

[그림 5-4] 한국의 인구 피라미드 추이

② 핵가족화

현대 사회의 다른 특징은 전통적인 확대가족구조 대신 핵가족화 현상이 두드러진다는 점이다. 전통의 농경사회나 산업사회에서는 3대가 한 집안에 거주하는 게 가능했지만 도시화가 두드러지고 직업이 다양해진 현대 사회에서는 거주 공간이나 직장문제 등으로 인해 핵가족화가 빠르게 진행된다. 핵가족 사회에서 노인들은 대개 고향집에 살지만 자식 세대는 도시에서 살아간다. 이런 구조에서 가족여가 현상은 핵가족에게만 적용되며 노인층의 가족여가는 욕구 수준에 머무르게 된다. 도시에서 경제활동을 했던 노인들도 은퇴를 기점으로 농촌지역이나 고향으로 퇴거하는 경향이 나타나며, 핵가족의 주요 여가활동은 바로 은퇴한 기성세대인 부모를 방문하는 것으로 나타나기도 한다. 대표적으로 미국 동부의 로드 아일랜드나 커넷티컷 주는 뉴욕이나 보스톤같은 대도시에서 은퇴한 이들의 거주지로 유명하다. 또한 이들 지역은 노인휴양지로도 유명하다. 대도시의 핵가족이 근교의 노부모를 찾아보는 것이 가족여가의 한 종류가 되었다.

핵가족화라는 인구구조의 변화에서 간과할 수 없는 현상이 바로 **저출산** 현상이다. 중국과 같은 나라에서는 인구 과밀의 국가 대책을 취한 결과로서 한 자녀 운동이 있었지만, 우리나라의 경우에는 경제적 부담과 젊은 부모세대의 개인생활을 위해 한 명의 자녀만 낳는 현상이 나타났다. 이러한 가족 구조에서 자식은 소위 왕자나 공주의 대우를 받으며 성장하게 되고, 곧 자기중심적 사고방식을 강하게 가지게 된다. 타인을 이해하지 못하고 다른 사람을 배려할 줄 모르는 이기주의 습관이 몸에 배게 되는 것이다. 이른바 왕자 혹은 공주로 자란 자녀들은 이기주의로 인해 사회적 교류를 필요조건으로 하는 여가활동을 하는 데 어려움을 겪게 된다.

이러한 어려움은 성인이 되었을 때 사회적 소외를 느끼게 하고, 결국 혼자서 많은 시간을 보내는 방식을 택하게 된다. 최근 들어 자기 방에서 꼼짝없이 몇 달 씩 보내는 젊은이들이 늘고 있다는 보고도 접할 수 있다. 이러한 현상은 사회적 병리인 동시에 개인적 파괴이며, 사회성이 부족할 수밖에 없는 가족구조와 사회성이 결여된 양육방식에서 그 원인을 조망할 수 있다.

③ 가족해체 현상 : 독신가구와 인구절벽

핵가족화보다 더 나아간 가족구조가 바로 독신 가정의 증가이다. 통계청(2018)의 인구총조사(KOSIS) 결과를 보면, 2018년 현재 1인 가구(세대주)는 전체 가주 중 29.3%로 나타났다. 전체 인구비율로 보면 약 11.5%에 해당된다(약 584만명). 가구비율 28%였던 2017년에 비해 늘어난 수치이며, 222만명(약 5% 인구비율)이었던 2000년에 비해 약 160% 증가한 것이고, 매년 그 비율이 증가하고 있다. 사회 전반에 걸쳐 개인주의가 만연해지면서 1인가구나 여성이 세대주인 경우도 늘고 있는 것이다.

미혼 혹은 독신의 경우 배우자나 다른 자녀가 있는 경우에 비해 행동의 제약이 덜하다는 사실은 쉽게 추론할 수 있다. 소위 여가제약의 조건이 상대적으로 약하다는 것인데, 사회구조 자체가 독신자의 증가 양상을 띤다면 향후 여가 소비시장은 이들 독신자들에 의해 영향을 받을 가능성이 크다. 그 방향은 크게 두 가지로 예상할 수 있다. 하나는 개인형 여가활동의 증가이고, 다른 하나는 반대 방향인 집단형 여가활동의 증가이다. 특히 후자의 경우 부연 설명이 필요한데, 독신자라면 소외에 대한 탈피 욕구가 반작용으로 나타날 가능성이 있기 때문이다. 물론 정신적으로 건강한 경우, 소외에 대한 탈출 욕구가 집단형 여가활동을 유도할 것이며, 전술하였던 것처럼 정신적으로 문제가 있는 독방형 생활 양식자에겐 적용되지 않을 것이다.

그런데 1인가구의 증가는 사회적으로 심각한 문제를 야기한다. 바로 인구절벽의 위기를 초래한다. 새로운 인구가 시장에 유입되지 않으면, 전체적인 인구 감소로 이어질 것이다. 이는 노동력의 부족은 물론이거니와 역설적으로 내수 소비시장의 붕괴를 유발하고, 결국 국가 경제의 몰락을 가져올 수도 있다. 경제에만 머무른 문제가 아니라 정치, 국방 등 국가 존립 차원의 위기가 생기게 된다. 그래서 **독신세**7)와 같은 국가적 차원의 대책 논의가 있을 수 있다.

(4) 직업구조의 변화

여기서는 산업사회와 후기산업사회를 거쳐 디지털사회에 진입한 현대 사회의 직업구조가 어떻게 달라지고 있는지를 간단히 탐색한다. 수 만 년에 걸친 농경사회 이후 도래한 산업사회에서는 공업과 같은 2차 산업이 주류를 이루었다. 산업혁명이 낳은 산업사회의 다른 이름은 '공업사회'다. 그리고 20세기 중반 이후 대두한 후기산업사회의 대표는 3차 산업이라는 '서비스 산업'이다. 그러므로 미국과 같은 서구 선진국의 역사에서 보면 1960년대나 1970년대 이미 서비스 산업의 시대에 접어들었고, 한국의 경우 1990년대 이후에야 후기산업사회에 진입하였다고 볼 수 있다. 후기산업사회를 가늠하는 주요한 기준 중 하나는 직업 분포의 변화이다. 그리고 이제 21세기에 이르러 우리는 디지털 사회와 디지털산업의 부상을 목도하고 있다.

---

7) 독신세의 역사 : 로마 황제 아우구스투스는 미혼 남녀에게 수입의 1%를 독신세로 과세하였고, 평생 독신으로 살면, 상속권한도 박탈했다고 한다.

① 3차 산업과 디지털산업 및 융합형 직업

이미 후기산업사회에서 '수요 〈 공급'의 시장 구조가 형성되었고, 서비스마케팅이
강조되었고 직접적으로 서비스산업이 활성화되었다. 그리고 21세기에 들어 인터넷
기술의 발전과 디지털기술의 토대 위에 디지털산업이 활성화되고 있고, 과거와는 전
혀 다른 종류의 직업군이 생기는 반면 전통적인 직업이 사라지고 있다. 노동의 내용,
질적 수준과 양적 구조 등이 모두 달라지고 있으며 디지털기술과 전통 산업이 융합의
모습으로 새로운 직종을 만들어내고 있다. 그 중에서도 지식과 정보 및 감정을 매개로
하는 신종 서비스업이 대두되고 있으며, 여기에 디지털 기술이 접목되고, 이를 관리하
거나 기획, 제공하는 다양한 직업이 생기고 있다. 이러한 신종 서비스업이 바로 여가경
험과 여가문화에 직접 관련이 있다. 다시 말해 여가 서비스업 자체도 증가하고 있지만
디지털융합 여가서비스 직업도 출현하고 있다. 유튜브(youtube)의 출현은 개인 방송
을 가능하게 했고, 이는 다시 각종 취미교육 서비스의 영역을 확장하고 있다. 문화센터
등의 오프라인에서 이어지던 취미교실이 온라인으로 이루어지게 되었고, 시너지 효과
를 유발하여 독특한 종류의 새로운 여가문화교육이 산업의 영역으로 편입되고 있다.
미술, 공예, 디지털드로잉, 라이프스타일, 요리/음료, 디자인개발, 음악, 사진영상, 커
리어, 각종 스포츠, 건강/미용, 출판, 외국어 등은 이미 디지털 기술과 연계된 여가서
비스교육 사업의 주요 범주들이다.

② 정규직 감소와 비정규직 증가

　전통적인 직업구조의 변화와 함께, 노동 스케줄의 양식도 변하고 있다. 정규직과 비정규직의 비율 또한 변화가 발생한다. 과거 산업사회와 20세기에는 정규직이라는 고정된 고용 형태에 근거한 직업이 절대 다수를 차지했다. 고정 고용형태의 정규직 비율을 기준으로 실업 여부를 가늠하는 게 가능한 사회였다. 그러나 21세기에 이르러 기업주의 입장에서는 안정 고용정책을 유지할 필요가 없어졌다. 특히 시장 환경의 급변에 따라 시의 적절하게 시장에 맞는 상품과 서비스를 제공하는 방식으로 생산 및 마케팅 전략을 구사할 필요가 있으며, 이런 상황에서는 고용 자체도 유연하게 관리되어야 하기 때문이다. 결국 법적 규제가 강한 정규직 고용보다는 비정규직 고용을 통해 해고와 배치를 쉽게 관리할 수 있는 정책을 펴게 된다. 비정규직은 특히 여가서비스 관련 업종에서 두드러진다. 이러한 기업 정책이 사회 전반에 만연할 때 직업 구조는 자연스럽게 비정규직의 증가로 나타난다. 실제로 우리나라 고용시장은 비정규직 비율이 최근 들어 급증하고 있고, 정규직 종사자조차 각종 명예퇴직 조치로 인한 불안한 고용 상태를 유지하는 경향이 있다.

③ 주5일 근무제와 two jobs 시대, 그리고 여가의 구조화

　후기산업사회 직업구조의 변화는 주5일 근무제와 같은 노동 시간의 구조적 변화를 동반한다. 주5일 근무제는 단순히 노동시간의 축소만을 의미하는 게 아니다. 주5일 근무제는 다른 말로 주2일 휴무제로 불러도 된다. 주중 5일과 주말 2일이 노동시간과 여가 기회로 완전히 분리된다는 것을 의미한다. 일과 여가의 관계에서 산업사회가 공간상의 구분을 유도하였다면 주5일 근무제는 그것이 시간상의 구조에서 구분되었음을 의미한다. 다시 말해 주중 5일 동안의 노동 강도가 강해지는 것을 의미하며 주말 2일에는 지속적 여가활동이 가능한 수준에서 자유 선택의 기회가 많아졌음을 뜻한다.

　평균 노동시간이 줄어드는 대신 동일한 양의 생산성을 위해 노동 강도가 강해지는 게 당연하다. 다만 이러한 노동 강도는 결국 주말의 자기결정 활동을 강화시키는 반작용을 유도할 가능성이 크다. 주말 2일이라는 비교적 긴 시간동안 자기결정의 기회를 가진다는 것은 결국 여가시간을 계획하고 구조화하는 기회를 가질 수 있음을 뜻한다. 이와 같은 여가시간 계획은 일상을 예측 가능한 방향으로 설계할 수 있음을 의미하며

자기 인생에 대하여 보다 적극적으로 관리할 수 있는 기회가 확보되었음을 말한다.

과거 주6일 근무 상황에서 노동자는 주말 하루가 주어지더라도 피곤한 몸과 마음을 추스릴 시간이 절대적으로 부족할 수밖에 없었다. 알려진 것처럼, 주6일 동안 직장 업무만 하는 것이 아니라 퇴근 시간조차도 각종 회식에 참석하여야 하고, 주말에도 애매한 시간 범위로 인해 뚜렷한 목표의식이 부족하였으며, 결국 일중독(workaholic)에 빠져 직장에 나가거나, 아니면 낮잠으로 여가시간을 낭비하는 현상이 난무했다. 심리학자들의 연구에 의하면, 일중독에 빠진 사람들은 자신이 대단히 많은 일을 하는 것으로 착각하지만 실제 노동시간은 많지 않다는 게 정설이다. 업무 중간 중간의 짜투리 시간이 너무 많다는 것이 그 이유이다.

그러나 주말2일 휴무제 아래에선 그 시간을 낮잠이나 낭비로 보낼 수 없다. 그렇게 보내기엔 너무 긴 연속 시간이기 때문이다. 무엇인가 자신에게 맞는 활동을 찾아야 하고 그 대표적인 것이 곧 자기 발전을 위한 취미생활이 되거나, 다른 일거리 기회가 된다. 결국 여가시간 자체가 증가했다기보다 주말을 여가 계획의 기회로 삼을 수 있다는 사실이 현대인의 삶 자체를 충만하게 유도할 수 있고, 혹은 소득 창출의 다른 기회를 확보할 수 있음을 의미한다. 결론적으로 여가시간 계획은 여가생활 자체를 예측 가능한 방향으로 구조화하는 것을 의미하며 후기산업사회의 여가 현상은 보다 적극적인 소비문화로 나타나고 있다고 볼 수 있다.

정리하면, 주5일 근무제와 같은 노동 정책은 크게 두 가지 측면에서 사회적 현상을 유발한다. 하나는 주2일 휴무를 통해 순수 여행과 같은 여가활동 빈도가 늘어난다는 것이며, 둘째는 주말에도 다른 일을 하는 이들이 증가한다는 것이다. 후자의 경우는 특히 주말 여가활동 참여자를 주요 고객으로 삼는 직업이 요구되기 때문에 가능하다. 주말에 경제활동을 하는 이들은 주로 주5일 근무상황에서 충분한 소득을 올리지 못하기 때문일 수 있다. 가령, 학생의 아르바이트나, 직장인의 주말 포장마차 장사, 주말 경비업체 근무, 휴양지 등의 주말 노점 같은 것이 대표적이다. 이러한 직업들은 대개 비정규직이며, 필요하면 언제든지 그만둘 수 있다는 특징이 있다.

④ 여성의 사회진출

통계청의 자료에 따르면, 2018년 현재 15세 이상 여성 중 경제 활동참여 비율은 51%라고 한다. 이는 2001년 48.3%, 2003년 47%에 비해 소폭 증가한 수치이다. 여성의 경제활동 인구는 1998년 경제위기를 맞으면서 감소했지만 그 이후로는 지속적으로 증가하고 있다. 전체적으로 소위 전업주부가 줄어들고 맞벌이가 증가하는 추세인 것이다. 여성의 경제활동 기회는 곧 가계소득의 증가와 연결된다. 경제 소득의 증가는 가처분 소득의 증가로 이어지고 곧 여가소비의 욕구를 강화시킨다. 특히 가사와 경제 활동을 병행함으로써 나타나는 스트레스를 해소하기 위한 여가활동이 당연한 것이며, 외식과 같은 여가 소비는 곧 가사 노동을 줄이는 효과 때문에 선호하게 된다. 또한 경제력의 확보는 곧바로 가정 내 의사결정 영향력을 확보하는 효과가 있으며, 따라서 개인적인 수준의 여가활동은 물론이고 가족 여가의 계획에서도 여성의 영향력은 커진다. 다시 말해 향후 여가소비시장은 여성 소비자를 무시할 수 없는 상황에 놓이게 되었다. 결국 여성 소비자의 역할을 고려한 여가 마케팅이 요구된다.

(5) 교육 수준 향상

우리나라 고교 졸업생의 대학 진학률은 상당히 높은 편이다. 일본의 18세 이상 인구의 50%, 미국의 동년기 인구 중 44% 수준과 비교하여 매우 높은 수준이라고 한다. 통계청의 자료에 의하면, 1980년(27.2%), 1990년(33.2%)과 비교하여 2000년대에 이르러 약 70% 내외의 진학률이 안착한 형태를 보이고 있다. 한국 사회의 전통적인 교육열과 더불어 경제 발전이 교육 수준의 증가와 밀접하게 관련될 것이다. 최근 각종 보고서는 부모의 경제력과 자녀의 명문대 대학 진학률 사이에 밀접한 관련이 있다는 자료를 내놓기도 한다. 또한 전반적으로 교육 수준이 향상되는 다른 이유는 국가의 의무교육제도와도 관련이 있다. 결국 사회 전반적으로 교육 수준이 향상되고 있는 추세는 자명하다.

문제는 교육 수준과 여가활동의 패턴이 직접 관련된다는 것이다. **문화자본**과 같은 용어는 상징적이자 실질적으로 이런 현상을 반영한다. 부모의 경제사회적 지위에 의해 자녀의 교육 기회와 여가생활의 기회가 더 많이 확보되고, 따라서 자녀의 문화역량은 일종의 상속된 자본의 가치를 지닌다는 논리이다(이 문제는 제13장에서 구체적으로 다룬다). 사실 학력 수준이 높을수록 지적 능력을 요구하는 여가활동을 선호하는 경향이 있음이 확인되고 있다. 예를 들어 통계청(1999)의 보고에 의하면 독서인구 비율은 학력이 높을수록 증가한다. 대졸자는 일년 평균 28.6권을 읽는 반면, 고졸자는 19.3권, 중졸자는 15권, 초등졸 학력자는 3.4권을 읽는 것으로 조사하였다. 독서가 정적 활동이라면 여행은 견문을 넓히는 기회이며 동적인 지적 여가활동으로 분류된다. 여행인구의 비율도 학력이 높을수록 그 수치가 커진다는 것이 확인되고 있다. 대졸자는 1년 평균 4.1회 여행을 하는 반면, 중졸 이하의 학력 보유자는 평균 2회를 넘지 않는다는 것이다(윤지환, 2002).

전반적으로 학력이 높을수록 개인의 행복 추구 욕구를 다양한 방식으로 해결하고자 하며, 그 일환으로 여가활동은 주요 기회가 된다. 또한 학력이 높을수록 다양한 여가활동에 필요한 지식과 능력을 확보할 가능성이 있다. 그리고 학력이 높을수록 경제력도 증가하기 때문에 금전적 비용을 필요로 하는 여가활동의 기회를 더 쉽게 잡을 수 있을 것이다. 결국 교육 수준의 향상은 여가생활의 확대로 이어질 것이며, 향후 여가수요는 더 강해질 것으로 예상 가능하다.

2 현대 사회의 여가 특징

현대 사회의 여러 특징은 여가생활의 패턴에서 나타나고 있다. 일반적으로 삶의 중심으로서 여가경험과 문화를 강조하여 온 현대 여가학자들이 자유, 일상탈출, 자기표현, 즐거움을 강조하여 여가경험을 사회복지와 개인 행복의 중요한 경로로 이해하였다면(de Grazia, 1962; Dumazedier 1968; Godbey, 2003; Kaplan 1960; Kelly 1987; Neulinger, 1974, 1981b; Parker 1983), 반면 자본주의 사회에서 여가는 단순히 경제사회학적 체제의 부산물에 불과하다는 극단적인 주장도 있다(Rojek, 1985, 2002). 크리스 로젝의 주장은 다소 극단적인데, 자본주의 사회가 진전될수록 여가문화는 사사화·개인화(개별화)·상업화·온순화(문명화)의 과정을 겪게 되고, 앞에서 고려했던 자유의지로서의 진정한 여가는 존재하지 않는다고 단언한다. 물론 그가 지적한 여가 특징을 현대 여가문화의 한 측면으로 이해할 수도 있다. 그러나 지각된 자유감은 주관적인 경험으로서 그것을 결정한 것이 무엇이든, 이미 여가행동과 문화가 형성되어 있고 일정한 특징을 보인다는 사실을 인정할 필요가 있다. 현대 사회의 여가 특징으로서 주목할 만한 몇 가지를 정리할 수 있다. 그것은 거시적 수준의 여가문화 특징일 수도 있고, 개인적 수준의 여가행동 양식에서도 발견된다.

(1) 소비 패턴의 변화 : 감성소비 시대

여가생활과 직접 관련된 현대 사회의 특징은 바로 소비문화의 변화이다. 과거 산업사회의 소비 행동은 생존 필수품 구매가 대표적이었으나, 후기산업사회와 이후 소비문화는 다분히 여가적 속성을 지니고 있다. 미리 말하자면 소비행동 자체가 주요 여가현상으로 자리 잡았다는 것이다. 가령, 쇼핑을 통해 스트레스를 해소한다는 현대인이 늘고 있다. 또 기분전환으로 백화점을 찾는 여성 소비자를 주변에서 자주 볼 수 있다. 이러한 소비 패턴의 변화는 후기산업사회의 특징 중 하나이다.

소비문화의 패턴 변화에서 주목해야 할 요소는 바로 소비자의 의사결정 방식이다. 과거 '수요 〉 공급'의 시장구조 시대에서 소비자의 구매 행동은 사실 생활필수 행위로 간주되었으며, 구매의사결정의 기제는 '이성(rationale)'으로 가정되었다. 경제학의 전제인 '경제적, 합리적 인간관'은 그래서 설득력이 있었다. 그러나 현대 사회는 이미 '수요 〈 공급의 시대'로서 공급자간 무한 경쟁이 요구되며, 누가 먼저 소비자의 구미에 맞는 상품과 서비스를 개발하고 내 놓느냐, 그리고 감성마케팅을 어떻게 실현할 것이냐가 중요한 과제가 된다. 다시 말해 소비자는 공급자에 끌려가는 존재가 아니라 이미 시장구조의 변화를 주도하고 요구하는 자격이 되었으며 더욱 까다로운 실체가 되었다. 소비자는 더 이상 합리적이고 이성적이며 종속적인 존재가 아니며, 감성에 의존하여 하루아침에 생각과 행동을 바꾸고 시장을 선도할 수 있는 시장 권력자가 되고 있는 것이다.

감성 소비는 곧 구매를 통하여 상품과 서비스의 기능을 구하는 것이 아니라 즐거움을 향유하고 여가적 속성을 추구하는 것을 의미한다. 소비행위 자체가 일종의 여가활동이 된 것이다. 이런 시장 환경에서 공급자는 더 이상 소비자의 이성에 소구하는 전략을 구사할 수 없다. 이성소구 전략(rational appeal strategy)이 가격과 기능에 초점을 둔 설득 전략이라면, 감성소구 전략(emotional appeal strategy)은 상징과 쾌락에 초점을 둔 전략이다(Holbrooke & Hirshman, 1982). 상징과 쾌락은 곧 내재적 보상의 한 종류가 된다는 점에서 여가적 속성이라고 할 수 있으며, 소비행위 그 자체가 이미 여가경험으로 묘사된다. 이러한 현상은 매일같이 쏟아지는 광고물의 내용을 보더라도 쉽게 알 수 있다. 초콜릿 광고에 연인의 사랑 장면이 배경이 된다거나, 조미료 광고에 농촌의 정겨움이 주제가 되는 현상은 쉽게 접할 수 있다. Pine II & Gilmore(1998, 1999)가 말하는 "체험 경제학"이라는 표현도 현대 사회에서 감성 소비자를 위한 여가적 속성을 수단으로 하는 마케팅 전략을 강조한 것이다.

감성소비자라는 표현은 일상의 의식주 제품 구매에만 적용되는 게 아니다. 이미 여가상품 자체가 시장의 주류 영역을 차지하고 있다. 여행 상품이나 각종 운동기구, 레저용품 및 헬스 클럽, 디지털 게임, 요리 등이 확고한 여가소비시장을 형성하고 있다. 이런 시장은 인간의 생존과는 직접 관련이 없지만 삶을 풍요롭게 만들 수 있는 기회를 제공한다. 여가소비시장의 확대는 바로 여가생활 욕구가 강해지는 사회적 현상의 결과이다. 실제로 현대인의 가치관에 대한 연구들은 젊은이일수록 인생에서 일보다 여가가 더 중요하다는 결과를 보고하고 있다. 결국 감성소비경향, 여가적 속성에 근거한 감성마케팅, 그리고 여가소비시장의 확대 및 여가 중시 가치관의 경향은 앞으로도 더 강해질 것이다.

(2) 대중 여가문화에서 개인 여가문화로 변화

과거 농경사회 우리의 전통적인 여가활동인 민속놀이는 전형적인 집단주의 문화를 반영한다. 그러나 이제 그런 종류의 민속놀이는 특별히 기획하지 않는 이상 존속하기 어렵다. 각종 이벤트나 대학 축제에서도 집단주의 문화를 반영하는 행사는 찾기 힘들다. 유명 가수를 초청하여 공연을 하더라도 단순히 개인들이 모인 집합 수준에서 즐기고, 삼삼오오 술자리를 만드는 게 고작해야 대학 축제의 모습이다. 동아리나 학과 행사 조차 정상적으로 추진하기 어렵다는 하소연이 많다. 학과내 동기나 선후배간 우정과 의리는 고사하고 교류 자체가 사라지고 있기 때문이다. 대학 캠퍼스만이 아니라 우리 사회 전반에 걸쳐, 현대 사회가 개인주의 문화를 지향한다는 사실을 부인하기는 어렵다. 동양사회는 서양사회에 비해 전통적으로 분명 집단주의 문화가 강하지만(Hofstede, 1995), 자본주의와 물질만능주의의 영향력이 점점 커지고 있고, 개인주의 문화는 급속도로 팽배해지고 있다. 핵가족이나 가족해체 현상, 인터넷의 발달, 디지털 기술 문명 등은 모두 개인주의 문화 확대를 동반한다. 이러한 개인주의 가치관은 가장 자연스러운 인간 현상인 여가문화에서 그대로 반영되고 있다. 예컨대 소비의 개인화는 단순히 상품의 구매와 이용 수준에서만이 아니라 여가경험이나 여가소비 차원에서도 잘 드러난다. 혼자 노는 아이들이 많거나, TV 시청에 몰두하거나, 익명성이 보장된 PC 게임에 중독되거나, 인터넷에 몰두하는 현상은 모두 개인주의 여가문화를 반영한다.

여가의 개인화라는 현상을 가장 극명하게 보여주는 보고는 "2018 국민여가조사"의 자료에서 확인된다. 15세 이상 국민 10,037명의 표본조사에서, 여가활동을 "혼자서 한다"는 응답이 59.5%로서, "다른 동반자가 있다"는 응답보다(40.4%) 크게 많았다. 여가활동의 목적(복수응답)은 집단주의 문화를 반영하는 항목인 "대인관계/교제"를 고른 응답이 5.1%, "가족과 함께하기"는 4.7%인 반면, "개인의 즐거움"(32.5%), "마음의 안정과 휴식"(18.2%), "스트레스 해소"(14.7%), "건강"(10.1%), "자기만족"(8.8%) 등 개인적 차원의 동기가 대부분이었다.

〈표 5-1〉과 〈표 5-2〉는 우리나라 국민들이 2018년 가장 자주하는 여가활동과 가장 만족한 활동을 조사한 결과이다(2018 국민여가조사). 여기서도 보면 TV시청(71.8%), 인터넷(36.7%) 등이 다른 모든 활동보다 월등히 많다는 사실을 알 수 있다. 〈표 5-2〉의 가장 만족스런 여가활동 통계에서는 2014년, 2016년, 2018년 모두 TV시청이 일관되게 가장 많은 비율을 차지했고, 사회적 활동인 친구만남/동호회 활동은 2014년, 2016년 2위에서 2018년 3위로 떨어진 사실이 확인된다. 이러한 추세는 개인주의와 물질주의의 심화에 힘입어 향후 더 두드러질 가능성이 있다.

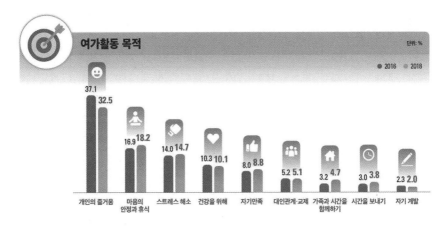

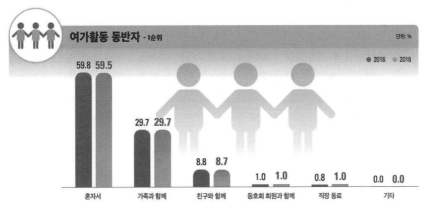

[그림 5-5] 우리나라 국민의 여가활동 목적과 여가활동 동반자 형태
(문화관광정책연구원, 2018 국민여가조사)

〈표 5-1〉 2018년 가장 많이 참가한 여가활동(2018 국민여가조사)

지난 1년 동안 가장 많이 참여한 여가활동(복수응답)_상위 10개:1+2+3+4+5순위

(단위: %)

		TV시청 (DMB/ IPTV 포함)	인터넷 검색/ 채팅	쇼핑/ 외식	잡담/ 통화 하기/ 문자 보내기	산책 및 걷기	친구 만남/ 동호회 모임	음주	게임 (인터넷 닌텐도, PSP, PS3 등)	영화 관람	목욕/ 사우나
	전체	71.8	36.7	32.5	32.2	28.7	27.7	21.4	19.2	19.1	17.3
성별	남성	69.8	37.1	24.0	25.2	23.9	28.8	35.3	26.9	17.3	11.4
	여성	73.8	36.4	41.0	39.2	33.4	26.6	7.6	11.6	20.8	23.2
연령대	15-19세	50.1	58.9	15.4	44.0	4.9	35.2	1.8	57.3	27.1	3.3
	20대	50.1	55.1	27.9	36.4	7.1	32.8	21.9	41.7	31.7	4.9
	30대	68.5	50.6	39.4	32.5	18.7	21.8	24.8	27.7	24.4	11.4
	40대	76.2	42.9	37.5	29.5	24.9	22.5	25.0	13.7	21.8	16.8
	50대	78.8	30.0	34.9	29.5	33.4	26.1	25.0	7.8	15.1	22.9
	60대	82.7	14.4	33.9	30.5	44.6	27.1	22.3	3.1	9.3	27.6
	70세 이상	87.1	4.7	24.1	30.6	66.8	37.1	13.5	1.7	2.7	30.9
학력	초졸이하	86.6	13.0	20.5	41.1	56.3	37.1	10.8	7.2	4.2	27.4
	중졸	72.8	24.2	24.7	34.8	40.9	34.5	11.8	21.4	11.9	20.3
	고졸	74.2	34.5	35.2	34.2	27.0	28.7	23.6	18.6	18.0	19.6
	대졸이상	65.8	48.2	34.0	27.2	21.5	22.2	24.0	21.5	25.7	11.6
동거 가구 원수	1인가구	76.5	23.6	30.7	32.1	39.9	30.4	21.4	14.8	14.9	23.6
	2인가구	83.1	21.6	31.4	32.3	48.6	30.2	18.9	6.7	9.0	24.3
	3인 이상	68.5	42.0	33.0	32.2	22.5	26.7	22.0	22.8	22.0	14.8
혼인 상태	미혼	51.8	54.5	25.4	35.7	7.6	32.5	19.9	43.4	30.2	4.8
	기혼	78.3	32.7	36.0	31.0	33.8	25.3	22.8	11.1	16.1	20.6
	사별/이혼/기타	86.6	10.7	29.5	30.3	56.9	30.2	16.1	3.3	6.0	32.7
가구 소득	100만원미만	89.8	13.1	21.4	36.7	62.6	37.4	13.5	6.3	4.6	27.0
	100-200만원	81.5	12.8	32.1	31.5	58.3	31.1	19.0	3.4	6.9	28.0
	200-300만원	75.8	28.4	36.1	33.2	32.2	26.9	21.1	15.4	14.2	21.7
	300-400만원	75.6	40.1	34.9	37.7	25.1	28.3	24.7	22.7	15.7	16.7
	400-500만원	69.8	40.2	30.8	32.0	23.1	28.0	19.7	24.2	22.1	15.5
	500-600만원	65.4	44.8	33.1	30.3	23.3	25.8	22.2	22.9	26.4	15.1
	600만원 이상	61.1	44.7	31.9	23.7	18.9	23.2	23.1	17.2	26.9	10.6

<표 5-2> 가장 만족스러운 여가활동(2018 국민여가조사, 복수응답, 상위10개:1+2+3순위)

구분	2014년	2016년	2018년
1	TV시청(33.3)	TV시청(26.5)	TV시청(19.2)
2	친구만남/동호회(20.0)	친구만남/동호회(18.1)	쇼핑/외식(18.5)
3	영화보기(18.7)	산책 및 걷기(17.9)	영화관람(18.1)
4	산책(16.4)	쇼핑/외식(17.0)	친구만남/동호회(17.7)
5	인터넷검색(16.0)	인터넷검색(15.9)	산책 및 걷기(14.7)
6	등산(13.8)	영화관람(13.5)	등산(10.8)
7	쇼핑/외식(13.2)	음주(12.0)	음주(10.5)
8	음주(12.2)	등산(11.2)	인터넷검색/채팅/1인미디어제작/SNS(10.2)
9	목욕(10.9)	잡담/통화(10.1)	게임(9.6)
10	잡담/통화(10.3)	목욕/사우나/찜질방(8.6)	잡담/통화(9.1)

(3) 기술 발달과 여가의 다양화

과학기술의 발달은 단순히 인간의 수명 연장에만 공헌한 게 아니다. 과학기술의 발달은 현대인에게 많은 다양한 기회를 제공하는 것임에 틀림없다. 인터넷이 대표적인 사례가 되겠지만 과학기술의 발달은 곧 여가활동의 구조와 기회에도 막대한 영향을 미치고 있다. 곧 과학기술을 요구하는 새로운 종류의 여가활동이 대두하고 있다는 사실에서 알 수 있다. 그래서 여가활동이 다양해지는 소위 '여가의 다양화' 현상은 현대사회를 진단하는 주요 틀이 될 수 있다. 여가의 다양화 현상은 거스를 수 없는 추세인 것이다.

그러나 기술문명의 발달은 여가 참여자에게 특정한 기술과 지식을 요구하며 그러한 자질을 갖추지 못한 이들은 그러한 여가경험을 수행할 기회가 없다. 기술과 지식은 이제 현대인의 여가생활에 필수 불가결한 요소가 되고 있는 것이다. 다양하고 복잡한 기술이나 장비를 요구하는 여가활동은 그것을 영유할 수 있느냐 아니냐에 따라 사회계층을 구분하는 역할까지도 수행한다. 다시 말해 기술 발달이 어떤 이들에게는 여가활동의 촉진제이지만, 다른 이들에게는 하나의 장벽이 된다(이런 현상은 '여가제약'이라고 하며, 제10장에서 구체적으로 다룬다.). 가령, 컴퓨터 운용 능력을 갖추지 못하면 채팅, 인터넷 게임, 동호인 활동 등을 엄두조차 낼 수 없다. 스킨 스쿠버를 즐기기 위해서는 안전한 장비를 구입하고 그것을 사용하는 방법을 배워야 하면, 스키나 골프를 즐기고 싶어도 적지 않은 비용과 기술이 요구된다. 바둑이나 체스도 지적 능력과 기술을 요구한다. 그래서 비슷한 연령대의 특정 계층에서 주류 여가활동을 수행할 능력이 안되면 사회적 소외를 겪기가 쉽다. 여기서 말하는 능력이란 신체적 기술, 지적 이해 능력, 지식, 심지어 경제적 능력도 포함하는 것이다. '2018 여가국민조사'의 결과로 확인된 스마트폰 활용 여가활동의 실태를 보면, 60대 이상에서는 웹소설이나 웹툰 읽기 빈도가 확연히 줄어든다.

디지털 여가활동의 대두 : 한편 인터넷과 디지털 기술 문명은 앞에서 언급한 현대 사회 개인주의 라이프스타일의 촉진제가 되고 있다. 그럼에도 불구하고 디지털 시대의 개인주의 여가활동은 단순히 집단주의의 반대편에 위치한 것으로 한정하기는 어렵다. 한국인터넷진흥원(2020)의 '2019년 인터넷이용실태 조사'에 의하면, 우리나라 국민의 인터넷 이용률은 91.8%에 이르고, 1주 평균 17.4시간을 이용하는 것으로 나타났다. 인터넷 이용목적으로(중복응답) 커뮤니케이션(95.4%)이 1위였고, 자료 및 정보수집(94.0%), 여가활동(94.0%), 기타(64.0%) 순으로 나타났다. 그리고 커뮤니케이션 활동 중에는 소셜네트워크 시스템(SNS: 페이스북, 카카오스토리, 인스타그램, 카카오톡 등등) 이용률이 63.8%로 가장 많았고, 자료 및 정보 수집 활동 중에는 신문/잡지 읽기가 86.8%로 가장 많았다. 여가활동 중에는 이미지/동영상/영화 등 보기가 85.4%, 음악듣기 69.3%, 게임하기가 57.7% 순이었다. 기타 범주 중에서도 사진/동영상 게시 및 공유 등 여가활동으로 분류 가능한 비율이 58.1%였다.

현대인은 이외에도 블로그, 카페, 혹은 유투브 등 SNS를 통해 자신의 여가경험을 다른 이들에게 보여주고, 공유하고, 지지를 받으려고 애를 쓴다. 쌍방적 의사소통이 허용되는 인터넷 매체는 익명성을 보장하므로써 철저히 개인을 감출 수도 있다. 솔직 담백한 의사소통을 요구하지 않는 이런 조건에서, 진지한 대화에 근거한 대인관계는 불필요하고 거의 불가능하다. SNS나 다른 인터넷 소통 창구는 개인적인 자기표현의 장이 되지만, 정작 다른 이들의 비판은 수용하지 않는다. 자기표현과 과시는 물론이고 사회적 지지만 희구하는 방식의 여가경험이다. 이는 개인적인 경험을 마치 사회적으로 공인받고자 하는 여가경험이라고 해석할 수 있다. 그러나 대중의 인터넷 댓글은 영혼 없는 지지 선언이거나, 근거없는 비난과 비아냥, 혹은 가벼운 가십거리로 채워진다. 대인교류는 자기의 근본을 드러냄으로써 가능한 것이지만 현대인에게 이런 진정성 있는 상호의존적 대인교류를 찾아보기 어렵다. 인터넷이나 PC, TV 등과 같은 매체는 기껏해야 형식적 수준의 집단교류 기회를 제공하거나 직접적으로 개인주의 라이프스타일을 반영하는 여가문화의 통로가 될 가능성이 크다. 이런 현상은 앞에서 말한 전통적 의미의 개인주의 문화는 아닌 것으로 보인다. 오히려 유사 집단주의(quasi-collectivism)이자 네트워크 개인주의(network individualism)의 모습이라고 할 수도 있다.

(4) 여가의 상업화

여가문화와 현대 사회의 관계에서 간과할 수 없는 현상으로서 여가경험을 소재로 진행되는 상업화의 문제가 있다. 여가의 상업화 현상은 자본주의 시장이 정상적으로 작동하고 있음을 반영한다. 축제, 영화, 콘서트, 게임, 요리, 여가 취미교육 등등은 모두 여가 상업화 현상의 일부이다. 바로 여가활동이 소비행동의 일종으로 이뤄진다는 점이며 그래서 여가 소비를 대상으로 하는 새로운 사업이 활성화 되었다는 것이다(최석호, 2005; Rojeck, 1995). 과거 산업사회에서 여가 소비를 소재로 한 사업은 실제로 많지 않았다. 기껏해야 호텔이나 술집 혹은 여행업 등이 일반적인 여가산업이었고. 그 나마 그 영역은 전체 산업구조에서 그다지 큰 게 아니었다.

그러나 후기산업사회에 이르러 여가욕구와 기회의 증가로부터 곧 다양한 형태의 여가 산업이 유발되고 있다. 지난 1990년 이후 골프장 건설 붐이나, 각종 프랜차이즈의 국내 시장 급신장, 해외여행 패키지 상품 증가, 각종 엔터테인먼트 기획사의 대량 출현 등이 우리나라 후기산업사회를 대변하는 여가상업화의 주역이었다. 반면 21세기에 이르러 각종 카페의 급증, 디지털 게임 산업의 확대, 개별 여행과 요리 방송의 인기, 목공 등 DIY(do-it-yourself) 교육 사업, 영상디자인과 개인방송국 증가 등 약간 다른 모습의 여가산업이 확대되고 있음을 확인할 수 있다.

여가문화가 곧 경제적 수준의 주요 생산수단이 되는 현상은 후기산업사회와 디지털 사회의 두드러진 특징이라고 할 수 있다. 과거 여가활동은 단순히 쉬거나 재충전의 기회로 여겨졌기 때문에 여가소비를 순전히 개인적인 수준의 경험으로 치부한 경향이 있었다. 그러나 이제 여가 경험은 사회적 소비문화이며, 그것을 전통적인 생산 활동과 별개의 것으로 이해할 수 없는 상황에 이르렀다. 그래서 소비나 낭비의 대명사로 불리던 여가문화 자체가 사업과 산업의 주요 영역이 되었다는 사실로부터 역사적 패러다임의 전환이라고 부를 수 있으며, 따라서 "여가혁명"이라고 할 만하다. 그래서 우리는 이미 "여가혁명의 시대"에 살고 있는 셈이다.

(5) 여가 국제화

교통발전과 정보기술, 소득증진, 개방적 가치관, 개인주의 문화, 주5일 근무제, 여가 상업화 등은 모두 여가의 국제화 현상을 유발하고 촉진한다. 우리나라가 겪고 있는 관광수지의 만년 적자 문제는 사실 아웃바운드 해외여행의 증가라는 현상과 맞물려 있다. 주말이나 연휴가 되면 인천국제 공항은 골프채를 들고 동남아로 가는 여행객, 쇼핑여행객, 일본 온천여행객으로 북새통을 이룬다. 문제는 여행객 수에만 있는 게 아니다. 한국인이 해외에서 쓰는 돈은 1인당 약 1200$인 반면, 외국인이 한국에서 쓰는 돈은 약 800$ 정도라는 보고가 있다.

이제 해외여행은 가장 선망하는 대표적인 여가활동이 되었다. 여기에는 해외탐방이나 체험형 방송프로그램이 일조한 영향도 있다. 해외여행에서 관광객이 수행하는 여행 패턴도 과거와는 확연히 달라졌다. 과거에는 단순히 외국을 가 보았다는 경력 자체를 중시하는 경향이 있었으나, 최근의 해외여행은 해외에서 다양한 여가활동을 수행하는 방식으로 변화하고 있다. 쇼핑은 물론이고 골프, 스킨 스쿠버, 향락 추구, 문화유적 탐방 등등 신종 여가활동이 구체적인 관광목적으로 자리잡고 있는 것이다. 이러한 여가 국제화 현상은 국가간 경계가 무너지는 추세와 더불어 향후 더 증가할 것이다.

1 현대 사회를 후기산업사회와 디지털 사회로 구분하여 구조적 특징을 비교 설명하시오.

2 현대 사회의 특징들과 여가문화는 어떻게 관련되는지 설명하시오.

3 우리나라 사람들이 가장 자주 하는 여가활동은 무엇이며, 왜 그런 현상이 나타나는지 설명하시오.

4 자본주의와 여가의 관계를 논의하시오.

5 소외는 왜 생기며, 그것은 어떤 여가문화를 양산하는지 논의하시오.

6 인터넷의 발달과 여가문화는 어떤 관계가 있는지 논의하시오.

7 과학기술문명의 발달과 여가문화는 어떤 관련성이 있는지 논의하시오.

8 후기산업사회에서 소비자 행동의 특징은 무엇인지 설명하시오.

9 현대 사회 마케팅의 특징을 여가 개념에 근거하여 진술하시오.

10 여가의 상업화란 무엇인지 설명하시오.

11 여가의 국제화란 무엇을 말하는지 설명하시오.

12 디지털 기술의 발달에 따른 여가행동의 특징을 설명하시오.

13 미래 사회에 도래할 여가문화를 예측하여 논의하시오.

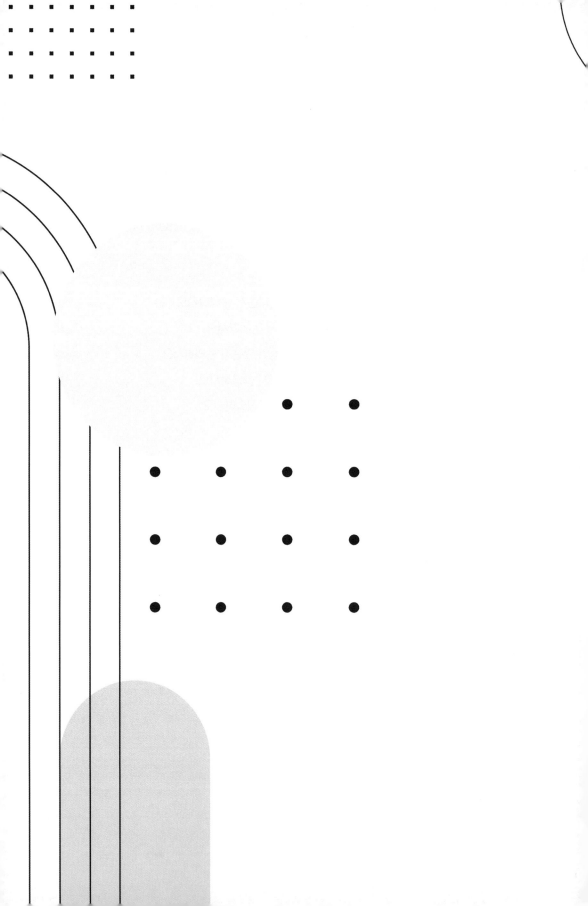

제2부

여가행동의 이해

제6장 ┃ 여가행동의 심리적 과정

여가 현상을 이해하기 위한 연구의 최소 분석단위는 개인 행동이다. 여가 현상은 여가 참여자 개개인의 여가행동을 기초로 하고 있기 때문에 개인적 수준의 여가 참여행동을 우선 이해할 필요 있다. 여가행동은 일련의 단계가 연속적으로 이어지는 과정으로 이해할 수 있다. 따라서 여가행동과정을 구성하는 일련의 심리적 단계에 포함된 특징과 각 단계의 연결 특징을 이해하는 것이 필요하다.

1 일반 소비자 행동 과정

여가행동은 넓은 의미에서 소비자 행동의 범위에 포함된다. 왜냐하면 **소비**(消費, consume)라는 말에는 "에너지를 불태우다"는 뜻이 있으며, 이 때 대표적인 에너지는 '돈'이라는 경제적 자원이다. 그러나 시간적 에너지나 심리적 에너지까지 포괄하여 생각하면, 그것은 꼭 구매(purchase)만이 아니라 이용(using)을 통해서도 태워질 수 있다. 따라서 여가활동은 여러 가지 에너지를 사용하는 소비 경험으로 이해할 수도 있다. 이런 점에서 보면 일반적인 소비자 행동 모형은 여가행동을 이해하는 데 도움이 될 것이다. 여기서는 기존 소비자 행동 모형 중 대표적인 것을 설명하는 것으로 이해를 돕고자 한다.

소비자 행동 과정이 학문적으로 이론화되어 모형으로 제시된 것은 1960년대였다. 이 시기에는 시대적 가치관이 경제학에 근거한 합리적 인간관이었다고 할 수 있으며, 사회과학 분야에서 소위 **인지혁명**(revolution of cognition)이 이루어진 시기였다. 인지 중심의 학문적 가치관은 지난 1980년대까지 심리학, 소비자학, 마케팅, 교육학, 조직행동학 등 개별행동을 다루는 학문 영역에서 핵심 패러다임으로 자리잡고 있었고, 21세기인 현재까지도 인지적 과정의 중요성은 유효한 것으로 평가된다. 1960년대 형성된 소비자 행동 이론들은 거의 대부분 구매 의사결정과정에 초점을 두었을 뿐 아니라 합리성에 근거한 인지 개념을 중심으로 진술되고 있다. 심리학적 개념으로서 *인지*(*cognition*)란 일종의 정보처리과정 및 사고와 판단 방식을 통칭하는 표현이다. 구매 의사결정에서도 소비자가 어떤 정보를 취득하고 그것을 어떻게 처리하는가에 초점이 있으며, 그래서 정보처리과정이 핵심 기제로 응용된다. 가장 간단한 소비자 행동 모형은 다음 그림과 같이 5단계로 묘사할 수 있다.

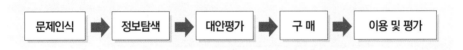

[그림 6-1] 일반 소비자 행동 모형

인지혁명이후 20여년이 지난 1980년대 중반, 소비자 행동 연구의 흐름은 인지주의를 보완하거나 극복하는 다른 패러다임을 요구하는 경향으로 진행되었다. 대표적인 것이 쾌락 경험의 소비를 강조하는 쾌락적/경험적 소비(hedonic and experiential consumption) 모형인데 Holbrook & Hirschman(1982)이 선두 주자라고 할 수 있다. 쾌락소비의 관점은 인간의 소비 행동이 인지라는 합리적 정보처리 과정으로만 설명하기에는 많은 한계가 있으며, 기대, 태도, 신념, 지각 등의 인지적 개념보다도 동기나 감성 경험과 같은 것이 현대인의 소비 현상을 더 많이 설명할 수 있다고 가정한다. 감성소비가 즐거움이라는 체험을 동반한다고 보면, 이러한 관점은 즐거움 추구를 목표로 하는 여가 현상을 설명하는 데 더 유용할 수 있다.

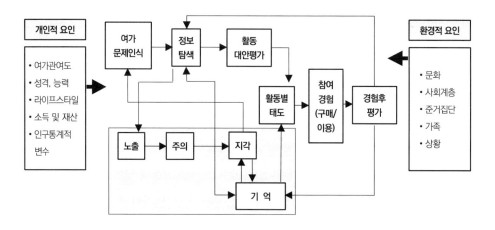

[그림 6-2] 의사결정과정으로서 여가소비행동과 정보처리과정

정보처리 중심의 소비자 행동 과정

개인 소비행동을 결정할 수 있는 변수는 제품구매 사용경험, 가처분 소득, 가치관, 성격, 동기, 직업, 교육수준, 나이, 성별 등등 수 없이 많다. 여러 가지 면에서 특성이 다른 개인 소비자는 심리적으로 어떤 문제를 인식하거나 구체적인 욕구가 발생하면 이를 해결, 충족시켜 줄 만한 수단을 고려한다. 이 때 기억 속에 저장된 관련 정보가 자연스럽게 회상되기도 한다. 소비자가 자신의 기억으로부터 회상한 정보로 충분히 의사 결정할 수 있으면 선택은 쉬워진다. 그러나 기억으로부터 회상한 정보가 의사결정을 할 만큼 충분치 못하면 외부의 정보 원천을 통해 정보를 찾는다. 탐색한 정보에 근거, 선택 대안들에 대한 비교 및 평가 과정을 수행할 것이고, 결국은 특정한 대안을 선택한다. 이러한 과정을 일반적인 소비자 의사결정과정이라고 한다. 의사결정이 이루어지면 외현적인 행동이나 사후 과정이 이어진다. 다시 말해서 구매행동과 이용 경험이 이어질 것이고 사후에는 만족 혹은 불만족 같은 심리적 상태를 경험하게 된다. 이들 각각의 단계에 대하여 간단히 설명하면 다음과 같다.

(1) 문제 인식(Problem Recognition)

인간에게는 다양한 기본 욕구가 있다. 평소에 각각의 욕구는 동시에 드러나지 않지만 특정한 시기나 상황에서 그러한 욕구는 자극을 받는다. 가령, 신체적 평형(항상성 homeostasis이라고 함)이 깨지면 그로인해 긴장이 유발되고, 평형을 복원하기 위한 심리적 에너지가 발생한다. 이 때 비로소 잠재되었던 생리적 욕구가 발생한다(냉정하게 말하면 환기된다). 사회적 욕구도 기존의 사회관계에 대한 환원 추구 상태나 새로운 관계에 대한 필요성이 형성될 때 환기된다.

물론 모든 욕구가 심리적 균형을 목표로 하는 것은 아니다. 성취욕구와 같은 것은 지속적으로 더 큰 긴장 상태가 목표로 설정되기 때문에 나타난다. 그래서 항상성만이 아니라 최적 각성 수준에 이르고자 하는 경향성이 심리적, 생리적으로 작동하고, 그래서 후속의 여가소비행동을 유도할 것이다.

욕구의 환기는 개인 내부의 심리적 불균형에서 유발되기도 하고 외부의 환경 자극에 의해 유도되기도 한다. 전자는 생리적 욕구의 발생 같은 경우라고 할 수 있고, 후자는 쇼핑 도중에 어떤 상품을 보고 갑작스럽게 쇼핑 충동이 생기는 경우라고 할 수 있다. 상대적 박탈감이나, 현시적 소비의 경우도 후자의 사례가 된다.

이처럼 욕구가 잠재 상태에서 현실의 인식 수준으로 드러나는 순간 우리는 개인적인 심리적 문제를 인식한다. 다시 말해 욕구의 환기는 실현하고자 하는 심리적 목표가 하나의 문제로 설정되는 현상이며, 문제해결과정으로서 다양한 의사결정이 수행된다. 구매나 참여 의사결정과정은 환기된 욕구를 어떻게 충족시킬 것인가의 문제를 해결하는 과정이므로 욕구의 환기는 문제의 인식이라고 알려져 있다. 그러나 문제인식이 되었다고 해도 반드시 구매 의사결정과정을 유발하지는 않는다. 왜냐하면 문제해결에 필요한 재정적 능력, 시간, 사회적 규범 등이 구매행동을 제약할 수 있기 때문이다. 그러므로 욕구의 환기는 소비자 구매행위의 필요조건이지 충분조건은 아니다. 여가활동에 대한 참여 과정도 개인적 능력과 태도 및 사회문화적 상황의 영향을 받을 수밖에 없다.

(2) 정보탐색(Information Search)

삶은 경험의 연속으로 이루어진다. 경험 내용은 곧 기억 속에 저장되며, 그렇게 저장된 기억 정보는 욕구의 환기로 유발된 문제를 해결하는 데 가장 우선적으로 활용된다. 다시 말해 당면 심리적 문제를 해결하기 위해서는 거기에 맞는 정보가 필요하며, 다양한 관련 정보들이 자동적으로 혹은 노력에 의해 떠오른다. 가령, 목이 말라 갈증을 느끼는 상황이라면 '마실 것'에 대한 정보들이 자연스럽게 떠오른다. 이러한 과정을 *회상(recall)*이라고 하는데 대개의 경우 회상은 자동적으로 이루어지지만, 언제나 그렇지는 않다. 기억 속의 어떤 정보는 일부러 회상하려 노력해도 안 되는 경우도 있다. 이런 경우에는 회상을 도와주는 단서가 필요하다. 이처럼 문제를 해결하기 위해 기억 속의 관련 정보를 회상하는 과정을 *내적 탐색(internal search)*이라고 한다. 의사결정을 할 수 있을 정도로 충분한 정보를 기억 속에 보유하고 이를 회상할 수 있으면 곧 내적 정보탐색만으로 대안들 사이의 비교 평가과정을 거쳐 특정상품의 구매나 활동 참여로 이어질 것이다.

그러나 처음 가는 외국 여행의 패키지 상품을 구매해야 하는 경우처럼 과거 경험이 없거나 경험이 부족하여 가용할 만한 정보가 없는 경우에는 당면 문제 자체가 상당히 어려울 수 있다. 문제해결을 위한 충분한 정보를 보유하고 있지 않으면 더 많은 정보를 획득하기 위하여 적극적인 노력을 수행하게 되는데 이처럼 외부로부터 정보를 찾는 과정을 *외적 탐색(external search)*이라고 한다. 외적 탐색은 새로운 정보를 획득하는 것으로서 소비자는 외적 탐색을 위하여 의도적으로 자신을 정보에 노출시킨다.

문제해결 방식의 범위와 종류: 소비자의 의사결정과정은 외적 정보탐색 노력의 정도에 따라 그 범위가 달라진다. 일반적으로 구매의사결정은 범위의 상대적 크기를 고려하여 *일상적 문제해결(routinized problem solving)*, *제한적 문제해결(limited problem solving)* 및 *포괄적 문제해결(extended problem solving)*로 구분하는 경향이 있다. 그런데 외적 정보탐색의 노력 정도를 결정하는 대표적인 변수는 바로 **관여도 (involvement)**이다. 결국 정보탐색 정도와 관련된 문제해결 과정이 제한적인지 포괄적인지는 관여도에 의해 결정될 가능성이 크다. '관여'란 '*어떤 대상이 특정상황에서 한 개인에게 관련된 정도 혹은 개인이 그 대상에 의미를 부여하는 가치의 정도*'로 정의된다. 대개의 경우 관여도는 해당 문제에 대하여 개인이 얼마나 중요하게 지각하는지와 또한 그것을 해결할 동기의 강도로 측정할 수 있다(Zaichkowsky, 1990).

관여도가 매우 낮은 상황에서는 일상적 문제해결 방식에 따라 소비문제를 해결한다. 가령, 애연가에게 소비 담배의 브랜드는 거의 언제나 정해져 있다. 담배가 떨어지면 가까운 가게에서 평소에 피우던 담배를 구입한다. 이 과정에 정보 획득의 노력은 거의 개입되지 않는다. 습관적으로 해오던 방식의 구매행동이 일어날 뿐이다.

제한적 문제해결은 문제 자체가 습관화된 것보다 복잡한 것이긴 하나, 비교적 간단해서 기억 속에 경험과 정보를 보유하고 회상할 수 있는 경우에 적용된다. 한 달에 한두 번 하는 가족외식을 하기 위해 외출한다고 가정해보자. 이미 머릿속에는 어느 식당의 메뉴와 가격과 맛 등이 적절한지에 대한 정보가 있다. 이런 경우 습관적이라고 할 수는 없지만 문제를 해결하는 방식은 간단하며, 외부의 원천을 통해 의도적으로 정보를 추구할 필요는 없을 것이다.

이와 달리 포괄적 문제해결은 상대적으로 가장 노력이 많이 들어가는 양식이다. 그래서 관여도가 가장 높을 때 나타난다. 외국 여행을 간다거나 생애 처음 자동차를 산다거나, 결혼식장을 예약하거나 하는 경우 그런 문제들은 모두 매우 중요하고 강한 동기를 요구한다. 이미 가지고 있던 정보만으로는 이런 문제를 해결하기 어려우며, 따라서 외부의 마케팅자극이나 광고물 혹은 인터넷 기사 내용을 찾아보게 된다. 이처럼 외부의 정보를 탐색하고 처리하는 과정을 포함한다고 하여, '확장된 혹은 포괄적 문제해결 과정'이라고 한다.

여가 장면에 적용해 보면, 매일 하는 TV시청이나 인터넷서핑 형태의 여가활동을 선택하는 것은 습관적인 일상화된 문제해결과정이라고 볼 수 있고, 주말에 가족들과 간단한 나들이를 가는 것은 제한적 문제해결로 가능하며, 해외여행이나 오래되지 않은 연인이 새로운 영화를 보는 것은 '포괄적 문제해결 과정'을 요구할 것이다.

그러나 많은 여가행동은 대단히 강한 동기에 의해 발생하지만 정보탐색에 크게 의지하지 않고도 유발되는 경향이 있다. 이처럼 강한 외부 자극이 존재할 때 잠재된 동기가 갑자기 유발되어 나타나는 구매행동을 '**충동구매**(impulse purchasing)'라고 부른다. 충동구매의 소비행동은 구매행위 자체가 여가적 즐거움을 가져오지만 내적, 외적 정보탐색이 거의 이루어지지 않는다. 그렇다고 해서 일상적인 의사결정처럼 합리성에 근거한 결과도 아니다. 많은 여가행동은 충동적으로 발생할 가능성이 높다는 점에서, 정보탐색 과정이 일반 소비자 행동과정에서 차지하는 역할에 비해 여가 장면에서 차지하는 역할은 크지 않다고 볼 수도 있다.

(3) 대안평가(Alternative Evaluation)와 태도 형성

정보탐색과정은 소비자가 구매나 참여를 고려할 수 있는 대안들을 만들어 낸다. 그리고 정보탐색 도중과 직후에 대안들(alternatives)에 대한 비교, 평가과정이 이어진다. 이 때 대안들은 제품군들(alternative product classes)일 수도 있고 한 제품군내의 상표들(alternative brands)일 수도 있다. 여가활동으로 보면, 활동의 종류, 한 가지 활동을 위한 장소들, 장비들 등등이 선택대안이 될 수 있다.

나름의 합리적인 대안 평가를 위하여 소비자는 먼저 **평가기준**(*evaluative criteria*)을 필요로 한다. 평가기준이란 대안들을 비교하고 평가하는 데 활용할 수 있는 명세이자 준거를 의미한다. 예를 들어 카페 선택 상황의 경우, 소비자들은 선택을 위한 평가기준으로서 맛, 가격, 청결, 근접성, 종업원의 친절 등등의 속성을 고려할 수 있다. 이러한 속성은 객관적인 것이라기보다 소비자 개인이 주관적으로 지각하는 신념이다. 또한 소비자는 각각의 속성에 대하여 중요도를 부여할 수 있으며 이러한 중요도는 각각의 속성에 대한 일종의 가중치 역할을 한다. 이처럼 각 대안에 대한 평가 결과는 각 대안에 대한 인지적 태도 형성으로 귀결된다. 이렇게 형성된 인지적 태도가 감정적 태도를 의미하는 선호도에 영향을 미치는 것은 당연하다. 이를 그림으로 묘사하면 다음과 같다.

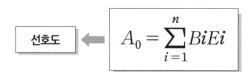

$$선호도 \longleftarrow A_0 = \sum_{i=1}^{n} BiEi$$

여기서, Ao는 어떤 대상에 대한 인지적 태도,
Bi는 어떤 대상이 i라는 속성을 지니고 있다고 믿는 신념
Ei는 i라는 속성의 가중치

[그림 6-3] 다속성 모델에 의한 태도 형성 과정(Fishbein, 1963)

이러한 공식을 이용하면, 선택 대안들의 인지적 태도를 계산할 수 있고, 각 대안의

인지적 태도가 선호도를 결정한다고 보면, 각 대안들에 대한 상대적 태도를 비교할 수 있으며, 소비자는 결국 최선의 대안을 선택하는 방식으로 의사결정을 할 수 있다. 예를 들어 다음의 〈표 6-1〉에 제시된 각각의 스키장에 대한 태도를 계산해보라. 스키장 A에 대한 태도점수는 400점, B 스키장은 360점, C 스키장은 310점이다. 이런 경우 소비자는 A스키장에 대한 선호도가 가장 높을 수 있다. 이처럼 고려할 수 있는 모든 속성(평가기준)의 중요도와 그것의 신념 사이의 함수를 활용한 태도 평가방식을 **보완적 평가방식(Compensatory rule)**이라고 한다. 보완적이라는 말은, 가령 한 가지 속성에서 낮은 점수를 받더라도 다른 속성에서 높은 점수를 받게 되면 평균적으로 전체 점수를 유지할 수 있다는 의미이다.

〈표 6-1〉 스키장의 가상적 속성 점수표

평가기준(속성)	중요도	스키장 종류		
		A	B	C
유명도	30	5	4	3
슬로프 질	40	4	4	3
가격	10	1	2	4
부대시설 수준	20	4	3	3
인지적 태도		400	360	310

보완적 평가방식은 고려할 수 있는 모든 정보를 종합적으로 비교 평가하는 것인데, 그러나 모든 정보를 망라하여 처리하는 사람은 거의 없다. 실제로 많은 소비자는 특출한 정보나, 자신에게 유리한 기준에 근거하여 의사결정을 하는 경우가 많다. 때때로 각 평가기준에 대하여 일정한 수준을 미리 설정한 다음 낙제 점수를 받는 브랜드를 제외하기도 하고, 반대로 각 평가기준의 우선 순위를 정하여 일정한 수준을 넘는 브랜드 중 최상위 대안 하나만 선택하는 경우도 있다. 이처럼 한 평가기준에서 낮은 점수를 받더라도 그 약점을 다른 평가기준에서 강점을 통해 보완되지 않는 방식을 *비보완적 평가방식(Noncompensatory rule)*이라고 한다.[8]

보완적 평가방식과 비보완적 평가방식은 모두 대안의 속성 정보에 의존하는 방법이다. 이 두 가지와는 전혀 다른 제3의 평가방식도 있는데 그것은 바로 *감성의존(affect referral)* 방식이다. 감성의존 방식은 소비자의 사전경험이 전제되는 경우, 즉 친숙한 대상을 평가할 때 적용된다. 친숙한 대상에 대해선 이미 전반적인 평가와 경험을 기억 장치에 저장해 놓으며, 의사결정시 단순히 그 경험을 회상하기만 하면 된다. 특히 감정경험 자체가 평가 기준이 되는 것이다. 이미 형성된 평가 기억을 단순히 회상하는 기제는 *온라인 기억(on-line memory)*라고 한다. 아마도 여가 장면은 감정 경험이 핵심적이기 때문에 여가활동이나 소품 구매에 있어서 이러한 감성의존식 평가방식이 적용될 가능성이 높다.

(4) 선택(Choice) 및 구매(Purchase)

대안 평가가 끝나면 가장 마음에 드는 대안을 선택하고 구매하거나 이용하려는 의도가 생긴다. 소비제품을 구매하는 일반적인 상황이라면 소비자는 비교 평가한 선택 대안들 중에서 자신의 지불 능력에 비추어 가장 마음에 드는 대안에 대한 구매의도를 가지고 구매를 할 것이다. 구매 장소, 가격, 판매조건, 사후서비스 등과 같은 다른 조건이 동일한 경우라면, 대개 가까운 점포에서 구매가 이루어진다. 물론 동일한 제품이라 하더라도 점포에 따라 가격, 판매조건, 사후 서비스 등이 다르다면 점포선택의 문제가 발생하여 이를 해결하는 다른 의사결정과정을 겪게 된다. 소비자는 구매할 제품이나 상표를 먼저 결정하여 점포를 선택할 수도 있고, 특정 점포를 미리 결정하고 나서 대안 제품을 선택할 수도 있다.

제품 구매가 아닌 여가활동의 경우에는 단지 어떤 활동, 어떤 장소, 동료 등을 선택하는 단계에 이르게 된다. 구매가 없는 단순한 선택으로 이 과정은 요약될 수 있다. 물론 여행 패키지와 같은 경우에는 선택이라는 것 자체가 구매 행위가 된다. 이런 경우에는 앞에서 말한 지불 능력이 중요한 변수가 될 것이다.

---

8) 지금까지 알려진 비보완적 평가방식에는 사전편집식, 순차적 제거식, 결합식, 분리식 등 다양한 것들이 알려져 있다. 이들에 대한 세부적인 설명은 소비자의사결정 이론을 다룬 전공 서적을 참고하기 바란다.

소비자의 선택과 구매 과정을 이해하는 데 고려하여야 할 다른 중요한 요소는 소위 '**주관적 규범**(*subjective norm*)'이다. 선호하는 대안이 있고 비용 지불 능력과 의사가 있더라도 구매행동으로 이어지지 않는 경우가 흔히 있다. 이와 같이 태도가 구매의도 및 구매로 그대로 이어지지 않는 이유는 소비자 자신이 '내가 이 대안을 선택한다면 유의미한 타인들(significant others)이 나를 어떻게 생각할까?'라고 생각하기 때문이다. 예컨대 라스 베가스(Las vegas)라는 도시를 여행하고 싶다고 생각하더라도 그곳을 여행했을 때 주변 사람들이 자신을 도박여행을 하는 것으로 여길 것이라고 믿는다면 그 여행은 이루어질 가능성이 낮아진다. 이처럼 주관적 규범은 일종의 사회 규범을 인식하는 것이며 사회규범의식이 강하면 강할수록 타인의 영향력은 더 커진다.

그 외에도 다양한 변수들이 실제 태도와 구매 행위 사이에 개입하여 그 관계를 조절할 가능성이 있다. 평가 시점과 대안 선택 행동 사이의 기간이 길면 길수록 다른 변수가 개입할 가능성은 더 증가한다. 혹은 사전 욕구가 시간이 지나면서 약화된다거나 재정 상태가 변한다거나, 품절 상황도 영향을 미칠 수 있다. 옥외 여가 장면에서는 특히 기후와 같은 자연환경의 영향이 크게 작용한다.

(5) 이용 및 구매 후 평가

대안에 대한 비교, 평가 과정을 거쳐 제품을 구매하거나 선택할 때 소비자는 일종의 기대를 가지게 된다. 자신이 선택한 제품의 기능이나 품질 혹은 사용 편의성, 자기 이미지에 미치는 영향 등등 다양한 측면에서 그 제품을 경험하게 될 것이라고 기대한다. 이런 현상을 '**성과에 대한 기대**(*expectation for performance*)'라고 한다. 이러한 사전 기대는 그 수치가 높고 낮음에 관계없이 사람에 따라 그 강도가 강할 수도 있고 막연할 수도 있다. 대개의 경우 이러한 기대는 해당 제품을 이용하는 성과 과정에도 영향을 미치고, 사용 이후에 소비자가 지각하는 제품성과와 비교되기도 한다. 일반적으로 이용성과 수준이 구매 이전의 기대 수준과 같거나 더 큰 경우 자신이 구매한 제품에 대해 만족할 것이고 그렇지 않은 경우 불만족할 것이다. 만족과 불만족이라는 사후 평가 내용은 차기 동일한 의사결정에 긍정적 혹은 부정적 영향을 미칠 뿐만 아니라 구전(word-of-mouth)에 의하여 타인의 구매의사결정에도 적지 않은 영향을 미치게 된다. 이러한 "기대-수행성과"의 비교 기제는 반드시 제품 구매 상황에서만 적용되는 것은 아니며, 여가활동, 여행지, 축제 등과 같은 여가장면에서도 적용된다.

그런데, 기대-수행 평가의 기제가 반드시 일관적인 것은 아니다. 다시 말해서 수행수준이 기대보다 못하다고 인식하면 자신의 초기 태도와 선택 행위 사이에서 발생하는 일종의 **인지부조화**(*cognitive dissonance*)를 겪게 된다. 이상적인 판단을 하면 기대-수행의 비교 결과에 따라 만족이나 불만족 평가를 하지만, 수행성과 수준이 기대보다 못한 경우에는 심리적 갈등을 겪게 되는 것이다. 이러한 갈등은 세 가지 방식으로 해결된다. 첫째는 사실을 인정하여 해당 상품에 대한 사후 평가를 낮게 하는 것이고, 둘째는 초기의 사전 기대를 격하시키는 방식이고, 마지막으로 세 번째는 이용 경험의 성과 수준을 왜곡하여 긍정적으로 인식하는 방법이다. 나중의 두 가지 방법은 특히 '**자기정당화**' 혹은 '**합리화**'라고 불린다(Festinger, 1957). 가령, 어떤 제품이나 여행 상품이 기대에 미치지 못할 정도의 성과 수준을 지각하더라도 그 선택이 중요한 것이었고, 되돌릴 수 없는 것이며, 스스로 결정한 것이라면, 자신의 선택이 잘못되었다고 인식하는 것이 어려워진다. 따라서 자신의 선택 행위는 역사적 사실이므로 이를 왜곡할수는 없고, 대신에 처음부터 큰 기대를 하지 않았다고 여기거나 혹은 제품의 긍정적인 측면을 부각하고 부정적인 부분은 무시함으로써 이용 경험 자체를 긍정적으로 평가하려는 경향이 있다. 특히 후자의 경우에는 주변의 사람들에게 의도적으로 긍정적인 면을 강조하는 행위를 보인다.

(6) 정보처리과정

우리는 하루를 살아가는 동안 원하든 원치 않든 수많은 외부의 자극에 노출된다. 외부의 자극 중 많은 것은 소비를 조장하기 위한 마케팅 자극(marketing stimuli)이며, 광고, 제품 자체, 그리고 사람이 대표적인 사례들이다. 인터넷에서는 팝업(pop-up) 광고가 가득하고, 신문이나 TV와 같은 대중 매체에서만 아니라 창밖 거리에도 전광판 광고나 다양한 플래카드가 홍수를 이룬다. 지하철이나 버스 안 광고물도 우리의 주목을 받고 싶어 안달한다. 심지어는 외판원의 방문이나 전화 혹은 우편을 통한 마케팅 자극에도 우리는 노출되어 있다. 이렇게 다양한 자극에 대하여 우리는 우연히 노출될 수도 있고 혹은 의도적으로 스스로를 그 자극에 노출시킬 수도 있다. 의도적이든 우연적이든 자극에 노출되어 주의를 기울이고 그 자극의 내용을 지각하여 새로운 신념이나 태도를 형성/변형시키며, 그 내용을 기억 속에 입력시키는 일련의 심리적 과정을 '정보처리과정'이라고 한다. 여기서는 이들 각각의 단계를 간단히 설명하여 여가행동을 이해하는 데 어떻게 적용될 수 있는지를 가늠해보기로 한다.

노출(Exposure) : 정보처리과정은 정보에 노출되는 것을 시작으로 진행된다. 이때 정보는 곧 자극물이다. 노출은 선택이라는 기제를 근거로 두 가지로 분류된다. 첫째는 우연적 노출(accidental or random exposure)이고, 둘째는 의도적 노출(purposive or intentional exposure)이다. 우연 노출은 인터넷서핑, TV 시청, 신문이나 잡지를 읽을 때, 혹은 다른 사회 활동이나 일상생활을 하는 동안 의도에 관계없이 자극을 접하게 되는 경우를 말한다. 이러한 우연노출은 가끔 소비자로 하여금 새로운 문제를 인식하게 유도할 수도 있다. 이러한 현상을 '우연노출에 의한 문제유발'이라고 한다.

반면 의도적 노출은 소비자가 구체적인 문제인식을 하고 그 문제를 해결하기 위한 의도로서 자극을 찾아보는 현상을 말한다. 즉, 자신의 문제해결과정에서 이미 가지고 있는 기억 정보를 활용하는 것이 불충분하다고 느낄 때 의도를 가지고 다른 자극을 탐색할 수 있다. 이런 두 가지 노출 기제는 관여수준과 정보처리 역량에 의해 결정될 수 있다. 그래서 소비자는 관여 수준이 비교적 높은 외부 자극물에 대해서는 자신을 노출시키지만, 관여 수준이 낮은 자극물에 대해서는 의도적으로 회피하는 경향이 있다. 또한 관여 수준이 높다고 하더라도 지나치게 많은 정보는 한 번에 처리되기 어렵다. 왜냐하면 '인지용량의 한계'가 있기 때문이다. 그래서 소비자는 외부 자극에 대하여 **선택적 노출**(*selective exposure*)을 하는 경향이 있다.

주의(attention) : 의도적이든 우연적이든 자극에 노출된다고 해서 그 자극에 무조건 주목하는 것은 아니다. 물론 우연노출에 비해 의도적 노출의 경우, 그 자극을 주목할 가능성은 증가한다. 관여 수준이 상대적이 높기 때문이다. 그러나 의도적으로 노출되더라도 지나치게 많은 정보는 주의를 끌지 못한다. 왜냐하면 앞에서 말한 인지용량의 한계가 있기 때문이다. 그래서 주의는 노출된 자극 중 일부에만 선택적으로 이루어지며, 이런 현상을 '**선택적 주의**(*selective attention*)'라고 말한다. 선택적 주의를 유도

하는 변수는 소비자 개인의 관여 수준, 지식, 신념, 태도, 성격 등 심리적 변수만이 아니라 자극물 자체가 지니고 있는 현저한 특징(salience) 등 자극 특성이 있다.

지각(perception) : 지각은 외부 자극에 주의하여 그것의 내용과 실체를 이해하고 나름대로의 의미를 부여하는 과정이다. 가장 간단한 지각은 자극의 실체를 알아차리는 것이라고 할 수 있고, 다소 복잡한 지각은 문화적/상징적 의미를 부여하는 것이라고 할 수 있다. 동일자극에 노출되더라도 개인마다 다른 지각을 하는 것도 의미부여 체계가 다르기 때문이다. 지각과정은 크게 '지각적 조직화(perceptual organization)'와 '지각적 해석(perceptual interpretation)'으로 구분된다.

지각적 조직화는 주의한 자극의 구성 요소에 근거하여 개별적 구성요소를 하나의 통합 체계로 알아차리는 과정이다. 초기의 형태심리학(gestalt psychology)에서 나온 구성주의의 원리에 따르면, 사람들은 주의한 자극의 개별 구성요소를 전체적으로 그리고 통합적으로 지각하는 경향이 있다고 한다. 가장 간단한 지각의 원리는 전경(figure)과 배경(background)을 구분하는 것이며, 단순성의 원리, 근접성의 원리, 유사성의 원리, 폐쇄성의 원리 등은 잘 알려진 지각적 조직화의 규칙들이다. 이러한 조직화의 기제에 근거하여 개인은 노출된 자극에 비로소 의미를 부여할 수 있는 기회를 확보하게 된다.

지각적 해석은 통합, 조직화된 자극에 주관적으로 의미를 부여하는 과정이다. 해석은 두 단계를 거쳐 이루어진다. 하나는 자극을 기억 속의 스키마(schema)라고 하

는 지식구조에 관련지어 하나의 범주로 분류하는 '**지각적 범주화**(*perceptual categorization*)' 과정이고, 다른 하나는 지극 대상의 어떤 속성에 근거하여 그 자극 대상에 어떤 의미를 부여하는 '**지각적 추론**(*perceptual inference*)' 과정이다. 지각적 범주화 과정을 통하여, 주의한 어떤 자극 대상은 쉽게 기억속의 다른 어떤 것과 비교된다. 가령, 스쿼시 라켓을 처음 접할 경우, 처음에는 이것을 잘 알고 있는 테니스나 배드민턴 라켓으로 오해할 수 있다. 그러나 유심히 보면 그것은 전혀 새로운 제3의 스포츠를 위한 라켓으로 해석된다. 이 과정이 곧 지각적 범주화이다. 한편 어떤 레저용품의 가격을 보고 그것은 품질이 뛰어날 것이라고 추론하는 경우가 있다. 실제 가격과 품질 사이의 관련성은 아무도 보장하지 않지만 소비자는 잘 모르는 브랜드의 경우일지라도 가격만으로 그것의 품질을 추측하는 경우가 많다. 이게 바로 지각적 추론이다. 그러한 범주화와 추론의 결과는 곧 기억 속에 새로운 지식으로 자리잡을 것이다. 그리고 기억 속의 정보에 의해 새로운 자극에 대한 지각의 결과 자체가 달라진다. 그래서 지각과 기억은 쌍방적 관계를 가진다.

기억(memory) : 지각된 정보는 기억이라는 정보저장소에 보관된다. 원래 기억이라는 용어는 정보저장소를 의미하지만, 때로는 정보가 저장되는 과정을 의미하기도 한다. 그리고 저장소라는 뜻도 최소 두 가지 종류로 구분된다. 주의에서 지각에 이르는 일련의 과정을 하나의 시스템으로 보는 학자들은 이를 *감각기억*(*sensory memory*)이라고 부른다. 또한 지각과정이 이루어지기 위해서는 비교적 짧은 시간동안 주의한 정보를 임시로 저장하는 장소를 가정하여야 한다. 이런 임시저장 장소를 **단기기억(short-term memory)**이라고 한다. 우리가 어떤 정보를 화상하고 새로운 정보를 장기간 저장해 두는 장소는 이들과 구분하여 **장기기억(long-term memory)**이라고 한다. 그러므로 기억의 구조는 '감각기억 ⇨ 단기기억 ⇨ 장기기억'의 절차적 체계로 구조화되어 있다고 본다. 혹자에 따라서 단기기억과 감각기억을 구분하지 않고 혼용하여 사용하기도 하지만 분명한 것은 임시저장소인 '단기기억'과 영원한 저장소인 '장기기억'이 구분된다는 것이다.

단기기억은 정보를 처리하는 과정을 포함하므로 작업기억(working memory)으로 불리기도 하고, 처리용량의 한계를 지니고 있다. 알려진 바로는 개인이 한 번에 처리할 수 있는 정보의 단위(chunk) 수는 7±2개이다. 가령 우리는 서양의 요리를 잘 모르기 때문에 처음 듣는 메뉴를 10가지 이상 나열하고 나서, 이를 회상하여 보면 7가지 내외에 불과하다. 그러나 메뉴를 잘 아는 서양요리사의 경우 더 많은 메뉴를 회상해 낸다. 그 이유는 보통사람이 각각의 요리를 하나의 정보단위로 설정하여 지각하지만 요리사와 같은 전문가는 소스나 재료 혹은 국적을 단위로 더 세련된 범주를 하나의 처리단위로 설정하기 때문이다. 감각기억에서 단기기억으로 정보가 저장되는데 이용되는 방법으로 **반복연습(rehearsal)**이라는 기제를 활용하며, 단기기억에서 장기기억으로 전이되는 과정에는 **반복연습과 정교화(elaboration)**라는 두 가지 기제를 이용한다. 정교화 과정은 앞에서 말한 지각적 조직화와 지각적 해석에 수반된다. 알려진 바로는 정교화 기제를 통해 저장된 정보가 더 잘 회상된다고 한다. 그리고 단기기억은 임시 저장소이기 때문에, 반복 주의가 수반되지 않는 자극 정보는 일정한 시간이 지나면 사라져버린다. 이것이 곧 **단기기억의 소멸**이다. 그러나 장기기억의 정보는 소멸되지 않는다. 우리가 예전에 공들여 저장해 둔 정보들은 단지 회상에 실패하여 떠올리지 못하는 것이다. 만약 어떤 유의한 점화단서(priming cue)가 주어진다면 그것들은 뜬금없이 회상될 수도 있다. 갑작스런 추억에 빠져 애틋했던 첫사랑의 장소를 다시 여행하는 여가 현상은 이렇게 설명할 수 있다.

3 정보처리적 관점의 한계 : 쾌락/경험 중심의 관점

여가 소비행동은 반드시 구매를 전제로 하는 것이 아니다. 여가 행위의 목표는 사용의 기능적 측면이 아니라 체험의 즐거움이라는 점에서 인지주의를 표방하는 정보처리 중심의 의사결정과정으로만 설명하기에는 분명 한계가 있다. 상품 구매행위 상황이라고 하더라도, 베블린(Veblen, 1899)이 말했던 과시적 소비와 같은 현상은 상징의 즐거움을 가정하기 때문에 일반적인 구매 행위와는 질적으로 다르다. 소비자 연구의 역사로 보면 인지주의 패러다임이 팽배했던 1980년대 중반에 이르러 새로운 관점을 강조하는 조류가 형성되기 시작했다. 특히 Holbrook & Hirschman(1982)을 필두로 소비자의 심리적 경험 상태를 강조하는 주장이 대두되었으며, 이러한 쾌락/경험주의의 관점은 다분히 여가경험의 즐거움을 강조하는 것과 일맥하고 하고 있다.

이러한 관점의 연구자들은 인지주의의 한계를 지적하면서 쾌락과 경험을 추구하는 소비자의 행동과정을 이해하고자 하였다. 성영신(1989)은 Holbrook과 Hirschman (1982)의 주장을 중심으로 크게 4가지 측면에서 인지주의 소비자 행동론의 한계를 지적하면서 각 항목별로 그것의 대안을 정리하고 있다. 여기서는 성영신(1989)과 Holbrook과 Hirschman의 논문(1982)을 근간으로 필자의 견해를 더하여 여가소비경험의 특징을 정리하였다.

(1) 환경 변수(environmental inputs)

① 소비의 대상 : 제품(products)

정보처리론의 관점을 적용하여 이해할 수 있는 소비 대상은 내구재(치약, 담배, 음료, 세제 등의 소비재, 가전제품, 자동차 등)나 인적 서비스(은행, 병원 등) 같은 객관적 속성이 포함되어 있어서 실용적 기능을 하는 제품들이 대표적이다. 이에 비해 쾌락/경험을 중시하는 입장에서는 제반 여가 상품(오페라, 발레, 연극, 영화, 회화, 사진, 음반, 의상디자인, 문학작품, 기타 취미 및 오락 등)이나 영역을 주요 연구대상으로 삼는다(Holbrook, 1980). 결국 두 가지 관점은 기본 전제로부터 연구 대상이나 영역 자체를 미리 한정할 수밖에 없는 특징을 지닌다. 사실 경험 내용이 중심이 되는 소비 대상은 쾌락적/경험론적 접근으로부터 쉽게 다룰 수 있으나, 이는 정보처리론적 관점에서는 거의 도외시 되었던 부분이다.

경험을 중시하는 소비 영역에 대해서 소비자는 상당히 높은 정서적 관여도를 보인다. 제품 및 서비스의 소비를 통하여 쾌락, 기쁨, 위안, 재미 등의 긍정적 정서를 추구하는 것이 그것이다. 때로는 슬픔, 비참, 불쾌 등의 정서적 고통을 예상하면서도 그것을 추구하는 소비 행위를 하기도 한다. 예를 들어, 영화나 TV 드라마의 잔인하고 불행한 스토리를 미리 알면서도 그 작품을 감상하는 경우가 있다. 이러한 현상은 일종의 감정의 패러독스로서 심리학의 catharsis 개념으로 설명할 수 있을 것이다(Hirschman, 1983). 실용적 기능의 측면이 적지만, 순수하게 내재적으로 동기화된(intrinsically motivated) 쾌락 추구적 소비 행위를 분석하는 것이야말로 바로 여가소비 연구라고 볼 수 있다(성영신, 1989).

② 자극특성(stimulus properties)

정보처리론의 많은 연구방법들이 주로 언어 정보를 연구 자극으로 사용하지만, 쾌락/경험론적 연구는 후각, 촉각, 미각 등의 여러 감각을 연구하므로 연구 절차의 자극은 다른 방식으로 제시되어야 한다. 또한 소비 체험을 측정하기 위해서는 실제 혹은 실제와 비슷한 상황에서 연구가 진행되어야 한다. 그러므로 주로 실험실에서 진행되는 일반 소비자 행동 연구와 달리 여가 소비 연구는 여가경험 현장에서 진행되어야 한다(성영신, 1989). 방법론 장에서 언급한 것처럼, 여가행동을 유발하는 자극의 독특성과 역동성을 고려하여 장실험(field experience)과 같은 과학적 방법론이나 질적 연구 방법을 활용할 수 있다.

③ 커뮤니케이션 내용(communication contents)

정보처리론에서는 주로 메시지 내용의 의미(semantic)에 대한 소비자 반응을 측정하여 광고효과 등을 연구하였으나, 쾌락/경험론적 관점의 연구는 메시지의 구조와 스타일 등 문장의(syntatic) 특징을 중요하게 고려한다. 예를 들어, 광고문안의 위치, 크기, 색깔과 복잡성 등이 더 중요한 변수들일 수 있다(성영신, 1989). 광고모델이나 배경음악 등의 유발하는 정서적 효과는 빈번하게 나타나는 쾌락/경험론적 연구 주제들이다.

(2) 소비자 변수(consumer inputs)

① 자원(resources)

소비자 행동 연구는 전통적으로 돈에 관한 현상(금전적 수입과 지출의 문제, 제품의 가격효과 등)을 핵심적으로 다루어왔고, 최근에는 금전뿐만 아니라 시간할당의 문제까지 포함하여, 전체적인 효용성이 최대화되도록 하는데 관심을 두고 있다. 특히 자유시간의 본질과 할당, TV 시청 등 시간의 소비(consumption of time)에 관한 주제가 Journal of Consumer Research 1981년 3월호에서 특집으로 다루어진 바 있다. Leisure Sciences나 Journal of Leisure Research 등의 여가학 관련 학술지들은 여가 소비행동을 다룬 주제들을 게재하고 있다. 이러한 현상은 소비자 행동 연구에서 여가 소비 분야가 독특한 하나의 다른 영역으로 간주된다는 것을 의미한다.

② 과제의 정의(task definition)

정보처리론은 소비자를 적극적인 문제해결자(active problem solver)로 본다. 소비자는 구매결정을 하기 위해 외부 상품정보를 습득하고 내부의 기억정보를 회상하여 정보의 가치를 따지고 해당 제품에 대해 면밀하게 판단하고 평가하는 과정을 합목적적으로 진행한다고 가정한다. 이것은 정신분석학에서 말하는 2차과정사고(secondary process thinking)로서 사회화의 결과이다. 이와는 달리 쾌락/경험론적 관점은 쾌락의 원칙(pleasure principle)에 따라 기능하는 1차과정사고(primary process thinking)를 강조하는 바, 소비행위를 기쁨, 재미, 환상, 흥분, 감각자극의 추구 등 쾌락적 반응(hedonic response)으로 간주한다(Hirschman, 1983). 그러므로 여가소비 행동은 2차사고과정보다는 1차사고과정에 의존할 가능성이 높다고 가정할 수 있다(성영신, 1989).

③ 관여의 유형(type of involvement)

전통적으로 관여라는 개념은 소비자 행동을 이해하는 데 가장 중요한 변인이었다. 관여의 개념은 다양하게 정의될 수 있지만, 전통적으로 정보처리적 관점에서는 관여를 제품 혹은 구매상황과 개인과의 관련성 정도로 정의하여 왔다. 그러나 쾌락/경험론적 관점에서는 관여보다 주의 수준, 관심, 흥분 등의 측면을 강조한다. 실제로 여가 상황에서는 흥미나 각성, 즐거움 등이 더 중요하다는 것을 쉽게 생각할 수 있다. 대상과 상황에 대한 개인적 관련성을 이성적으로 판단하고 평가하는 것이 관여라면 이는 뇌의 좌반구에서 관장하겠지만, 여가경험의 문제는 공간, 형태, 직관 등을 담당하는 우반구의 기제에 달려있을 가능성이 크다(성영신, 1989).

④ 탐색활동(search activity)

정보처리론 관점에서는 소비자를 문제해결자로 보기 때문에, 소비자의 정보획득(information acquisition) 과정, 정보획득 행동의 특성 및 정보의 유형에 많은 관심을 가진다. 반면, 여가 소비자는 경험 자체를 추구하는 내재적 동기로 전제되기 때문에, 쾌락/경험론적 관점에서는 탐색 행동(exploratory behavior)같은 여가동기 측면에 더 관심을 갖는 경향이 있다. 심리학 분야의 다양성 추구(variety seeking) 경향에 관한 Berlyne(1960)의 이론은 탐색행동을 이해하는 데 중요한 기초 개념이 된다(Zukerman, 1979). 또한 소비자 행동 분야의 혁신수용성(innovativeness), 신기성(novelty seeking), 창의성(creativity) 등의 개념이나, Zukerman의 자극추구성향, Iso-Ahola(1980)의 일탈성 개념은 일반소비자 연구에서는 최근에야 주목을 받고 있으나, 관광과 놀이 장면 연구에서는 핵심 개념들이다.

⑤ 개인차(individual differences)

소비자 행동 연구자들은 일반적으로 소비자의 인구통계적(demographic), 사회경제적(socioeconomic), 그리고 심리적(psychographic) 변인을 적용하여 개인차 연구를 하고 있으며 최근에는 소위 라이프 스타일 연구(Robertson, Zielinski와 Ward, 1984)가 각광받고 있다. 그러나 쾌락/경험론의 관점에서는 개인의 성격 및 하위문화(subculture)에 관련된 변인들에 주목한다. 특히 여가 소비는 그 자체가 문화를 반영한다는 점에서(Rojeck, 1995) 성격 개념은 물론 이미지, 상징, 가치관, 사회 계층 등과 같은 문화학습의 결과로 볼 수도 있다. 여가학 분야에서는 여가 정체성(leisure identity)과 같은 개념을 행동의 개인차 변인으로 중시하고 있다.

(3) 심리적 반응 체계(psychological response system)

① 인지(cognition) vs 감정(affect)

정보처리적 관점에서 핵심 개념은 '인지'다. 정보처리는 기본적으로 기억에 관련된 현상이며, 소비자의 인지는 소비자가 기억 속에 가지고 있는 지식구조(knowledge structure)와 그것의 기제를 통칭하는 표현이다. 인지적 기제라 함은 정보가 처리되는 방식을 말하며, 곧 합리적이며 이성적 판단을 전제로 한다. 그러므로 정보처리적 관점에서는 소비자를 이성적 판단자로 가정한다. 이때 최종 판단은 즉 인지의 결과는 당연히 소비자의 감정 반응을 유발한다. 태도의 핵심 차원인 호오도(preference)는 곧 감정을 반영한다. 그러나 감정은 일반적으로 단순한 호오도 이상의 복잡한 의미를 지니고 있다. 묘사할 수 없는 감정들이 더 많다. 이러한 감정을 태도라는 개념 하나로 묶어버리는 것은 너무 제한적이다(성영신, 1989).

감정 체험이 여가행동에서 가장 중요한 요소라면, 인지 체계를 중심으로 하는 정보처리적 관점에서 여가 현상을 이해하는 것은 분명한 한계가 있다. 여가 행동을 하는 동안 겪는 감정 체험은 미리 계획하거나 예정된 것이 아니며, 주어진 환경이나 상황에 따라 역동적으로 변할 수 있다. 여가 소비자가 예상하는 것은 오히려 알 수 없는 미지의 감정일 수 있다. 여가 소비 장면에서는 기쁨, 권태, 불안, 적의, 자만심, 분노, 염증, 슬픔, 동정, 갈망, 황홀, 탐욕, 죄책감, 부끄러움, 두려움 등 다양한 감정이 복합적으로 나타날 수 있다(성영신, 1989).

② 행동(behavior)

정보처리적 관점은 소비자 행동을 "제품의 선택과정(choice process) → 구매결정(purchase decision) → 실제 구매행위(actual buying behavior)"로 이어지는 과정으로 가정하기 때문에 소비자 행동의 범위를 극히 "구매 행동"으로 제한하여 다룬 셈이다. 그러나 여가활동의 핵심 영역은 구매 상황이라기보다 활동 체험 과정이라고 할 수 있다. 쾌락/경험론의 관점은 실제로 사용(usage)행동과 소비경험(consumption experience) 등의 현상에 관심을 가진다. 또한 제품 사용에 관련된 활동(activity)에 관해서도 주목하여, 소비자가 어떠한 스포츠나 여가활동을 취미로 선택하는가의 문제, 무엇 때문에 스포츠를 하며, 또 어떻게 거기서 어떤 즐거움을 얻는가 등의 문제에 관심을 보여 왔다.

따라서 여가행동 반응을 이해하는 데 있어서 정보처리적 관점보다는 쾌락/경험적 관점이 더 유용하다고 볼 수 있다(고동우, 2002a; 성영신, 1989; Hirschman, 1984).

(4) 결과(output consequences)와 준거(criteria)

정보처리적 관점은 지극히 실용주의적 입장을 취하고 있다. 소비행위의 결과를 평가하는 과정에서도 실용주의적 입장에서 접근하므로 어떤 제품을 구매한 결과가 소비자의 당초 목적(purpose) 혹은 기대에 얼마나 부합했는지 또 제품의 기능(function)이 적절했는지 등의 측면을 다룬다. 이러한 관점은 경제적 이득 여부를 중시하는 입장이다. 이에 반해 쾌락/경험론의 관점은 체험의 즐거움이라는 내재적 보상을 성공적인 소비행위의 기준으로 삼기 때문에 기능적 효율성과는 거리가 멀다. 정보처리론에서 합리적/이성적 소비자를 가정한다는 말은 결국 경제성을 대전제로 둔다는 점에서, 행동 결과를 '일 중심의 사고'의 틀(work-oriented mentality)로 재단하는 소비자를 가정하는 것과 같다. 그러나 쾌락/경험론적 관점에서, 소비자는 '놀이 중심의 마음(play-oriented mentality)'을 가진 자로 가정하며, 경제적 개념보다는 주관성과 같은 심리사회적(psychosocial) 측면에서 분석하고 판단하려는 경향이 있다(성영신, 1989).

(5) 여가행동 : 동기와 감정의 중요성

실제 소비자의 행동을 이해하는 데 정보처리적 관점을 적용한다는 것이 잘못된 것은 아니다. 실제로 정보처리적 관점에서 소비자 행동의 많은 부분이 설명될 수 있다. 다만 이러한 접근이 간과했던 영역을 이해하는 데 경험/쾌락적 접근이 유용하다는 점에서, 이 두 가지 관점은 상호 배타적이라기보다 상호보완적이다(성영신, 1989). 이미 보았던 것처럼 내재적 동기를 대전제로 하는 여가활동을 가정할 때 기억, 정보, 기대, 인지 등의 개념을 활용하는 것보다, 또한 경제학적인 합리적 인간상을 가정하는 것보다 감정, 역동성, 상징, 환상, 이미지, 쾌락 등의 개념을 가정하는 경험적 관점으로 설명하는 것이 더 타당할 것이다. 여가를 포함한 인간 행동의 출발점을 동기에 놓고 보면, 이러한 즐거움 추구 행동은 동기-체험-결과의 과정으로 환원하여 이해하는 것이 유용할 것이다. 다음 절에서는 동기를 중심으로 하는 여가행동 과정을 설명한다.

4 동기론적 관점의 여가행동 과정

여가행동 과정을 전반적으로 다룬 기존 연구는 많지 않다. 그 이유는 여가학 연구가 아직 체계를 이루지 못하였기 때문일 수 있고, 또는 여가활동의 유형이 매우 다양하여 전형적인 형태를 추려내는 게 큰 의미가 없을 수 있기 때문이다. 앞에서 보았던 일반소비자 행동 모형은 대체적으로 일상적인 구매 및 소비 행동을 설명하기 위한 이론 체계이므로 어떤 여가행동이 합리적 인간상을 반영하는 특징을 가진다면 타당할 수 있다. 다시 말해서 정보처리과정을 핵심적으로 다루는 이론적 체계는 나름대로의 설득력이 있다. 그러나 여가행동은 전제 자체가 가상적으로든 실제적이든 일상을 떠나서 발생하는 심리적 현상을 전제한다는 점에서 일상의 합리성을 기본 전제로 삼는 이론적 패러다임은 모순적일 수 있다. 또한 여가행동은 구매와 소비를 전제하지 않을 수도 있고, 따라서 비용이라는 경제적 단위를 반드시 요구하는 것은 아니기 때문에 경제학적 합리성이 필수 조건은 아니다.

오히려 여가행동은 탈일상성(脫逸常性)을 전제하기 때문에 합리적 인간관보다는 비합리적 인간관이 더 적합할 수 있을 것이며, 인간의 감정 및 동기 요소가 더 중요하게 고려되어야 할 요인일 수 있다. 그러므로 여가행동 과정을 인지적으로 이해하는 것보다는 동기의 작동 과정으로 이해하는 것이 요구된다. 국내외를 통틀어 여가행동 전반에 대하여 그 과정을 동기적 관점에서 통찰한 모형은 성영신 등(1996a)의 연구가 처음이다. 이들은 국내외 여가행동 연구들을 이론적으로 고찰한 다음 여가행동 과정 모형을 제안하였다. 여기서는 성영신 등이 제시한 모형에 개인적 특징과 외부 환경 요인의 영향력을 고려하여 수정한 모형[그림 6-4]을 중심으로 여가행동을 설명할 것이다.

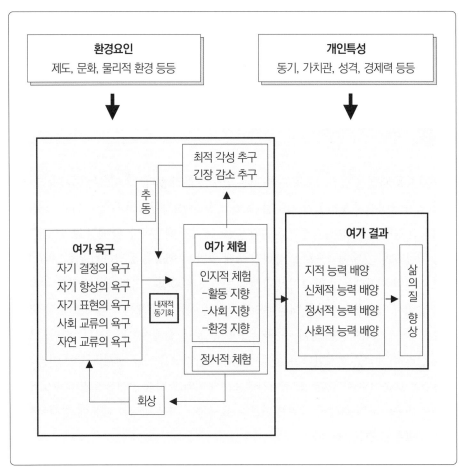

[그림 6-4] 동기론적 관점의 여가행동과정(성영신·고동우·정준호, 1996a를 수정함)

여가활동은 개인적인 수준에서 "사전 동기 – 여가 체험 – 여가 결과"로 묘사되는 일
련의 과정이다. 여가를 포함한 모든 행동의 시발점은 개인의 동기적 요소라고 할 수 있
으며, 여가행동에서 개인의 근원적인 동기 요소가 어떻게 실현되느냐하는 것이 곧 여
가체험이라고 할 수 있다. 그리고 여가체험은 누적되어 여가행동 결과로 나타나며, 정
신적/신체적 측면에서 관찰 가능하다. 물론 그림에서 제시된 것처럼 이 모든 과정에서
개인특성(성격, 가치관, 경제적 상황, 나이 등)의 영향이 있으며, 또한 환경조건(사회
문화적 환경과 물리적 환경)의 영향도 있다. 사회문화적 환경 요소에는 가족 구성, 사
회제도, 여가시설, 사회 기치관 등이 포함된다.

(1) 여가동기 단계

동기가 없다면 자발적 행동은 발생하지 않을 것이다. 그래서 동기는 인간의 모든 행동을 이해하는 데 있어서 가장 중요하다. 여가동기 과정은 생각보다 복잡한 것으로 알려져 있다. 일반적으로 인간은 기본적인 욕구를 잠재적으로 가지고 있다고 가정한다. 그림에선 여가동기를 '기본 여가욕구'의 발현으로 보았으며, 기본 여가욕구는 심리적 에너지가 작동하는 여가장면의 맥락을 고려하여 분류하였다.

여가행동은 "자유선택"을 전제로 하기 때문에 다른 노동이나 필수 행동에 비해 기본 욕구의 실현과 충족 가능성이 높다고 할 수 있다. 다양한 기본 욕구 중 어떤 욕구가 어떤 상황에서 강하게 나타나는가의 문제는, 개인의 즉각적 추동 에너지(이완추구 vs 각성추구)의 작동과 개인적 학습과 생리심리적 상태의 결합에 의해 결정된다. 두 요인의 결합에 의해 심리적 에너지의 발현은 구체적인 맥락을 가지게 된다. 뒤에서 구체적으로 살펴보겠지만, 이완추구 추동이 작동하는 상태라면, 행위 맥락 내에서 편안함, 안정감, 친밀감, 소속감 등을 추구하는 욕구가 발현하여 그것은 내재적 동기화로 이어질 것이다. 반대로 현재 생리심리적 상태가 각성추구 추동 상태라면 욕구는 성취감, 유능감, 긴장, 정복감 등을 추구하는 내재적 동기로 발현할 것이다.

여기서는 단지 여가행동을 유발하는 기본 욕구가 몇 종류로 분류 가능하다는 가정을 하며, 그 중에서 자기결정의 욕구, 자기 향상의 욕구, 자기표현의 욕구, 자연교류의 욕구 그리고 사회교류의 욕구를 강조하고 있다. 이들 욕구와 두 가지 추동이 어떤 관계 함수를 형성하느냐에 따라 구체적인 내재적 동기화의 과정이 형성되며 그런 내재적 동기는 여가행동을 결정하는 요인이 된다.

여가 동기에 대해선 사실 많은 연구들이 있었으며, 특히 기본 욕구의 종류를 분류하는 방식의 연구가 많았다. 또한 여가행동의 동기적 메커니즘을 설명하는 이론적 틀도 있고, 기존 동기심리학의 이론을 활용하여 여가 장면에 적용한 경우도 있었다. 구체적인 여가 동기 과정에 대해선 다음 장에서 자세히 설명한다.

(2) 여가 체험과 회상

동기가 작동하여 여가행동이 진행되면, 심리적 차원에서 여가체험 단계로 접어든

다. 여가체험은 참여자가 여가활동을 하는 동안 느끼는 주관적이고 직접적인 경험이
며, 개인이 가진 욕구와 활동의 구조 및 환경 사이의 상호작용 결과이다. 심리적 기제
를 중심으로, 체험은 크게 인지적 체험과 정서적 체험으로 나눌 수 있으나 대개는 두
가지 심리가 연계되어 지각된다. 재미, 즐거움, 편안함, 무아지경, 상쾌함, 유능감, 통
제감, 환상 등은 모두 여가활동을 하는 동안 지각되는 즉각 체험들이며, 이들 외에도
슬픔, 고통 등 부정적인 체험도 나타날 수 있다. 이런 즉각적 체험은 모두 사전의 내재
적 동기에 대한 내재적 보상(혹은 처벌)의 역할을 한다.

대개 즉각적인 여가체험은 여가활동을 수행하는 동안이나 활동이 끝난 다음에도
개인의 사고와 감정에 직접적인 영향을 미친다. 체험의 정서와 정보는 기억이라는 체
계 속에 저장되며, 이런 저장 자료는 나중에 회상이라는 인지적 과정을 통해 새로운 여
가활동을 위한 동기를 자극하는 역할을 한다. 여가체험 강도가 강할수록 회상할 수 있
는 기간은 오랫동안 지속되며, 강도가 약할 경우 여가체험의 정보는 과거의 유사한 여
가경험에 흡입되어 버릴 것이다. 어떤 상황에서 과거의 여가경험은 현재의 여가행동
을 진행하는데 결정적인 역할을 한다. 인간은 기본적으로 학습하는 동물이기 때문이
다. 회상 능력이나 경향이 강하다면 과거의 경험에 비추어 새로운 설계를 할 가능성이
그 만큼 높아진다. 때로는 회상 자체가 중요한 여가체험이 될 수도 있다. 단절 기간이
길수록 추억이라는 체험은 새롭게 지각된다. 우리가 추억에 젖어드는 즐거움을 경험
하는 것이 대표적인 사례이다.

즉각적 여가체험은 심리적 추동(drive)의 작동 상태에도 영향을 미친다. 지나치게
긴장을 느낀다면 이완 추동이 작동하고, 지나치게 이완된 여가체험은 역으로 긴장(혹
은 각성) 추동을 활성화시킨다. 긴장과 이완 추동은 길항적으로만 작동하는 게 아니라
상호 독립적으로 작동할 수도 있다. 이와 같은 여가체험의 종류와 기제에 대해선 다음
장에서 구체적으로 다룰 것이다.

(3) 여가결과

여가 결과는 시간 면에서 크게 두 가지 측면으로 나눌 수 있다. 하나는 단기적 결과
이고, 다른 하나는 장기적 결과이다. 여가활동의 단기적 결과는 활동에 대한 평가 반응
(만족이나 불만족), 아쉬움(긍정적 아쉬움과 부정적 아쉬움) 등으로 지각되고 이러한

것은 회상단계에서 반복적 평가로 이어지며 궁극적으로 다음의 여가행동에 영향을 미치게 된다.

장기적 결과는 반복적으로 수행한 여가활동의 단기적 결과들이 누적되어 나타난다. 그래서 장기적 결과는 한 가지 여가활동의 결과가 아니라 복합적 결과이다. 장기적 결과는 반드시 긍정적인 것만은 아니다. 가령 어떤 여가활동을 하는 동안 순간적으로 즐거움을 느끼고 또한 사후 평가에서도 긍정적이라고 하더라도 그것들이 누적된 결과는 부정적일 수 있다. 현재 마음의 상태는 단순히 과거경험의 누적된 결과가 아니라 복합적이고 역동적인 재편집의 기억이 만들어낸 결과물이기 때문이다. 그래서 여가활동의 단면만으로 전체 인생을 가늠하기는 어렵다. 다만, 여가활동의 장기적 결과로서 긍정적인 결과는 지적, 신체적, 정서적 및 사회적 측면에서 발견 가능하다. 이러한 누적 결과들은 궁극적으로 일, 가정, 취미, 사회성 등 주관적이거나 객관적 수준의 삶의 질을 향상시키는 데 영향을 미친다. 물론 부정적인 누적 결과는 삶의 질을 감퇴시키는 역할을 할 것이다.

연·구·문·제

1. 여가행동은 소비자행동인가 아닌가?
2. 소비자행동 연구의 전통에서 주로 전제되는 인간관의 특징을 설명하시오.
3. 정보처리적 관점에서 소비자 행동 과정을 정리하여 설명하시오.
4. 여가행동을 이해하는 데 있어서 정보처리적 관점의 장단점은 무엇인가?
5. 전통적인 여가행동 연구의 주요 접근방식은 무엇인가?
6. 여가 연구에 있어서 동기론적, 경험론적 관점이 필요한 이유는 무엇인가?
7. 동기론적 관점에서 여가행동 과정을 개괄하시오.
8. 정보처리적 관점과 동기론적 관점에서 바라보는 여가행동의 주요 차이점을 설명하시오.
9. 여가행동에서 발견할 수 있는 인간의 합리성과 비합리성을 예시하여 비교하시오.

제7장 ┃ 여가동기와 여가체험

1 동기의 개념

매일같이 10km 거리를 달리는 사람들이 있다. 어떤 사람은 섭씨 40도가 넘는 사우나실에서 10분 이상을 견디기도 한다. 깎아지른 암벽을 장비도 갖추지 않고 오르는 사람들도 있다. 극히 정상적인 사람들이 소위 여가활동을 즐기는 모습들이다. 그런데 돌이켜 보면 이들이 수행하는 행동에 의문이 생긴다. 이들은 왜 아무도 요구하지 않는 달리기, 사우나 그리고 암벽등반을 할까? 이들이 각각 다른 여가활동에 몰두하는 이유는 서로 다를 수 있다.

한편, 주말 뒷산에 오르면 사람들의 다양한 행동양식을 관찰할 수 있다. 어떤 사람은 산 정상에서 바라보이는 경관 관람에 열중인 반면, 다른 이들은 동료들과 수다를 떠느라 여념이 없다. 또 다른 이들은 특별한 오찬과 반주를 즐기면서 시간을 보낸다. 이들은 모두 산행이라는 공통된 여가활동을 수행하는 것처럼 보이지만 그것을 즐기는 행동양식은 분명히 다르게 나타난다. 왜 그럴까? "왜"라는 질문에 대한 답이 곧 동기다.

다른 종류의 여가활동에 참여하는 이들의 동기는 서로 다를 가능성이 크다. 물론 동일한 여가활동에 참여하는 경우에도 동기는 다를 수 있다. '동기'란 눈에 보이지 않는 행위 목표를 향한 근원적인 심리적 에너지이며 그것의 작동 과정이다. 일상생활이나 의도하고 계획된 행위를 포함한 인간의 모든 생각과 행동에는 동기가 개입되어 있다. 그 중에서도 자연스럽거나 자유롭게 수행하는 여가경험에서 왜곡되지 않는 인간의 본연적인 동기 특징을 추적할 수 있을 것이다. 엄밀히 말하면, 강제, 강요, 의무, 혹은 세

뇌나 맹목적 신앙과 같은 장면에서는 인간의 동기가 왜곡되어 있어서 그것의 본질을 제대로 추적하기가 어렵다. 반면 여가활동과 같은 자유의지의 발현 행동에는 인간이 가진 본질적인 동기의 모습을 내포할 가능성이 있기 때문에, 여가행동은 동기 추적을 위한 의미있는 분석 대상이 될 것이다.

우선 동기라는 개념부터 이해할 필요가 있다. 인간 행동의 원인으로서 동기에 대한 연구 주제는 심리학의 범위에 속한다. 인간 행동과 정신세계를 연구하는 심리학의 가장 오래된 연구 주제라고 할 수 있다. 일반적으로 사람들은 욕구(need), 욕망(want), 열망(desire), 동인(motive) 혹은 추동(drive), 기대(expectancy) 등과 같은 용어를 동기라는 말과 혼용하기도 하지만 엄밀히 말해서 이들 용어와 동기는 의미와 범위에서 차이가 있다. 이들 유사용어에는 의미상 동기적 속성이 포함되어 있으나 개별 용어 하나하나가 곧 동기는 아니다. 유사 개념들은 모두 동기적 요소인 심리적 에너지를 포함하고 있을 뿐이다.

구체적으로 말하면 동기(motivation)는 '어떤 행동을 불러일으키는 심리적 에너지의 강도와 그것의 작용 방향 및 과정'을 통칭하는 용어로 정의된다. 그러므로 동기라는 개념은 매우 복합적이며 역동적이며 과정적이라는 특징을 지닌다. 영어 단어로 보면 '동인(motive)'이 '무엇인가 되어가는 것(-ation)'이 곧 동기이다. 이 때 동인은 심리적 에너지이다. 행동을 불러일으키는 것은 이러한 심리적 에너지이고, 심리적 에너지의 발생은 생리적 혹은 사회심리적 변화에 의해 야기된다. 외부의 자극이나 신체 내부의 생리적 변화가 동인이라는 심리적 에너지를 유발하는 것이다. 간혹 문학이나 예술을 하는 이들이 '어떤 작품의 동인이 무엇이었느냐?'는 질문을 받을 때, '특이한 어떤 단서(낙엽, 강, 사건 등등)가 동인이었다'고 대답하는 경우가 있다. 그러나 엄밀히 말해서 외부에 있는 자극 자체는 동인이 아니다. 이러한 것들은 단지 동인을 활성화하는 "자극 요인(즉, motif)"에 불과하다.[9]

---

9) 자극요인(motif)을 동기의 하위 요인으로 볼 수 없는 이유는 이것이 태도, 이미지, 평가, 매력 등의 대상물과 구분되지 않으며, 그것들은 모두 외부 대상에 대한 일종의 지각에 불과하기 때문이다. 동기는 사람의 내부에 있는 것으로서 비교적 영속적인 것이다. 만약 자극 혹은 그것의 지각까지 동기로 본다면, 우리가 연구하는 모든 구성 개념은 전부 동기라고 해야 하는 모순에 빠진다.

심리적 에너지 중 가장 근원적인 동인(motive)을 추동(drive)이라고 한다. 추동은 넓게 보아 두 가지 방향에서 형성된다. 개인의 생리적, 심리적 평형 수준을 기준으로 긴장추구와 이완추구라는 두 가지 방향의 에너지가 생긴다. 다시 말해서 추동은 가장 기본적인 심리적 에너지로서 기본적인 동기 방향성을 의미한다. 긴장 수준에서 말하면 긴장이 최소가 되는 상태를 지향하는 이완추구 추동(relaxation seeking drive)과 한계 긴장에 도달하려고 하는 최적각성추구 추동(optimal arousal seeking drive)이 존재한다(이 개념은 뒤에서 다시 설명한다).

　여가 장면에서 나타나는 동기적 요소로서 기본 욕구들(needs)은 이 두 가지 추동의 작용 함수에 근거하여 표현된다. 그래서 욕구는 추동보다 더 구체적인 방향성을 지닌 동인이라고 할 수 있다. '기본 욕구가 몇 종류인가' 라는 질문은 가능하다. 예를 들어 기본 추동이 대인관계 맥락에서 묘사되면 사회적 욕구라고 할 수 있고, 자연환경 맥락이면 자연교류 욕구, 개인의 성취와 관련되면 성취욕구라고 부를 수 있다. 그러나 아무도 기본 욕구의 종류를 분명히 제한하여 말할 수는 없다. 학자들마다 제시하는 기본 욕구의 종류와 수가 다르다. 여가학 분야에서도 기본 여가욕구를 제시하는 학자들이 있으나, 어떤 경우도 정답이라고 볼 수는 없다. 왜냐하면 연구자마다 연구 결과가 다르기 때문이다. 기본 추동이 개인적 경험과 환경 상황에 영향을 받아 구체적인 방향성을 지니게 된 것을 곧 욕구라고 본다면, 동인(motive)은 추동(drive)과 욕구(need)를 포괄하는 용어가 된다. 그래서 연구자에 따라 추동을 동인이라고 하는 경우도 있고, 기본 욕구를 동인이라고 하는 경우도 있다. 즉 동인(motive)이라는 말은 이 두 가지 구체적인 용어와 호환적으로 사용된다.

　결국 동기라는 개념은 대체적으로 추동이나 욕구 및 그것의 작동과정까지 통칭하는 표현이다. 다만 일부 마케팅 학자들이 말하는 욕망(want)이나 열망(desire)의 용어는 학술적 개념이 아니라는 것을 밝혀둔다. 냉정히 말하여, 영어단어 want는 '부족한 무엇인가를 채우려는 것'을 의미한다. 열망이라는 말도 욕구라는 개념을 그 강도에 비추어 강하게 표현하는 것에 불과하다. 가령, "나는 무엇을 원한다 (I want something.)"라는 문장에서 want는 동기 혹은 동인 자체를 의미하는 게 아니다. 오히려 "왜 그것을 원하는가?(Why do I want that?)"라는 질문에 대한 답이 동기를 의미할 수 있다.

여가행동 분야를 포함하여 동기에 대한 이론적 모형은 다양한 영역에서 제시되어 왔다. 그러나 큰 틀에서 보면 이런 접근은 세 가지로 나눌 수 있다. 첫째는 **욕구유형 분류방식의 이론**이고, 둘째는 **동기의 방향성을 강조하는 구조이론**이고, 마지막으로 셋째는 **동기과정 중심의 이론**이다. 여기서는 이들 접근방식을 차례로 살펴보고, 최종적으로 여가행동 모형에 맞추어 주요 개념을 설명한다.

(1) 여가욕구 분류 모형

여가 동기를 이해하는 데 있어서 여가욕구를 분류하는 방식은 방법론의 측면에서 가장 쉬운 접근이었다. 여가욕구의 종류를 분류하는 이러한 접근은 1930년대의 심리학자 Murray의 기본 욕구 이론에 근거하고 있다. "어떤 행동을 왜 하느냐"라는 질문에 대해 가장 쉬운 대답은 "그러한 욕구가 있기 때문이다"라고 하는 것이다. 물론 매우 구체적인 행위 수준에서 욕구를 분류하는 것은 의미가 없다. 가령, 밥을 먹고 싶어서, 책을 보고 싶어서, 친구를 만나고 싶어서 등등의 대답은 욕구를 반영하는 것이긴 하나 이론적인 수준에서 보면 거의 가치가 없는 대답이다. '이론적 접근'이란 복잡한 세상의 현상을 비교적 간단한 틀로 설명하려는 시도이기 때문에 '단순성의 원리(parsimony principle)'를 보장받을 수 있어야 한다. 그래서 다양한 세부 이유를 공통적인 요소로 묶어서 기본 욕구의 종류를 정리하여야만 비로소 욕구이론으로서 가치를 부여할 수 있다.

이러한 논리 아래 몇몇 학자들은 여가행동을 설명할 수 있는 기본 여가욕구를 분류하는 방식의 모형을 제시하였다. 여가욕구의 종류가 초보적인 수준이긴 하지만 학문적으로 탐구되기 시작한 것은 1970년대에서야 가능했다(London *et al.*,1977; Tinsley *et al.*,1977). 이후 1980년대에 이르러 보다 체계적으로 정리된 여가욕구 모형들이 발표되었다. Crandall(1980)은 17가지 기본 여가욕구를 제시하였다. 이들은 각각 일상탈출, 문명 탈출, 신체노동, 창의성, 휴식, 사회교류와 회피, 친교형성, 이성교류, 가족관계, 지위 및 체면, 권력, 이타심, 자극추구, 자기실현, 성취 및 도전, 시간

보내기, 지적 욕구 등이다. 그러나 이러한 욕구 분류는 개념적 형평성의 수준에서 심각한 문제가 있다. 예를 들어 일상탈출과 문명탈출은 과연 다른 차원의 개념일까? 사회교류와 이성교류는 모두 대인관계라는 틀 속에서 공유되지 않을까? 그리고 자기실현과 성취 및 도전도 개념적 중복성이라는 문제를 극복하기 어렵다. 다시 말해서 Crandall의 17가지 여가욕구 모형은 개념적 범위와 기준이 모호하다는 비판을 면하기 어렵다는 한계를 지닌다.

이에 반해, Beard와 Ragheb(1983)은 보다 체계적인 방법을 택해 가장 근원적인 4가지 여가욕구 차원을 제시하였다. 여기에는 지적 욕구, 사회적 욕구, 유능성 욕구, 자극회피 욕구 등이 포함된다. 이 중 사회적 욕구는 대인관계라는 맥락에 관련된 욕구이고, 지적 욕구는 인지적 자극을 접하여 지식의 확대를 추구하는 욕구인 반면, 자극회피 욕구는 지식이든 물리적 자극이든 혹은 대인관계이든 그것을 회피하려는 욕구이다. 유능성 욕구는 여가활동의 경험을 통해 개인의 여러 가지 능력을 확장하려는 기본적 성향을 의미한다. 그러나 단 4가지 기본 욕구만으로 복잡한 여가행동의 동기적 원인을 망라할 수 있는지에 대해서 여전히 의문이 있다. 다시 말해, 지나치게 여가욕구를 축약한 점이 한계라고 할 수 있다.

Driver와 Brown(1986)은 Beard와 Ragheb의 모형보다 더 많은 종류의 동기요소를 제시하였다. 그들이 제안한 7가지 여가동기 요소는 곧 욕구인데, 여기에는 개인성장과 발전의 욕구, 사회적 관계 욕구, 치료 목적, 신체건강 욕구, 자극추구 욕구, 자유와 독립 욕구, 향수 욕구 등이 포함된다. 이러한 연구는 나중에 Driver와 동료들에 의해 여가경험선호척도(recreation experience preference: REP)와 여가문단(paragraphs about leisure: PAL)이라는 여가욕구 측정 척도를 개발하는 근거가 되었다(Driver, Tinsley & Manfredo, 1991). 그런데 이들 욕구 중 일부는 Crandall의 경우처럼 추상성이라는 인식 수준의 측면에서 서로 독립적인 관계를 형성하지 못하고 있음을 알 수 있다. 가령 개인성장과 발전의 의미는 다른 모든 욕구를 포괄하는 것처럼 보인다. 또한 치료목적의 욕구는 과연 여가의 기본 전제(즉, 즐거움 추구)와 부합되고 있는지에 대한 의문을 유발한다. 여가는 개념적으로 내재적 보상을 추구한다고 가정할 때, 치료목적은 외재적 동기에 해당되기 때문이다.

결론적으로, 여가욕구 연구들의 공통적인 문제점으로 '욕구들 사이의 의미 중복'

문제가 있으며, 독립적인 수준에서 차원 분류를 하지 못했다는 비판이 가능하다. 또한 제시한 욕구 차원들 사이의 관계성도 무시되고 있다. 가령 겉으로 표현된 욕구와 잠재된 욕구를 구분하지 못하고 있으며, 다양한 이들 차원 모두가 내재적 동기(intrinsic motivation)의 구성요소가 될지는 의문이다.

다만 이들 연구 결과로부터 최소한 두 가지 차원의 공통된 여가욕구 내용을 추론해 볼 수 있다. 첫째는 일상의 환경으로부터 벗어나고자 하는 일상탈출 욕구(need for escaping from routine life)이며, 둘째는 일상을 벗어나는 것만이 아니라 새로운 어떤 것을 갈구하는 자극추구 욕구(need for seeking something)이다. 이 두 가지 욕구의 메커니즘은 다음 절에서 설명할 것이다.

(2) 여가욕구 구조 모형

여가욕구를 나열하는 것만으로는 여가행동의 동기적 과정을 전부 설명할 수 없다. 구체적으로 욕구의 진행 방향이나 과정을 설명하지 않으면 여가동기의 이해는 불가능하다. 그래서 일부 학자들은 최소한의 기본 욕구를 가정하고 그것의 진행 과정을 이해하는 데 도움이 되는 연구 모형을 제시하였다. 이미 언급된 다양한 구체적인 욕구들은 단지 내재적 동기의 구성 내용이 된다고 가정한다.

① 회피-추구 욕구 구조모형(Iso-Ahola, 1986)

여가심리학자 Iso-Ahola(1986)은 우리가 기본 욕구라고 부르는 다양한 여가욕구들이 두 가지 기본 차원에서 분류된다고 가정한다. 그것은 앞에서 말한 '일상탈출'과 '자극추구'의 의미와 유사한 '회피(escaping)와 추구(seeking)'의 두 차원이었다. 다만 회피(혹은 탈출)와 추구의 욕구를 맥락별로 구체적으로 고려하여 정리하였다는 특징이 있다.

그가 제시한 회피맥락은 두 종류이다. 하나는 노동 장면같은 개인적 환경(personal environment)이고, 다른 하나는 사회적 관계를 의미하는 대인간 맥락(interpersonal environment)이다. 추구맥락 역시 두 종류로 분류되는데 하나는 능력 확장이나 성장의 보상 같은 개인적 보상(personal reward)이고, 다른 하나는 지위와 같은 사회적 관계 차원의 보상(interpersonal reward)을 추구하는 것이다. 여가활동은 이 두 가지 욕구 차원의 결합 함수에 의해 결정된다고 보았으며, 결국 사회적 관계와 개인적 보상은 모두 내재적 동기의 내용이 된다고 가정한 셈이다. 그러나 왜 회피와 추구의 지향점으로 개인적인 것과 사회적인 것 두 가지 맥락만 고려했는지는 분명하지 않다. Iso-Ahola(1986)의 여가욕구 구조 모형은 그림과 같다.

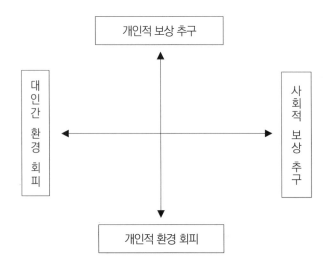

[그림 7-1] Seppo Iso-Ahola(1986)의 여가욕구 모형

② 이중추동 여가욕구 모형(고동우, 2002c)

탈출과 추구라는 두 가지 기본 방향은 여가행동의 본질로서 당연해 보인다. 그리고 그것은 시간의 진행이라는 측면에서 이해할 때 양립 가능한 구조라고 볼 수 있다. 다만 '일상탈출의 욕구가 왜 발생하는가'라는 질문은 여전히 유효하며 이에 대한 대답이 가능할 때, 비로소 탈출의 대안으로서 추구 욕구의 방향이 이해될 수 있다. 이러한 문제를 해결하기 위하여 고동우(2002c)는 이중추동 여가욕구 모형을 제안하였다.

일상탈출의 심리적 맥락 : 일상탈출의 욕구가 생기는 이유를 고려하기 위해서는 일상 환경의 특징을 먼저 이해하여야 한다. 심리적인 측면에서 일상 환경은 두 가지 특징 중 하나를 보여준다. 하나는 권태로움이고 다른 하나는 과도한 긴장(불안, 위기 등)이다. 이 두 가지가 탈출의 근원인 셈이다. 그렇다면 탈출의 방향은 어디인가? 상식적으로 볼 때 일상이 권태로운 수준이라면 그것의 탈출 방향은 적절한 긴장이 있는 상태가 될 것이다. 반대로 일상 환경이 과도한 긴장을 유발하는 상황이라면 탈출 방향은 편안함과 같은 이완 상태로 초점된다. 그러므로 여가행동이 비교적 자유로운 선택을 가정하는 수준에서 정의되는 한, 긴장을 벗어나서 이완 상태로 가려는 심리적 에너지(즉, 추동)의 방향성과 지나친 이완을 탈출하여 적절한 긴장상태로 가려는 추동의 방향성이 모든 여가욕구를 지배한다고 볼 수 있다. 전자를 이완추구 추동이라고 하고, 후자는 최적각성추구 추동이라고 한다.

이 두 가지 추동이 구체적인 맥락에서 작동할 때, 우리는 그것을 여가욕구라고 부를 수 있다. 가령, 긴장을 회피하는 이완추구의 추동은 안정 욕구, 편리함 욕구, 애착 욕구, 소속감의 욕구 등으로 발현될 수 있다. 역으로 권태를 회피하는 최적각성추구 추동은 모험/탐험의 욕구, 성취욕구, 유능감 욕구, 정복 욕구, 권력 욕구 등으로 나타날 수 있다. 결국, 여가 상황에서 내재적 동기의 하위 요소인 모든 욕구들은 이 두 가지 추동의 관계 함수에 의해 결정된다. 모든 내재적 동기의 전제로서 이완과 각성이라는 이중 추동(drives)을 전제하여야만 여가 동기를 이해할 수 있는 것이다. 이를 그림으로 묘사하면 다음과 같다(고동우, 2002).

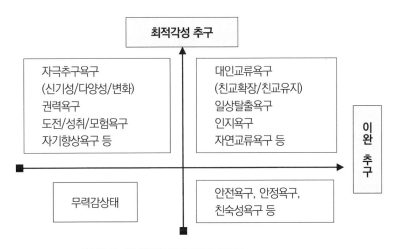

[그림 7-2] 이중추동 여가동기모형(고동우, 2002)

그런데 여가동기의 이중추동 모형은 두 가지 추동이 동시에 작동할 수 있다고 가정한다. 이러한 가정은 언뜻 넌센스처럼 여겨질 수도 있다. 왜냐하면 회피와 추구 혹은 이완과 긴장은 일직선상의 양극처럼 이해될 수 있기 때문이다. 그러나 엄밀히 말하여 긴장 추구는 개인이 허용할 수 있는 수준의 긴장, 즉 최적각성 수준을 말하는 것이며, 이완과 긴장은 그것을 불러일으키는 맥락별로 나눌 수 있다는 점에서 양극의 차원으로 보기는 어렵다. 다시 말해서 이중추동이 작용하는 맥락은 다양하다. 자연환경, 사회환경, 활동의 구조적 측면 등등이 그것인데 이중추동이 양립된 상태의 여가상황 사례를 들어보자. 독자들은 오래된 친구들과 함께 여행을 갈 수 있다. 그런데 남들이 자주 가지 않는 곳을 처음 간다면, 친구들과의 관계 맥락에서는 편안하고 안정된 것을 느끼겠지만 여행지의 공간 환경에 대해선 새로운 자극을 받게 된다. 이런 경우 사회적 맥락에서는 이완추구 추동이 작동하였다고 볼 수 있으나 자연 환경 맥락에서는 최적각성추구 추동이 작동하였다고 볼 수 있다. 이러한 사례는 매우 많다.

(3) 여가동기의 과정중심 이론

여가행동을 동기론적 관점에서 이해할 수 있는 중요한 개념이 바로 내재적 동기(intrinsic motivation)이다. 내재적 동기란 말 그대로 행위경험 그 자체의 즐거움을 추구하는 동기를 말하며, 행위의 결과(보상이나 처벌)를 목표로 하는 외재적 동기(extrinsic motivation) 개념과 구분된다. 내재적 동기가 발생하는 이유는 이미 설명한 두 가지 추동, 즉 이완과 각성 추구의 현재 상태가 구체적인 방향성을 가지는 욕구를 활성화시킬 때 그 욕구의 실현을 추구하는 마음이 생기기 때문이다. 이 때 욕구는 여가활동을 수행하는 동안 즉각적으로 실현될 수 있으며 지각 결과인 즐거움은 곧 활동의 목표가 된다는 점에서 내재적 동기의 목표가 된다. 여가욕구는 활동의 맥락별로 다음과 같이 세 가지로 나눌 수 있다.

① 활동의 구조적 특성으로서 얻고자 하는 욕구: 인지, 유능감, 성취, 긴장, 역동성 등
② 사회적 환경 맥락으로부터 얻고자 하는 욕구: 소속, 안정, 체면, 명예, 사랑 등

③ 물리적 환경 맥락으로부터 얻고자 하는 욕구: 안전욕구, 자연정복, 자연동화 등

여가동기의 환경 맥락을 중심으로 성영신 등(1996a,b)은 5종류의 기본 여가욕구
가 분류된다고 주장하였다. [그림 8-1]에 제시된 것처럼 모든 여가행동의 욕구는 이들
다섯 가지에 포괄된다고 할 수 있다. 이들 중 처음 세 가지는 여가활동의 구조적 특징
이라는 맥락에서 실현 가능한 것이고, 사회교류 욕구는 여가활동의 사회적 환경 맥락
에서, 자연 교류 욕구는 여가활동의 물리적 환경 맥락에서 실현될 수 있다.

ⅰ) 자기결정 욕구(need for self-determination) : 모든 여가활동은 전제가 의미
하는 것처럼, 스스로 결정하고 선택한다는 조건이 필요하다. 스스로 선택하지 않
는다면 그것은 이미 여가 상태가 아니다. 사람들이 여가활동을 원하는 것은 자기
결정의 욕구가 작동하기 때문에 가능하다. 자기결정은 일종의 자발적 선택이므
로 자유라고 할 수 있다. 그러나 냉정히 말하여 절대적 의미의 자유 상태는 존재할
수 없기 때문에 상대적 의미로 받아들여야 한다. 그래서 '지각된 자유(perceived
freedom)'이라고 말한다. 지각된 자유는 크게 소극적인 측면과 적극적인 측면으
로 나눌 수 있다. '소극적 자유'는 단순히 속박이나 강제 혹은 불편으로부터 벗어
나는 것을 의미하는 반면, '적극적 자유'는 무엇인가를 획득하려는 의지가 포함된
말이다. 전자는 이미 설명한 탈출의 욕구이고 후자는 추구의 차원이라고 할 수 있
다. 여가활동을 선택하는 것 자체에 이미 소극적 자유와 적극적 자유의 의지가 개
입될 수 있으나 여가활동을 수행하는 동안에도 수없이 많은 선택의 기로에 놓일
수 있다는 점에서 자유선택 혹은 자기결정 욕구는 여가활동과정을 결정하는 중요
한 역할을 한다. 이완과 각성이라는 차원으로 이해하면 소극적 자유 추구는 이완
추동의 결과라고 할 수 있고, 적극적 자유는 최적각성추구 추동의 결과라고 할 수
있다.

ⅱ) 자기향상 욕구(need for self-enhancement) : 여가행동이 자기결정의 결과라
면 그러한 활동은 대개 자기정체성이나 개념을 확인하거나 향상시키는 방향으로
진행된다. 왜냐하면 인본주의 심리학에서 말하는 것처럼 인간은 누구나 자기성장

의 욕구를 지니고 있기 때문이다. 그래서 여가활동은 자기존중(self-esteem)의 욕구, 유능감 욕구(need for competency), 성취욕구(need for achievement), 인지욕구(need for cognition) 등의 구체적인 욕구들이 작동하는 방향으로 전개된다. 이러한 것들을 통칭하여 자기향상의 욕구(need for self-enhancement)라고 말할 수 있으며 이는 추구의 차원이라고 할 수 있다. 이완과 각성이라는 의미에서, 자기확인 욕구가 이완 추동의 결과라면, 자기 향상은 최적각성 추동의 결과라고 할 수 있다.

iii) 자기표현 욕구(need for self-expression) : 자발적 활동은 자기의 내면이나 외면을 잘 드러낼 수 있는 기회가 된다. 가령, 쇼핑관광은 일종의 물질주의 소유욕을 드러내는 행위일 수 있고, 개인의 가치관이나 성격 등도 자연스럽게 드러난다. 여가활동은 또 개인의 특정한 기술과 외모 혹은 지위를 표현할 수 있는 기회이기도 한다. 좀 유별난 사람들은 과시행동을 통하여 만족을 추구하기도 한다. 스키장에서 스키 기술을 뽐내거나, 해변에서 아름다운 몸매를 드러내기 위하여 야한 비키니를 입는 것이나, 골프채를 명품으로 준비하는 것, 심지어는 주량을 자랑하는 것들도 모두 자기표현의 욕구가 발현된 결과이다. 여가행동은 자발적이고 자연스런 현상이기 때문에 이러한 자기 표현의 욕구가 가장 잘 실현되는 기회가 된다. 물론 여가활동의 구조적 특징이 자기 표현의 기회를 상대적으로 결정할 수도 있다. 이완과 각성이라는 차원으로 볼 때, 자기 표현을 통하여 편안함을 지각한다면 그것은 이완 추동의 결과이고 짜릿함이나 우월감을 느낀다면 그것은 최적각성 추동의 결과이다.

iv) 사회교류 욕구(need for social relatedness) : 인간은 사회적 동물이라는 말이 있다. 사회적 관계망을 벗어난 인간 활동은 거의 존재하지 않는 셈이다. 사회적 욕구가 기본적인 것이라면 특히 여가활동에서 이러한 욕구는 자연스럽게 드러난다. 사회교류의 욕구에도 탈출과 추구라는 두 가지 차원의 메커니즘이 작용한다. 탈출의 차원에서는 고독감을 추구하는 방향으로 전개되며 그래서 이러한 사람들은 긍정적 의미의 고독을 즐긴다. 추구의 차원은 다시 두 가지 종류로 나누어지는데 하나는 기존의 사회관계를 더욱 깊게 만들고자 하는 친밀감 욕구이며, 다른 하나는 관계의 범위를 확장하고자 하는 대인관계 확장의 욕구이다. 그래서 여가 장면에서 볼 수 있는 세부적인 사회적 행동은 세 가지로 분류 가능하다. 어떤 사람들은 혼자서 하는 여가활동을 좋아하고, 어떤 사람은 아는 사람들과 더욱 친해지는 방식으로 여가활동을 수행하며, 다른 이들은 새로운 사람을 만나는 것을 즐긴다. 이완과 각성이라는 차원으로 이해할 때, 고독감이나 친밀감 강화가 이완 추동이라면 사회적 관계의 확대는 최적각성 추동의 결과라고 할 수 있다.

v) 자연교류 욕구(need for nature) : 인간이 태어나는 순간부터 사회적 관계망을 형성하는 것처럼 모든 인간은 자연이라는 물리적 공간과 환경 속에서 나서 성장한다. 그러므로 자연환경은 여가행동의 필수적인 구성 맥락이라고 할 수 있다. 전통적으로 동양철학과 서양철학은 각각 자연교류라는 차원에서 인간의 존재이유를 찾고자 하였다. 동양철학이 자연을 동화의 대상으로 강조한 반면 서양철학은 자연을 극복의 대상으로 간주해온 경향이 있다. 이 두 가지 차원은 사실 현대 문명에서도 공통적으로 발견된다. 다만 개인별로 상대적인 차이가 있을 뿐이다. 여가활동의 방향이라는 측면에서 어떤 사람은 스스로를 자연의 일부로 간주하여 자연에 동화되는 체험을 추구하는 경향이 강하지만, 다른 이들은 자연을 정복하는 느낌에서 여가만족을 추구한다. 밤하늘에 누워 별을 헤아리는 것이 자연동화라면, 스키를 타고 눈밭을 활강하는 것은 자연정복의 느낌이다. 현대인들이 노래방 스크린에 나오는 자연 풍경을 보는 동안 그 속의 일부가 된 느낌을 가진다면 동화의 욕구가 작동하는 것이고, 그 화면을 통제하는 느낌을 가진다면 그것은 정복의 욕구인 셈이다. 현대인이 애완동물에게 애정을 쏟는 것도 따지고 보면 자연교류의 여가경험이다. 동화는 곧 이완 추동이며 통제나 정복감은 최적각성 추동의 결과이다.

이미 언급한 것처럼 자기결정, 자기향상 및 자기표현의 욕구는 여가활동의 구조적 특징으로부터 실현될 수 있는 반면, 사회교류와 자연교류의 욕구는 여가활동의 환경 맥락과 관련이 있다. 물론 예외적으로 사회적 관계라는 것이 여가활동의 본질적 구조인 각종 클럽 활동 같은 경우, 사회적 욕구는 여가활동의 구조적 특징에서 실현된다. 그리고 등산이나 생태관광 같은 여가활동은 자연 그 자체가 여가활동의 본질적인 구조이기 때문에 자연교류 욕구 역시 여가 구조의 특징으로부터 실현될 수도 있다. 그러나 대개의 경우 이 두 가지 욕구는 여가활동의 환경 맥락과 관련이 있다고 할 수 있다. 그래서 내재적 동기의 개념으로 이해하면 각각의 욕구가 실현되는 정도는 초기의 내재적 동기를 결정하는 내재적 보상(intrinsic rewards)으로 작용하는데, 처음 세 가지 욕구는 여가활동을 통하여 구할 수 있는 개인적 보상의 근거가 되고, 나머지 둘은 환경구조로부터 구할 수 있는 맥락적 보상이 된다. 그리고 각각의 욕구는 하나의 여가활동에서 개별적으로 작용하는 것이 아니라 여가 상황마다 연계적으로 작용 가능하다고 본다.

3 지각된 자유감과 내재적 동기의 관계에 대한 두 가지 관점

자기결정의 욕구가 여가 동기의 일부가 된다는 것은 이미 살펴보았다. 문제는 자기결정을 의미하는 지각된 자유감이 내재적 동기의 일부인가 아니면 다른 차원의 문제인가 하는 점이다. 이와 관련하여 여가동기 이론의 대표적인 학자들은 서로 다른 견해를 보이고 있다. 내재적 동기가 합목적적(autotelic)이라는 점에 대해서는 대부분의 학자들이 동의하고 있으며 더불어 이 개념이 여가행동의 본질이라는 점에 대해서도 심리학자들 사이의 이견은 없는 듯 하다(고동우, 2001, 2002; 성영신 등, 1996a, b; Csikszentmihalyi, 1975, 1990; Deci, 1975; Deci & Ryan, 1985, 1991; Iso-Ahola, 1980; Levy, 1978; Neulinger, 1974, 1981a, b). 다만 내재적 동기가 지각된 자유감을 포함하는 개념인지 혹은 지각된 자유감과 독립적인 차원의 개념인지는 논의의 여지가 있다. 이 논의는 〈표 4-1〉에서 'pure work'(즉, 강제로 시작하였으나 내재적으로 동기화된 활동)과 'leisure-job'(즉, 지각된 자유감이 있으나 외재적 동기에 의한 활동)이 현실적으로 존재할 수 있는지의 여부와 관련이 있다. 이 두 가지 유형이 각기 따로 존재할 수 있다면 지각된 자유감과 내재적 동기는 별개의 독립적인 차원의 개념이 될 수 있기 때문이다.

우리 생활을 돌아다보면 leisure-job의 형태를 지닌 경우는 쉽게 발견할 수 있다. 우리가 직업을 선택할 때, '능력 있는 사람'에게 있어서 이러한 선택은 자유선택의 기회가 되지만, 동기는 다분히 외재적이라고 할 수 있다. 왜냐하면 대개 직업은 사회적 지위와 경제적 소득을 목표로 하기 때문이다.

그런데 pure work의 형태를 지니고 있는 활동이 존재하는가의 문제는 다소 어렵다. 어떤 활동을 자의적인 기준이 아니라 외부의 결정에 의해 수행하게 된다면 그러한 선택의 목표는 강제를 따르는 복종이라고 할 수 있다는 점에서 '강제'와 '내재적 동기'는 양립할 수 없는 것처럼 보인다. 그러나 어떤 행동을 강제로 시작하게 되더라도(즉, 부모나 선생의 지시) '기왕 하는 것 재미있게 하자'라고 마음을 먹었다면, 다분히 내재적 동기의 작용이 있다고 할 수 있다. 이런 경우 외재적 동기와 내재적 동기가 공존하는 형태의 활동이 될 수 있다. 운동선수들이 지시에 의한 훈련을 잘 따르는 경우는 대개 이러한 사례에 해당된다. 이러한 논의가 옳다면 Neulinger(1981b)의 여가 패러다임은 타당해 보인다. 즉, 지각된 자유감이 내재적 동기의 전제 조건이 아니라, 두 가지 동기가 독립적일 수 있다고 보는 것이 타당해 보인다.

4. 내재적 동기와 외재적 동기의 관계

내재적 동기와 외재적 동기 사이의 관계에 대해서도 Neulinger의 모델은 전통적인 내재적 동기론자의 관점과 다르다. 그의 모형에서 내재적 동기와 외재적 동기는 자유감이 지각되는 상황에서만이 아니라 '강제 혹은 의무 상황'에서도 양립 가능한 것으로 묘사되었다(1981a:30. 본 교재 〈표 4-1〉 참조). 실제로 현실에서 이루어지는 많은 활동은 내재적 동기와 외재적 동기가 동시에 활성화된 결과일 수 있다. 가령, 고등학교의 '즐거운' 체육시간을 예로 들어보자. 교과목 결정이 교사라는 외부 요인에 의해서 이루어지지만 또한 체력단련이나 성적이라는 외재적 동기가 개입되어 있지만, 학생들은 그 시간을 기다리기도 한다. 그 시간에는 즐거움이라는 체험이 내재적 보상으로 주어지기 때문이다. 이러한 현상을 고려한다면 자기결정이 없는 강제 상황에서도 내재적 동기와 외재적 동기는 양립 가능하며 이 점은 전통적인 내재적 동기론자들이 주장한 "과정당화 가설(overjustification hypothesis)10)"에 부합하지 않는다. Neulinger의 동기모형을 더 간단히 정리하면 [그림 8-3]의 형태로 묘사할 수 있다. 그림에서 보면, 내재적 동기가 활성화되어 이루어지는 활동이나 경험을 '순수 여가'라고 할 수 있고, 반대로 외재적 동기의 활성화에 의존하는 경우는 '순수 일'이라고 할 수 있으며, 두 가지 동기가 동시에 활성화된 경우에는 일인지 여가인지를 구분할 수 없는 경우라고 할 수 있다. 우리의 현실 생활에서는 이러한 경우가 대부분일 것이다. 물론 어떠한 동기도 작용하지 못하는 무감각(apathy)한 상황이 있으며 이런 경우는 마치 학습된 무력감(learned helplessness) 상태라고 할 수 있다(Seligman, 1975).

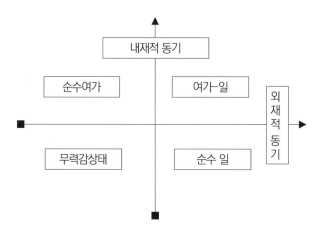

[그림 7-3] 동기 구조에 따른 활동분류 모형

물론 내재적 동기와 외재적 동기가 변하지 않는 것은 아니다. 이미 잘 알려진 것처럼 내재적 동기로 시작한 놀이나 게임에 외재적 보상을 부여하면 '과정당화' 지각이 이

---

10) 내재적 동기로 시작한 어떤 행위에 외재적 보상을 부여하면, 행위자의 동기는 외재적인 것으로 변한다. 그래서 외재적 보상을 제거해 버리면 초기의 내재적 동기도 사라지는 경향이 나타날 수 있으며, 그 이유는 행위자가 자신의 행위 이유를 외재적인 보상 추구에 있다고 정당화할 수 있는 단서가 있기 때문이다.

루어져서 처음의 내재적 동기가 사라진다는 연구 결과들이 많다(참조, Deci & Ryan, 1985). 그러나 반대로 외재적 동기로 시작한 어떤 행동이라 할지라도 내재적 보상을 받으면 내재적 동기가 활성화될 수도 있으며 처음의 외재적 동기를 대체할 수도 있을 것이다. 이러한 사례는 치료나 건강을 위한 운동 장면에서 발견할 수 있다. 가령, 어떤 환자가 의사의 권고를 받아들여(즉, 강제) 등산을 시작한 경우라고 하더라도 등산을 통해 다양한 즐거움을 얻게 되면(즉, 내재적 보상) 그 환자에게 있어서 등산은 더 이상의 일(work)이 아니라 여가의 특성을 지니게 된다. 즉, 이러한 사례가 우리 주변에서 발견된다고 보면, 결국 하나의 활동 과정에서도 pure work과 leisure-job 사이의 변화가 실제로 이루어지고 있다고 보아야 한다. 따라서 내재적 동기로 시작한 활동에 외재적 보상이 주어지면 내재적 동기가 사라지는 현상과 더불어(Deci, 1975; Deci & Ryan, 1985), 그 반대의 경우도 성립할 수 있음을 의미한다. 그러므로 여가가 아닌 것으로 간주되는 일이나 공부를 보다 즐겁게 만드는 것이 가능하다. 결국, 여가의 본질이 지각된 자유감과 내재적 동기의 수준에 있다고 가정할 때, 내재적 동기와 외재적 동기의 공존 및 변화가 가능하다는 점에서 일과 여가를 이분법적으로 구분하기는 어렵다. 여가 현상은 활동 영역으로서 존재하는 것이 아니라 경험의 본질로서 존재하는 것이라고 할 수 있고, 모든 인간 현상은 여가와 일의 연속선상에서 이해되어야 한다. 더욱이 외재적 보상이 내재적 보상의 정보가(value of information) 역할을 하는 경우, 그것은 동기적 시너지 현상을 일으킬 수 있다. 그래서 "작은 외재적 보상은 오히려 재미지각을 쉽게 하도록 도움을 준다".

5 여가체험 과정

여가체험이라 함은 참여자의 마음 속에 자리잡고 있는 여러 가지 욕구, 생각, 습관, 혹은 생리적 과정이 여가활동을 둘러싼 다양한 맥락과 상호작용하여 그 결과로 나타나는 심리적 반응이자 그것에 대한 지각을 의미한다. 이때 여가욕구나 생각(즉, 신념이나 판단)은 개인이 직접 지각할 수도 있고, 지각하지 못할 수도 있다. 개인은 여가활동에 참여하기 전부터 미리 해당되는 여가활동을 통하여 실현하고 싶은 욕구나 기대를 알 수도 있지만, 대개의 경우는 자각하지 못할 수 있다. 전자는 스스로 그것을 표명할 수 있다는 점에서 명시적이라고 하겠다. 반면, 더 많은 종류의 욕구나 기대는 스스로도 지각할 수 없는 무의식 속에 놓여있을 수 있으며, 여가활동의 맥락에 의해 자극받음으로써 여가현장에서 드러나기도 한다. 이러한 여가욕구와 기대는 잠재적이라고 할 수 있다. 어떤 경우이든 여가 체험은 이러한 여가욕구와 기대가 충족된 정도를 뜻하며, 상대적인 수준에서 가늠할 수 있다.

동일한 여가장면이라고 하더라도(즉, 여가맥락이 동일하더라도) 개인마다 여가욕구의 수준이 다르고, 앞에서 보았던 두 가지 추동의 작동 수준이 다르기 때문에 여가체험의 수준은 개인마다 다를 수밖에 없다. 여가체험은 몸과 마음의 구조와 여가현장 맥락의 상호작용 결과에 대한 지각이라는 점에서, 그리고 추동과 욕구의 역동적 변화를 가정하면 여가체험 역시 역동적이고 변화 가능하다. 그래서 여가체험은 측정하기가 매우 어렵다. 마음은 갈대와 같기 때문이다. 기본 여가욕구의 발현에서 형성되는 여가체험 과정을 그림으로 묘사하면 다음과 같다.

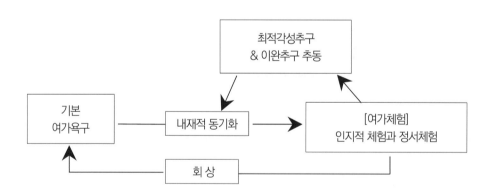

[그림 7-4] 여가동기와 체험의 순환 과정

여가체험은 개인의 지각 수준에서 평가되기 때문에 크게 인지적 체험과 정서적 체험으로 구분할 수 있다. 그렇지만 많은 종류의 체험은 인지와 정서가 혼합되어 나타난다. 우리가 말하는 즐거움, 재미 등은 인지와 정서가 혼합된 상태를 의미하는 경우가 많다. 인지 반응과 정서 반응은 분명하게 구분하기가 어렵기 때문이다. 이러한 즉각적 여가체험은 곧바로 기본추동 상태(즉, 최적각성추구와 이완추구)에 영향을 주며, 이는 다시 잠재욕구의 발현과 충족에 영향을 준다. 또한 즉각적 체험은 회상 단계를 거쳐 기본 여가욕구의 발로에 영향을 미칠 것이다. 회상은 시간이 지난 다음에도 이루어지지만 여가활동을 하는 도중에 즉각적 회상으로 나타날 수도 있을 것이다. 그래서 동기와 체험은 순환관계에 놓이게 된다.

6 여가체험의 종류

여가체험의 종류를 인지적 체험과 정서적 체험으로 구분하여 설명해보자. 다만 인지적 체험과 정서적 체험의 구분은 편의상 분류이다.

(1) 인지적 체험 : 행동 맥락별 분류

인지적 체험은 말 그대로 인지체계의 작동을 표현하는 용어이기 때문에 인지 작용의 방향성을 전제로 하는 것이 타당하다. 그래서 여가활동의 맥락을 구분함으로써 인지적 체험의 종류를 분류할 수 있다. 성영신 등(1996a, b)은 인지적 체험을 활동 지향적 체험, 사회관계 지향적 체험, 그리고 환경 지향적 체험으로 분류하여 이를 설명하였다.

활동 지향적 체험 : 참여자의 심리적 특징과 환경이 유사하다면, 여가경험은 여가활동의 구조적 특징에 의해 결정된다. 가령, 어떤 여가활동은 상당한 수준의 난이도를 요구하기 때문에 참여자가 어려움을 겪을 수도 있다. 이처럼 여가활동의 구조적 특징 때문에 느끼는 다양한 종류의 체험을 여기서는 "활동 지향적 여가체험"이라고 정의한다. 예를 들어, 활동이 요구하는 기술 수준과 관련된 유능감, 목표 달성과 관련된 성취감, 난이도 자체가 욕구를 불러일으킬 때 느끼는 도전감, 여가활동을 통해 자기개념과 자기존중이 나아졌다고 느끼는 자기향상감, 여가활동 구조의 불안 정도를 뜻하는 안정

감, 위험 요소에 대한 지각 수준인 모험감 등이 그것들이다. 이러한 체험들은 여가활동의 종류에 의해서만이 아니라, 동종의 여가활동이라고 하더라도 그 특징 수준에 따라 달라진다. 가령, 축구를 한다고 해도 공의 특징이나 상대편의 수준에 따라, 그리고 공의 구질에 따라 체험 정도는 달라질 수밖에 없다.

사회관계 지향적 체험 : 대개의 여가활동들은 참여자의 수와 유형에 따라 다른 특징을 지닌다. 여가활동은 참여자가 혼자일 수도 있지만, 대개의 경우 다른 사람들이 개입된 경우가 많다. 그래서 참여자는 여가활동의 구조적 특징만이 아니라 주변 사람들과의 상호작용에 의한 심리적 결과를 지각하게 된다. 이것이 바로 "사회관계 지향적 여가체험"이다. 이는 곧 여가활동에 포함된 대인관계 구조로부터 영향받은 심리적 상태라고 할 수 있다. 여기에는 이미 알고 있는 사람과의 애정을 의미하는 친밀감, 새로운 사람을 알아가는 느낌인 우정의 확장, 이미 알고 있는 사람과 교분이 두터워지는 느낌인 유대감, 다른 사람의 시선을 의식함으로써 자신의 사회적 위치를 확인하는 체면, 다른 사람이 자신의 여러 가지 특징을 알아주기를 원할 때 나타나는 과시, 어떤 집단이나 계급에 소속된 느낌을 확인하는 소속감 등이 있다. 가장 독특한 형태는 고독감인데, 이는 다시 긍정적인 고독(solitude: 적극적으로 추구하는 고독)과 부정적인 고독(loneness: 원하지 않게 혼자라는 느낌)으로 나눌 수 있다. 이러한 사회관계 지향적 체험 역시 여가활동의 구조적 특징에 따라 달라질 수도 있지만, 대개는 동일한 여가활동이라고 하더라도 참여자의 특징에 따라 달라진다.

환경 지향적 체험 : 모든 여가활동은 물리적 환경이라는 범위 내에서 이루어진다. 여가활동의 물리적 환경으로부터 영향 받는 심리적 체험을 '환경 지향적 여가 체험'이라고 한다. 물리적 환경이라 함은 인공시설물과 자연환경을 통칭한다. 예를 들어 어떤 사람들은 여가시설로부터 안전함, 편리/불편함을 느낄 수 있다. 그러나 동일한 시설이라고 해도 장애인이나 어린 아이들에겐 불편하거나 위험할 수도 있다는 점에서 시설 환경 자체만이 아니라 참여자의 특징에 따라서도 체험의 종류와 정도는 달라질 수 있다. 그러나 자연 정복이나 자연 동화의 느낌은 자연환경이라는 특징을 고려할 때만 나타난다. 편안/불편, 친숙함이나 신기함 등은 대개의 경우 물리적 인공시설에 대한 심리

적 지각이다. 그러나 이들 체험은 이미 보았던 활동의 구조나 대인관계 등에서 나타날 수 있는 심리적 반응이 되기도 한다는 점에서 다양한 심리적 체험은 맥락을 고려하여야만 그 의미를 정확히 말할 수 있게 된다.

(2) 정서적 체험

정서적 체험 중 가장 빈번하게 회자되는 것이 곧 '재미(fun)'이다. 재미 체험에는 참여자의 정서적 상태가 충분히 포함되어 있다. 그러나 앞에서 말했던 것처럼 인지적 측면이 완전히 배제되는 상태는 아니며, 재미라는 말 속에는 다양한 정서 반응이 복합적으로 포함되었을 뿐이다. 재미는 여가참여자들이 공통적으로 말하는 복합적 정서체험 용어인 셈이다. 짜릿함, 긴장, 흥분, 각성, 이완, 불안, 불쾌, 삼매경(flow), 기쁨, 권태, 불안, 적의, 자만심, 분노, 염증, 슬픔, 동정, 갈망, 황홀, 탐욕, 죄책감, 부끄러움, 두려움 등 다양한 감정을 대신 표현하는 용어이기도 하다.

대개의 경우는 긍정적 정서 체험을 할 때 재미있다고 말하지만, 때때로 공포나 슬픔을 체험할 때 재미있다고 말하기도 한다. 슬픈 영화나 공포 영화를 보는 동안 사람들은 일종의 카타르시스(Catharsis)를 겪는다. 이런 경우도 '비극의 드라마'처럼 종종 재미를 동반하는 경우가 있는데, 즉각적인 부정체험과 후속의 긍정 평가의 관계 혹은 즉각의 긍정체험과 후속의 부정 평가 관계처럼 감정의 비일관성 현상은 일종의 '재미의 패러독스(paradox of fun)'라고 할 수 있겠다.

(3) 내재적 보상으로서 즉각 체험의 역할

여가장면에서 행위자가 느끼는 즉각적인 체험은 초기 흥미에 해당되는 내재적 동기에 대한 내재적 보상의 역할을 한다. 내재적 보상이라 함은 활동 과정 속에서 행위자가 지각하는 심리적 상태로서, 이는 여가활동의 초기 동기인 내재적 동기(대개의 경우 흥미 수준으로 측정된다)를 강화하거나 약화시키는 기능을 하는 것이다. 즉각 체험이 긍정적이면 그 활동에 대한 초기 흥미(즉, 내재적 동기)가 유지/강화되고, 즉각 체험이 부정적이면 초기 내재적 동기는 약해지거나 사라지게 된다. (물론 즉각 체험의 수준에 관계없이 외재적 보상이나 처벌(활동의 결과 수준에 따라 주어지는 것으로서 예를 들어 금전, 칭찬, 처벌 등)이 주어지면 내재적 동기가 감소할 수 있다는 실험 증거들이 많다. 외재적 보상은 외재적 동기를 강화시키지만 내재적 동기는 약화시킨다는 것이다.) 한편 부정적 즉각 체험이라고 알려진 슬픔, 불안, 긴장들도 내재적 보상의 역할을 하는 경우가 있다. 이러한 심리적 반응들이 앞에서 말했던 카타르시스를 수반하는 체험이라면 부정적인 반응이 즉각 체험이 되는 게 아니라 감정이입과 카타르시스가 즉각 체험이 되기 때문이다.

이러한 즉각 체험이 내재적 보상으로서 역할을 한다는 사실은 여가활동의 즉각 체험이 결국 하나의 여가활동에 대한 지속성과 반복가능성을 결정할 수 있다는 것을 말한다. 여가활동의 지속가능성과 반복가능성을 가늠하는 내재적 보상의 역할은 사실 좀 더 복잡한 심리적 메커니즘을 지닌다. 이중통로 여가체험 모형(고동우, 2013, p.281)이 이러한 현상을 잘 설명한다.

⑦ 여가체험의 핵심 : 재미(fun)

언급한 것처럼 여가행동에서 공통적으로 추구하는 것이 재미이다. 재미란 모든 긍정적인 즉각 경험(혹은 부정적 즉각 체험이라고 해도 사후에 긍정적인 것으로 평가되는 체험)을 통칭하는 심리적 상태이다. 이런 재미는 내재적 보상의 역할을 하며, 재미 체험은 초기 내재적 동기에 영향을 미침으로써 해당 여가활동을 반복하고 지속하게 해준다. 즉, 재미 체험은 내재적 동기를 유지 및 강화하는 역할을 하는 것이다.

전통적으로 재미는 모든 즐거움(happiness experience)을 의미하는 것으로 이해된다. 통칭 수준에서 즐거움은 심리적 에너지의 상태에 따라 두 가지로 구분된다 (Csikszentmihalyi, 1990). 하나는 *pleasure(쾌락)*라고 하고 다른 하나는 *enjoyment (유희 또는 희열)*라고 부른다[11]. ① *pleasure(쾌락)*는 심리적 에너지를 소비할 때 개인

---

11) 영어 enjoyment의 번역은 정확하지 않다. 여기서는 '질서를 만들어갈 때의 즐거움' 정도로 정의할 수 있을 것이고, 유희(遊戲) 혹은 희열(喜悅)이 비교적 근접한 의미를 지닌 것으로 판단한다.

이 느끼는 체험이다. 이것은 심리적 엔트로피(entropy: 무질서로서 쓸모없는 에너지)를 유발한다. sex, TV시청, 수다, 술, 약물, 도박 등의 여가활동은 대개 이러한 쾌락을 가져다주지만 심리적으로 유용하게 남는 게 별로 없다. 대개 즉각적이고 순간적인 즐거움으로 나타나지만, 경험이 끝나고 나면 피곤이나 허탈만 가져올 가능성이 있다. 이런 즐거움은 일종의 짜릿한 쾌락(hedonic pleasure)을 수반하는 것인데, Stebbins(1992)의 용어로 말하면 '가벼운 여가(casual leisure)'의 주요 체험에 해당된다. 반면 ② enjoyment(유희)는 심리적 에너지를 축적할 때 느끼는 체험이다. 이런 체험은 단기적/장기적 결과로서 에너지가 축적된다. 이 때 에너지는 일종의 정신적 질서이다. 예를 들어 독서를 하면 정신적으로 혼란스러운 것들이 정리된다(즉, 질서). 대개의 운동은 에너지를 써야 하지만 더 큰 신체적 에너지를 축적시켜준다. 자원봉사나 다른 창의적 활동들도 에너지를 축적하는 여가활동이다. 이런 체험의 뒷부분에서는 피곤함이 아니라 뿌듯함이나 기분 좋은 여운이 남는다.

그러나 대개의 여가활동에서는 쾌락과 유희가 동시가 체험된다. 상대적으로 어떤 즐거움이 더 많은가의 여부가 관건일 뿐이다. 어떤 여가활동은 외형적으로 동일한 모습이지만 구조적으로는 다른 재미를 주는 경우가 있다. 예를 들어 "대화" 형태의 여가활동으로서 "수다"와 "토론"을 고려해보자. 둘 다 참여자들 사이의 대화를 요구하는 여가활동이지만 전자는 허탈함만 남길 가능성이 높고 후자는 지적 질서(intellectual order)를 만들어낼 가능성이 높다. 그래서 수다는 쾌락의 재미를 주지만, 토론은 유희의 즐거움을 가져온다.

유희(enjoyment)의 재미는 대개 쾌락(pleasure)을 동반하는 경향이 있다. 왜냐하면 에너지를 사용하지 않고 새로운 에너지를 만들어낼 수 없기 때문이다. 사용하는 에너지는 일종의 투자인 셈이다. 가령, 운동의 즐거움을 얻기 위해서는 먼저 어느 정도의 에너지를 투자하여야 한다. 그 이후에야 새로운 에너지가 만들어지는 유희를 느낄 수 있다. 그러나 반대의 경우는 타당하지 않다. pleasure는 enjoyment를 반드시 동반하는 것이 아니기 때문이다. 다시 말해 쾌락은 있지만 유희가 따라오지 않는 여가활동은 무수히 많다. 여가활동을 인간의 자연스런 추구 행동으로 이해하면, 쾌락을 얻기는 쉬워도 유희(희열)를 얻기는 어려운 것이다. 유희(희열)는 분명한 의지와 노력이 있어야만 구할 수 있는 재미가 된다.

8 재미 달성 방법

재미 혹은 즐거움은 여가학자들의 가장 오래된 화두이긴 하지만 알려진 바가 거의 없다. 그러나 재미와 관련된 기존 연구들을 정리해 보면, 재미를 추구하거나 달성하는 심리적 메커니즘에 대하여 이론적 방법론으로 최소한 두 가지 다른 접근을 고려할 수 있다. 첫째는 재미체험의 형성 과정과 구조에 초점을 둔 구조 모형이며, 다른 하나는 재미를 추구하는 행동양식의 변화에 초점을 둔 과정 모형이다.

(1) 재미 구조 모형

재미 체험의 구조 모형은 재미 체험을 달성할 수 있는 조건에 초점을 두고 있다. 앞에서 보았던 다양한 여가욕구가 충족될 때 대개는 '재미있다'고 지각하지만 그 충족의 조건에 대해선 사실 제대로 알려진 바가 없다. 다만 최소한 두 가지 이론 체계는 이와 관련하여 중요한 시사점을 준다. 하나는 전통적인 내재적 동기이론이며(Deci & Ryan, 1985, 1991), 다른 하나는 Csikszentmihalyi(1975, 1990)의 flow 이론이다. 한 가지 분명한 전제는 재미를 지각하기 위해선 여가 참여자의 여가 관여 수준(leisure involvement)이 상당히 높아야 한다는 점이다. 여가 관여라 함은 행위자가 특정 여가활동에 상당한 흥미와 관심을 가지고 있고, 그 활동이 자신에게 상당히 중요한 것으로 고려되고 있는 경우를 의미한다. 두 가지 이론에서 말하는 재미지각의 구조를 우선 알아보자.

① 내재적 동기 이론(Deci & Ryan, 1985, 1991)

이미 설명한 것처럼 내재적 동기이론은 개인의 자기결정 욕구, 유능감 욕구(need for self-competency) 그리고 대인관계 욕구를 전제하고 있으며 즉각 체험은 내재적 보상이 된다고 본다. 이 중 재미체험과 직접 관련된 내재적 보상은 곧 유능감이다. 다시 말해서 유능감을 지각하면 행위자는 그 활동 체험이 재미있다고 생각하고 그것은 다시 내재적 동기를 유지하거나 강화하는데 영향을 미친다. 이러한 내재적 동기의 개념은 나중에 자기결정이론(self-determination theory; Ryan & Deci, 2000,

2002)으로 발전하였고, 핵심 논리로 자리잡게 되었다.

문제는 어떤 조건에서 유능감을 지각하느냐 하는 것인데, 내재적 동기론의 관점에서는 자기결정감이 유능감 지각의 선행조건이 된다. 다시 말해 스스로 선택한 조건에서 행위자는 즐거움을 추구하게 되는데 그 중에서도 가장 보편적으로 추구되는 것이 유능감 체험이라는 것이다. 만약 운동을 하거나 모험이나 자연 교류, 혹은 게임 등에서는 이런 체험이 비교적 쉽게 지각된다. 대인관계의 맥락에서도 다른 사람을 통제하거나 지배하는 상황이 있다. 엄밀히 말하면 권력감 역시 대인관계 맥락의 유능감을 지각하는 것이라고 할 수 있다.

이런 유능감을 추구하는 욕구의 발현은 두 가지 추동 중 최적각성 추동을 전제로 하고 있다. 유능감이란 어떤 활동을 통하여 자신의 능력이 유지되거나 향상되는 것을 지각하는 것을 의미하기 때문에, 최적의 도전할 만한 난이도의 과제(optimally challengeable task)에 대처할 때 비로소 그 느낌을 가질 수 있다. 최적의 도전할 만한 과제에 대처할 때 행위자의 각성은 최적 수준에 도달할 수 있으며, 사람은 누구나 최적의 각성 상태에 도달하고자 하는 추동이 전제되어야만 이런 도전을 추구한다는 것이다.

그러므로 재미 체험으로서 유능감 지각의 조건은 '최적의 도전할 만한 과제'를 수행하고 있느냐의 여부에 달려있다. 내재적 동기론의 이러한 논리는 뒤에서 설명하는 flow 이론과도 밀접하게 관련되어 있다. 실제로 Deci와 Ryan은 유능감을 지각할 때 행위자는 flow 상태에 빠지게 된다고 보고 있으며, 여가활동의 과제 난이도(task difficulty)와 개인의 능력(skill/ability) 사이의 조화가 이루어지고(즉, 최적의 도전할 만한 과제 수행) 그것을 달성할 때 유능감을 지각할 수 있다고 본다.

여가활동에서 과제는 매우 다양하다. 스포츠의 형태라면 점수나 승패 및 기록이 과제가 될 수도 있고, 사교 모임 등 인간관계를 포함하는 여가활동이라면 대인관계의 의사소통 기술이나 공감, 설득 등이 모두 유능감의 원천이 될 수 있다. 그래서 과제의 종류도 다양하고 각각의 과제에 맞는 능력과 기술도 다양하기 때문에 유능감의 원천 역시 다양하다. 요약하면, 내재적 동기론에서 말하는 재미 체험의 조건은 여가활동이 최적의 도전할 만한 과제로 구성되어 있는가 하는 점이다.

② flow 이론(Csikszentmihalyi, 1975, 1993)

플로우(flow)라는 용어는 어떤 활동을 수행하는 동안 그 활동에 완전히 몰입되어 있는 마음 상태를 지칭하기 위하여 칙센트미하이가 고안한 용어이다. 엄밀히 말하여 극단적인 몰입 상태를 의미하기 때문에 상대적 개념인 몰입 수준 그 자체는 아니다(즉, 저몰입 상태가 아니라 고몰입 상태). 우리말로는 삼매경 상태라고 말할 수 있다. flow 이론은 앞에서 말한 내재적 동기이론과 일맥상통한다. 즉, 논리의 전제가 다르지 않다는 것이다. 내재적 동기론에서 말하는 것처럼 flow 이론도 자유로운 조건에서 개인은 "최적의 도전할 만한 과제를 선택하는 경향"이 있다고 가정한다. 이는 다시 말해 최적 각성추구 추동을 전제하는 것이다. 차이점이 있다면, 여가활동의 즉각 체험은 인지적 요소인 유능감만이 아니라 다른 특징을 포함하는 재미라고 보는 것이다. 유능감은 단지 재미의 일부일 뿐이다. 내재적 동기이론이 유능감을 핵심적인 차원으로 보았다면 flow 이론은 유능감이 단지 flow 상태의 하위 내용으로 구성될 뿐이라고 보는 것이다.

flow는 '개인의 기술/능력 vs 과제 난이도의 함수'에 의해 결정된다. 그 두 가지 조건이 조화를 이룰 때 개인은 의식의 흐름에 완전 몰입하는 즉, 삼매경(flow)에 빠지는 것이다. 칙센트미하이의 이런 논리는 그의 초기 모형에서 설명되었고, 나중에 일부 모순되는 내용을 수정한 모형을 다시 제시하였다. [그림 7-4]는 그가 1975에 처음 제시한 이론이며, [그림 7-5]는 1993에 수정 제안한 이론이다.

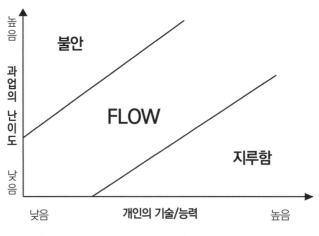

[그림 7-5] Csikszentmihalyi(1975)의 flow 모형

이처럼 초기의 flow 이론은 논리가 간단하다. 인간은 누구나 최적 각성 상태를 추구하는 경향이 있으므로 최적의 도전할 만한 조건 즉, 개인의 기술과 과제난이도가 균형을 이루는 상황에서 개인은 삼매경에 빠진다는 것이다. 그러나 "능력 〈 과제난이도"인 상태, 즉 개인의 능력이나 기술 수준에 비해 과제가 너무 어려우면 "불안"(anxiety) 상태를 유발하고, 반대로 "능력 〉 과제난이도"인 경우에는 "권태"(boredom)를 유발한다.

칙센트미하이는 불안 조건이나 권태 조건이 부정적인 경험 상태를 뜻하기 때문에 사람들은 자연스럽게 이런 상태를 벗어나고자 한다고 보았다. 그래서 과도한 긴장을 의미하는 불안 상태에서는 긴장을 유발하는 조건인 과제난이도 수준을 낮추거나 개인의 능력을 증진시킴으로써 flow 조건에 도달할 수 있다. 또한 권태 조건에서는 과제난이도를 높여서 개인 능력 수준에 균형을 맞춤으로써 flow에 다다를 수 있다. 그러나 이런 논리에서 한 가지 문제가 발견된다. 즉, "능력=난이도"의 조건이라고 하면 언제든지 flow에 들 수 있을까? 하는 질문이 그것인데 이런 지적 때문에 칙센트미하이는 나중에 그의 모형을 수정하였다.

[그림 7-5]에 제시하는 수정모형에서 그는 인간의 경험 상태가 더 다양한 채널로 설명되어야 하는 근거를 제시하였다. 예를 들어 "개인능력=과제난이도"의 조건이라고 해도 둘 다 낮은 경우 즉, 과제가 너무 쉽고 능력도 거의 없는 경우에는 오히려 해당 활동에 대한 관심이 생기지 않는다고 보았다. 이런 경우는 무감각한 상태(apathy)라고 할 수 있다. 이를 포함하여 어떤 활동을 하는 동안 사람이 겪는 심리적 체험은 크게 8가지로 나누어진다고 보았으며, 각각은 개인 능력 3수준(높은, 보통, 낮은)과 과제난이도 3수준(높은, 보통, 낮은)의 함수에 의해 결정된다고 보았다. 그러므로 flow, 불안, 무감각, 지루함 사이에 각각 각성, 걱정, 이완, 통제감을 배치시킴으로써 그의 이론이 보다 체계적으로 수정된 것이다. 이런 모형에서도 과제난이도와 개인의 능력을 조절함으로써, 부정적인 심리적 경험의 채널을 연접한 채널로 전환시킬 수 있는 것이다. 그림에서 보면 채널2는 가장 긍정적인 심리 상태, 즉 삼매경 조건을 의미하며, 채널 4,6,8은 부정적인 심리 상태를, 그리고 채널1,3,5,7은 긍정과 부정의 중간 정도 심리적 상태를 반영한다.

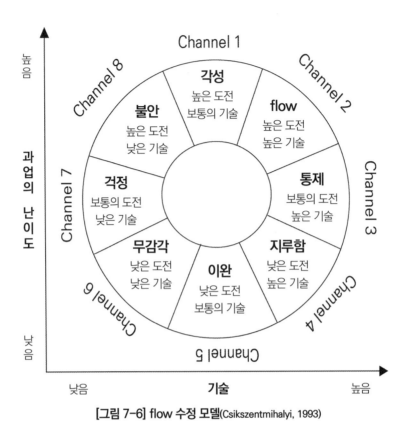

[그림 7-6] flow 수정 모델(Csikszentmihalyi, 1993)

칙센트미하이는 즐거움의 심리적 상태를 구성하는 최소한 8가지 요소가 있다고 설명하였다(Csikszentmihalyi, 1993. pp.48-67). 각각을 간단히 설명하면 다음과 같다. 이 중 4가지는 flow에 이르는 조건이고, 나머지 4개는 flow를 반영하는 심리적 상태이다.

기술을 요구하는 도전적인 활동 : 수행하는 활동이 도전적인 요소를 가지고 있을 때 행위자는 재미를 느낄 수 있다. 도전적인 활동이란 행위자의 기술과 능력을 요구하는 특징이 있다. 이때 기술과 능력은 단순히 신체적인 면만을 의미하는 것이 아니라 인지적, 정서적 능력까지도 포함한다. 과제의 난이도와 개인의 기술/능력의 조화가 있을 때, 이러한 활동을 도전할 만한 과제 수준을 보유하고 있는 활동이라고 할 수 있다. 이에 대해서는 이미 설명하였다.

행위과 자각의 혼입 : 개인 기술과 과제난이도가 완전히 일치하는 조건에서 개인은 수행하는 활동에 자신의 주의를 완전히 집중시킨다. 정보처리를 위해 심리적 에너지를 남겨두는 것이 아니라 모든 에너지를 활동에 관련된 자극에 초점을 두도록 한다. 결과적으로 수행하는 활동은 자연스럽고 자동적으로 진행되고, 개인은 활동과 자기 자신을 별개의 존재로 지각하지 않는다. 활동과 자신을 하나로 느끼는 것이며 행위와 자각이 완전히 합쳐진 상태가 된다. 행위와 대상 지각이 일치하는 경험을 함으로써, 생각하는 대로 움직이는 자신의 신체 움직임과 판단의 결과를 느낄 수 있다.

명확한 목표 : flow 상태에 빠지기 위해선 목표가 추상적이라기보다 구체적이어야 한다. 과제 목표가 구체적으로 명확할 때 그 과제에 몰입하기가 더 쉽다. 목표는 외부에서 주어지는 것일 수도 있으나 대개는 행위자 스스로 정하는 것이다. 가령, 공부하는 재미에 빠진 아이들은 "공부를 더 잘하자"는 목표를 세우기보다 "몇 점"을 목표로 할 때 더 큰 집중을 할 수 있다. 추상화보다 구상화가 이미지를 만들기 쉽고, 더 잘 기억되는 것과 유사하게 추상적 목표보다 구체적인 목표가 더 효과적이다.

즉각적인 피드백 : 명확한 목표는 즉각적인 피드백과도 밀접하게 관련이 있다. 목표가 분명할 때, 행위의 결과는 그 목표와 비교하여 구체적으로 평가된다. 피드백은 곧 행위자가 얼마나 열심히, 잘 수행하였는가를 알려주는 정보의 전달이기 때문에 그런 정보가 가능한 한 즉각적으로 알려진다면 행위자는 자신의 수행 수준을 빨리 지각할 수 있다. 실수와 성공을 빨리 알면 알수록 자신을 평가하는 것도 빨라진다. 적정한 수준의 심리적인 긴장이 유지되는 것이다. 일반적으로, 구체적인 목표는 구체적인 결과를 낳고, 결과가 구체적일수록 피드백도 즉각적으로 이루어질 가능성이 높다. 물론 피드백의 종류는 중요하지 않다. 다만 즉각적 피드백은 상징적으로 목표가 달성되었는지를 알려주는 것이어야 하며, 그러한 지식은 의식의 질서(order in consciousness)를 유발하고 나아가 자기 구조(structure of self)를 강화시키는 역할을 한다(1993:57).

당면 과제에 대한 집중 : 재미는 수행하는 활동에 집중했을 때 나타난다. 집중 노력은 flow를 유도하는 선결 조건이다. 앞에서 말한 행위와 자각의 혼입은 집중의 이상적인 상태이다. 이런 상태에서 개인은 일상의 근심과 걱정을 전혀 자각하지 못한다. 다시 말해 당면 과제에만 집중하는 것이며 그 과제를 벗어난 다른 일상의 문제들은 의식밖에 있다. 당면 과제와 관련 없는 정보를 고려할 만한 마음의 여지는 전혀 남겨져 있지 않게 된다.

통제감(paradox of control) : 즐거운 체험은 행위자로 하여금 통제감을 느끼게 한다. 수행하는 활동과 과제를 지배한다는 느낌을 가지게 되는 것이다. 반대로 활동으로부터 지배받는 느낌을 가지면 결코 재미를 느낄 수 없다. 이런 경우는 오히려 과제에 끌려가는 느낌을 받는다. 통제감을 가지게 되면 실패에 대한 두려움이나 걱정도 사라진다. 그러므로 주의 집중이 더 잘 이루어지는 것이다. 통제감은 자신의 능력을 확신하는 것과도 관련이 깊다. 상황과 과제를 통제할 수 있을 때 개인은 유능감을 지각하게 되고 이것은 다시 초기 동기에 대한 즉각적인 피드백의 역할을 하게 된다.

자의식의 상실 : 앞에서 해당 과제에 대한 완전한 집중 상태를 설명하였다. 행위와 자각이 혼입되고, 당면 과제에 완전 집중할 때 개인이 처한 과제 외의 일들은 의식 속에 전혀 자리잡지 못한다고 했다. 이런 경우 개인의 과거 일이나 미래 상황 혹은 다른 걱정은 비집고 들어올 수 있는 여지가 없다. 다시 말해서 평상시의 자의식(self-consciousness)을 상실하는 현상이 일어나는 것이다. 일시적인 것이긴 하나 해당 과제에 집중하는 동안 자신이 누구인지, 어떤 꿈을 가지고 있는지, 지위와 재산은 어떤지 등과 같은 사실들은 전혀 머릿속에서 발견할 수 없다. 그렇다고 혼수상태처럼 의식의 에너지를 놓아버린 것은 아니다. 일시적으로 한 가지 일에 집중함으로써 나머지 다른 과제들에 대한 자기의 위치를 벗어버리는 것이다.

시간 변형감 : 대개 재미있는 경험을 할 때 우리는 시간이 빨리 지나간 것을 느끼게 된다. 최적의 체험은 적절한 긴장을 동반하고 그러한 긴장은 주의 집중을 수반한다. 앞에서 말한 주변 환경이나 조건을 지각하지 못하고, 객관적인 환경 변화도 왜곡되어 지각된다. 대표적인 것이 시간의 흐름이다. 실제로는 몇 시간이 흘렀지만 집중하고 있는 경우에는 단지 몇 분이 흐른 것으로 지각한다. 이런 현상을 시간 변형감이라고 한다. 반

대로 지루하고 재미없는 경험을 하는 경우는 시간의 흐름을 더디게 지각하는 경향이 있다.

칙센트미하이는 flow를 일종의 최적 체험(optimal experience)으로 규정하였다. 최적 체험이란 행위자의 능력이 최적으로 실현되는 것을 의미하며, 허용할 수 있는 최적의 각성(optimal arousal level)을 동반한다. 앞에서 설명한 최적 체험으로서 flow의 8가지 특징들은 개별적으로 나타나는 것이 아니라 상호 복합적으로 구성되어 있다. 활동의 종류에 따라 일부 요소가 더 잘 나타날 수는 있으나 대개는 동시에 나타날 가능성이 있다는 것이다. 그런데 다른 어떤 조건보다도 최적 체험을 유발하는 가장 중요한 조건은 행위자의 행위 목표가 무엇이냐 하는 것이다. 이미 여가의 정의에서 밝혔던 것처럼 내재적 동기는 최적 체험의 가장 중요한 기준이며 이것을 '자기목적성 혹은 합목적성(autotelicity)'이라고 했다.

[자기목적적 경험과 성격] : 어떤 과제를 외부의 요청이나 명령에 의해 수행하더라도(즉, 여가 조건이 아님) 그 과제를 수행함으로써 즉각적인 과제 체험을 긍정적으로 지각하게 되면, 그것은 즉각적인 내재적 보상으로 작용하게 되며, 내재적 보상은 다시 행위자의 내재적 동기를 유지, 강화한다. 행위 수행의 경험 자체가 행위 목표가 되는 조건을 자기 목적적이라고 하며, 이런 조건에서 최적의 체험을 느끼게 된다.

대개 동일한 활동을 수행하더라도 어떤 사람은 최적 체험을 느끼지만 다른 사람은 그것을 느끼지 못하는 경우가 있다. 이미 설명하였던 자기결정이나, 개인의 기술과 과제 난이도의 조화도 중요하지만, 이런 것보다 더 중요한 결정요인은 바로 개인의 성격이다. 어떤 사람들은 어떤 상황에서도 그것을 즐기는 경향이 있는 반면 다른 사람들은 아무리 조건이 좋아도 그것을 부담스러워한다. 동일하게 외재적 동기에 의해 과제를 수행하더라도 어떤 사람은 내재적 보상을 추구하려는 경향을 보이고 다른 사람들은 여전히 외재적 동기에 의해 과제를 수행한다. 어떤 상황에서도 행위 자체를 즐길 수 있는 능력으로서 이런 특질을 칙센트미하이는 자기목적적 성격(autotelic personality)이라고 지칭하였다. 자기목적적 성격이 강할수록 내재적 동기 성향이 강하고, 나아가 스스로를 flow로 끌고 갈 가능성이 높다.

(2) 재미의 추구 모형 : 단계 이론적 접근

재미의 구조에 대한 접근이 최적 체험의 조건과 구성 요소에 대한 것이라면, 또 다른 접근 방식인 단계 이론적 접근은 재미의 본질보다는 재미를 추구하는 과정에 초점을 둔다. 이러한 접근은 재미 그 자체가 무엇인가 하는 것보다 재미를 추구하는 행동양식의 변화 혹은 도구적 가치의 변화에 관심을 둔다. 다시 말해, 최적 체험, 즐거움, 유능감, 흥분, 내재적 보상 등 재미를 지칭하는 심리적 체험은 당연한 것으로 간주되며 궁극적인 목표가치(terminal value)의 의미를 지닌다. 궁극적 가치에 해당되는 재미 체험을 위하여 행위자가 무엇을 어떻게 추구하느냐 하는 것은 곧 수단적 혹은 도구적 가치(instrumental value)이다(Rokeach, 1979). 그러므로 재미를 추구하는 행동은 '수단가치-목표가치(means-ends value chain)'로 이해된다. 여가 장면에서 목표가치가 재미 체험이라면, 수단가치는 행동 양식이 된다. 행동양식의 변화가 목표가치 즉 재미 체험과 어떻게 연계되느냐에 따라 이론이 달라질 수 있다. 이와 관련하여 여기서는 두 가지 이론을 소개한다. 첫째는 위계적 가치지도 모형이고, 다른 하나는 재미진화모형이다.

① 위계적 가치지도 모형(Hierarchical value map model)

위계적 가치지도 모형은 사실 여가행동을 설명하기 위하여 도입된 이론이 아니었다. flow 이론이 여가경험만이 아니라 일상의 모든 경험을 설명하기 위한 틀인 것처럼 위계적 가치이론도 가치(value) 개념에 근거하여 인간의 사회적 행동을 설명하기 위하여 도입되었다. 이 이론은 사회심리학자 Rokeach(1979)의 가치 이론에 뿌리를 두고 있으며 일반 소비자 행동을 설명하기 위하여 Reynolds와 Gutman(1989)이 제안하였다.

수단-목표 가치의 메커니즘에 대한 논리는 간단하다. 사람들은 어떤 상품이나 서비스를 선택할 때, 바람직한 결과를 가져오는 속성을 지닌 상품을 선택하지만 바람직하지 않은 결과를 유발하는 속성의 대상은 회피하려고 한다. 개별 속성이 유발하는 결과들의 바람직성 혹은 중요성은 단순히 개별 결과들에 대한 개인의 가치(관)에 따라 달라질 것이다. 따라서 소비 현장의 사람들은 자신의 궁극적인 가치(즉, 행복, 즐거움, 흥분 등등)를 달성하는 데 도움이 되는 결과(예를 들어, 편리함, 도전, 긴장, 대인관계 등)를 유발하는 속성을 지닌 상품이나 서비스를 수단적으로 선택함으로써 궁극적인 가치를 충족, 실현하고자 한다.

어떤 심리적 상태가 궁극적인 목표 가치인지 아니면 단지 수단적 과정의 가치인지를 파악하기 위해서는 행위자에게 단지 "왜 그런 행위를 하는지?"를 물어보면 된다. 혹은 "어떻게 하면 궁극적인 가치를 달성할 수 있는지?"를 물어보면 역으로 도구적 가치를 확인할 수 있다. 다시 말하여 상황마다 다르게 나타나는 수단-목표 가치의 구조를 이해하기 위하여 "어떤 서비스나 상품의 속성들이 왜, 그리고 어떻게 중요한지?"를 파악하여야 한다.

수단-목표 가치의 관계는 일종의 위계적 구조이다. 다시 말해서 최종적으로 실현하고자 하는 궁극적 가치는 최종 단계의 체험 혹은 심리적 판단이며, 수단 가치는 하위의 구조이다. 문제는 수단 가치가 한 가지가 아니며 이들은 다시 위계적으로 구조를 맺는다. 그래서 여가 경험의 궁극적인 가치가 '재미'라면, 재미를 달성하는 데 수단이 되는 하위 단계의 가치가 존재하고 그 가치 밑에 또 다른 수단적 가치가 자리잡게 된다. 복수 단계의 가치구조가 재미를 달성하는 데 관련되는 것이다. 이러한 구조는 일종의 사다리 형태를 띠고 있어서 소비 장면의 종류에 따라 다르게 묘사된다. 이런 사다리 형태의 가치구조 모형을 '위계적 가치지도(Hierarchical Value Map)'라고 한다(Reynolds & Gutman, 1989).

위계적 가치지도 모형은 순수한 여가행동 이론이 아니지만, 이론에 근거하여 여가/관광 장면의 'Hierarchical value map'을 제시한 이들이 있다(Klenosky, Gengler, & Mulvey, 1993). 연구자들은 스키장을 방문한 참여자를 대상으로 심층면접을 통해 자료를 수집, 분석한 다음 재미를 궁극적인 가치로 하는 위계가치지도를 제시하였다.

이해를 돕기 위하여 재미를 궁극적인 가치로 하는 간단한 위계 구조를 묘사하면 [그림 8-5]와 같다. 스키 활동에서 재미/흥분은 그 자체로 궁극적인 목표가 될 것이다. 스키 활동에서 재미보다 더 상위의 목표가 없다는 뜻이며 앞에서 말한 내재적 보상의 완전한 형태가 된다. 그러나 그러한 재미를 달성하기 위해서는 다양성, 도전감 같은 체험이 요구된다. 이런 것들은 재미의 도구적 가치가 된다. 그리고 경제적 여유, 근접성 등은 다시 다양성의 하위 도구적 가치가 되며, 난이도는 도전감을 불러오는 하위의 도구적 가치가 된다. 이런 식으로 묘사하면 최하위 단계의 가치도 찾아낼 수 있다. 하위 단계의 가치들은 결국 행위자의 행동 양식으로 나타날 것이다. 그리고 행동양식의 위계 구조는 여가활동의 종류와 개인마다 달라질 수 있다.

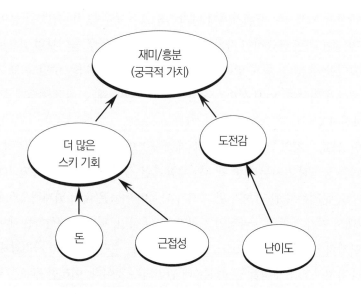

[그림 7-6] 재미 추구의 위계 구조-스키 사례

② 재미진화모형(Fun-Evolving Model : 고동우, 2002)

위계가치지도에서 보는 것처럼 여가행동에서 사람들은 누구나 재미를 추구하지만 그것을 추구하는 구체적인 행동양식은 다양할 수 있다. 다양한 행동양식이 일정한 체계를 가지고 변화한다면 위계가치지도의 설명보다 훨씬 유용하게 여가행동을 이해할 수 있을 것이다. 사실 일반 소비자 행동 연구에서도 소비자의 행동양식에 대한 고찰이 있었으며, 예를 들어 Kluckhohn & Strodtbeck(1961)은 구매행동을 '되는 것(being)', '되어 가는 것(being-becoming)', 그리고 '하는 것(doing)'으로 구분하기도 하였다. 소비자의 구매행동은 '되기'의 가치와 '하기'의 가치 사이의 범위 내에서 이루어진다고 보는 것이다. 그런데 구매 행동은 결국 무엇인가를 소유하는 가지기(having)의 가치를 의미한다. 따라서 소비자 행동은 최소한 가지기, 되기, 하기의 가치를 모두 포함하며 이들 수단 가치를 통하여 소비자는 만족과 같은 궁극적 가치를 추구할 것이다.

이러한 논리를 관광을 포함한 여가 현장에 적용한 고동우(2002b)는 소비자 가치구조와 행동양식을 설명할 수 있는 새로운 개념적 모형을 제안하였다. 특히 관람형 여가의 경우, 보는 것(seeing)은 거의 공통적인 행동이라고 가정하고, 보는 행위야말로 여가행동의 시작 단계에서 나타나는 양식이라고 보았다. 그래서 이미 진술한 세 가지 행동 양식(가지기, 하기, 되기)과 더불어 '보기'의 행동양식 역시 여가 장면에서 재미체험의 수단 가치로 이해하는 것이 타당하다고 제안하였다. 그런데 보기의 행동양식만이 아니라 다른 감각적 행위들 역시 대부분의 여행 경험에서 가장 기초적인 수준으로 나타난다. 예컨대, 향, 맛, 소리, 촉감, 분위기 등은 기본 감각의 경험들인데 많은 여가행동은 감각적 수준의 체험으로만 이루어지기도 한다. 더 깊이 있는 의미부여 즉, 고차적 수준의 정교화 지각과정이 요구되지 수준의 즐거움을 추구하는 여가행위도 자주발견된다. 그러므로 '보기'는 오감을 대표한다는 의미에서 감각적 행동양식이라고 할수 있겠다.

고동우(2002b)는 축구팬의 사례를 들어 한 개인이 어떻게 재미(즉, 궁극적 가치)를 추구하는지를 네 가지 행동양식의 변화로 설명하였다. [그림 7-8]은 재미진화모형인데, 구체적인 행동양식(수단가치)의 변화과정은 시간의 변화와 지각하는 내재적 보상의 함수에 의해 결정되며, 결국은 그 여가활동에 대한 몰입(commitment) 혹은 자아관여(ego-involvement)의 수준 강화를 수반한다고 보았다.

몰입이 재미진화단계를 가늠하는 준거가 될 수 이유는 이 개념이 어떤 대상에 대한 자아의 강한 태도가 결부될 때 나타나는 자아관여(ego-involvement)의 의미를 지니기 때문이다(Sherif & Cantril, 1947). 이 개념의 창시자인 Sherif & Cantril(1947)은 참조집단과 같이 중요한 대상에 대하여 태도를 형성했을 때 개인은 자아관여를 갖기 쉽다고 보았다. 이러한 자아관여는 후대의 연구들에 의해 세 가지로 분류되는데 첫째가 몰입이고, 둘째는 이슈(issue) 관여, 셋째는 반응(response) 관여이다(Taylor, Peplau, & Sears, 1994). 이 중 몰입은 대상에 대한 관여를 의미하고 있으며, 몰입 수준이 변화할 수 있는 근거는 대개 4가지로 분류된다(Chaiken & Stanger, 1987; Eagly & Chaiken, 1993). 첫째는 개인이 어떤 태도에 근거하여 어떤 행동을 수행하는 경우 몰입은 증가한다. 예를 들어, 새 차를 막 구입한 사람은 그 자동차가 과거의 차보다 더 좋다는 신념에 더 몰입하게 된다. 둘째, 자신의 태도 혹은 입장을 공식적으로 표명하는 행동을 동반할 때 몰입은 강해진다. 즉 어떤 대상에 대한 자신의 태도 표명은 결국 그 대상에 대한 몰입을 강하게 한다. 셋째, 어떤 태도를 취하는 것이 전적으로 자유의지에 의해 결정된다면 그렇지 않은 경우에 비해 몰입은 더 강해진다. 넷째, 태도 대상에 대한 직접 경험의 기회는 간접 경험에 비해 몰입을 강화시킨다. 예를 들어 어떤 상품에 직접 노출된 후 태도를 형성하면 노출이 안 된 경우에 비해 나중에 설득당할 가능성이 줄어든다(Wu & Shaffer, 1987).

결국 여가활동에 대한 몰입은 그 활동에 대해 긍정적 태도를 지니는 경우, 자발적 의사를 반영한 태도를 형성한 경우, 직접적인 태도 표명 및 직접 참여하는 활동 등에 의해 강해질 수 있는 변화가능성을 지니고 있다. 따라서 재미추구 행동양식이 자발적 의사결정이라는 여가 장면을 전제로 하고 있고, 상위단계로 갈수록 긍정적 태도 표명 및 직접 참여를 반영한다는 점에서 어떤 활동에 대한 몰입 수준은 재미진화단계를 가늠하는 준거가 될 수 있다. 그림은 몰입 수준을 준거로 하는 4가지 행동 양식이 단계를 이루며 변화하는 과정을 묘사하고 있다.

[그림 7-8] 재미진화모형(고동우, 2002b)

각 단계의 행동양식과 변화 과정을 간단히 설명하면 다음과 같다.

보기(seeing) : 사실 모든 여가행동에서 사람들은 가장 먼저 감각적 수준의 즐거움을 겪는다. 대표적으로 "보는 것"을 통해 재미를 느낀다. 이때 몰입 수준은 그리 크다고 볼 수 없다. 그러나 시간이 지날수록, 또 대상(활동이나 장면)이 가져다주는 재미가 지속될수록 몰입수준도 함께 증가한다. 보는 재미는 매스미디어의 발달로 인해 간접적으로 이루어질 수도 있다. 그래서 보기는 크게 간접보기와 직접보기로 구분된다.

가지기(having) : 보는 것만으로 재미를 지속하기는 어려우며, 정상적인 경우 일정기간이 지나면 그 활동의 구성요소를 소유하고 싶어 한다. 그 활동이 운동 경기라면, 운동복, 경기 장비, 유니폼 등을 구입하며, 스타의 사인을 받으려고 하고, 나아가 자기 팀이나 자기 선수(우상)를 "가지게" 된다. 이 시기는 보통 수집의 시기라고 할 수 있고, 수집가들은 대개 그 활동에 대한 지식도 소유하게 됨으로써 거의 전문적인 해설가가 된다. 친구들끼리 그 활동에 대하여 아는 것을 풀어놓는 행동도 발견된다. 가지기 단계에서는 경기장 관람같은 직접보기 행동도 증가할 것이다. 이 시기에 해당 활동에 대한 몰입수준은 보는 단계의 그것에 비해 클 것이다.

하기(doing) : 가지기의 재미는 다시 발전하여 그 활동과 직접 관련된 참여 행동으로 나타난다. '하기'의 양식은 두 가지로 구분된다. 가장 먼저 나타나는 행동이 모방이다. 자기 스타의 행동양식을 따라 하는 것이다. 예컨대 동네에서 이뤄지는 축구나 야구, 농구 혹은 노래부르기는 이러한 가지기 가치의 실현 과정이라고 할 수 있다. 우리는 어린 시절 '홍수환'이 되기도 했고 '타잔'이 되기도 했다. 또한 '이순신 장군'은 물론이고 심지어 '수퍼맨'이 되기도 하였다. 이러한 모방하기가 동일시의 심리적 과정과 연관된다는 사실은 자명하다.

두 번째의 하기는 바로 개인적인 수준의 팬덤(fandom)이다. 팬으로서 우상을 지원하고 사랑하는 행동이 나타나며 심한 경우 개인은 팬으로서 우상의 일부가 된다. 즉, 종속의 관계가 설정되는 것이다. 이쯤 되면 우상의 일거수일투족을 관찰하고 감시하는 것만이 아니라 그(녀)를 위해 금전적, 심리적 지원을 아끼지 않는 과잉 행동이 나타난다. 이것은 이제 삶의 일부가 된다. 이 과정이 강한 심리적 몰입과 격동하는 재미 상태를 반영하는 것은 자명하다. 이러한 종속과정은 마치 사랑에 빠진 모습과 유사하다.

되기(being) : 동일시 과정이 발전하면 보다 성숙한 형태의 재미추구 양식이 나타난다. 하기의 동일시 과정은 사실 자아와 우상을 구분하지 못하는 정신적인 미분화 상태를 의미한다. 대개의 팬은 동일시의 재미를 얻는 수준에 머무르지만 보다 합리적인 사람들은 자신의 동일시를 다른 사람과 공유하고 싶어 한다. 자신의 감정을 다른 사람과 공유함으로써 자기 행동에 대한 합리화 근거를 찾을 수 있고 따라서 정당화할 수 있고 나아가 공유감정의 시너지(synergy)를 만들어낼 수 있다. 이 단계에서 나타나는 현상이 바로 비공식적 집단행동이다.

동일시 단계에서는 개인 팬으로서 존재했으나 이 단계에서는 집단 팬으로 존재한다. 공식적인 팬클럽을 형성하여 클럽의 구성원이 되면, 응원하기나 지원하기는 배가된다. 조직적으로 움직일 수 있고, 공유경험이 커지기 때문에 자기 행동에 대한 명분을 얻을 수 있다. 동일시 단계에서 스타는 우상이었으나 팬클럽의 멤버가 되면 스타는 더 이상 우상이 아니다. 우상과 팬의 관계는 이제 동등한 상호의존적 수준으로 인식된다. 그래서 스타의 행동을 무조건 따라하는 것이 아니라 그들의 욕구에 맞추어 팬클럽의 희망을 요구할 수도 있다. 선수나 연예인 같은 스타도 이 팬클럽을 무시할 수 없게 된다. 팬클럽의 구성원은 이제 완전한 정체감을 가지게 된다. 이것이 정체성의 즐거움이며 곧 '되기'의 재미이다. 멤버되기의 재미를 얻기 위해선 개인의 노력도 필요하다. 동료들과 조직을 구성하여 공식적인 집단 행동을 하기 위해선 나름대로의 규칙과 행동양식을 통일하여야 하고, 대상 활동에 대한 전문적인 지식을 갖추어야 하고, 감정과 지식을 공유하고 양보할 수 있는 자세가 요구된다. 성숙한 동료 의식과 충분한 여유시간도 필요하며, 이런 것이 부족하면 멤버십을 유지하기가 어렵다. 그래서 되기의 재미를 구할 수 있는 사람은 그리 많지 않을 것이다.

여가 장면에서 재미추구 행동이 언제나 최종 단계까지 도달하는 것은 아니다. 가령 보기 수준이나 가지기의 수준에서 정체되거나 혹은 그 대상에 대한 재미추구 행동을 멈출 수도 있다. 낮은 단계에서 상위 단계로 넘어가는 과정은 개인이 지닌 지각 능력 및 성격 그리고 자극에 대한 개인의 역치 수준이 결정할 것이다. 하나의 여가활동에서 재미추구 행동을 진화시키지 못하고 어느 한 단계에 머물러 있는 경우에는 여가중독 현상이 나타날 수도 있고, 더 이상 재미를 느끼지 못하면 그 여가활동을 그만 둘 수도 있다.

고동우(2004)는 재미진화모형을 적용한 여가 연구 사례를 소개하였다. 프로야구와 프로축구의 잠재적 관람자인 대학생을 대상으로 전혀 관심이 없는 집단, 보기 양식 집단, 가지기 양식 집단, 하기 양식집단, 그리고 되기 양식 집단으로 구분한 다음 각 집단별 여가 몰입 수준을 비교한 결과 상위 단계로 갈수록 강도가 강해지는 현상을 발견하였다. 그러나 두 가지 이상의 행동 양식이 동시에 나타날 수도 있고 하위 단계의 양식이 반드시 단계를 거치지 않을 수도 있다고 지적하면서 초기의 재미진화모형을 개선하고 있다. 다시 말해서 보기 단계가 반드시 가지기 단계를 거치는 것이 아니라 하기나되기 단계로 직접 진화할 수도 있다고 보며, 중간 단계에서는 여러 행동 양식이 동시에보일 수도 있다고 지적한다. 이에 대한 그의 진술을 다시 정리해 보자.

한편, 재미진화모형은 여가참여자의 경력과 연관이 있다. 즉, 제10장에서 설명하였지만, 고동우(2019)는 재미진화모형과 여행경력지수의 관계를 확인하였고, 여행경력이 깊어질수록 상위 단계의 행동양식이 더 강해진다는 점을 검증하였다. 조사대상자의 여행양식을 재미진화모형이 가정하는 것처럼, 단계에 따라 '저관여 집단 – 보기중심 집단 – 가지기중심 집단 – 하기중심 집단 – 되기중심 집단'으로 배열하여 비교한결과, 여행경력 지수들의 상대적 점수는 상위 행동양식 단계에서 더 높게 나타났다. 이러한 결과는 재미진화모형이 말하는 것처럼 경력의 누적에 따라 행동양식의 패턴이달라진다는 논리를 지지한다.

9 여가체험과 결과에 미치는 다른 요인

재미와 즐거움을 여가체험의 핵심이라고 하더라도 그것을 지각하는 것은 개인마다그리고 상황마다 다를 수 있다. 최소한 두 가지 측면에서 여가체험과 과정 및 결과는 달라진다. 첫째는 행위자 자신의 개인적인 특성 때문이고, 두 번째는 여가 장면의 총체적 환경 맥락 때문이다. 개인 특성이라 함은 개인의 인구통계적 특징, 성격, 동기, 가치관, 태도 등을 의미한다. 여가환경이란 사회 문화, 제도 및 정책, 기반 시설 등 물리적/문화적 환경 등을 포함한다. 이들 변수가 여가행동과정에 미치는 영향은 뒤에서 구체적으로 다룰 것이다.

연·구·문·제

1 기본적인 여가욕구들을 설명하고 공통적인 요소를 정리하여 제시하시오.

2 여가동기의 과정을 강조하는 이론은 어떤 것이 있는가?

3 내재적 동기화 과정에 대해 설명하시오.

4 여가동기의 과정 측면에서 이중 추동은 무엇이고 어떻게 작동하는가?

5 여가행동의 내재적 동기화 과정에 작동하는 기본적인 여가욕구들은 어떤 것이 있는지 설명하시오.

6 여가동기와 체험의 순환 관계를 논의하시오.

7 여가체험의 종류를 인지적 차원과 정서적 차원으로 구분하여 설명하시오.

8 재미란 무엇인지 논의하시오.

9 여가활동에서 부정적인 즉각 체험이 재미로 지각되는 상황을 고려하여 "재미"의 심리적 특징을 설명하시오.

10 여가체험을 중심체험과 주변체험으로 구분하고, 예를 들어 각자의 체험을 설명하시오.

11 내재적 동기 이론과 flow 이론을 비교하여 여가체험을 설명하시오.

12 flow 이론에서 말하는 flow의 조건과 특징을 설명하시오.

13 어떤 여가활동 상황을 고려하여 각자의 재미추구에 대한 위계적 목표지도를 그려 보시오.

13 재미진화모형을 적용하여 어떤 여행지에 대한 각자의 재미추구단계를 설명하시오.

제8장 ▮ 여가경험의 결과와 생애 발달

어떤 여가활동에 참여하는 경험은 단기적으로 크고 작은 결과를 남긴다. 이러한 결과들은 또한 누적되어 장기적으로 개인의 신체적/정신적 상태를 결정한다. 여가활동의 단기적 결과는 좋은 것일 수도 있고 나쁜 것일 수도 있다. 예를 들어 하나의 여가활동 경험은 시원함과 같은 긍정적인 것일 수 있고, 피곤함과 같은 부정적인 심리상태를 유도할 수도 있다. 하나의 활동은 상반되는 두 가지 결과를 동시에 가져올 수도 있다. 심리적 재충전의 느낌과 신체적 피곤 등을 동시에 지각하는 게 대표적이다. 그러나 우리가 좋은 여가활동이라고 부르는 경험의 장기적 결과는 대부분 심리적, 신체적 에너지의 구축을 가져온다. 지적, 신체적, 정서적, 사회적 능력 배양이 그것이다. 장기적으로는 삶의 질 향상을 가져올 것이다. 여가활동의 장기적 결과는 개인의 신체적, 정신적 건강과 행복감 발달에 기여하기 때문이다. 이 장에서는 특히 여가경험의 단기적 결과에 초점을 두어 설명하며, 장기적 결과인 삶의 질 향상 효과는 간단히 정리할 것이다. 여가활동의 장·단기적 결과를 정리하면 아래 그림과 같다.

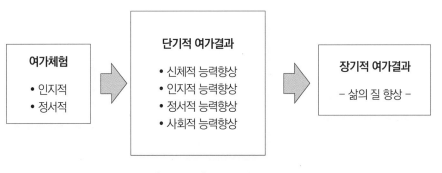

[그림 8-1] 여가경험의 결과

1 여가경험의 심리적 기능

여가활동의 단기적 결과는 신체적 능력, 인지적 능력, 정서적 능력 및 사회적 능력의 함양 등으로 그 영역을 나눌 수 있다(성영신 등, 1996a; Russell,1996). 이 네 가지 개인적 역량이 장기적으로 누적되었을 때 궁극적으로 삶의 질이 향상된다고 본다. 구체적인 여가경험의 결과 중 신체적 기능 향상은 제4부에서 다룰 전통적인 여가치료의 핵심 주제로서 일관된 연구 결과가 많을 뿐만 아니라 너무 당연한 주제이기 때문에 여기서 논의는 제외한다. 본 장의 초점은 심리적 차원에서 여가경험의 결과가 무엇인가를 탐구하는 것이며 이를 정서적, 인지적, 사회적 능력의 결과로 나누어 살펴볼 것이다.

(1) 여가활동과 정서적 효과

여가활동이 정서적 효과를 지닌다는 말은 두 가지 의미가 있다. 즉, 정서적 능력이란 정서를 안정시키고 통제할 수 있는 차원과 타인이나 사물의 정서를 이해하고 공감할 수 있는 능력을 말한다. 전자를 '정서대처 능력'이라고 한다면, 후자는 '정서이해 능력'이라고 할 수 있다. 기존 연구들은 보면, 여가의 단기적 기능을 다루면서 후자보다는 전자에 초점을 두어 왔고, 후자에 대해선 상식적인 수준의 이해에 머무르고 있다. 왜냐하면 후자의 개념은 다분히 능력 확장이라는 점에서 장기적인 결과로 이해할 수 있기 때문이다. 장기적 결과 절에서 정서능력 함양의 내용을 다룰 것이며, 이 절에서는 정서대처 능력에 초점을 두어 설명한다. 일상생활에서 개인의 정서적 측면이라 함은 불안, 무력감, 우울, 따분함, 신경증, 죄의식, 적의, 강박감 등을 의미하는 정서적 반응의 차원과 정서적 능력 고양을 의미한다. 정서적 반응 즉 정서적 측면의 심리적 결과로서 스트레스와 여가의 관계를 먼저 다루고 뒷부분에서 정서능력의 고양 효과를 설명할 것이다.

많은 학자들은 여가활동 경험이 일상 스트레스 반응을 조절하는 완충 역할을 한다고 주장하여왔다. 전통적으로 심리학의 연구 주제였던 스트레스에 대해선 이미 Lazarus(1999) 등 통찰력 있는 학자들에 의해 그것의 원인과 기제 및 대처 방법 등이 충분히 논의되어 왔다. 대개의 경우 일 장면의 스트레스와 직무 효과 및 삶의 질의 관계가 주요 초점이었다고 할 수 있다. 다만 여가경험의 정서적 효과, 특히 스트레스 감소 기제에 대해선 1980년대부터 논의되기 시작하여 1990년대 이후 최근 각광을 받는 주제가 되고 있다.

일상의 여가경험과 정서적 상태의 관계를 고려하였던 McCormick, Funderburk, Lee, 및 Hale-Fought(2005)의 연구 결과는 흥미로운 사실을 알려준다. 이들은 정서 장애를 앓고 있는 소수의 사람들을 대상으로 일상생활의 경험이 '개인 기술 vs 과제난이도(도전)'의 차원에서 어떤 구조적 특징을 지니는지를 파악함으로써 불안(anxiety)과 따분함(boredom)의 정도를 예언할 수 있는가를 탐색하였다. 연구 결과, 평소 불안을 느끼는 이들의 75%가 평상시 겪는 사건은 과제의 난이도(즉, 도전력)가 개인의 기술보다 더 높다는 사실을 확인하였다. 다시 말해 일상의 불안은 지나치게 어려운 과제들로 이루어진 일상경험에 의해 유발되었을 가능성을 보여준 것이다. 그러나 연구자들은 이완 경험자를 예언하는 데는 실패하였다. 즉, 평소 따분함을 지각한다고 해서 일상생활의 경험 사건들의 난이도가 개인적 기술/능력보다 더 낮다는 증거는 발견되지 않았다.

단기적인 여가경험으로 여가체험의 정서적 효과는 불안, 따분함, 우울 등을 포함하는 스트레스 반응의 차원에서 고려하여야 하며, 작용원리 면에서 최소한 4가지 경로를 고려하여야 한다. 첫째, 여가활동 과정에서 이루어지는 자기결정 경험의 정도, 둘째, 여가활동 과정의 사회적 지지 경험의 정도, 셋째, 스트레스에 대한 인지적 대처 기제가 그것이다. 다만 마지막 경로인 인지적 대처 전략으로서 여가경험의 기능은 다시 회피기회(palliative experience) 기제와 정서고양(pleasure experience)의 전이 기제로 나누어진다. 그래서 여가체험의 정서적 효과 기제는 네 가지로 정리된다. 이들 네 가지 기제를 간단히 정리하면 다음과 같다.

① 자기결정 경험을 통한 스트레스 완충

여가활동의 자기결정 경험이 정서적 안정 혹은 스트레스 조절에 미치는 효과는 이론적으로나 경험적으로 분명해 보인다. Coleman(1993)의 연구 결과는 매우 의미있는 시사점을 보여주는데, 자기결정 경험의 양을 기준으로 이를 두 집단으로 나눈 다음,

스트레스 사건의 빈도가 증가함에 따라 발병률이 어떻게 달라지는지를 확인하였다. 분석 결과 스트레스 사건 빈도가 낮은 경우에는 어느 집단이든 발병률이 낮았으나, 스트레스 사건 빈도가 증가하더라도 자기결정감이 높은 집단에서는 발병율의 추이 변화가 없었다. 자기결정감 지각 수준이 낮은 집단에서는 발병률이 급격히 증가하고 있음을 확인하였다. 이러한 결과는 최소한 자기결정감 지각이 스트레스를 완충시켜주는 역할을 한다는 것을 반증하는 것이며 순수 여행의 체험에서도 자기결정감 지각이 중요한 효과를 유도하는 메커니즘이 될 수 있음을 의미한다.

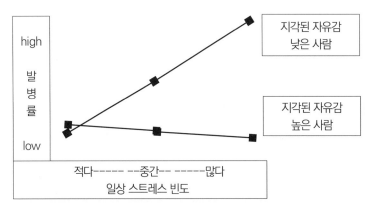

[그림 8-2] 스트레스와 발병률 및 지각된 자유감(Coleman, 1993)

사실 자기결정 경험은 아이들의 놀이 경험에서도 주요하게 나타난다. Barnett (1984)이 관찰하여 보고한 결과를 보면, 아이들은 정서적 스트레스의 원천(source)이 존재하는 경우, 이에 대해 적극적으로 대처하기 위하여 환상놀이(fantasy play)를 활용한다는 것이다. 예를 들어 아이들은 자기에게 스트레스를 주는 원천인 교사, 아버지, 형, 이웃집 개 등의 역할을 수행하는 놀이를 통해 자기결정의 경험을 하고 있을지도 모른다.

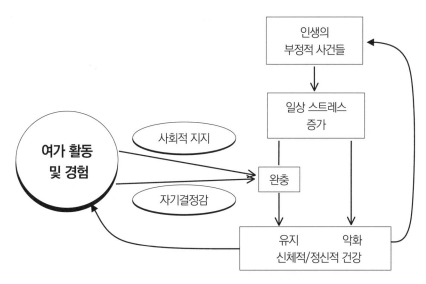

[그림 8-3] 여가활동의 스트레스 관리 효과 모형(Coleman & Iso-Ahola, 1993)

② 사회적 지지 경험을 통한 스트레스 완충

　Coleman과 Iso-Ahola(1993)은 부정적인 사건이 일상 스트레스를 증가시키지만 여가활동의 경험은 이를 완충시켜줌으로써 신체적/정신적 건강이 유지될 수 있다는 완충/대처모델을 제안하였다. 이때 완충 역할을 해주는 심리적 기제는 앞에서 말한 여가활동의 자기결정 경험과 사회적 지지 경험이다. 다시 말해서 여가활동의 구조가 자기결정 및 사회적 지지의 기회를 많이 가지고 있을수록 이러한 여가경험을 수행하는 이들은 일상의 스트레스를 더 잘 조절할 수 있다는 논리가 성립된다. 이러한 이론이 아직 정확히 검증되지는 않았지만 일부 연구자들은 자기결정과 사회적 지지 경험의 스트레스 완충효과에 대한 연구 결과를 제시하고 있다(예를 들어, Caltabiano, 1995; Coleman, 1993). 사회적 지지 경험이 일상의 스트레스를 줄여준다는 연구 결과는 심리학자들의 연구에서도 반복적으로 나타나고 있다. 결국 자기결정 경험과 더불어 사회적 지지 경험은 여가경험 결과의 중요한 메커니즘이라고 볼 수 있다.

③ 인지적 대처 전략으로서 여가(leisure coping strategies)

　스트레스와 여가경험의 관계 분야에서 가장 앞선 연구자는 아마도 Iwasaki와

Mannell 인 것 같다. 이들은 스트레스에 대처하는 여가경험의 기능을 3수준의 위계적 차원으로 구분한 가설적 모형을 제시하기도 하였다(Iwasaki & Mannell, 2000). 특히 이들의 이론적 모형은 Coleman과 Iso-Ahola(1993)의 여가 완충효과 모델에 근거하여 확장된 것이며, 따라서 대처 기능의 개념으로서 전술한 자기결정감과 사회적 지지 경험을 강조한다. 가장 일반적인 수준(most general level)의 차원에서 고려되는 두 가지 경험의 기능은 각각 "대처신념으로서 여가(leisure coping beliefs)"와 "스트레스 대처전략으로서 여가(leisure coping strategies)"이다. 전자는 여가활동의 직접적 효과라기보다 '여가경험이 스트레스를 줄이는데 도움을 줄 것이라고 믿는 신념 그 자체'를 말한다. 이런 신념이 강할 경우, 여가경험의 실제적 효과와 관계없이 스트레스를 풀기 위해 여가활동에 참여할 수 있다. 엄밀히 말하면 이러한 대처신념으로서 여가의 기능은 여가경험의 진정한 효과라고 말할 수 없다. 단지 심리학에서 말하는 가짜약 효과(placebo effect)에 불과할 수도 있다.

반면 후자는 구체적인 여가경험이 실제적으로 스트레스 반응을 줄이거나 완충하는 기능적 메커니즘을 강조한다. 대처전략으로서 여가 기능은 여가경험 속에 포함된 인지적 방략을 통해 정서적 효과를 가진다는 논리로 구성된다. 대처전략은 두 가지 하위 방식으로 요약된다. 각각 "여가의 회피 기제(leisure palliative coping)"와 "여가의 기분 고양 기제(leisure mood enhancement)"가 그것이다(Iwasaki와 Mannell, 2000). 이를 구체적으로 설명하면 다음과 같다.

회피 경험으로서(palliative experience) 일상탈출의 기제 : 여가의 회피 기제란 여가활동 참여가 일종의 일상탈출의 기회가 된다는 점에서 일상의 불안과 따분함을 벗어나게 해준다는 전통적인 소박한 생각과 관련이 있다. 실제로 여가경험을 하는 동안 일상의 여러 문제를 잠시 잊어버릴 수 있는 여가경험은 불안한 정서가 단절되는 효과를 지닐 수 있다는 점에서 충분히 가능한 논리가 된다.

정서 고양의 전이 기제 : 한편 기분 고양의 기제는 여가활동을 하는 동안 겪는 실제 체험의 종류와 수준에 의해 결정되는 정서적 결과의 전이를 가정한다(Hull, 1991; Stebbins, 1992). 예컨대 즐거움, 재미, 쾌락, 기쁨 등과 같은 긍정적인 여가체험은 일상의 분위기로 전이될 수 있으며, 이를 통해 사기증진(morale enhancement)의 효과를 기대할 수도 있다(Csikszentmihalyi, 1990; Fine, 1989; Larsen, Diener, & Cropanzano, 1987; Mannell & Kleiber, 1997; Wankel & Berger, 1991). 이 것은 일종의 분위기 전이 효과(spillover effect of leisure mood) 라고 말할 수 있다. 이러한 기제들은 여행의 구조적 특성과도 밀접히 관련될 것이다.

(2) 여가경험의 인지적 효과

여가경험의 기능을 다루는 데 있어서 가장 오래된 주제가 바로 인지발달이다. 예컨대 아동심리학 분야의 선구자로 유명한 Piaget는 아이들의 놀이 행동 관찰을 통하여 인지발달이론을 제안하였다. 사실 여가경험이 개인의 인지적 능력을 함양한다는 가설은 여가경험의 심리적 구조를 이해하면 쉽게 상상할 수 있다. 심리학적 관점에서 여가는 자기결정과 내재적 동기에 의해 규정되는 바(고동우, 2002; 성영신 등, 1996a,b; Csikszentmihalyi, 1990; Mannell & Kleiber, 1997; Neulinger, 1974, 1981), 내재적 동기의 목표 즉 내재적 보상(intrinsic rewards)의 종류를 알면 이해할 수 있다. 내재적 동기이론가인 Deci & Ryan(1985, 1991)은 내재적 보상으로서 가장 중요한 요인을 유능감(self-competency)라고 보았으며, 인간은 누구나 유능감의 욕구를 가지고 있어서 여가활동과 같이 자발적 선택의 경험에서 그 욕구는 가장 잘 실현될 수 있다고 주장하였다. 실제 많은 경험적 연구 결과(empirical data)들이 소개되었다. 유능감은 대개 인지적 능력을 의미하기도 하지만 그것의 지각은 이미 Csikszentmihalyi의 flow 이론에서 말하는 것처럼 과제의 난이도와 개인의 능력/기술의 함수에 의해 결정되기 때문이다. 다시 말해서 자연스런 상태에서 사람들은 개인의 기술/능력 수준에 맞는 최적의 도전할만한 과제 수준을 선택하려는 경향이 있고, 과제를 수행하는 동안 개인의 기술과 능력이 완전히 발휘되는 조건에서 유능감을 지각할 뿐 아니라 flow 상태에 빠지게 되며, 이러한 체험은 곧 초기의 내재적 동기에 대한 내재적 보상이 된다는 논리가 내재적 동기 이론의 핵심이다(제7장 참조). 이러한 내재적 동기와 유능감의 지각은 가장 자발적인 경험 과정 즉, 여가활동 동안에 나타날 가능성이 크다.

그러므로 관광 등 여가활동 동안 인지적 능력의 지각을 포함한 유능감 체험은 곧 앞에서 말했던 전이가설의 기제에 따라 일상생활의 인지적 능력 함양으로 이어질 수 있는 것이다. 가령, 지능, 이해력, 추리력, 공간지각 능력, 창의력, 지식 등은 모두 심리학자들에 의해서 인지적 능력의 요소로 간주된다. 예컨대, Russell(1996)은 아이들의 놀이 경험이 최소한 두 가지 사고방식, 수렴적 사고(convergent thinking)와 확산적 사고(divergent thinking) 방식을 개선함으로써 문제해결능력을 증진하고, 이로부터 창의성, 지각능력, 독해능력 등이 향상된다는 연구 결과들을 고찰하고 있다(pp.114-136).

결국, 자발성을 전제로 하는 여가경험의 다양한 특성들은 이미 놀이의 특성을 지니고 있다는 점에서 다양한 종류의 인지적 능력에 긍정적으로 영향을 미칠 것이라고 추론할 수 있다. 그런데 유능감이나 통제감 및 자기결정감 등은 다양하고 구체적인 인지능력의 결과이며 곧 자기정체성을 구성하는 중요한 요소들이기 때문에 여가경험은 곧 자기정체성(self-identity)의 확립과 증진에도 도움을 준다(Csikszentmihalyi, 1975, 1990; Csikszentmihalyi & Kleiber, 1991; Deci & Ryan, 1991; Mannell & Kleiber, 1997; Stebbins, 1992; Tinsley & Tinsley, 1986). 예를 들어 Dattilo, Dattilo, Samdahl & Kleiber(1994)는 222명의 흑인여성미국인을 대상으로 여가활동경향과 자기존중감(self-esteem: 자기 정체성의 하위요소로 간주됨) 사이에 유의한 정적 관계가 있는 분석 결과를 제시하였다. 여가활동의 유능감 체험이 곧 생활의 통제감 증진만이 아니라 자기존중감의 증진을 수반한다는 연구 결과도 있다(Shary & Iso-Ahola, 1989).

그러나 자기정체성이란 곧 개인의 다양한 생활 영역에 대한 지각의 결과인 자기개념(self-concept)에 근거하는 것이며, 다양한 삶의 영역의 경험이 누적된 결과로 나타난다. 이런 점에서 자기정체성에 대한 여가경험의 기능적 효과를 논하기 위해서는, 하위 개념으로서 여가정체성(leisure identity)의 확립이 전제되어야 한다. 많은 여가심리학자들은 여가정체성 개념과 구조에 대하여 연구하여 왔다(Haggard & Williams, 1992; Iso-Ahola, Graefe & La Verde, 1989; Kleiber & Kirshnit, 1991; Shamir, 1992). 예를 들어, Winefield, Tiggemann, Winefield & Goldney(1993)는 호주의 직장인을 대상으로 여가활동과 그 결과의 관계에 대한 종단 연구(longitudinal study)를 수행하면서 도전적인 여가활동, 사회적 여가활동 및 취미 활동을 많이 할수록 더 높은 자기존중감을 가진다는 결과를 제시하였다.

여가정체성이 어떻게 자기개념 혹은 정체성에 유용하게 작용하는지에 대하여 Shamir(1992)는 세 가지 통로를 제안하였다. 첫째, 다양한 여가정체성은 개인의 능력과 역량을 표현하고 확장하는데 도움을 주며, 둘째 여가정체성은 사회적 위치(지위나 계급 등)를 확인하는데 도움을 주며, 마지막으로 그것은 개인의 가치관과 흥미를 확인시켜준다.

요약하면, 여가경험의 다양한 측면들은 개인의 이해력, 창의력, 문제해결능력, 유능감 및 통제감, 지각 능력 등의 인지능력 지각과 자기정체성 확인에 의미있는 수준에서 긍정적인 영향을 미칠 것이다.

(3) 여가경험과 사회적 능력

전통적으로 여가는 '기본적인 대인관계를 표현하고 관계기술의 발달을 위한 핵심적인 사회적 공간'으로 이해된다(Kelly, 1993, p.6). 여가경험을 통하여 사회화 능력이 증진된다는 가정이다. 사실 여가개념의 기준이 되는 내재적 동기이론에 따르면, 내재적 보상으로 추구되는 기본 욕구는 상기한 유능감 외에 사회교류감이 있다(성영신 등, 1996a; Deci & Ryan, 1991). 사회교류 욕구의 실현은 사회적 지지 경험만이 아니라 사회적 지위의 확인이나 대인간 공감능력의 확장 등을 포함한다. 궁극적으로 사회화 능력의 확장인 셈이다. 따라서 여가의 기능에 대해 주목했던 학자들은 참여자의 사회적 능력 향상을 중요한 여가 결과로 인식하고 있다(성영신 등, 1996a; Driver et al., 1991; Mannell & Kleiber, 1997; Russell, 1996). 이 때 사회적 능력 향상이라 함은 여가활동의 경험을 통한 사회적 역할에 대한 이해, 대인관계기술의 습득 및 발휘 기회를 얻는 것을 의미하는 사회화 과정을 뜻한다(Iso-Ahola, 1980). 여가활동을 통하여 사회적 역할을 배우고, 자신의 사회적 정체성을 확인할 뿐 아니라 사회적 기술을 습득한다는 것이다(Iso-Ahola, 1980; Driver et al., 1991; Mannell & Kleiber, 1997).

전통적으로 사회적 능력증진이라는 차원에서 다루어진 여가활동의 기능에 대한 연구는 많은 편이다. 여가활동 경험의 사회적 기능에 대한 심리적 기제를 정리할 필요가 있는데, 최소한 두 가지 메커니즘을 고려할 수 있다. 첫째는 전통적인 여가학자들이 가정했던 것인데, 여가경험을 구성하는 다양한 사회적 경험 자체가 다양한 사회적 기술이나 능력 확인으로 이루어진다는 점에서, 그러한 경험은 일종의 전이학습(spillover learning)이며 따라서 여가활동 이후에 학습의 결과로 누적될 수 있다는 가정이다. 이러한 학습가설은 앞서 보았던 인지 능력의 전이와 일맥상통하는 논리이다. 둘째는 여가 참여자들 사이의 경험 공유를 통한 유대감의 확보이며, 일종의 공통분모를 가지게 됨으로써 여가활동이후에도 친밀감이 증대되는 '**감정공유 효과**'라고 할 수 있다.

① 사회적 학습의 전이 기제

학습 전이 기제에 대해선 이미 많은 증거와 주장들이 쌓여 있다. 예컨대 국내에서 여가 참여자의 심리적 체험을 질적 연구방법으로 분석하였던 성영신 등(1996b)은 여가활동을 하는 동안 겪게 되는 사회적 체험이 '친교범위 확장'과 '친밀감 깊이 심화'라는 두 가지 방향에서 발견된다고 주장하였다. 여가경험이 "확장과 깊이"라는 최소한 두 가지 방향에서 사회적 교류감을 유발한다고 보는 것인데, 첫째는 사회적 관계의 확장이며 다른 하나는 사회적 교류의 심화이다. 이러한 메커니즘을 통하여 개인은 자신의 사회적 지위와 가치관을 확인·확장할 수 있을 뿐 아니라 대인관계의 기술(공감능력, 이해력 등을 포함한)을 습득하게 된다. 이러한 논리는 Iso-Ahola(1980)나 Mannell과 Kleiber(1997) 등 여가심리학자들이 여가사회화 개념으로 이해한 것과 일맥상통한다. 다시 말해서 여가활동을 하는 동안 다양한 대인관계 기술 및 사회적 정체성(social identity)에 대한 이해 경험이 많을수록 곧 바로 일상생활에서의 사회적 기술 및 능력이 증진된다는 주장이다. 우리는 이러한 현상을 통칭해서 여가 사회화의 한 범주로 본다[12].

---

12) Iso-Ahola(1980)에 의하면 여가 사회화란 두 가지 차원으로 구분된다. 하나는 여가활동을 통하여 사회적 여가활동에 참여할 수 있는 능력을 습득하는 것이며(socialization into leisure), 다른 하나는 여가활동을 통한 일반 사회에 적응할 수 있는 능력과 기술을 습득하는 것이다(socialization through leisure). 여기서 사회화란 후자의 의미이다.

② 감정공유의 효과

감정공유 효과에 대해선 Orthner & Mancini(1991)의 연구 결과가 시사점을 준다. 그들은 문헌고찰을 통하여, 가족 여가경험이 가족의 유대감을 강화하는데 긍정적인 영향을 준다는 결론을 얻을 수 있었다. 물론 이러한 관점에 반대되는 연구 결과들도 있다. 예컨대 가족 여가활동은 가족 구성원의 갈등을 유발할 수도 있고, 여가활동에 대한 강제성을 느끼게 만들 수도 있다는 것이다(Orthner, 1985; Shaw, 1992). 그러나 가족 여가활동의 긍정적 효과로서 가정의 안정감(family stability), 가족성원간 상호작용(family interaction), 가족 만족(family satisfaction) 등은 가장 중요한 유대감의 세 가지 차원으로 인정받고 있다(Orthner & Mancini, 1991, p.290). 가족여가의 결과에 대한 논리는 일반적인 여가활동의 사회적 특성 경험이 대인관계에 미치는 기능과 다르지 않다. 다시 말해서 여가활동 경험은 친구 사이의 우정을 포함한 전반적인 대인관계를 증진시킨다는 연구 결과는 매우 많다. 우정(Lyons, Sullivan, & Ritvo, 1995), 연인(Baxter & Dindia, 1990), 부부(Reissman, Aron, & Bergen, 1993) 등은 전통적으로 많은 주목을 받아왔던 여가경험의 결과들이다.

요약하면, 다양한 여가경험은 감정공유와 경험학습이라는 두 가지 메커니즘을 통하여 개인으로 하여금 원활한 대인관계를 유지하거나 강화시키는 역할을 한다고 볼 수 있으며, 유대감, 대인관계 기술(이해 및 공감), 사회적 정체감을 증진시킨다고 추론할 수 있다. 그러므로 특히 다양한 여가체험이 복합적으로 구성되는 특징의 여가활동(가령, 여행)은 사회적 능력을 함양하는 데 그 효과가 클 것이다.

2   여가경험의 장기적 결과 : 삶의 질 향상

여가경험은 단기적으로 신체적, 정서적, 인지적, 사회적 능력을 함양하는 데 도움을 준다. 등반, 수영, 축구, 헬스, 요가 등 운동 형태의 여가활동이 신체 건강을 유지하고 증진하는 데 도움이 된다는 사실을 부인하기는 어렵다. 단기적으로 정서반응 대처능력의 함양만이 아니라 장기적으로 정서 이해력의 증진을 가져온다. 정서 이해력 향상이란 여가경험을 통하여 정서적 공감능력(empathy)을 획득함으로써 장기적으로 예술 작품과 같은 대상을 정서적으로 이해할 수 있는 능력을 의미한다. 가령, 어린 시절부터 예술 활동을 한다면 이들은 자라면서 해당 예술 분야의 작품을 더 잘 이해할 것이며, 자신의 정서를 더 잘 표현할 것이다. 이러한 정서능력은 반드시 예술 작품에만 국한되는 게 아니다. 대인관계에서도 정서공감 능력은 매우 중요하여 커뮤니케이션에서 가장 중요한 요소라고 할 수 있다. 이러한 정서 이해력은 인지능력과도 밀접히 관련이 있다. 정서적 자극에 대한 인지적 처리 능력이라고 할 수도 있기 때문에 반드시 정서능력으로만 한정하여 규정할 필요는 없다.

사실 여가경험의 인지적 능력향상 효과는 자신을 둘러싼 세상을 이해하는 인식 체계(schema와 schemata)의 변화를 전제로 한다. 정보처리과정을 수반하는 모든 여가활동은 인식체계의 활용을 필요로 한다. 독서, 토론, 감상, 게임 등 거의 모든 여가활동은 개인의 인식체계를 활용하지 않고는 경험되지 않는다. Piaget에 의하면, 인식 체계는 동화(accommodation)와 조절(assimilation)의 변증법적 과정으로 발전한다. 다시 말해서, 인지의 확장과 확인 과정이 반복적으로 이루어지면서 발달하는 것이다. 동기론적으로 말하면 확장은 최적각성 수준을 동반하고, 확인 경험은 친숙성(이완각성 수준) 체험을 동반한다. 이러한 여가경험은 각각 정서적으로 재미와 편안함을 수반하는 것이다. 이러한 경험을 많이 하는 사람이 정서적으로도 더 행복할 것이라는 점은 부인하기 어렵다. 이러한 경험의 누적은 말할 것도 없이 전반적인 인지능력의 향상을 가져올 것이다. 실제로 창의성은 놀이 경험과 매우 밀접한 관련이 있다고 알려져 있다.

사회적 능력의 차원에서도 삶의 질 향상을 논의할 수 있다. 여가활동을 통하여 사회적 역할과 기술 습득의 기회를 가질 수 있다. 사회적 공감 능력이 만들어지면, 가족유대감, 우정, 부부관계가 장/단기적으로 좋아질 것이다. 여가활동을 수행하는 동안 사회화를 경험하게 되면, 사회 내 자신의 역할을 분명히 인식할 수 있을 뿐 아니라 거기에 맞는 행동을 수행하는 법을 배울 수 있게 된다.

신체적, 인지적, 정서적, 사회적 능력의 함양은 곧 자기 정체성의 발달과도 관련이 있다. 스스로를 능력과 여유가 있고 건강한 사람으로 지각하게 하며, 잠재력을 실현할 수 있도록 도와준다. 이미 설명한 여가정체성이 곧 자기정체성의 하위 차원이기 때문이다. 또한 여가는 자발적인 선택의 경험이기 때문에 잠재된 여러 가지 욕구를 실현하고 충족하는 기회가 되며, 따라서 행복감을 얻을 수 있는 기회가 된다.

여가활동은 시간계획의 측면에서도 매우 중요한 기능을 한다. 소위 천직(天職)의 개념에서 나온 백수이론(*Keeping Idle Hands Busy theory*)은 가장 오래된 여가 이론 중 하나로서, 생산적으로 바쁘게 살아가는 게 인생에 도움이 된다고 주장한다. 종종 청소년 비행은 자유시간이 너무 많은 데서 기인하고, 여가계획을 하지 않음으로써 무료함을 이겨내지 못하고 사회적으로 용인되지 않는 여가활동에 빠지게 된다고 주장한다 (Iso-Ahola & Crowley, 1991). 게으른 사람은 더 쓸 데 없는 일로 바쁘게 되며, 게으른 것은 그래서 영혼의 적으로 간주된다. 백수가 더 바쁜 것이다. 그래서 여가활동을 계획하는 것은 오히려 시간을 계획하게 만들어주고 생활 자체를 더 생산적으로 구조화시켜준다는 것이다.

여가활동의 장기적 결과로서 삶의 질 향상에 대한 다른 연구들은 삶의 질이나 웰빙에 대한 응답자의 지각수준을 고려하여 여가의 기능을 설명한다. 일반적으로 여행만족도가 클수록 직무만족도도 증가하는 연구 결과도 있고(Loundsbury & Hoopes, 1986), 여가활동 유형에 따라 실업자의 정신건강 수준이 다르다는 보고도 있다. Kilpatrick & Trew(1985)에 의하면 실업자들이 어떤 여가활동을 주로 하느냐에 따라 정신건강이 다르다고 한다. 대부분의 시간을 TV 시청과 같은 수동적인 여가활동을 하거나 아무것도 하지 않는 사람들은 가장 빈약한 심리적 웰빙 수준을 보이고, 가장 능동적으로 옥외여가활동을 하며 시간을 보내는 사람들이 정신건강도 가장 높다는 것이다. 사회교류와 같은 사회적 여가활동 집단과 실내형 여가활동 집단은 그 중간에 위치하였다.

Finnicum & Zeiger(1996)는 관광과 웰빙 사이에 자연스럽게 정적 관계가 형성된다고 주장하면서 그 관계의 틀을 5가지로 나누어 설명하였다. 첫째는 신체적 차원 (physical dimension)으로서 관광 활동은 다양한 여가경험들로 이루어진다는 점에서 신체적 기능을 증진시킴으로써 웰빙에 공헌한다. 둘째는 지적 능력의 개발 차원 (intellectual dimension)이고, 셋째 사회적 관계 차원(social dimension), 넷째 정신적 차원(spiritual dimension), 그리고 다섯째는 환경적 차원(environmental dimension)으로서 자연교류 경험의 증진을 의미한다. 관광을 통한 이러한 다섯 차원의 진전은 앞서 보았던 여가경험의 기능과 크게 다르지 않다. 다만 표현하는 용어와 포괄성이 다를 뿐이다. 지적 능력은 인지적 차원이며, 정신적 차원은 정체성의 문제, 사회적 차원은 대인관계 능력과 기술 등을 의미하기 때문이다.

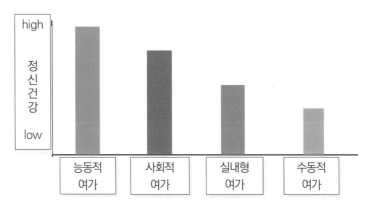

[그림 8-4] 실업자의 여가활동 유형에 따른 정신건강(Kilpatrick & Trew, 1985)

한편 David와 Junaida(2002, 2004)는 일련의 연구를 통해 휴가경험 집단과 휴가 미경험 집단의 웰빙 지각 수준을 비교한 결과를 보여주었는데 휴가경험 집단의 웰빙 지각수준이 월등히 높다는 사실을 확인하였다. 심지어 휴가를 기대하는 것만으로도 주관적 웰빙 수준은 높아지고 있었으며, 궁극적으로 관광 같은 휴가는 삶의 만족에 긍정적인 영향을 미친다는 결론을 제시하였다. 국내에서도 최근 들어 삶의 질과 관광의 관계에 대한 연구들이 제시되고 있다. 이정순(2005)과 김채옥(2007)은 학위논문을 통하여 관광/여가만족과 웰빙의 관계에 대한 이론적 모형을 제안하면서 관광만족이 궁극적으로 삶의 질 향상에 도움을 준다는 연구 결과를 제시하였다. 이러한 연구들은 관광 경험이 어떤 방식으로든 개인의 삶에 긍정적인 영향을 미친다는 결론을 내리고 있다.

3 여가경험과 생애 발달

인간은 태어나는 순간부터 변화의 여정에 놓이게 된다. 이것이 곧 발달(development)이다. 발달은 신체적인 성숙과 변화만을 의미하는 것이 아니다. 교육학자나 심리학자들은 인지능력이나 성격의 변화에 오히려 더 많은 관심을 보여왔고, 발달과정이나 단계의 특징만이 아니라 어떤 경험, 어떤 환경이 발달에 영향을 미치는지를 탐구하여 왔다. 여가활동은 그 중에서도 가장 중요한 영향 요인으로 간주된다. 인간의 다양한 기능적 영역들이 어떻게, 그리고 왜 그렇게 발달하는지를 알 수 있다면 각 발달 시기나 단계에 맞는 여가프로그램을 제공할 수도 있을 것이다. 여가와 인간의 발달과 생애는 밀접한 연관이 있기 때문이다.

(1) 개인 발달 과정과 여가행동

인간 발달의 영역은 크게 4가지로 구분할 수 있으며 각 영역별로 적절한 여가활동의 종류를 고려할 수 있다. 신체적 운동 능력, 감각과 지각 능력, 인지능력(기억력, 언어능력 포함), 그리고 성격과 사회성 영역이 그것이다. 각 영역의 발달 과정은 서로 다를 수 있지만 상호 연관이 있다. 가령, 언어능력이 뛰어나면 대개 인지능력도 발달되었을 가능성이 있으며, 인지능력은 또한 감각과 지각 능력을 필요로 하기 때문이다. 각 영역의 발달은 여가경험에 의해 강하게 영향을 받는다고 할 수 있다. 왜냐하면 여가는 자발적 선택의 결과이며 즐거움을 추구하는 경험이므로 개인은 누구나 자기에게 도움이 되고 즐거움을 주는 방향으로 행동할 가능성이 있기 때문이다.

① 신체 운동능력과 여가경험

유아기와 아동기에서 가장 눈에 띄는 변화는 신체의 발달이며 운동능력의 변화이다. 신체 변화는 주로 성숙(maturation)이라는 선천적인 기제에 의해 결정되지만 해당 시기에 적절한 운동을 하지 못하면 성숙이 제대로 이루어지지 못한다. 적절한 운동은 대개 놀이라고 부르는 여가경험에서 이루어진다. 백일이 지나면 혼자서 몸을 뒤집을 수 있으며, 유아들은 자발적으로 '몸 뒤집기' 놀이를 반복한다. 7개월이 지나면 혼자 앉아 있을 수 있고 보행기를 타며 방안을 돌아다닌다. 이것은 척추가 버티는 힘을 갖추었다는 의미이다. 성급한 부모들은 아이의 발달을 과신하여 생후 3~4개월에 보행기를 태우는 경우도 있지만 이는 아이의 신체 발달에 오히려 해가 될 수 있다. 돌이 지날 때 쯤 아이는 혼자서 걸음마를 시작한다. 이는 다리의 힘이 신체의 무게를 이겨낼 수 있고 평형감각이 생겼음을 의미하는 것으로 이 시기 걷기 놀이는 운동능력의 발달에 중요한 영향을 미친다.

신체운동 발달을 주도하는 것은 중추신경계로 알려져 있다. 아이의 뇌는 급속도로 발달하여 만 2세쯤 되면 이미 성인의 75% 정도에 도달한다. 뇌를 구성하는 신경세포들 사이의 연결망도 점차 복잡해져서 정교하고 신속한 행동이 가능해진다. 중추신경계와 운동능력의 발달은 능동적인 경험을 가능하게 만들고 아이들은 운동으로 이루어지는 다양한 놀이를 추구한다. 그래서 아동의 발달 시기에 맞는 적절한 놀이 기회를 제공하는 것이 중요하다.

만약 신체의 발달 시기에 맞는 적절한 놀이 기회를 박탈하면 심각한 운동장애를 겪을 수도 있다. 어떤 인디언 부족은 햇빛이 질병을 가져온다는 믿음 때문에 아이를 생후 1년간은 어두운 다락에서 움직이지 못하도록 묶어 길렀다고 한다. 그렇더라도 아이가 다락에서 나와서 어느 정도 시간이 흐르면 정상적으로 걷는다. 그러나 1년 반 정도를 다락에 묶어둔 아이들은 그 후 걷기가 힘들었다고 한다. 걷기 능력은 성숙에 의해 발달하는 것이지만 생후 1년에서 1년 반 정도의 시기는 걷기 숙달기로서 결정기(critical period)이기 때문이다.

신체운동 능력과 여가 혹은 놀이의 관계는 아동기에만 적용되는 게 아니다. 에너지가 가장 왕성한 청소년기에는 신체 운동 능력이 가장 발달하는 시기로서 다양한 스포츠는 신체 발달에 도움을 준다. 잘 알려진 얘기지만 배구나 농구처럼 점프를 요구하는 스포츠 놀이는 다른 운동에 비하여 성장판을 자극하고 키를 자라게 한다고 한다.

또한 쪼그려 앉아서 일을 하거나 게임(고스톱 등)을 주로 하는 사람들은 관절염을 앓을 가능성이 더 많으며, 반대로 등산이나 걷기는 관절 기능에 도움을 준다고 알려져 있다. 수영이나 조깅은 폐활량 증진에 도움이 되며, 헬스는 근력을 키우는데 도움이 된다. 성인 여성은 남성에 비해 근육량이 약 70%밖에 되지 않는다고 한다. 그래서 나이가 들수록 여성은 더 많은 운동 형태의 여가활동을 수행할 필요가 있다. 신체적 활동으로 구성된 여가경험은 결국 전 인생에 걸쳐 운동 능력을 향상시키고 유지하는 데 도움이 되는 것이다.

② 감각·지각 능력과 여가경험

대부분 동물은 정서적으로 기능하는 감각기관을 가지고 태어난다. 그리고 감각기관의 능력은 출생 이후에도 성숙의 기제에 의해 계속 발달하지만 경험은 중요한 영향 요인이다. 예를 들어 동물심리학자들에 의해 수행된 고양이 실험은 시사하는 바가 크다. 고양이를 생후 4주에서 12주 사이에 눈을 가리고 키운 다음 풀어주었더니 평생 동안 사물을 제대로 변별하지 못하는 시각장애를 보였다고 한다. 심리학자들에 의하면 생후 초기에 결정적 시기가 있어서 이 시기에 제대로 지각능력을 형성하지 못하게 되면 평생 지각장애를 겪는다고 한다. 발달 과제로서 지각경험은 매우 중요한 의미를 지니며, 아이들은 스스로 적절한 여가와 놀이 경험을 통하여 그 능력을 형성시키고 있는 것이다.

감각과 지각 능력은 물리적 자극을 처리하는 기제이며 여기에는 최소한 형태지각, 거리와 깊이 지각, 색지각, 청각, 촉각, 미각, 후각 능력이 포함된다. 이들 각각의 지각 능력과 여가경험 혹은 놀이경험의 관계에 대한 연구가 많은 것은 아니지만, 어린 시절 다양한 경험이 이러한 지각능력을 발달시킬 것이라는 가정은 타당해 보인다. 가령, 그림그리기는 색지각과 형태, 공간지각 능력을 발달시킬 것이다. 또한 아동기에 악기를 배우지 않으면 성인이 되어서도 음악을 배우기가 어렵다는 사실도 잘 알려져 있다. 이런 점에서 아이들을 다양한 예술학원에 보내는 것은 필요하다. 단지 놀다 오는 것처럼 보이더라도 그렇다. 이런 아이들이 성인이 되어 더 많은 예술적 능력을 보이는 것은 바로 정서공감 능력이 형성되었기 때문일 것이다.

③ 인지능력과 여가경험

인지능력의 발달과 여가경험의 관계에 대한 연구는 인지심리학의 초창기부터 있었다. 유명한 인지발달이론의 창시자인 J. Piaget는 1930년대 아이들의 놀이를 관찰하여 그것이 인지 발달에 어떻게 영향을 미치는지를 설명하였다. Piaget가 말한 인지발달이 심적 상징을 조작(operation)하는 능력에 제한된 것이긴 하나 최소한 4단계를 거쳐 인지적 조작능력이 질적으로 발달한다는 이론적 모형은 아직도 타당한 것으로 평가받고 있다. 뿐만 아니라 "놀이" 행동에서 근거를 찾았다는 점에서 이 이론은 여가학의 역사에 기여하는 바가 크다.

놀이는 지각된 자유와 내재적 동기를 기초로 하는 여가의 일부이다. 다만 규칙과 가상현실 및 각성체험을 조건으로 한다는 점에서 독자적 영역이라고 할 수 있다. Piaget는 인지발달의 4단계와 놀이유형의 관계를 설명하였는데 이를 간단히 정리하면 다음과 같다.

감각운동기(0-2세) : 유아단계인 이 시기에 아동은 아직 상징적인 조작능력을 갖추지 못하고 있다. 선천적으로 가지고 있는 반사 능력을 활용하여 주위환경을 탐색하고 범주화하는 틀로 사용한다. 이것을 통해 도식(schema)을 형성한다. 2세 이전에 아이들은 대상지각을 통한 실제적 놀이를 하는 경향이 있으며 **대상영속성**의 개념을 획득한다. 대상영속성이란 사물이 장애물에 가려 시야에서 사라지더라도 그것이 여전히 존재한다는 사실을 깨닫는 것을 말하며, 이런 도식이 형성되면 아이들은 일종의 숨바꼭질 놀이를 할 수 있다. 대상에 대한 내적 표상이 가능해지기 때문이다. 역으로 이런 놀이는 대상영속성 개념을 형성하는 데 도움이 되는 것이다.

전조작기(3-6세) : 취학전 아동기라고 하며, 내적 표상이 가능해짐에 따라 상징의 세계에 들어오는 것을 말한다. 이 시기 아이들은 소위 표상놀이를 수행한다. 표상을 가진다는 분명한 예는 언어를 사용한다는 것인데 4~5세 쯤 이미 생활에 필요한 완전한 언어 구사능력을 보인다. 이 시기 아이들이 보여주는 놀이는 표상의 연합이나 상징 및 가장놀이(역할놀이)의 형태 등이 많다. 현대의 아이들은 낱말 맞추기나 끝말잇기 등을 하기도 한다. 이런 현상은 내적 표상의 결합이 가능하기 때문이다. 그러나 이 시기 아동들은 다른 사람의 입장이나 마음을 이해하지 못하며, 사물의 형태가 바뀌거나 역으로 움직이는 길을 찾는데 실패한다. 이런 현상은 모두 자아중심성(egocentrism) 때문에 생기는 사고의 제약이다. 예를 들어 유치원에 가는 길은 알아도 돌아오는 길은 모를 수 있다. 다시 말해 조작이 가능하긴 하나 매우 초보적인 단계이며 전체적으로 표상의 입체적 조작 능력이 부족하다는 것을 말한다.

구체적 조작기(6-12세) : 이 시기에 이르러 아동은 훨씬 유연한 사고를 한다. 소위 정신적 조작이 가능해지는 것이다. 이는 사물의 보존 개념을 획득하기 때문이며, 게임 규칙 같은 것도 이해할 수 있다. 그래서 협동놀이도 가능해진다. 전조작기의 자아중심적 사고가 줄어들어 타인의 입장을 이해할 수 있으며, 양보, 설득과 타협도 가능해진다. 보존의 법칙도 이해할 수 있어서 다양하고 복잡한 놀이를 수행할 수 있다. 그러나 정신적 조작이 가능하다고는 하나 구체적으로 보이거나 만질 수 있는 대상에 대해서만 가능한 한계가 있으며, 추상적이거나 가설적인 개념에 대해서는 이해하는 능력이 부족하다. 이념, 가치관 등과 같은 개념을 이해하지 못할 뿐 아니라 가정문 형태의 정보를 처리하기 어렵다.

추상적(형식적) 조작기(12세 이후) : 진정한 사고(思考)란 토론이 가능한 수준의 사고를 말한다. 토론은 추상적 개념을 획득할 수 있을 때 가능하다. 12세가 넘어가기 시작하면 눈으로 보고, 손으로 만지지 않더라도 토론이 가능하다. 관념적인 것이라고 해도 이해할 수 있는 능력이 생기며, 논리를 이해하게 된다. 그래서 이 시기에 맞는 여가는 독서와 토론이라고 할 수 있다.

요약하면, Piaget의 이론은 결국 각 인생 단계에 맞는 다양한 경험을 통해 인지 발달이 이뤄진다는 것이며, 특히 놀이 경험이 중요하다는 것이다. 각 단계의 발달은 인지체계의 조절(accommodation)과 동화(assimilation) 과정이 변증법적으로 작용함으로써 이루어진다고 본다. 조절이란 인지 체계 혹은 도식의 확장을 뜻하며, 이런 과정에서 사람은 최적의 긴장을 동반하는 재미를 느낀다. 그리고 동화란 확장된 도식을 확인하는 과정으로서 이때 사람은 편안함이라는 이완의 즐거움을 경험한다. 인지발달단계에 맞는 놀이나 여가경험은 그래서 동화와 조절의 기회를 제공하기 때문에 중요하다.

(2) 여가 사회화 과정

후기산업사회에서 여가는 그것 자체로 사회적, 개인적 가치가 있는 것으로 간주되며, 여러 측면에서 생산성이 있는 것으로 간주된다. 여가의 생산성 중 가장 중요한 것이 바로 사회적 기능의 차원이다. 이런 맥락에서 여가사회화라는 용어가 탄생하였고, 여가사회화라는 개념은 두 가지 의미를 지닌다. 첫째는 여가활동을 통한 사회화(socialization through leisure)의 의미이고, 다른 하나는 여가활동에 대한 사회화(socialization into leisure)이다. 전자는 전통적인 놀이 연구자들에 의해 전개된 개념이며, 전술했던 네 가지 차원의 개인 발달과도 밀접히 연관된다. 후자는 여가를 문화의 한 차원으로 보고, 여가활동 자체가 인생의 중요한 영역으로서 의미를 가진다고 가정할 때 그것을 위한 다양한 요소를 습득할 수 있는 사전 경험으로서의 가치를 의미한다.

① 여가활동을 통한(through) 사회화

여가활동을 통한 사회화 과정은 앞에서 설명한 개인 발달과 같은 의미라고 할 수 있다. 다시 말해 여가활동의 경험을 통해 사회인으로 살아가는 데 필요한 다양한 기술과 능력 및 성향을 획득하는 과정이다. 전통적인 놀이 연구들, 특히 놀이 치료자의 입장은 놀이 경험을 통해 참여자가 인지적, 정서적 능력과 사회적 기술을 습득할 수 있도록 도와줄 수 있는 기회를 갖고자 한다. 사실 놀이만이 다양한 여가경험은 사회적 능력을 함양하는 데 도움을 준다고 가정할 수 있다. 여가경험이 사회적 능력을 확충하는 데 도움되는 기제는 최소한 세 가지 통로를 통해서 이루어진다(Mannell & Kleiber, 1997:222-223).

- 여가(놀이)기회가 많을수록 아동은 인지적, 사회적, 정서적 능력을 획득할 가능성이 증가한다. 왜냐하면 여가나 놀이는 그 자체가 다양한 규칙과 사회적 관계 및 물리적 자극으로 구성되어 있으며, 여가(놀이)를 제대로 수행하기 위해서는 그 과제에 맞는 개인적인 역량을 요구하며, 경험은 누적적으로 그러한 역량을 증진할 것이기 때문이다. 여러 가지 역량은 궁극적으로 사회 활동을 하는 데 필요한 것들이다.
- 어떤 여가활동이 재미있고, 자기표현의 기회를 지닌 것이라면, 그러한 경험은 나중에 유사한 특징을 지닌 다른 사회적 영역의 활동에 있어서도 같은 역할을 하도록 흥미를 유발할 것이다(Csikszentmihalyi, 1981). 어떤 여가활동을 수행하는

동안 자기 역할에 대해 재미를 느낀다면 그것은 내재적 보상이 될 것이고 이는 다시 다른 영역에서 동일한 역할을 수행하도록 유도한다. 앞의 것이 능력과 기술의 사회화라면 이것은 역할의 사회화를 의미한다.

- 자발적이고 재미있는 사회적 활동 경험을 하면 할수록 이는 사회 활동에 대한 관여수준과 사회적 통합 능력을 증진시킬 것이다. 가령, 사교클럽이나 청소년 클럽 활동 및 자원봉사 등에 자발적으로 참여하여 재미를 느낀다면 이러한 경험은 궁극적으로 참여자의 사회적 관심을 증진할 것이고 사회적 통합적 인식을 증진시킬 것이다. 그러므로 이러한 차원의 기제는 사회적 태도의 사회화라고 할 수 있다.

결론적으로 여가를 통한 사회화는 다양한 사회적 능력, 역할, 태도를 습득하도록 하는 통로로서 여가활동이 가치를 지닌다는 것을 의미한다. 에릭슨의 심리사회발달이론도 이러한 맥락에서 이해할 수 있으며, 인생의 발달단계에 맞는 여가활동의 종류가 다를 수 있음을 반영한다.

② 여가활동에 대한(into) 사회화

여가활동에 대한 사회화 개념은 인생 전반에 걸친 여가활동의 종류가 발전적으로 연계된다는 가정에서 진술 가능하다. 다시 말해서 아동기의 여가활동은 인생의 다음 단계에서 추구하거나 참여하는 여가활동 경험의 양과 질에 영향을 미칠 것이다. 그러므로 인생 초기 여가활동은 결국 후기 여가활동에 필요한 능력, 기술, 태도, 가치관 및 역할을 습득하게 해줄 것이다. 다양한 여가를 잘 즐길 수 있는 능력이나 기술 및 태도를 습득하는 과정이 여가활동에 대한 사회화 개념인 것이다.

인생의 어느 단계에 있던지 간에 다양한 여가활동을 즐길 수 있다면 이런 이는 행복한 사람이다. 다양한 선택의 기회를 지각하는 것은 자기결정감 혹은 지각된 자유감을 주기 때문이다. 그러나 많은 사람은 돈과 시간이 주어지더라도 선택할 수 있는 여가활동의 종류가 제한된다. 왜냐하면 그것을 수행할 여러 가지 역량이 부족하기 때문이다. 이런 경우 행복의 크기는 그만큼 줄어들 수밖에 없다. '어느 한 순간 스스로 선택할 수 있는 여가활동의 수 혹은 목록'을 **여가목록**(leisure repertoire)이라고 한다.

이러한 여가 목록은 여가정체성을 구축하는 데도 많은 영향을 미치며, 궁극적으로 자기정체성에도 영향을 미친다. 대개는 성격에 따라 여가목록이 달라질 수도 있다. 예를 들어 자기목적적 성격(autotelic personality) 혹은 자기오락화 능력이 강하면 강할수록 다양한 활동을 취사선택할 가능성이 높을 것이다. 그러나 대개는 자신이 과거에 성공적으로 수행했던 여가활동이나 이와 유사한 구조를 지닌 활동을 다시 선택할 가능성이 있으며, 그러므로 어린 시절 어떤 여가활동을 하느냐 그리고 얼마나 다양한 경험을 하느냐 하는 점은 중요하다. Gordon, Gaitz, & Scott(1976)의 연구에 따르면, 남자든 여자든 20대에 하던 여가활동에 참여할 가능성이 나이가 들어감에 따라 줄어들며, 40-50대가 되면 그것을 수행할 가능성이 반 이상으로 줄어든다. 또한 여가활동의 종류에 따라 감소율이 다르게 나타난다[그림 8-5]. 더욱이 새로운 여가활동을 배울 가능성은 매우 적어지는 것이다.

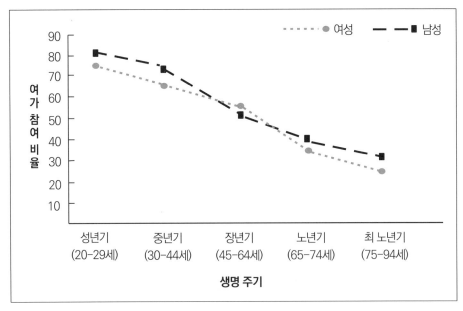

[그림 8-5] 인생주기에 따른 여가참여 비율의 변화(Gordon et al., 1976)

③ 여가 사회화에 대한 매체의 영향

여가 사회화의 두 가지 기능을 고려할 때, 여가경험은 체계적으로 관리될 필요가 있다. 가령, 아동기에 구조화되고 도전성이 있는 여가활동에 참여한 경험이 재미있고 자발적인 것으로 받아들여진다면 그러한 경험은 여러 가지 능력만이 아니라 태도와 역할 습득에도 긍정적인 효과를 가질 것이다. 음악, 운동, 미술, 독서 등의 체계적인 경험 기회는 나중에 성인기의 여가목록을 결정할 것이며 나아가 친사회적인 역량있는 성인을 만들어낼 것이다. 그러므로 특히 인생의 결정기에 있는 아동을 위한 여가 프로그램이 제공될 필요가 있으며, 그 주체는 아동 자신일 수도 있으나 우리 사회의 여러 구성요소가 될 수도 있다.

특히 여가활동의 선택이나 경험에 유의미한 영향을 미치는 외부요인을 *여가매체 (leisure agents)*라고 한다. 여가매체에는 교사, 부모, 학원, 대중매체, 또래집단 등 다양하다. 최근에는 인터넷이나 웹상의 익명자조차도 포함된다. 다양한 매체들은 여가활동의 종류만이 아니라 경험의 질을 결정할 수도 있다. 아동들은 대개 자신도 모르는 사이에 모방과 동일시를 통해 영향을 받는다. 그러므로 여가매체 자체가 아동의 여가 교육을 위하여 매우 중요한 역할을 수행하는 셈이다.

발달심리학이나 교육학 연구에 의하면, 인생초기 역할 모델은 곧 부모이다. 그러므로 부모가 어떤 여가활동을, 어떤 태도로, 어떤 방식으로 수행하느냐 하는 것은 매우 중요한 영향을 미칠 것이며, 자녀에 대해서 어떤 방식의 양육 태도를 가지고 있느냐 하는 것은 더 중요하다. 양육방식과 관련하여 부모가 권위주의적인지, 민주적인지, 자유방임적인지에 따라 자녀가 여가활동에 참여하는 기회나 경험의 질은 달라진다고 알려져 있다. 가장 좋은 양육방식은 민주적 방식-권위주의적 방식이 결합된 형태로서, 이런 경우 아동은 여가에 대한 자신감을 획득하고 자신의 여가 잠재력에 대한 분명한 인식을 가진다고 한다(Mannell & Kleiber, 1997:229). 반면 자유방임형 방식은 아이를 방만하고 무절제한 여가태도의 보유자로 만들 가능성이 있고, 지나친 권위주의는 아이를 소심하고 의지가 약한 성인으로 만들 것이다.

또래 집단의 영향은 우리가 상상하는 것 이상이다. 아이들은 친구를 통해 여가에 대한 거의 모든 것을 배운다고 해도 과언이 아니다. 역할, 능력, 태도 등 여가활동에 대한 다양한 면들만이 아니라 사회성은 친구들의 영향 하에 있다. 놀이규칙은 물론이고 합의를 통해 그것을 수정하는 법도 배운다. 새로운 여가활동을 배우는 것도 친구들의 영향이라고 할 수 있으며, 그래서 누구를 친구로 두느냐 하는 것은 중요하다. Howe(1988)에 따르면, 어린이집(day care)에 다니는 아동이 그렇지 않은 아이들에 비해 더 세련된 놀이에 더 오랫동안 집중하는 경향이 있다고 한다.

대중매체의 영향은 현대 사회에서 더욱 강조되고 있다. 부모, 친구, 교사와 더불어 대중 매체의 프로그램이나 우상의 행동방식은 모방과 동일시의 대상이며 내용이다. TV 시청을 많이 하면 할수록 더 능동적인 신체적 여가활동에 참여할 가능성이 줄어들며 (Tucker, 1993), 더 공격적인 놀이행동 경향을 유발하고(van Evra, 1990), 낮은 사회적 동기와 더 큰 따분함을 유발할 가능성이 높은 것(Kubey & Csikszentmihalyi, 1990)으로 알려져 있다. TV나 비디오게임은 성 고정관념이나 공격적 행동을 유발하여, 종종 사회적 비행으로 이어지기도 한다.

(3) 여가레퍼토리와 여가대체(leisure substitution)

한 시점에서 개인이 스스로 선택하여 참여할 수 있는 여가활동의 종류를 여가목록 혹은 여가레퍼토리라고 한다. 이러한 여가레퍼토리(leisure repertoire)의 범위는 인생전반에 걸쳐 변화한다(Iso-Ahola, 1980). 평균적으로 보면, 출생 직후 아동기까지는 이 여가목록의 범위가 넓지 않다. 청소년기에서 성인기에 이르러 이것의 범위는 가장 넓어진다. 장년기 이후에는 다시 그 범위가 좁아진다. 인생주기에 따른 변화 추이를 [그림 8-6]에서 보여준다.

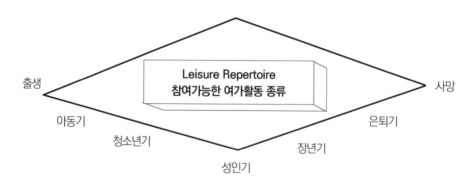

[그림 8-6] 여가레퍼토리의 범위 변화(Iso-Ahola, 1980:174)

사실 인생 전반에 걸쳐 여가목록이 변화하는 이유는 다양한 원인이 있다. 개인특성과 환경의 변화 모두가 영향을 미친다. 환경의 영향은 주로 사회적 환경의 측면에서 고려할 수 있다. 가령, 청소년기를 거치면서 교류하는 친구의 범위가 넓어지고, 장년기를 넘기면서 그 범위가 다시 줄어준다. 그러나 이보다 더 중요한 영향요인은 개인 특성이다. 이미 이중추동모형에서 보았던 것처럼 인생전반에 걸쳐 최적각성추구 경향과 이완추구 경향은 의식하지 못하는 사이에 작동하고 있다. 이 두 가지 추동은 인생 전반에 걸쳐 평균 강도가 변화한다. 이는 다분히 생리학적 에너지의 변화와도 무관하지 않다.

출생 직후에는 평균적으로 이완추구가 각성추구보다 훨씬 강하다. 그래서 신생아는 먹고 자는 것이 유일한 일상이다. 점차 외부 자극에 흥미를 보이고 점점 복잡하고 강렬한 자극에 관심을 보인다. 이는 최적각성추구 추동의 강도가 점점 강해지는 것을 의미한다. 반대로 이완추구 추동의 강도는 평균적으로 점점 줄어든다. 최적각성추구 추동은 새로운 자극이나 경험을 추구하는 것을 의미할 수도 있다. 그래서 최적각성 추동의 지배를 받는 동안에는 새로운 여가활동을 경험하거나 최소한 동일한 여가활동에서도 새로운 구성요소를 추구하는 현상으로 나타난다. 최적각성추구는 성인기까지 평균적으로 증가한다. 그래서 새로운 여가활동이 여가목록의 범위 안으로 들어오게 되며, 여가대체 현상(뒤에서 설명)이 나타난다. 여가활동의 종류만 증가하는 것이 아니라 여가경험의 내용도 이완체험보다는 각성체험에 가까운 것들이 더 많다. 더 자극적이고, 역동적이며, 새로운 자극을 추구한다.

성인기까지 줄어들던 이완추구 추동의 강도는 성인기를 정점으로 이후 다시 강해진다. 반면 각성추구 추동의 강도는 평균적으로 약화된다. 각성추구 추동이 약해진다는 것은 새로운 종류의 여가활동을 배우기가 어려워진다는 것을 의미하고, 새로운 자극을 추구하는 경향이 줄어든다는 것을 뜻한다. 그래서 새로운 사람과 교류하는 것도 쉬운 게 아니다. 나이 들어서 새로운 여가활동을 시작하는 것은 그만큼 어려우며 특히 복잡한 구조와 운동으로 구성된 여가활동일수록 더 어렵다. 반면 성인기 이후 이완추구 추동의 강도는 점차 강해지며, 이는 과거 계속했던 여가활동을 변화 없이 유지하게 만든다. 이것을 **여가지속성**이라고 한다. 여가지속성은 특히 강한 자극이 아니라 익숙하고 편안한 자극을 수용하려는 경향에서 나온다. 나이가 들면 과거 해왔던 것들 중 편하게 수행할 수 있는 여가활동에 국한하는 경향이 있다. 이러한 경향은 노년기로 가면 갈수록 더 강해진다.

그래서 여가목록의 범위는 최적각성추구 추동이 가장 강한 시기에 가장 넓은 범위를 가지게 되고, 이완추구 추동이 가장 강한 시기인 유아기와 노년기에 가장 좁은 범위를 지니게 된다. 어떤 의미에서는 유아기의 여가목록과 노년기의 여가목록의 외형적 종류가 다를지 몰라도 경험 속성 면에서는 동일할 수도 있다. 다음 그림은 두 개 추동의 강도 변화 과정을 묘사한 것이다.

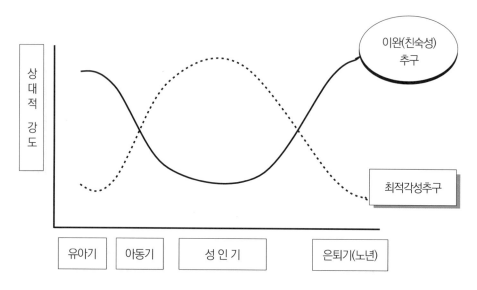

[그림 8-7] 두 가지 기본 추동의 변화 과정(Iso-Ahoal, 1980:176을 수정 재정리)

인생초기에서 노년기에 이르기까지 이완추구와 각성추구는 변증법적 과정을 거치면서 작용한다. Piaget가 설명한 것처럼 조절과 동화의 변증법적 과정을 거치면서 여가경험의 질이 변화하는 것이다. 예를 들어 새로운 스포츠를 배우는 것은 각성추구의 영향이다. 그러나 그것을 익숙하게 수행하여 편안함을 추구하는 것은 이완추구 추동의 영향이다. 너무 익숙해지면 그것은 지루함을 유발할 것이고 그래서 새로운 자극을 추구한다. 이런 경우 동일한 여가활동이라고 하더라도 새로운 구성요소(예, 다른 파트너)를 추가함으로써 자극을 추구할 수 있다. 이는 다시 각성추구의 영향 때문에 나타나는 것이다. 이러한 변증법적 과정이 성인기까지는 최적각성추구 추동이 지배하고, 그 이후에는 이완 추동이 지배한다.

여가 대체(leisure substitution) : 여가 대체는 이완추구와 최적각성추구 추동의 변증법적 영향 기제 때문에 나타나는 여가경험의 변화를 뜻하며, 크게 두 가지 의미를 지니고 있다. 첫째는 여가활동 종류의 변화를 의미하는 것으로서 활동간 변화(between leisure activities)라고 한다. 여기에는 여가목록 내 여가활동의 종류를 대체하는 것, 추가하는 것, 그리고 중지하는 것을 포함한다. 이는 여가목록의 구성 항목이 달라지는 것을 말한다. 둘째는 하나의 여가활동 내에서 단지 속성의 변화를 의미하는 것으로서 활동내 변화(within leisure activity)를 말한다. 이는 동일한 여가활동을 하더라도 종류는 바꾸지 않고 단지 그 활동의 구성요소들에 변화를 줌으로써 경험의 질을 다르게 추구하는 것이다. 예를 들어 친구와 내기 골프를 치던 사람이 아내와 내기 없이 골프를 친다면, 골프라는 활동 종류는 동일하더라도 그 경험 내용은 다른 것과 같다.

여가대체 현상이 나타나는 이유는 최적각성 추동과 이완 추동의 작동 때문인데 목록 추가는 대체적으로 각성 추동의 기제에 의한 것이고, 활동 중지 현상은 이완 추동의 결과라고 할 수 있다. 이러한 여가대체는 곧 개인의 여가정체성의 변화를 의미한다. 신체적인 것이든 심리적인 것이든 여가활동의 종류와 경험 내용은 개인의 정체성을 확인하는 기회가 되며, 종류와 경험의 변화는 다시 정체성의 변화를 동반한다.

Searle 등(1993)은 여가 대체 현상의 4가지 종류를 구분하여 청소년기에서 노년기에 이르기까지 4가지 여가 대체 집단의 비율이 어떻게 다른 패턴을 보이는지를 연구하였다. 그 결과를 [그림 8-8]에 제시하였다. 청소년기에는 과거에 해 오던 여가활동을 지속하여 수행하는 사람의 비율이나, 활동대체, 활동추가자의 비율이 상대적으로 높고, 활동 중지자는 가장 낮은 비율이었다. 그러나 성인기에는 중지자와 지속자의 비율이 상대적으로 증가하는 반면, 대체자와 추가자는 일관되게 줄어든 것을 볼 수 있다. 나이가 들수록 활동 대체자와 추가자의 비율은 확연히 줄어들고 있다. 그러나 지속자는 꾸준히 늘고 있다. 이는 20대까지는 각성 추동 기제가 그리고 그 이후에는 이완 추동의 기제가 지배적으로 작동하고 있음을 반영하는 것이다.

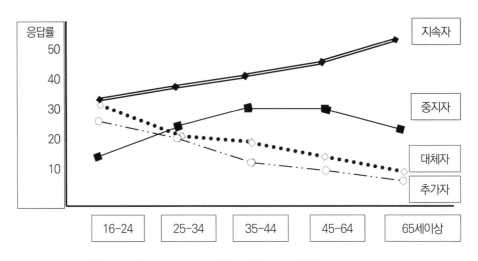

[그림 8-8] 나이변화와 여가활동 패턴의 변화 관계(Searle 등,1993)

(4) 노년기 여가

　발달과정과 여가행동의 관계에 있어서 노년기 문제는 사실 아직도 미개척 분야라고 할 수 있다. 나이가 든다는 것은 비극일 수도 있고, 행복일 수도 있다. 대개는 노년기를 비극으로 묘사하지만 이를 해결할 대안을 찾는 것이 최근 들어 중요해지고 있다. 노년과 여가의 관계에 대한 학문적 관심은 최소한 4가지 방향에서 고려되고 있다. 즉, 여가경험이 즐거움과 참여라는 차원에서 고려된다고 할 때, 은퇴를 전후하여 여가 문제는 다음과 같은 4가지 중 하나와 연관이 있다: ① 여가관여 수준이 지속적으로 줄어드는가? ② 즐거움과 참여 수준은 중년기에 이미 최고 수준에 도달한 다음 나이가 들면 다시 획득할 수 없는가? ③ 노년기 여가경험은 젊은 시기와 비교하여 사소한 차이에 불과한 것인가? ④ 연령 증가와 더불어 만족도는 증가하는가? 이러한 노령화 사회에서의 여가 이슈를 설명하는 최소한 4가지 이론이 있다. 이들 이론은 반드시 개인으로서의 노인을 다루는 것만은 아니다. 사회 문화적 현상을 기술하는 수준에서 이루어지기도 하고, 규범적 관점의 논리를 제공하기도 한다.

① 은퇴이론(disengagement theory)

Cumming과 Henry(1961)가 제안한 이 모델은 자발적 은퇴를 긍정적인 것으로 전제한다. 그래서 나이가 들수록 개인은 자발적으로 은퇴를 고려하고, 그러한 은퇴는 개인적으로 안락감과 평온을 유지할 기회를 준다고 믿는다. 사회적으로도 세대교체를 의미한다는 점에서 좋다는 주장이다. 자발적 은퇴는 곧 자기반성 및 통합의 기회로 간주된다. 그러나 이러한 논리는 은퇴자들이 더 행복하다고 지각한다는 지지 증거가 없다는 점에서, 그리고 은퇴한 노인은 적법하게 무시할 수 있는 근거를 제공한다는 점에서 비판을 받고 있다.

② 활동이론(activity theory)

활동이론의 전제는 사람들이 수행하고 유지할 수 있는 여가활동의 종류에 직접적으로 비례하여 행복해질 수 있고 잠재력을 실현할 수 있는 기회가 증가한다는 것이다(Hooyman & Kiyak, 1996). 그러므로 노년이 될수록 중년기의 역할을 대체할 수 있는 적극적인 여가활동을 수행하여야만 삶의 질을 높일 수 있다는 논리가 가능하다. 실제로 상대적으로 더 적극적인 노인들이 더 행복하다는 연구 결과들이 있다. 적극성은 반드시 신체적 운동만을 의미하는 게 아니다. 정신적 활동이나 인지적 노력 및 사회적 역량을 요구하는 활동에 규칙적으로 참여하는 사람이 그렇지 않은 노인들보다 삶이 만족도가 더 높다는 증거들이 많다(Kelly, Steinkamp, & Kelly, 1987). 이는 곧 노년기를 위한 능동적인 여가활동 프로그램이 개인적으로든 사회적으로든 필요하다는 것을 의미한다.

③ 지속이론(continuity theory)

활동이론이 여가경험의 활동성 혹은 적극성에 초점을 둔 이론이라면, Atchley(1988)의 지속이론은 활동의 의미가 무엇이냐에 초점을 둔다. 즉, 노년기 여가활동이 개인의 성격에 부합되고, 과거부터 해 왔던 장년기 활동들과 유사한 여가경험을 제공할 때 삶의 의미를 유지할 수 있고, 궁극적으로 자아통합의 욕구(need for ego-integrity)를 충족시킬 수 있다는 것이다. 그래서 단순히 여가활동의 종류가 중요한 것이 아니고 그 활동의 개인적인 의미와 그 여가활동을 둘러싼 사회적 맥락이 어떤 의미를 지니는 것으로 지각되느냐가 중요하다. 과거와 같이 여가활동을 여전히 수행할 능력(activity competency)이 있다고 믿는 신념 유지가 중요하다. 지속이론은 많은 경험적 지지를 받고 있으며, 기본적으로 인생 전반에 걸쳐 배워오고 유지되었던 개인의 가치관과 역량 등을 지속적이고 긍정적으로 확인할 수 있는 것이 중요하다고 본다. 이런 관점은 Erickson의 심리사회발달 이론과 맥을 같이 하고 있다.

④ 노년문화 이론(subculture of aging theory)

위의 세 가지 노인 여가 이론들이 여가 참여자로서 개인의 심리적 체험과 동기 및 그 결과에 초점을 두고 있다면, 노년문화이론은 사회 문화의 한 영역으로서 노년 여가 문화가 나름대로의 가치를 지니고 존재하며 그것을 있는 그대로 인정하자는 주장이다. 즉, 노년기의 구성원들은 중년의 여가경험을 유지하거나 지속하고자 하는 것이 아니고, 젊은 사람들의 도움을 받는 것도 아니고 오히려 사회적 소수자로서 소외되었을 뿐이라고 본다. 따라서 노인들은 역사나 문화적 관심을 공유하고, 세대간 갈등이나 부조화에 대항하는 결속의 수단으로서 하나의 독특한 하위문화(sub-culture)를 형성한다고 본다. 그래서 하위문화로서 노년 여가문화가 존재하며 사회는 그것을 있는 그대로 인정하는 것이 필요하다고 본다.

1 여가경험의 단기적 결과와 장기적 결과를 구분하여 설명하시오.

2 여가경험의 스트레스 감소 효과를 네 가지 차원으로 나누어 설명하시오.

3 여가경험의 인지적 효과를 개념적으로 구분하여 설명하시오.

4 여가의 사회적 효과는 어떤 것이 있는지 설명하시오.

5 여가활동의 유형별로 정신건강 효과가 어떻게 다른지 설명하시오.

6 백수이론에 대해 설명하시오.

7 일상의 스트레스 감소에 대한 여가경험의 효과기제로서 인지대처전략은 무엇을 말하는지 설명하시오.

8 여가경험과 삶의 질의 관계를 논의하시오.

9 Piaget의 이론에 근거하여 인지발달과 여가경험의 관계를 설명하시오.

10 여가사회화의 두 가지 개념은 각각 무엇인지 설명하시오.

11 여가목록과 여가대체의 개념을 설명하시오.

12 최적각성추구와 이완추구라는 이중추동이 여가목록과 여가대체에 어떻게 영향을 미치는지를 논의하시오.

13 노년기 여가 문제에 대한 4가지 이론들을 설명하고 각각의 장단점을 비교하시오.

　어떤 사람의 여가행동이 일정한 패턴을 가지고 있다면 이는 그의 성격이 여가행동을 결정하기 때문이다. 여가활동의 종류 선택이나 구체적인 행동 과정은 대개 개인의 여러 가지 특성에 의해 영향을 받는다. 심지어 동일한 여가행동을 수행하더라도 그 과정에서 지각하는 체험의 강도와 내용은 달라질 수 있다. 가령, 주말여행을 좋아하는 사람이라면 그 자체가 개인적 흥미나 취향을 반영하는 것이지만, 동일하게 주말여행을 하더라도 어떤 이는 가까운 곳을 자주 찾는 반면 다른 이들은 새로운 장소를 찾아다닌다. 이 역시 개인의 특성이 여행 행동에 영향을 미치는 것이다. 여가행동에 미치는 개인의 특성은 행위자 스스로도 잘 모르는 경향이 있다. 개인 특성이 워낙 다양할 뿐 아니라 겉으로는 잘 알 수 없는 심리적 구조 속에 위치하기 때문이다. 일반적으로 사회학자나 경제학자들은 겉으로 드러난 개인특성에 주목하여 그것이 여가행동에 어떻게 영향을 미치는가를 탐구하였으나, 심리학자들은 개인 행동양식을 결정하는 심리적 구조체에 관심을 가져왔다.

　비교적 객관적이고 겉으로 드러나 있어서 쉽게 알 수 있는 개인 특성은 대개 인구사회통계 변수들이다. 여기에는 성별, 나이, 경제소득수준, 가족구성, 사회적 지위, 직업, 거주지 등이 포함된다. 이런 변수들이 여가활동의 선택이나 경험과정에 영향을 미치는 것은 너무 당연하다. 오히려 당연한 논리이기 때문에 연구와 탐구 가치가 적다고 할 수 있다. 이론적으로 탐구 흥미를 끄는 것은 성격과 동기 성향 같은 심리적 구성체들이다. 이 장에서는 여가행동에 영향을 미치는 개인 성격에 대해 다룬다. 여기서 다룰 성격 개념은 전통적인 심리학에서 거의 모든 인간행동에 영향을 미치는 변수로 고려하여 탐구되었던 일반적인 성격과 여가 현상에만 국한하여 나타나는 여가 성격 개념을 포함한다. 본 장에서는 두 가지 영역을 나누어 살펴볼 것이다. 어떤 것이든 성격은 여가동기-체험-결과의 전 과정에 영향을 미치는 개인차 변수이다.

1 성격 개념과 5가지 패러다임

성격(personality)은 심리학의 가장 대표적인 개념이라고 할 수 있다. 개인적 행동의 일정한 패턴을 설명하는 데 매우 유용하기 때문에 성격이라는 심리적 구성개념(psychological construct)은 초기 심리학자들로부터 가장 큰 인기를 끌어왔다. 성격 개념은 심리학의 어떤 관점에서 보느냐에 따라 다소간의 상이한 정의가 있으나 대개는 "개인의 행동 경향성 혹은 행동을 일관적으로 이루어지게 만드는 정신적 구조체"로 정의된다. 성격 연구는 개념, 본질, 형성과정 및 기능에 초점을 두고 있으며, 크게 5가지 접근 방식이 알려져 있다.

① 정신분석학적 관점

잘 알려진 것처럼 정신분석학은 지그문트 프로이드(S. Freud)의 사상에 뿌리를 두고 있다. 이 관점은 인간 행동을 설명하기 위하여 특히 무의식적 동기를 강조하고 있으며 개인 내면에 고착된 무의식 동기가 성격을 결정한다고 본다. 두 가지 중요한 전제가 설정된다. 첫째, 인간의 모든 행동에 반드시 원인이 있다는 것이고, 둘째, 인간의 행동은 자신이 의식하지 못하는 본능적 충동에 의해 지배받는다는 것이다.

프로이드의 초기 이론은 성격을 원초아(id), 자아(ego), 초자아(superego)의 세 부분으로 구성되었다고 보았으며 인간 행동을 이 세 가지 요소의 상호작용 결과로 이해하였다. 아이가 태어나서 자라는 동안 5세 이전에 이 세 가지 요소는 에너지의 근원으로서 순차적으로 발달하고 이들 사이의 무의식적 구조가 형성되며, 그것이 곧 성격이 된다고 보는 것이다. 특히 태어날 때부터 자리잡고 있는 원초아는 "쾌락의 원리"를 따라 자동하고, 2~3세 사이에 형성되는 자아는 "현실의 원리"를, 그리고 3~5세 사이에 형성되는 초자아는 "도덕/양심의 원리"에 지배받는다고 본다. 5세 전후의 아이는 이세 가지 에너지의 갈등을 겪을 수밖에 없고 이를 어떻게 구조화하느냐에 따라 그것은 무의식적 성격이 되어 성인기의 행동양식을 지배한다고 보는 것이다.

무의식의 구조 중 가장 큰 부분을 차지하는 원초아는 특히 성 본능이라고 불리며, 이것이야말로 "*삶의 에너지*"라고 보았고, 성 본능에 의해 야기하는 에너지를 리비도 (libido)라고 한다. 이와 반대로 "*죽음의 본능*"은 공격성에서 나오며, 공격성이 자기 자신을 향하면 자살이나 자기 파괴로 이어지고, 타인을 향하면 테러나 전쟁으로 나타 난다고 설명한다. 그래서 프로이드 이론에 의하면 성욕(범성욕)과 공격성은 인간의 가 장 기본적인 욕구인 셈이고, 이들 욕구가 무의식 속에 어떻게 구조화되었느냐 하는 것 이 곧 개인의 성격이다.

프로이드의 동료이자 제자였던 융(C. Jung)은 동양 철학의 영향을 받아 프로이드 의 이론과는 다소 다른 이론을 주창하였다. 그는 프로이드가 삶의 에너지를 성욕으로 만 정의하는 것에 반대하였으며, 무의식의 많은 부분은 원초아의 덩어리가 아니라 강 함과 생명력이 넘치는 자아(ego)의 근원으로 보았다. 그의 이론은 무의식을 '*개인적 무의식*'과 '*집단 무의식*'으로 구분하고, 전자가 개인적인 수준의 억압, 망각 경험이라 면 후자는 과거 세대로부터 전승되어온 기억과 행동 패턴이라고 본다.

이외에도 프로이드의 제자들은 독자적인 이론 체계를 제시하면서 정신분석학을 다 양한 방향으로 발전시켰다. 알프레드 아들러(A. Adler)의 *개인심리학*은 열등감을 극 복하려는 우월 추구 경향이야말로 삶의 에너지이며 가장 중요한 성격 차원이라고 보 고 있고, Horney와 Erickson 역시 성격 형성이 무의식의 성적 본능보다는 의식상의 자아와 사회적, 환경적 요인의 상호작용에 의해 결정된다고 주장한다(노안영·강영신, 2003, 재인용).

정신분석학의 성격 이론과 연구방법론은 무의식을 강조한다는 점에서 비과학적이 라는 비판을 받지만 여가행동을 이해하는 데 매우 독창적인 관점을 제공한다. 성욕과 공격성을 기본 욕구라고 전제할 때 사실 우리 사회의 여가문화는 많은 부분 설명 가능 하다. 많은 술집, 성을 주제로 하는 문화상품(영화, 포르노그라피 등), 스포츠에 열광 하는 현상, 일탈행동 등은 사실 성욕과 공격성의 발로를 허용한다. 또한 심층면접이나 투사법 같은 질적 연구방법들도 정신분석기법에 근거를 두고 있다.

② 행동주의적 관점

정신분석이론이 성격을 무의식적 결정의 결과로 본다면, 행동주의적 관점은 **환경결정론**이라고 할 수 있다. 고전적 **조건학습이론**(I. Pavlov)이나 **도구적 학습이론**(B.F. Skinner)으로 대변되는 행동주의 이론은 인간 행동의 기제가 동물과 다르지 않다고 본다. 모든 행동은 환경 혹은 자극에 의해 결정된 산물이며, 학습의 결과라는 것이다. 이 관점에서는 인간의 정신 구조를 강조하지 않으며 성격은 단지 일정한 패턴의 행동 양식일 뿐이다. 많은 여가행동은 과거로부터 학습된 결과일 수 있다는 점에서 이런 관점은 타당한 주장일 수도 있으나, 행위자의 자발적 결정과 목표를 추구하는 동기적 측면을 무시한다는 점에서 비판의 여지가 많다. 다만 환경결정론은 마르크스를 위시로 하는 사회주의적 여가가치관과 일맥상통하는 부분이 있다. 즉 현대인의 여가활동을 자발적 선택의 결과가 아니라 자본주의 사회구조와 마케팅 전략의 산물이라는 사회학적 관점은 심리학의 환경결정론에 일관된 논리라고 할 수 있다.

③ 사회 인지주의적 관점

앞에서 설명한 두 가지 관점은 나름대로 의의가 있다. 엄밀히 말하여 인간 행동은 개인 내부요인과 환경요인의 상호작용에 의해 결정될 것이기 때문이다. 그러나 환경 자극이 존재하더라도 그것을 어떻게 받아들이는가의 문제는 개인적인 것이며, 정보를 처리하는 구조체로서 인간의 정신구조는 중요하다. 정신분석학에서 말하는 무의식적 정신 체계가 아니라 현실의 원리에 입각한 의식적 처리구조를 강조하는 인지주의 관점이다. 인간을 정보처리자로 전제하는 인지주의자들은 구체적인 인간 행동을 환경에 대한 주관적 해석의 결과로 간주한다. 소위 사회적 환경 아래에서 인간 행동을 이해한다는 점에서 사회인지이론들(social cognition theories)이라고 부르며, 매우 다양하고 복잡한 해석의 체계를 모든 인간은 보유하고 있다고 본다. 다시 말해서 정보처리 과정과 관련된 일정한 패턴을 가질 수 있는데 이것이 곧 개인 성격이라는 것이며 이러한 인지적 성격의 종류는 다양하다.

예를 들어, 귀인이론(attribution theory)은 가장 대표적인 사회인지 성격이론이라고 볼 수 있으며, 귀인경향성(Rotter, 1966)은 '어떤 사건의 결과를 두고 그 원인을 어디에서(내부 vs 외부) 찾느냐에 따라 향후 행동의 방향이 달라질 수 있다'고 보는 사회인지적 개념이다. 어떤 과제를 수행할 능력이 있다고 믿는 신념(즉, 자기 효능감, self-efficacy)은 사회인지이론(Bandura, 1986a)의 대표적인 구성개념으로서 성격의 한 종류를 의미한다. 또한 어떤 이들은 자신의 행동 방향의 준거를 자신의 내부에서 찾는 경우도 있고 반대로 외부에서 찾는 경우도 있다(즉, 자기검색 self-monitering).

④ 인본주의적 관점

심리학의 다양한 이론체계 중에서 인간을 다른 동물이나 기계와 달리 독특하고 이상적인 존재로 전제하고 있는 관점이 곧 인본주의 학파이다. 인본주의적 관점에서는 모든 인간이 잠재력을 가지고 있으며 잠재력을 실현하는 방향으로 성장하고 발전한다고 가정한다. 성격은 곧 잠재력 실현구조인 것이며, 궁극적으로 자기(self)를 강조한다. Maslow, Rogers, Higgins 등은 이런 관점의 대표 주자들이며, 인간의 자발성, 성장, 자유의지를 강조한다. 모든 개인은 나름의 개인 경험이 있으며 그러한 경험을 통해 자기 자신을 이해하고 발전시킨다는 것이다. 그래서 자기 자신에 대한 총체적인 이해를 구하려는 경향 때문에 주관적, 객관적으로 판단되는 자기 자신에 대한 태도, 특질, 능력, 감정 및 신체특성에 대한 평가를 하는 경향이 있으며 이것이야말로 곧 *"자기(self)"*라고 부르는 성격이라는 것이다. 자기에 대한 판단에 따라 개인의 행동은 달라진다. *자기개념(self-concept), 자기정체성(self-identity), 자기존중감(self-esteem), 자기이미지(self-image)* 등은 모두 인본주의 관점에서 도래한 성격 개념들이다. 여가개념에서 중요한 *자기결정 차원*도 이런 점에서 인본주의적 관점과 상통한다고 볼 수 있다.

⑤ 특질이론(trait theory)

여러 관점 중 특질이론은 성격의 개념을 가장 간단하게 행동경향성으로 정의한다. 이 관점에서 성격은 일상의 언어로 묘사된다. 다시 말해서 정신의 내면구조가 무엇인지를 독특하고 추상적인 용어로 파악하고 난 다음 행동 경향을 추론했던 다른 관점과 달리 특질이론은 행동경향성 그 자체를 성격으로 보거나 그런 경향성을 유발하는 상식적인 특질이 있다고 추론한다. 어떤 경우이든 이러한 특질이 어떻게 형성되는가에는 관심이 없다. 다만 초기 특질이론가들은 내면의 기본 특질이 무엇인가에 관심을 가지고 있었으나(즉, Allport, Cattell), 최근에는 외현적인 행동경향성 자체를 성격으로 보는 이론들이 대두하고 있다. 특징이론의 대표적인 개념인 A-B형 성격, Big 5 성격 이론 등은 모두 특질이론에 속한다. 이들 이론들은 여가행동의 개인차를 설명하고자 하였던 초기 연구자들에 의해 자주 인용되었다. 다음 절에서는 일반적인 성격 특질과 여가행동의 관계에 대한 기존 연구를 간단한 고찰할 것이고, 이어지는 절에서는 여가 연구에서만 적용되고 도출되어 온 여가 성격 개념을 살펴볼 것이다.

② 성격 특질과 여가행동

여가행동의 개인차를 설명하려던 초기 연구들은 주로 성격 특질에 근거하였다. 왜냐하면 특질이론은 성격 이론 중 가장 간단한 논리를 지니고 있어서 다루기가 쉬우며 실제로 여가행동을 간명하게 설명할 수 있기 때문이다. 특질이론에 근거한 성격 개념 중 가장 널리 알려진 이론은 사람을 유형별로 나누어 이해하는 접근이다. 가령, 사람의 성격별 유형을 나눈 다음 각 유형 사람들의 여가행동 특징을 살펴보는 것은 마케팅의 시장세분화 전략과도 매우 잘 맞는다.

① A형 vs B형 이론

여가행동과 특질의 관계에 대한 초기 접근은 개인의 성격을 A형 vs B형으로 나누는 방식에서 출발했다. 엄밀히 말하면 사람의 성격을 *A형 vs B형*으로 구분하는 것은 심리학 이론이 아니었다. 심장질환을 앓고 있는 환자들의 생활양식을 조사하던 외과 의사들이 질환의 원인이 다이어트나 흡연과 같은 요인이 아니라 심리적

인 어떤 다른 요인에 있을 것으로 생각하고 고안해 낸 개념이 곧 행동 특질이었다. 이런 개념은 나중에 여가행동을 연구하는 데도 영향을 미쳤고, 1980년대 이후 매우 의미있는 연구 결과들이 나타났다.

우선 A형 성격자는 급하고, 과업지향적이고, 근면 성실하고, 공격적이며 도전적인 성향이 있다고 묘사된다. 반면 B형 성격자는 유유자적하는 경향이 있고, 때때로 우유부단하고, 자기 성찰적인 성향을 보인다. 이에 근거하여 A형 사람들은 더 긴장된 생활을 하기 때문에 일상의 스트레스를 많이 겪을 뿐 아니라 심장병에 걸릴 확률도 높다고 본다.

여가행동으로 환원하여 비교하면, A형 성격자는 여가생활보다 직업을 더 소중히 생각하는 경향이 있으며 그래서 비여가 인간(unleisurely people)으로 불리기도 한다. 이들은 의도적이든 비의도적이든 여가시간이 거의 없다. 반면 B형 인간은 여가생활을 중요하게 생각하고 실제로 여가시간이 더 많다. 반대로 노동시간은 A형에게 더 많다. 여가활동에 참여하더라도 두 타입의 성격은 전혀 다른 방향으로 나타난다. A형은 라이브콘서트, 경쟁 게임, 옥외여가, 헬스, 가족/직업 관련된 여가활동을 수행하는 경향이 높은 반면, B형 성격자는 음악이나 명상 등 조용한 여가활동을 선호한다.

② BIG 5 이론과 여가행동

성격 특질이론 중 최근 들어 가장 각광을 받는 개념이 BIG 5이론이다. 이 이론은 1932년 W. McDougall 이 '성격은 5개 요인으로 구분하여 광범위하게 분석되어야 한다'는 제안을 한 후 발전된 것으로 알려져 있다. 이 후 Norman(1963)이 성격 속성을 분류할 목적으로 연구를 수행하는 중에 5개 요인구조를 확인하였고, 지난 40여년간 후속의 연구자들이 체계적인 연구를 수행함으로써 5개 특질이 인류 보편적으로 공통적인 기본 특질이라는 결론을 내리고 있다(Costa & McCrae, 1985, 1988; McCrae & John, 1992). 각 특질의 첫 글자를 따서 만든 OCEAN으로 불리는 5요인 특질이론은 인간의 성격 유형을 나눈다기보다 각각의 요인을 모든 개인이 가지고 있는 것으로 가정한다. 개인은 각각의 특질 차원에서 상대적인 위치가 다를 뿐이다. 그래서 5개의 하위 특질별로 여가행동이 어떻게 다른지를 알 수 있다.

<表 9-1> BIG 5 특질이론(OCEAN)

성격특질	행동특징	여가행동 특징
개방성 (Openness to experience)	새로운 경험을 수용하려는 자세	지적, 심미적 여가활동
양심성 (Conscientiousness)	성실함, 규범성, 성취의지, 노력	목표지향적 여가활동, 진지한 여가
외향성-내향성 (Extroversion-Introversion)	행동기준의 준거: 외부 vs 내부. 고집 vs 우유부단함	능동적 활동 vs 수동적 활동 outdoor vs indoor 자극추구 vs 자기성찰
호의성 (Agreeableness)	타인의 의견을 들어주는 자세, 원만함(friendliness).	친사회적 여가행동 (자원봉사, 사교클럽 등)
신경증 (Neuroticism)	정서적 (불)안정성	즐거움, 재미추구 경향 낮음

개방성 : 개방성이란 새로운 경험을 수용할 수 있는 성격을 말한다. 특히 심미적 민감성, 다양성 욕구, 비전통적 가치관 등이 이와 관련된 것으로 알려져 있다. 이러한 특질에서 높은 점수를 보이는 사람들은 독서, 수업참여, 문화 및 예술 활동 등에 높은 참여율을 보인다.

양심성 : 양심은 자기 자신에 대한 양심이다. 그래서 성실한 자세, 목표에 대한 성취 의지, 질서의식, 자기 규율이 강한 사람들은 대개 양심성이 높다. 이들은 즉각적인 결과보다는 멀리 보고 꾸준히 행동하는 경향이 있다. 여가활동에서도 목표지향적이고, 다소 어려운 과제를 즐기거나 아마추어 활동 등 진지한 여가(serious leisure: Stebbins, 1992)를 즐긴다.

외향성-내향성 : 외향성은 처음에 능동적이고 적극적인 자세를 지칭하는 것으로 이해되었고 반대로 내향성은 조용하고 차분한 성격을 의미하였다. 그러나 엄밀히 말하여 이 차원은 개인 행동의 가치 기준이 개인 내부에 있는가 아니면 외부 타인에 있는가에 의해 구분된다. 자신의 행동 준거가 외부에 있는 사람은 대개 보여주는 행동을 할 가능성이 높고, 내향성인 사람은 반대로 자기 성찰의 행동을 할 가능성이 높다. 내향적인 사람은 조용한 대신 자기 고집이 강하며, 반대로 외향적인 사람은 적극적이긴 하나 다른 사람의 기준에 맞추어 행동할 가능성이 높으며 우유부단할 가능성이 높다. 평균적으로 운동선수들은 외향성이 강하고(Kirkcaldy & Furnham, 1991), 컴퓨터 환타지 게임을 즐기는 이들은 내향성이 강한 것으로 알려져 있다(Douse & McManus, 1983).

호의성 : 호의성이 외향성과 다른 점은 가치기준이 개인 내부에 있음에도 불구하고 다른 사람을 배려하는 행동을 한다는 것이다. 자주 인내하고 자기희생적이며 신뢰를 중시하고 솔직하며 이타적인 성격이 곧 호의성이다. 이 차원의 특질이 강한 이들은 설사 자신의 가치기준과 부합되지 않더라도 다른 사람의 얘기를 들어주는 경청 경향이 있으며, 친교성이 강하다. 이들은 친사회적 여가활동 즉, 사교클럽, 자원봉사 등을 즐기고, 반대로 자연 탐방 등 개인의 자기만족적인 여가활동을 주로 하는 이들은 이 차원의 점수가 낮은 것으로 알려져 있다(Driver & Knopf, 1977).

신경증 : 신경증의 반대말은 정서적 안정성(emotional stability)이며, 이는 일상의 스트레스를 경험할 가능성을 반영한다. 일상생활에서 불안, 적의, 우울, 죄의식 등을 강하게 느끼는 이들은 정서적 불안을 느끼며, 한 가지 일에 몰입하기가 어렵다. 즐거움은 몰입의 결과이기 때문에 신경증이 강한 이들은 결국 재미있는 여가활동을 즐길 가능성이 줄어든다(Kirkcaldy, 1989). 짜릿한 긴장을 유발하는 스포츠 형태의 여가활동에 적극적인 이들도 대개 신경증이 낮은 것으로 알려져 있다(Kane, 1972; Schurr, Ashley, & Joy, 1977).

3 여가 연구에 적용되어 온 성격 개념들

여가학 분야에서 비교적 체계적으로 활용되어온 성격 개념들은 주로 사회인지적 이론이나 인본주의 이론에 근거를 두고 있다. 특질이론이 행동 경향성에 초점을 두었다면, 사회인지적 이론들은 사고체계의 양식에 초점을 두어서 여가행동의 개인차를 사고과정의 풀이에서 찾고자 한다. 그리고 인본주의 관점에서는 특히 자기정체성을 중심으로 잠재력 실현을 위한 자발적인 행위로서 여가행동을 이해하고자 한다. 이들 개념 중 아직도 자주 활용되는 몇 가지 이론만 소개할 것이다.

(1) 통제의 소재(locus of control)

Rotter(1966)에 의해 제안된 '**통제의 소재**' 개념은 사회심리학의 귀인이론에 근거하고 있다. 통제의 소재란 어떤 사건의 결과에 대하여 그것의 원인을 어디에서 찾느냐하는 문제로서 어떤 이들은 개인 내부(즉, 노력이나 능력)에서 찾고, 다른 이들은 개인 외부(즉, 운, 과제의 난이도, 상황 등)에서 찾는다는 개념이다. 사건의 원인을 내부에서 찾는 이들을 내부통제형(internal locus of control)이라고 하고, 외부에서 찾는 이들을 외부통제형(external locus of control)이라고 한다. 사실 통제 욕구(need for control)는 여가행동의 가장 중요한 전제 조건이며 이 개념은 이미 설명하였던 자기결정의 욕구와 의미적으로 맞닿아 있다. 통제 욕구란 자기 행동과 세상의 현상을 통제하고자 하는 욕구를 말하며 누구나 조금씩은 가지고 있고, 전체적으로 보면 상대적 차이를 측정할 수 있다.

재미있는 연구 결과는 우리의 예상과 달리 대체적으로 내부통제자들이 외부통제자에 비해 여가활동에 대하여 덜 긍정적인 태도를 가지고 있다는 것이다. 여가를 좋은 것으로 보거나 여가를 가치 있는 것으로 지각하는 경향은 내부통제자들이 아니라 외부통제자들이었다(Kleiber, 1979). 이러한 현상은 내부통제자가 더 목표지향적이고 과업지향적이며 일중심적 사고를 하는 반면, 여가를 게으르고 쓸모없는 것으로 지각하기 때문인 것으로 이해된다. 외부통제자가 오히려 여가중심적 사고를 하는 경향이 있다.

그러나 전반적인 여가태도와 관계없이 적극적인 형태의 여가활동에 참여하는 이들은 그렇지 않은 이들에 비해 더 내부통제형 성격을 가진다는 연구 결과도 있다. 내부통제자는 여가생활을 하더라도 스포츠, 모험, 탐험 여행을 더 선호하는 경향이 있다(Kleiber & Hemmer, 1981; Nickerson & Ellis, 1991). 다시 말해서, 평균적으로는 외부통제자가 더 긍정적인 여가태도를 가지고 있지만, 전반적인 여가태도가 동일한 수준이라면 내부통제자가 외부통제자에 비하여 여가활동을 하는 동안 더 적극적인 경험을 추구한다는 것이다. 예컨대, Mannell & Bradley(1986)는 상황을 세 종류로 구분하고, 피험자를 내부통제-외부통제자로 구분하여 어떤 조건에서 시간왜곡을 더 많이 하는 재미를 느끼는지를 분석하였다. 결과를 요약하면, 어떤 중립 활동(일-여가) 조건에서는 내부통제형이 외부통제형에 비해 더 큰 즐거움 지각하였다. 선택의 자유(free choice)가 높은 조건(즉, 여가)에서는 내부통제형이 외부통제형보다 몰입도 수준이 훨씬 컸으며 재미를 강하게 느꼈지만, 선택의 자유가 낮은 조건(즉, 일)에서는 두 유형간 재미지각의 차이가 없었다[그림 9-1]. 이러한 연구 결과는 여가경험의 질이 개인의 성격 특성에 의해 결정될 수 있음을 알려준다.

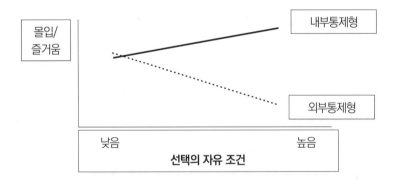

[그림 9-1] 통제소재 성격과 여가 지각(Mannell & Bradley,1986. 재구성)

(2) 주의스타일(attentional style)

인지능력 중 정보처리의 첫 단계에서 가장 중요한 지각과정은 주의(attention)이다. 주의란 개인의 여가경험에 영향을 미칠 수 있는 물리적, 사회적 환경에서 나오는 여러 가지 자극 정보에 관심을 가지는 과정이다. 이러한 주의과정에도 개인마다 능력의 차이가 있다. 동일한 여가 환경에 놓여 있다고 해도 주의를 잘하는 사람이 있고 그렇지 못한 사람이 있다. 이를 주의능력 혹은 주의스타일이라고 한다. 주의를 잘하는 사람은 대개 집중(absorption)을 잘 한다. 주의능력이 강한 사람일수록 자극이나 대상에 더 큰 몰입 가능성이 있으므로 앞에서 말했던 삼매경(flow)에 빠질 가능성도 그 만큼 높다. 주의능력이 강한 사람은 내재적 동기 경향이 높다고 알려져 있다(Hamilton, 1981).

대개의 경우 내향성-외향성 성격 특질은 주의능력과 관련이 많다. 예컨대 내향적인 사람은 외향성이 강한 사람에 비해 행위 그 자체에 집중하는 경향이 많은 반면, 외향성인 사람은 외부 자극에 더 민감하게 반응한다. 그러므로 외향적인 사람은 동일한 여가 활동을 하더라도 활동을 둘러싼 다양한 환경 요소에 반응하는 반면, 내향적인 사람은 현재 수행 중인 활동 그 자체에 집중하는 경향이 있다. 그러므로 여가경험의 다양성 체험은 외향적인 사람이 더 강하겠지만 삼매경과 같은 재미는 내향적인 사람에게서 더 많이 나타난다. 결론적으로 여가 참여 상황을 전제한다면, 외향적인 사람에 비해 내향적인 사람이 자기목적성 경향이 높으며, 결국 즐거움의 지각 가능성이 높다.

(3) 놀이성(playfulness)과 소심증(shyness)

놀이성은 아동 발달 연구 분야에서 특히 주목받았던 개념이지만 성인 여가경험에서도 중요한 의미가 있다. 앞에서 말한 자기목적성과 유사한 개념이지만 목표로 하는 내재적 보상의 범위가 즐거움으로 국한된 것을 말한다. 자기목적성이 어떤 종류의 체험이든 목표로 할 수 있는 역량을 의미하지만, 놀이성은 특히 활동 경험의 놀이적(playful) 측면을 구성하는 능력을 의미한다. 놀이성의 개념과 측정방식에 대해선 다양한 시도들이 있다. 여기에는 지적 호기심, 사회적 자발성, 신체적 운동경향, 유머감각, 재미의 표현력 등이 포함된다. Glynn과 Webster(1992)의 성인 놀이성 척도(The

Adult Playfulness Scale)는 재미사랑(Fun-loving), 유머감각(Sense of Humor), 유희탐닉(Enjoy Silliness), 비형식성(Informal), 유별남(Whimsical)의 5요인으로 구성되었다. 한국에서는 재미추구(재미신념, 주도성, 반응성), 비억제성, 즉흥성 등이 한국인의 놀이성향을 반영하는 핵심 차원이라는 주장도 있다(이순행, 이희연, 정미라, 2018). 이순행 등(2018)의 연구에서는 놀이성향이 개방성, 외향성, 친화성, 성실성과는 정적인 상관을, 신경증과는 부적인 상관을 보였고, 남자에 비해 여자들의 재미신념과 주도성이 더 낮은 결과를 확인한 바 있다.

놀이성향은 지능 및 창의성과도 관련이 있는 것으로 알려져 있다. 놀이성과 창의성 간 관계는 성별의 차이가 있는 것으로 알려져 있다(Barnett & Kleiber, 1982). 남자 아이의 경우 "지능을 통제하면" 놀이성과 창의성 간 유의한 관계가 없지만, 여자 아이들은 놀이성이 강할수록 창의성도 증가한다고 한다. 그러나 한국에서 보고된 연구들에 따르면, 성별에 관계없이 유아들의 놀이성과 창의성이 정적 상관이 있다는 주장이 자주 있다.

한편, 반대로 소심한 성격은 여가를 제대로 즐기기가 어렵다. 이들은 부끄러움을 많이 느끼며, 동일한 여가 장면에서도 즐거운 요소를 찾아내지 못한다. 일상생활에서도 지각된 자유감과 생활의 통제감 및 사회적 유능감이 부족하다고 느끼며, 전반적인 여가경험을 만들어 내는데 어려움을 느끼고 나아가 여가만족도 수준도 낮은 경향이 있다(Leary & Atherton, 1986; Lee & Halberg, 1989; Witt & Ellis, 1984).

(4) 자기정체성(self-identity)

자기정체성이란 심리학에서 가장 중요한 개념 중 하나이다. 특히 인본주의 심리학에서 이 개념은 핵심적이다. 자기정체성은 자신의 능력, 외모, 성격, 가치관, 사회관계, 목표 등 자기(self)를 구성하는 전 영역에 대한 통합적 인식체계로서 다차원적 구성 개념이다. 유사개념으로서 자기개념(self-concept), 자기존중감(self-esteem), 자기이미지(self-image) 등이 있으며 대개는 20대에 형성된다고 한다. 서구인과 달리, 동양인 특히 가족주의 문화가 강한 지역 사이에는 구성 개념의 하위 내용 자체가 질적으로 다르게 구성되는 것으로 알려져 있다. 개인주의 문화에서 가족은 단지 주변인에 불과할 수 있지만, 가족주의 문화에서 가족은 이미 자기라는 개념의 일부분으로 자리잡고 있기 때문이다.

여가활동과 관련하여, 여가는 자발적 행동경험을 의미하기 때문에 자기정체성의 가장 중요한 구성 영역이라고 할 수 있다. 여가경험의 전제가 되는 자기결정은 결국 자기정체성의 확인 과정일 수도 있다. 이런 이유에서 여가정체성이라는 개념이 대두되고 있다(뒤에서 구체적으로 다룰 것이다). 자기이론의 대표 주자인 로저스(Rogers)는 자기를 *이상적 자기(ideal self)* vs *현실적 자기(actual self)*로 구분하여 설명한다. 이상적 자기란 자신이 희망하는 미래 모습을 반영하고, 현실적 자기란 현재 자기 모습에 대한 평가이다. 현실적 자기는 다시 *주관적 자기(subjective actual self)* vs *사회적 자기(subjective social self)*로 구분된다. 주관적 자기란 자기 스스로 평가하는 실제의

자기 모습인 반면, 사회적 자기란 다른 사람들이 자신을 평가하는 것으로 판단하는 내용으로 구성되어 있다. 이처럼 다양한 자기정체성은 각각 상황에 따라 자기 행동을 결정짓는 역할을 수행한다. 가령, 소비 상황에서 이상적 자기의 영향으로 충동 구매하는 경우도 있지만 어떤 이들은 현실적 자기의 지배를 받기도 한다. 사회적 자기가 강하면, 체면 행동을 할수도 있다. 여가경험은 자기 모습을 반영하는 장, 즉 자기표현의 기회이다. 그래서 Kelly(1983)는 "여가활동은 정체성을 구성하는데 유용한 어떤 맥락을 제공한다"고 말한다. 예를 들어 창의적 성격을 가진 이들은 창의적 여가활동을 수행하고 적극적인 행동을 하기 때문에 도전적인 여가활동을 선택하는 경향이 있다.

4　여가연구에서 대두된 성격 개념

심리학의 여러 성격 개념이 여가행동을 설명하기 위해 적용되어 왔으나, 일부 여가학자들은 여가행동 영역에서만 드러나는 여가성격 개념을 탐구하여 왔다. 왜냐하면 일상의 다른 경험과 비교하여 여가경험은 질적으로 다른 측면이 있으며, 여가활동에서만 독특하게 드러나는 심리적, 행동적, 사회적 특징이 존재한다고 가정할 수 있기 때문이다. 여가는 일상탈출의 경험을 전제로 한다는 점에서 일반적인 성격 개념보다 여가행동에서만 적용되는 영역 구체적인 개념(an area-specific construct)이 더 유용할 것이다. 다양한 개념들 중 여가행동에 대한 설명력이 크며, 비교적 타당한 개념적 논리를 갖춘 용어들을 소개할 것이다.

(1) 여가자극 민감성-권태성(leisure susceptibility-boredom)

개인적인 경험 중 따분함이나 민감함은 가장 일반적인 것 중 하나이다. 어떤 사람들은 외부 자극에 대해 민감하게 반응하는 반면 다른 사람들은 무딘 반응을 보인다. 동일한 외부자극이 존재하더라도 그 반응이 다른 것은 개인 성격이 그런 자극을 민감하게 수용하느냐 하느냐 아니면 무시하느냐에 달려 있으며, 물리학적으로 설명하면 그것은 각성역치 수준이 다르기 때문이다. 즉 개인은 평균적으로 각성역치 수준(level of arousal threshold)을 가지고 있다. 다시 말해서 어떤 사람들은 각성역치 수준이 높아서 웬만한 자극에는 반응하지 않는 반면 각성역치 수준이 낮은 사람들은 아주 작은 자극에도 민감하게 반응한다. 전자는 둔감성이 높은 경우이고, 후자는 민감성이 높은 경우이다.

이러한 논리를 여가 장면에서 적용하면, 둔감성이 높은 사람은 자유시간을 따분하고 무미건조한 것으로 간주하는 경향이 있고, 웬만한 여가경험에는 재미를 느끼지 못한다. 역치 수준이 높기 때문이다. 이런 성격을 여가자극 권태성(leisure boredom)이라고 하며, Iso-Ahola & Weissinger(1990)는 여가권태성 척도를 개발하였다.

여가권태성 점수가 높은 사람은 스스로를 사회적 유능감, 자기오락화 능력, 자기존중감, 여가에 대한 긍정적 태도 등이 낮다고 지각하며, 다양한 여가활동을 추구하지 않는 경향이 있다. 또한 약물중독에 빠진 사람들은 여가권태성 점수가 높은 경향이 있으며, 이들은 여가행동을 하더라도 자극 강도가 매우 큰 락 콘서트(rock concert)나 격렬한 운동을 추구한다. 왜냐하면 웬만한 자극으로는 각성 상태에 도달할 수 없기 때문이다. 그래서 약물은 최소한의 노력으로 강한 자극을 얻을 수 있는 거의 유일한 대안이 되기 때문에 약물중독은 악순환이 된다(Iso-Ahola & Crowley, 1991:260). 그리고 대개 내향적 성격보다 외향성 성격이 더 각성 역치 수준이 높으며 따분함을 견디지 못한다(즉, 여가 권태성이 높다). 그래서 이들은 권태로움에 대해 민감하게 반응하여 강한 자극을 요구하는 경향이 있다. 또는 이것저것 다양한 것에 흥미를 보이며, 어느 한 가지에 오랫동안 집중하지 못하는 모습을 보이지 않을 가능성이 있다.

(2) 자기목적적 성격(autotelic personality)과 내재적 여가동기화 성향(intrinsic leisure motivational orientation)

여가경험의 결정은 궁극적으로 참여자의 개인 특성에 달려있다. 스스로 선택하고 내재적 보상을 추구하는 행동은 개인이 결정하는 것이기 때문이다. 아무리 어려운 과제 활동이라고 하여도 혹은 강제로 시작한 활동이라고 해도 개인이 그것을 어떻게 생각하느냐에 따라 그것은 여가경험이 될 수도 있고 아닐 수도 있다. 주어진 과제에 대하여 어떤 이들은 자신의 마음가짐을 내재적 동기로 쉽게 구조화하는 능력을 가지고 있으며, 이런 이들은 일조차도 여가경험으로 전환시켜 버린다. 이를 자기목적적 성격이라고 한다(Csikszentmihalyi, 1975, 1990). 자기목적성이 강한 이들은 일상의 모든 일에서 내재적 흥미를 갖고 즐거움을 추구하는 경향이 있다. 여가활동이 아닌 장면에서조차 여가경험을 창출하는 능력 즉, 모든 일을 여가답게 만드는 능력이 있는 것이다. 이들은 일상의 다양한 활동을 수행하면서도 자신의 능력과 기술에 맞게 과제를 해석하여 최적의 도전할 만한 수준을 만들어냄으로써 따분함이나 불안 수준을 스스로 제어하는 경향을 보인다. 자기목적성은 그러므로 앞에서 말한 주의스타일과도 밀접하게 관련이 있다. 주의 능력이 뛰어날수록 상황을 자신에게 맞게 재해석할 수 있기 때문이다. 그리고 이 성격이 강한 이들은 처음부터 기술/능력에 맞는 난이도의 과제를 선택할 가능성이 높다.

자기목적적 성격이 일상 경험을 여가답게 재구성하는 능력을 의미하는 성격 개념이라면 '내재적 여가동기화 성향'은 여가행동에만 적용되는 여가영역 구체적인 개념이다. 두 개념은 본질적으로 동일한 논리로 구성되어 있다. 다만 전자는 다양한 인간행동을 여가경험으로 전환시킬 수 있는 능력을 의미하는 반면, 후자는 다양한 여가행동을 더 즐거운 것으로 구조화시키는 경향성을 의미한다. 그러므로 자기목적적 성격은 내재적 여가동기 성향보다 더 큰 구성 개념인 셈이다.

내재적 여가동기 성향이 강한 이들은 동일한 여가활동을 하더라도 자기결정욕구, 유능감욕구, 깊은 몰입욕구, 도전욕구 등이 강한 특징 있으며, 수행 중인 그 여가활동이 내재적 보상을 가져다 줄 것이라고 지각한다(Iso-Ahola & Weissinger, 1990; Weissinger & Iso-Ahola, 1984). 그래서 가능하면 재미있는 방식으로 체험을 추구하는 것이다.

이러한 내재적 여가동기 성향이나 자기목적적 성격은 특히 자기오락화 능력(self-as entertainment capacity)과도 밀접하게 관련이 있다. 냉정하게 말하면 자기오락화 능력은 자기목적적 성격의 하위 차원이라고 할 수 있다. 자기오락화 능력은 행위자 자신, 환경, 놀이 체험 등 다시 세부적인 세 가지 차원으로 나누어진다(Mannell, 1984). 첫째는 자기양식(self mode)으로서 이는 스스로 자유 시간을 성공적으로 구조화 시킬 수 있다고 믿는 정도이며, 결국 시간계획화(time-scheduling) 능력이다. 둘째 환경양식(environmental mode)은 자유 시간을 채우는 구체적인 활동을 선택하고 결정할 수 있는 능력으로서 활동계획화(activity-scheduling) 능력이다. 셋째는 놀이화 양식(mind-play mode)으로서 자유시간을 위하여 환상이나 상상을 사용할 수 있는 마음의 능력을 뜻한다(Kleiber et al., 2011: 212). 이 장의 맨 뒤에 [사례]에서 자기오락화 능력 척도(Mannell, 1984, 1985)를 번역하여 소개하였다.

(3) 여가정체성(leisure identity)

이미 설명한 것처럼 여가경험은 개인의 정체성을 구성하고 유지하고 강화시켜주는 중요한 영역이다. 대개 사람은 자발적인 기회가 주어질 때 경험을 통하여 자기의 가치관이나 성격을 표현하고, 능력을 확인하고 증진시키고자 하며, 나아가 의식적이든 무의식적이든 전반적으로 성장하는 자신을 확인하고자 한다. 자기정체성이 인생 전반에 걸쳐 있는 자기이미지라면 여가정체성은 여가 참여자로서 영역 구체적인 자기개념(leisure specific self identity)이다. 그러므로 여가정체성은 자기정체성의 하위 차원일 수도 있고, 선행변수일 수도 있다. 여가정체성, 여가경험 및 자기정체성의 관계는 상호 교류적이며 다음 그림과 같이 묘사할 수 있다.

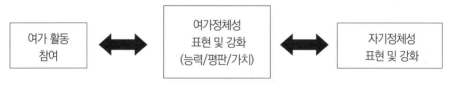

[그림 9-2] 여가정체성의 구조

여가정체성이 전체적인 자기개념에서 중요한 이유는 최소한 세 가지로 정리된다 (Shamir, 1992). 첫째, 여가정체성은 개인의 능력과 재능을 표현하게 해준다. 둘째, 여가정체성은 사회적 관계/평판을 유지하게 해주고, 셋째 여가정체성은 개인의 핵심 가치와 흥미를 강화시켜줄 것이다. 여가활동을 수행하는 동안 신체적 능력을 증진하는 것은 궁극적으로 신체적 건강을 유지하는 데 도움이 되며 이는 스스로를 건강한 사람으로 지각하게 할 것이다. 또한 여가경험을 통한 인지적 능력이나 정서적 공감 능력의 실현은 전체적으로 자신감을 증진할 수 있으며 다른 사람과 교류할 수 있는 능력과 기회를 제공한다. 실제로 아동이 자전거 타기를 배우는 것은 유능감을 증진시킬 뿐만 아니라 또래집단과 어울릴 수 있는 기회를 제공한다(Kleiber & Kirshnit, 1991). 결국 여가정체성이 자기정체성 확증에 도움이 된다는 결론은 의심할 여지가 없으며 일반적으로 '가벼운 여가'보다는 '진지한 여가' 경험이 더욱 도움이 된다고 알려져 있다(Stebbins, 1992).

여가정체성의 다른 이슈는 취미 활동으로서 여가활동의 종류에 따라 자기이미지를 다르게 지각한다는 점이다. 일반적으로 사람들은 각종 스포츠 선수들을 영역별로 다르게 지각하는 경향이 있다. 가령, 골퍼(Golfers)들은 테니스 선수 및 보울러(Bowlers) 등에 비해 더 외향적이고 자아 조직적인(ego organization) 성격을 지닌 것으로 평가된다는 결과도 있다(Kleiber et al., 2011, p.365. 재인용). 육상이나 라켓볼 등 다양한 운동선수를 스스로 평가하게 한 연구들도 운동 종목별로 자신에 대한 다른 정체성 이미지를 가진다는 연구 결과도 있다(Spreitzer & Snyder, 1983). Haggard & Williams(1992)는 잠재적인 여가 참여자에게 향후 가장 하고 싶은 여가활동의 종목을 선정하고, 해당되는 여가활동에 참여함으로써 획득하고자 하는 바람직한 정체성을 평가하게 하였다. 그 결과 배구, 카약, 기타, 체스 등이 대표적인 여가활동으로 선정되었고, 각 종목별로 여가경험이 제공하는 정체성의 내용은 극명하게 다르다는 사실을 확인하였다. 다음의 표는 이를 요약한 것이다. 이러한 연구들은 여가정체성이 자신이 주로 수행하는 여가활동의 경험에서 유발되며, 그것은 다시 자기정체성을 확립하고 유지하는 데 중요한 역할을 한다는 것을 의미한다.

〈표 9-2〉 여가 참여자의 여가 정체성(Haggard & Williams, 1992)

영역	배구선수	카약선수	기타리스트	체스 선수
내용	운동능력 열정적 건강 관심 많음 신체적으로 건강 운동지향성 팀워크 정신	모험적 재미추구 강함 경관 관람형 신선한 공기 선호 자연주의자 야외활동형	개인 평화 추구 창의적 내향성 인내심 조용함	분석적, 문제해결능력 논리적 수학적 사고 조용함 전략적 사고

5 향후 연구

여가성격 개념을 이해하는 것은 학문적으로나 실무적으로 다양한 의의를 지니고 있다. 우선은 여가행동을 더 잘 이해하는 데 중요한 단서가 되며, 이를 통해 개인 성격에 맞는 여가활동을 선택하고 참여하도록 유도하는 프로그램을 구성하는 데 도움이 될 것이다. 구체적으로 여가치료나 교육 프로그램을 구성할 때 효과의 준거가 될 수도 있다. 여가진단이라는 영역에서는 가장 기초적인 개념인 것이다. 또한 여가 마케팅에서 시장세분화의 중요한 기준이 될 수도 있다. 모든 마케팅은 시장세분화에서 출발한다는 점에서 여가성격의 개념은 가장 기본적인 출발선인 셈이다. 그러나 여가성격에 대한 연구는 아직도 미개척 분야라고 할 수 있으며, 많은 전문가가 필요한 실정이다.

[사례 9-1]
다음은 Mannell의 '자기오락화 척도'를 필자가 번안한 것이다(Kleiber *et al*., 2011, pp.192-193 재인용). 각 문항의 진술이 응답자 자신의 모습에 얼마나 부합하는지를 판단하여 동의하는 수준을 다음 보기 중에 하나 고르시오.

① - ② - ③ - ④ - ⑤
비슷하지 않다　　조금 비슷하다　　매우 비슷하다

1. 나는 풍부한 상상력을 가지고 있다.
2. 나는 할 게 많은 곳을 가고 싶다.
3. 무엇이든 재미있게 만들 수 있다.
4(r). 자유 시간이 주어지더라도 무엇을 하며 보내야 할지 모르겠다.
5. 무언가를 기다리는 동안, 나는 내 정신에 빠져 시간가는 걸 모르는 경우가 많다.
6. 새로운 곳을 여행할 때 나는 거의 언제나 즐거움을 느낀다.
7(r). 자유시간을 어떻게 보내야 하는지 문제를 종종 느낀다.
8(r). 계획했던 어떤 일이 취소되고 나면, 이를 대체하여 즐길만한 일을 찾는 게 힘들다.
9. 나는 내 스스로를 즐겁게 만드는데 익숙하다.
10. 나는 주로 밖에 나가는 것을 좋아한다.
11. 나는 휴식을 하는 동안 상상하는 것을 즐기는 편이다.

12. 만약 하루 종일 쉬게 된다면, 야외로 놀러가는 것을 좋아한다.

13. 자유 시간이 있을 때, 주변에 그 시간을 함께 보낼 누군가가 늘 있다.

14. 나는 새로운 곳을 여행하는 것을 좋아하는 사람이다.

15. 나는 해야 할 어떤 것을 놓치지 않는 편이다.

16. 나는 자유시간에 즐길 만한 것을 찾아내는 데 익숙하다.

17(r). 나는 종종 자유 시간에 무엇을 해야 할지 결정하기 어려울 때가 많다.

18. 나는 할 수 있는 재미있는 것을 쉽게 상상해낸다.

19. 나는 즐거운 추억이 있는 장소를 기억할 수 있다.

20. 공상(백일몽)이 없다면 내 인생은 무미건조할 것이다.

21. 내 스스로를 즐기기 위하여 나는 상상을 하는 편이다.

22(r). 나에겐 내가 직접 결정하고 선택하여야만 하는 시간이 너무 많다.

23. 나는 어떤 게임이든 쉽게 배운다.

24. 내가 좋아하는 여가활동들은 나의 지식과 기술을 필요로 한다

25. 따분함을 느낄 때 나는 무언가 사건이 생기는 곳을 찾는다.

26. 나는 새로운 것을 배우는 것을 좋아한다.

27(r). 나는 종종 아무 것도 할 게 없는 나를 느낀다.

28. 내 스스로를 즐기는데 장소는 문제가 되지 않는다.

[총점계산 방식]. (r) 표시는 역전문항이므로 그 문항의 응답 점수는 역전시켜 계산한다(즉, 1→5, 2→4, 3→3, 4→2, 5→1로). 그 다음 각각 문항의 응답 점수를 합하여 계산. 합산점수를 28로 나누면 평균 자기오락화 점수를 알 수 있다. 140점 만점. 각 문항은 자기 양식(3, 4, 7, 8, 9, 15, 16, 17, 18, 22, 23, 24, 26, 27, 28번 문항), 환경화 양식(2, 6, 10, 12, 13, 14, 19, 25), 오락화 양식(1, 5, 11, 20, 21) 중 하나에 분류된다.

1 여가행동을 이해하는 데 있어서 개인 성격이 왜 중요한지 설명하시오.

2 개인의 성격에 대한 접근 방식을 분류하여 설명하시오.

3 심리학의 성격 이론 중 여가행동 연구에 활용되어 온 성격 개념들을 소개하시오.

4 여가학 분야에서 대두 된 여가성격 개념들을 소개하시오.

5 BIG 5 이론을 활용하여 여가행동을 설명하시오.

6 통제의 소재와 여가행동의 관련성을 설명하시오.

7 주의스타일과 통제소재 및 자극민감성의 개념을 상호 연계하여 여가행동을 설명
  하시오.

8 여가정체성과 자기정체성의 관계를 설명하시오.

9 자기목적성, 내재적 여가동기 성향, 자기오락화 능력을 각각 설명하고 이것들의 관계를
  설명하시오.

10 이 장에서 설명한 성격을 제외하고, 독특한 여가행동을 설명하는 데 유용한 개인의 성격
  특성을 새롭게 구성하여 보시오.

11 여가성격 개념에 근거하여 바람직한 여가 프로그램을 구성하여 발표하시오.

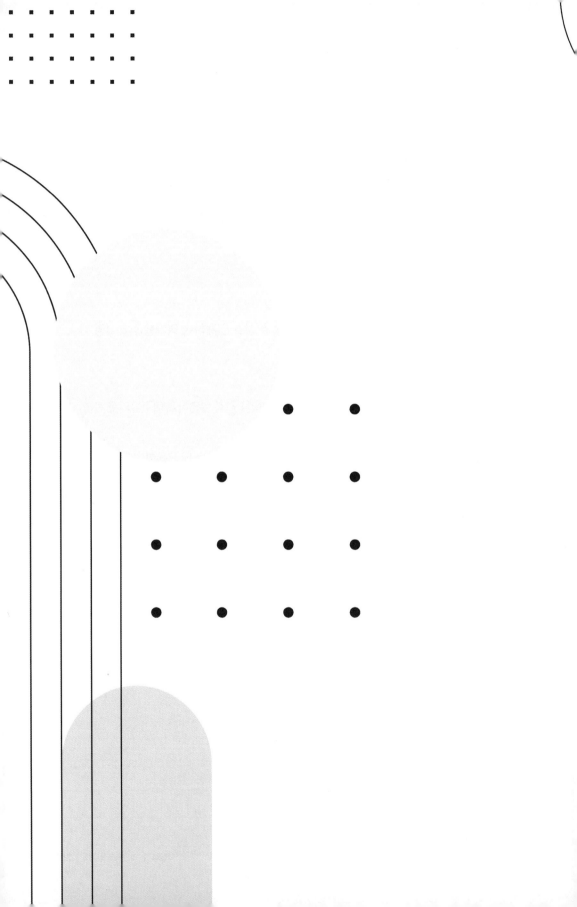

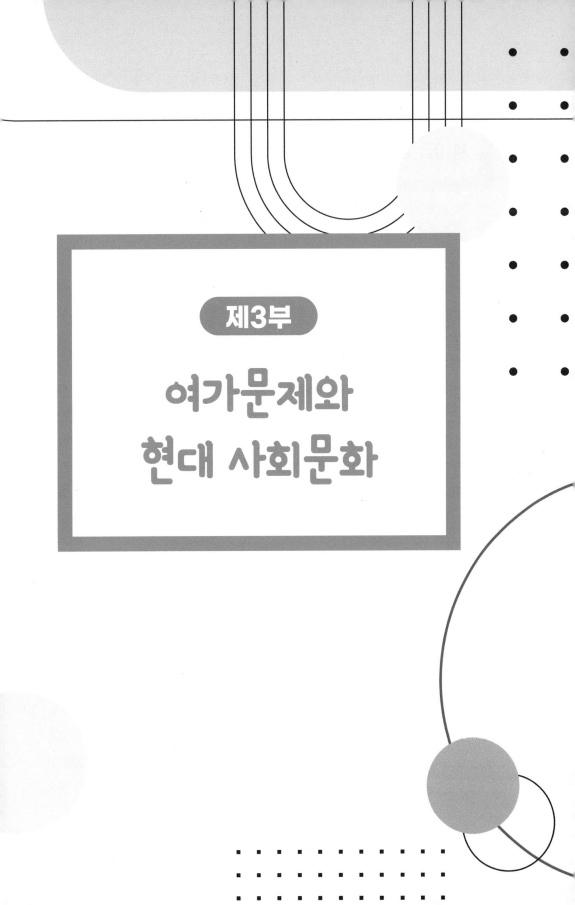

제3부

여가문제와
현대 사회문화

제10장 | 여가제약과 여가 지속성

희망하는 여가경험/활동이 있어도 참여하지 못하는 사람들이 있는 반면, 다른 이들은 특정한 활동에만 지나칠 정도로 몰두하여 문제를 일으킨다. 특정 여가활동에 집착하며 살아가는 이들이나, 반대로 원하는 여가활동에 참여하지 못하는 경우 모두 심리적/사회적 문제가 될 수 있다. 희망 여가경험을 원하는 만큼 수행하는 것처럼 보이는 경우에도 실제로는 다른 문제가 내재된 경우가 많다. 여가참여의 제약이나 과잉 현상은 모두 개인적, 사회적 문제가 된다. 물론 어떤 특정한 여가활동에 반복적이고 지속적인 참여를 통해 개인적 성장과 행복을 추구하는 현상도 있다. 이를 여가 지속성이라고 한다면, 여가경력이나 여가전문성 및 진지한 여가 현상은 모두 지속적 여가 현상으로 다룰 수 있을 것이다. 그러므로 여가제약과 여가 지속성은 여가활동 참여 양상의 양극이라고 할 수 있겠다. 나아가 다음 장에서 다룰 여가중독이나 반달리즘(vandalism)은 여가과잉의 범위에 해당된다.

1 여가제약(leisure constraints)

여가제약은 '여가경험을 얻기 위하여 자신이 선호하는 어떤 활동에 참여하고자 할 때, 여러 가지 한계 때문에 원하는 여가활동을 즐기지 못하는 심리적 상태이거나 또는 그 원인에 해당되는 한계 요인들'로 정의된다. 즉, 여가 동기는 활성화되었으나 여가활동의 기회를 얻지 못하거나, 참여 기회는 있으나 다른 이유가 있어서 여가체험을 얻지 못하는 경우는 모두 여가제약 요인(constraints barriers)이 개입되어 있기 때문이다.

여가제약에 대한 역사적 관심은 사회복지의 차원에서 출발했다. 여가제약에 대한 연구관심이 대두된 것은 1960년대 미국의 옥외여가자원 위원회(outdoor recreation resources review commission)가 제시한 국가연구보고서 때문이다. 이 보고서는 미국인의 옥외여가수요, 여가활동을 위한 시간과 돈의 사용의지 등에 영향을 미치는 요인을 포괄적으로 조사함으로써 공원 및 서비스의 개선 방안을 제시하기 위한 것이었다. 1970년대와 80년대에 이르러 보다 세련된 연구가 이루어지고, 특히 사회심리적 제약 요인에 대한 중요성을 인식하게 되었다.

이후 여가제약 요인에 대한 다양한 분류 체계와 범위가 고려되었다. 여가제약의 범위 설정에서 가장 중요한 것은 여가참여자와 비참여자를 구분하는 것이었고, 이를 통해 제약요인의 성격이 본질적으로 어떻게 달라지는가를 확인할 수 있다. 사실 수요가 있음에도 여가활동 참여가 불가능한 경우도 있고, 처음부터 수요가 없기 때문에 해당 여가활동에 참여하지 않기도 한다. 개인의 행복과 사회 복지의 차원에서 볼 때, 여가수요가 있든 없든, 혹은 여가 참여자이든 아니든 모두 문제가 된다. 다만, 상대적으로 무엇을 중요하고 시급하게 해결하여야 할 것인가의 차원에서 볼 때, 처음부터 여가수요가 없는 경우보다는 수요가 있더라도 참여할 수 없는 경우가 더 중요하다. 수요가 있더라도 흥미 있는 해당 여가활동에 참여할 수 없는 이유는 개인적인 요인, 사회적인 요인, 시설의 측면 등 다양하다.

물론 처음부터 수요가 없는 경우도 여가제약으로서 연구 대상이 될 수 있는데, 여가 흥미의 결핍이 사회적 교육이나 다른 환경 요인에 의해 결정되었을 가능성이 있는 경우이다. 이런 경우는 여가목록의 범위가 사회적으로 결정되었을 가능성이 있으며, 초기 여가교육이 미진했기 때문일 수 있다. 앞에서 우리는 여가목록이 넓을수록 더 행복한 삶을 살아갈 가능성이 높다는 것을 확인하였다. 결국, 여가제약의 논점은 수요의 여부까지 포함하여, 개인적, 사회적, 제도적, 물리적 기회를 포괄하는 문제라고 할 수 있다.

여가수요의 여부를 여가 참여자와 비참여자로 구분하여 정리한 것이 [그림 10-1]이다. 이 그림은 어떤 여가활동에 참여하지 않는다고 해서 반드시 수요가 없는 것이 아니라는 것을 잘 보여준다. 여가 비참여자 중에도 욕구가 활성화된 경우나 잠시 유예된 경우도 있을 수 있다. 욕구가 활성화되었음에도 불구하고 경제적, 사회적, 심리적 제약이 있기 때문에 비참여자가 되는 경우, 여가욕구는 잠재수요로 남아있게 된다. 이런 경우 여가제약은 심각한 수준의 불만이 된다. 여가욕구가 유예된 상태는 대개 스스로 자신의 여가욕구를 분출하지 않으려는 현상을 말하며, 해당 여가에 대한 지식이 부족하거나 시설이 불충분하여 현실적으로 참여할 수 없다는 것을 깨닫고 있는 경우이다. 이런 경우 여가 비참여에 대한 불만은 그리 큰 편이 아닐 것이다. 그리고 어떤 여가활동에 대하여 흥미가 없는 경우에는 수요 자체가 드러나지 않기 때문에 개인적으로 문제로 인식되지 않는다. 그렇지만 객관적으로 문제가 아닌 것은 아니다. 이런 조건은 대개 한 사회의 환경과 제도 및 교육에 의해 그런 수요를 가지지 못하도록 학습되었을 가능성이 있기 때문이다. 물론 여가제약으로서 문제가 심각한 상황은, 여가흥미가 있으나 참여 불가능하여 심각한 불만을 초래하는 경우이다. 그러므로 국가나 사회적 차원에서 여가제약의 문제를 해결하는 데 있어서 우선 순위도 '수요가 이미 활성화된 경우'가 먼저여야 한다.

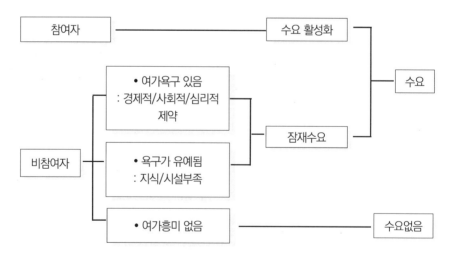

[그림 10-1] 여가 참여자와 비참여자 및 여가수요의 관계(Jackson & Dunn, 1988)

(1) 여가제약 요인의 종류와 모형

여가제약이 여가수요와 밀접히 관련된 것이긴 하나, 제약 요인의 구체성에 따라 해결하기 쉬운 것도 있고 어려운 것도 있다. 여가제약 요인의 종류는 연구자에 따라 다소 다른 기준으로 분류되기도 하는데 크게 2요인 이론과 3요인 이론이 알려져 있다. 그리고 기능적 관점에서 여가행동 과정에 따라 각 제약 요인의 역할이 다르다는 위계적 여가제약 이론이 있다.

① 여가제약 2요인 모형

여가제약 2요인 모형은 여가제약을 내적 제약요인(internal constraints)과 외적 제약요인(external constraints)으로 구분한다. 내적 제약요인은 여가활동에 대한 개인적인 흥미, 지식, 기술 등 행위자 개인의 문제를 의미하는 경우이다. 반면, 외적 제약요인은 시간 부족, 경제력 부족, 여가시설 부족 등 주로 활동의 맥락이나 환경조건 등을 의미한다. 전자는 순수하게 개인의 심리적 특성을 의미하는 것으로서 수요가 유예되었거나 없는 경우를 반영한다. 반면, 후자는 개인의 사회 통계적 특성과 사회 환경의 특성을 의미하며 그래서 여가참여 수요가 이미 활성화 되었으나 현실적인 이유 때문에 참여할 수 없는 상황을 포함하고 있다. 사실 외적 요인에는 개인적, 사회적, 물리적 제약들이 다소 복합적으로 포함되고 있다.

관리방안: 시장관리 차원에서 볼 때, 내적 제약과 외적 제약요인의 유무 조건에 따라 관리 전략의 방향이 달라질 수 있다. 〈표 10-1〉은 이러한 여가시장 관리의 방향을 알려준다. 우선 내적 제약과 외적 제약이 모두 없는 Ⅳ의 상황은, 이미 구체적인 어떤 여가상품과 관련된 여가시장이 형성된 경우이다. 이런 경우는 '완전경쟁시장'이라고 할 수 있다. 이 조건에서 여가 공급자는 세련된 차별화 전략을 추진하여야 한다.

여가활동에 참여하지 않는 조건 중 시장이 형성되지 않은 경우는 내적 제약과 외적 제약이 동시에 존재하는 경우이다. 즉, Ⅰ의 상황에서 관리자는 새로운 시장을 개척할 수 있으나 초기 투자를 해야 하는 모험을 감행해야 한다. 여가환경이나 상품 개발만이 아니라 소비자를 교육하고 흥미를 유발하는 노력까지 필요할 수 있다. 예를 들어 러시아인들에게 에어컨을 파는 것, 아프리카 사람들에게 신발을 파는 것 등은 상당히 오랜 시간 재정적, 문화적 투자를 통해서만 가능한 것이다.

<표 10-1> 내/외 여가제약 조건에 따른 여가시장 전략

		내적 제약	
		있음	없음
외적제약	있음	I. 여가 비참여 (여가시장 미형성) – 시장 개척 　여가교육 – 초기투자 많음 – 정책 개선 개입	II. 여가 비참여 (잠재 여가시장) – 여가상품, 시설, 시간 관리 필요 – 과감한 투자 전략 – 상품개선을 통한 선점 전략 　정책 개선 개입
	없음	III. 여가 비참여 (잠재여가시장) – 체계적인 고객 관리 – 여가 지식, 기술, 흥미 등 관리 – 여가 교육 필요	IV. 여가참여 (기 형성된 여가시장) – 경쟁 시장 전략 – 차별화 전략 – 광고 홍보 전략

관리자의 입장에서 시급하게 개입하여야 하는 경우는 여가 비참여 중 II와 III의 조건이다. 내적 제약은 없으나 외적 제약이 있는 II의 조건에서 여가 공급자는 여가상품을 개선하는 데 초점을 두어야 한다. 여가수요가 있기 때문에 그 수요를 충족시키는 상품 전략이 필요한 것이다. 반면, 외적제약은 없으나 내적 제약이 있는 III의 경우에는 고객관리에 초점을 두어야 한다. 잠재고객의 흥미와 동기를 유발하고, 기술과 능력을 함양시켜야 하는 어려움이 있다. 사실 여가 공급자는 잠재 시장의 소비자를 대상으로 여가교육의 방법으로써 장기적으로 시장을 개척하고 관리할 수 있는 것이다.

② 여가제약 3요인 모형

여가제약 2요인 모델의 문제점은 개념의 모호성에 있다. 내적 제약이 개인의 심리적 측면을 포함한다면, 외적 제약요인은 개인적 문제와 사회적 문제 그리고 환경적 요인까지 포괄하고 있기 때문이다. 그래서 더 구체적으로 이를 구분하여 정리할 필요가 있었고, 따라서 Crawford와 Godbey(1987)는 제약요인을 세 가지로 분류하였다.

각각 개인 내적 요인, 대인적 요인, 그리고 구조적 요인이라고 부른다.

개인 내적 요인(intrapersonal constraints) : 이는 다분히 여가행동에 대한 개인의 심리적 조건을 지칭하는 것으로서 성격, 태도, 기분, 지식, 기술 등을 의미한다. 이는 2요인 모형에서 내적 요인에 해당되는 것이며, 이런 요인이 있을 때 여가 수요는 생기지 않는다.

대인적 요인(interpersonal constraints) : 인간은 누구나 사회적 관계망 속에서 생활한다. 그래서 대인관계망은 여가행동의 중요한 조건이 되며, 여가 참여를 저해하는 요인이 된다. 이는 다분히 사회구조적 측면과 사회심리적 측면을 동시에 포함하고 있다. 가족구성원, 친구, 동료의 규모와 특징이 그대로 영향을 미치기 때문이다. 타인으로부터 나오는 압력, 사회적 관계 구조, 지위/체면 등이 모두 이에 해당된다.

구조적 요인(structural constraints) : 개인 내적 요인과 대인적 제약요인이 없더라도 여가 활동을 할 수 없는 경우가 있다. 환경이라는 외부 조건에 의해 야기된 참여기회의 제한이 그것이다. 여가참여 비용이 너무 크거나, 시설의 미진함, 사회제도와 규범, 기후 등은 모두 구조적인 것이라고 할 수 있다. 가령, 바다낚시를 하고 싶고, 그럴 능력이 충분히 있음에도 불구하고 바람이 너무 세게 불면 그런 여가활동을 피해야 하는 것이다. 그런데 구조적 요인의 범주는 약간 혼란의 여지가 있다. 이는 매우 복합적인 내용으로 구성되어 있으며, 엄밀히 따지면 여가활동이 지닌 구조적인 요인과 여가활동을 둘러싼 환경 요인으로 구분되어야 한다. 여가참가 비용을 의미하는 상품 가격, 여가 시설의 문제, 여가활동의 기제 복잡성 등은 모두 여가활동 자체가 지닌 구조적 요인들이지만, 사회적 제도, 물리적 환경 등은 모두 환경차원의 문제이다.

관리방안 : 세 가지 제약요인의 관리와 관련하여 고려해야 할 부분은 바로 각각의 요인들이 '통세 가능한가'의 여부이다. 어떤 세약요인이 있너라도 이것이 안정적인 것이라면 개선하기 어려워진다. 반면 그것이 가변적이라면 행위자나 공급자는 이를 개선할 만한 기회를 가지게 된다. 그래서 각 요인의 안정성은 행위자나 관리자의 입장에서 여

가참여를 관리할 수 있는 중요한 단초를 제공한다. 안정성의 여부에 따라 각 요인을 다시 분류할 수 있다.

<표 10-2> 세 가지 여가제약 조건과 안정성 여부

		제약 종류		
		개인적 요인	대인적 요인	구조적 요인
안정성	안정적	능력, 자신감, 성격, 건강 등	사회규범, 의무, 역할, 지위, 가족규모 등	경제력, 자원, 시설, 자연환경 등
	가변적	태도, 동기, 노력여부	사회교류 범위 및 기회	시간, 정보, 기후 등

③ 여가제약의 위계적 모형 (Crawford, Jackson & Godbey, 1991)

위에서 설명한 여가제약 3요인 모델은 각각 요인들이 평형한 수준에서 작용하는 게 아니라 순차적, 혹은 위계적으로 작용한다고 알려져 있다. Crawford 등은 여가활동에 대한 수요가 생긴 다음부터 실제로 참여 여부까지의 과정을 고려하여 각 단계마다 서로 다른 제약요인이 개입할 수 있다고 주장하였다. 특히 대인관계를 포함하고 있는 여가활동의 경우 이러한 모델은 설명이 잘 된다.

대개 모든 여가활동에 대한 선호는 욕구에서 출발하며 그것은 개인의 심리적 특성의 영향을 받는다. 그래서 개인 내적 제약은 여가선호도에 직접 영향을 미칠 것이다. 만약 개인 내적 제약이 문제가 되지 않는다면 다음에 고려할 사항은 대인적 제약이 있는가의 여부이다. 만약 대인적 요인들이 어떤 방식으로든 여가 참여를 제한할 수 있다면, 개인은 대인관계를 조정하고 절충하여야 한다. 이 때 필요한 것이 대화와 타협이며, 소위 연합 의사결정(joint decision making)이 필요한 것이다. 대인간 문제가 해결된다고 해도 여가참여가 즉각적으로 이루어지는 것은 아니다. 여가활동의 구조적 문제와 환경 요인의 제약이 있다면 여가참여는 요원해진다. 반대로 이런 구조적, 환경적 제약요인이 없거나 무시할 수 있다면 여가참여는 순조롭게 이루어질 것이다.

[그림 10-2] 여가제약요인의 위계적 모형(Crawford 등, 1991)

[그림 10-2]에서 보면 세 가지 제약요인이 각각 독립적으로 작용하는 것으로 여길 수 있으나, 실제로 세 가지 제약요인은 상호 밀접한 연관이 있다. 구조적 제약은 대인적 제약요인을 야기할 수도 있고, 대인관계의 성질은 다시 어떤 여가활동에 대한 개인적 흥미를 반감시킬 수도 있기 때문이다. 가령, 모험 여행을 고려하는 경우 초기에는 개인 내적 제약요인이 전혀 문제가 되지 않은 것처럼 보이지만, 해당 목적지(예, 중동지역)의 치안이 위험하여 여행 동료들이 여행을 꺼린다고 생각해보자. 치안은 구조적이고 환경적인 문제이고 이것이 대인적 제약요인을 야기한 셈이 된다. 그리고 동료들과의 대인관계 특수성 때문에 행위자가 마지못해, '그 곳 여행이 바람직하지 않다'는 최종 결론을 내렸다면 이는 '내면화된 사회적 관계'가 결정적인 영향을 미친 상황이 된다. 결국, 세 가지 제약요인은 상호 연관성을 갖게 된다.

또 다른 논의거리는 동일한 사회적 요인과 구조적 요인이 있더라도 그것을 행위자가 어떻게 해석하느냐에 따라 제약요인이 될 수도 있고, 참여 촉진요인이 될 수 있다는 점이다. 모험여행을 다시 생각해보자. 목적지의 위험요소는 모험을 의미하는 바, 그런 곳을 여행하는 것이 더 극적인 즐거움을 가져올 것이라고 믿게 할 수 있고 그것은 오히려 '긴장'과 '자기향상의 욕구'를 자극할 것이다. 그리고 대인관계에서 다른 사람이 반대하는 것은 오히려 반발심리(reactance thinking)를 불러일으킬 수도 있다.

한편 '타인의 존재 상황'이 여가활동을 하는 참여자의 자기존중감을 증진시킬 수도 있고 저해할 수도 있다. 예를 들어, Frederick, Havitz, & Shaw(1994)는 에어로빅 수업 참가자를 대상으로 타인의 존재가 여가경험의 질을 고양시키는지 혹은 저해하는지를 분석하였다. 연구 결과, 존재하는 타인의 영향은 행위자의 자기존중감 수준에 의해 달라진다는 사실을 확인하였다. 즉, 자기존중감이 높은 행위자의 경우, 다른 에어로빅 참가자가 자신보다 유능하여 더 우아하게 움직인다면 상대적 박탈감을 겪게 되며 행위자의 자기존중감을 감퇴시킬 뿐 아니라 참가의지를 저해한다는 것이었다. 결국, 제약요인의 영향은 매우 주관적인 것이며 영향기제 또한 매우 복잡하다고 결론내릴 수 있다. 개인의 특성, 여가활동의 종류 및 상황에 따라 동일한 제약요인이라도 그것은 촉진요인이 될 수도 있다.

[사례 10-1] 우리나라 국민의 문화적 여가참여 제약 요인

다음 [그림]은 우리나라 국민의 문화산업 참여 제약에 관한 실태조사 결과이다. 문화상품 관람, 문화교육, 문화시설 이용을 분류하여 각 문화활동의 제약 요인을 조사하였다(문화관광연구원, 2016). 이를 보면 우리나라 국민들이 문화산업에 참여하지 못하는 주요 제약요인은 '비용 〉시간 〉프로그램 〉정보부족' 등이다. 이들 4 가지 요인으로 인해 문화 관람을 못한다는 응답이 대략 80%에 육박하고 있고, 문화 교육을 받지 못하고 있다는 응답이 85% 수준이고, 문화공간이용이 어렵다는 응답이 85%가 넘는다. 이런 결과로부터 국가 차원의 제약요인 관리 방향을 모색할 수 있다.

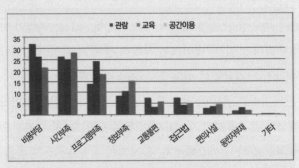

(자료원: 2016년 문화향수실태조사)

---

(2) 여가제약의 극복 전략(행위자 관점)

사회복지와 개인 행복 혹은 여가경영의 관점에서 여가제약은 심각한 문제가 될 수 있다. 그래서 여가제약의 이슈는 어떻게 그것을 극복할 것인가 하는 점에 모인다. 여가제약의 극복은 여가 참여자 개인만이 아니라 관리자와 공급자의 입장에서도 개진되어야 한다. 그럼에도 여기서는 여가 행위자의 입장에서 여가제약의 극복 전략을 살펴볼 것이다. 여가 관리자/공급자의 입장의 극복방안에 대해선 이 책의 제4부에서 여가치료와 교육, 여가산업과 여가정책의 장을 따로 구성하여 구체적으로 다루고 있다.

행위자의 입장에서, 여가제약 요인은 개인의 행복감을 저하시키는 원인이 된다. 개인의 입장에서 추진할 수 있는 여가제약의 극복 방안은 두 가지 방향에서 찾을 수 있다. 하나는 내적 제약 요인인 개인의 문제를 스스로 개선하거나 제거하여 해결하는 것이고, 다른 하나는 제약의 상황이나 구조적 제약요인에 대한 대처 전략이다. 그러므로 전술했던 여가제약 2요인 모형은 개인이 추진할 수 있는 극복 전략의 논리적 근거가 된다. 행위자의 관점에서 제약 극복은 결국 자기 자신의 내적 문제와 여가활동의 구조 및 상황적 문제에 대한 적극적인 대처를 의미한다. 여기서는 이를 여가태도 수정전략과 대처 전략으로 분류하여 설명할 것이다.

① 여가태도 수정전략

내적 제약요인 중 여가태도의 문제 때문에 여가활동을 제대로 경험하지 않거나 못하는 경우가 많다. 특히 보수적이거나 산업사회 가치관을 가지고 있는 사람들은 여가경험 자체에 대하여 부정적인 태도를 가지고 있다. 이들은 여가를 게으르고 피해야 할 것으로 인식한다. 이런 경우엔 여가수요 자체가 없기 때문에 여가제약 상황이 아니라고 주장할 수도 있으나, 여가 기회와 경험은 곧 행복의 지표라는 점에서 부정적 가치관이나 태도는 넓은 의미에서 여가제약 요인이라고 보아야 한다.

여가태도는 두 가지 차원에서 나누어 고려하여야 한다. 첫째는 일반적 여가태도의 문제이고, 둘째는 구체적인 여가활동 종목에 대한 태도이다. 대개 '일반적 여가태도'는 '구체적인 여가활동태도'에 영향을 미친다. 전자는 일종의 여가 가치관을 의미하기 때문이다. 일반적인 여가 가치관을 부정적으로 가지고 있으나 구체적인 여가활동에 대해선 긍정적인 태도를 가지는 이중적인 태도 체계를 지닌 사람들도 종종 있다. 예를 들어 일반적으로 부정적인 여가 가치관을 가지고 있어서 여가활동을 거의 안하고 자녀들에게도 놀지 못하게 하지만, 정작 자신은 술을 좋아하고 운동을 하는 경우가 있다. 우리나라 기성세대들은 이런 사람이 비교적 많다.

그러나 대개는 이 두 가지 태도가 일관적이다. 그래서 여가제약으로서 여가태도가 부정적인 사람들은 여가경험과 활동에 대한 새로운 가치관을 가지는 것이 중요하다. 여가를 좋은 것이고 인생에 도움이 되는 것으로 인식하게 되면 행복한 경험에 참여할 가능성도 그 만큼 증가할 것이다. 일반적인 여가태도는 간단한 심리검사를 통하여 스스로 진단할 수 있다. 〈표 10-3〉의 왼쪽 부분은 Crandall과 Slivken(1980)이 제시한 여가태도 진단 도구를 번역한 것이다. 각 문항에 근거하여 구체적인 여가활동에 대한 태도 진단문항을 오른 편에 별도로 구성하였다. 독자들은 자신의 여가태도를 두 가지 차원에서 간단히 진단할 수 있을 것이다.

〈표 10-3〉 여가태도 진단 도구〉

※ 다음 각 문항별로 동의하는 수준의 응답은 다음 4가지 중 하나로 골라 적으시오. ① 전혀 그렇지 않다. ② 그렇지 않는 편이다. ③ 그런 편이다. ④ 매우 그렇다.			
일반 여가태도 문항 (Crandall & Slivken, 1980)	응답	구체적인 A라는 여가 활동에 대한 태도 문항(필자 구성)	응답
내게 있어서 여가시간은 가장 행복한 시간이다.		나는 A라는 여가활동을 할 때 행복을 느낀다.	
휴식을 즐기는 법을 아는 사람이 부럽다.		A를 즐길 수 있다면 행복한 사람이다.	
나는 충동적으로 무언가를 하는 것을 좋아한다.		항상 나는 A를 하고 싶다.	
나는 완전한 여가 인생을 즐기고 싶다.		A만 하면서 살 수 있었으면 좋겠다.	
대부분의 사람들은 즐기는 데 너무 시간을 보내는 것 같다.(역전문항)		A를 하며 많은 시간을 보내는 것은 어리석은 일이다.(역전문항)	
내 자신을 즐기는 데 죄의식을 느끼진 않는다.		A만 하면서 시간을 보낸다면 부끄러운 일이다.(역전문항)	
사람은 누구나 가능한 한 많은 여가를 즐겨야 한다.		A는 가능하면 많은 사람이 즐겼으면 좋겠다.	
최소한 일년에 두 번 이상의 여행을 즐기고 싶다.		나는 다른 어떤 여가활동보다도 A를 즐기고 싶다.	
여가는 매우 좋은 것이다.		A는 매우 좋은 여가 활동이다.	
즐겁게 사는 것은 어른들에게 좋다.		A를 즐기는 것은 인생에 많은 도움이 된다.	
합		합	
평가방식: 두 개의 검사도구별로 각 문항의 점수를 합하면 자신의 여가태도 점수를 알 수 있다. 그 점수를 다른 사람과 비교하여 자신의 여가태도를 가늠할 수 있다. [역전문항]은 점수를 역으로 계산하여야 한다. 두 개 도구는 각각 40점이 만점이다. 중앙값(20점)이상이면 일반적으로 해당 영역의 여가태도 점수가 높다고 할 수 있다.			

② 여가제약 대처 전략(coping strategies)

대처전략은 이미 여가활동에 대한 수요가 있음에도 불구하고 다른 문제가 있어서 그 여가활동을 즐길 수 없는 경우에 적용된다. 적극적인 대처전략은 크게 두 가지로 구분된다. 첫째는 여가활동의 여러 구성요소에 대한 개인의 인식과 행동을 수정함으로써 해당되는 여가활동에 접근하는 방법이며, 둘째는 해당되는 여가활동의 속성을 원하는 방향으로 의도적으로 바꾸어 버리는 방법이다. 전자를 '타협전략'이라고 한다면 후자는 '속성대체 전략'이라고 할 수 있다.

㈎ 타협을 통한 제약극복(negotiating constraints)

여가제약 요인들은 대개 여가참여의 기회와 즐거운 경험을 지각하는 데 영향을 미친다. 그래서 행위자는 의도적으로 각 요인들의 영향력을 줄이거나, 그러한 제약요인을 미리 피하는 방법을 택할 수 있다. 여가제약 요인마다 여가경험에 미치는 영향의 강도는 다를 수 있기 때문에 각 제약요인들의 영향력 크기를 미리 확인하는 것이 필요하다. 생각과 행동을 바꾸는 방법으로서 인지전략과 행동전략으로 나누어 정리한다.

인지전략(cognitive strategies)은 일종의 자기 합리화 방법이다. 가령 어떤 여가활동에 참여하고 싶지만 그것의 비용, 기능, 체험, 결과 측면에서 문제가 있다고 지각할 수 있다. 이 때 선택 가능한 여가활동의 좋은 점을 의도적으로 부각시킴으로써 부정적인 요인의 잠재적 효과를 상대적으로 적게 지각하는 방법이 있을 수 있다. 다시 말해서 어떤 여가활동이든 긍정적인 면과 부정적인 면이 있을 수 있기 때문에, 의도적으로 긍정적인 측면을 크게 지각하면 흥미는 참여로 이어질 수 있다. 참고로, 흥미가 없는 여가활동의 경우, 사람들은 의도적으로 그것의 부정적인 측면을 부각시켜서 흥미를 감소시키는 방법을 쓴다. 이는 설득의 한 방법이기도 하다.

행동전략(behavioral strategies)은 어떤 여가활동에 대한 흥미가 있어도 개인적인 능력과 대인적 관계 때문에 참여할 수 없을 때 실행할 수 있다. 원하는 여가활동을 위하여 기술을 배우고, 자신의 여가능력을 전반적으로 개선하는 전략이 그것이다. 물론 이러한 방법은 적극적이고 자발적인 의지의 행동을 요구하기 때문에 개인의 노력이 필요하다. 특히 행동 전략 중 시간관리 전략은 여가활동의 계획을 체계적으로 정리하여 시간 낭비를 줄인다는 점에서 여가 기회를 증가시킬 수 있다. 즉, 여가활동에도 계획이 필요하며, 시간관리 전략은 특히 은퇴자들에게 필요하다.

(나) 여가대체(leisure substitutability) 전략

어떤 특별한 여가경험을 원하더라도 사회적, 구조적인 제약 때문에 그 여가활동을 수행할 수 없을 때, 생각과 행동을 수정하는 것만으로는 충분하지 않을 것이다. 이런 경우, 오히려 희망했던 경험을 유발하는 유사한 종류의 **대안 여가활동**(*alternative leisure activities*)을 고려할 수 있다. 유사한 경험과 결과를 유발하는 다른 여가활동을 선택하여 대체하는 전략이다. 물론 종목을 바꿀 수도 있지만 단지 해당 여가활동의 구성 요소만을 대체할 수도 있다. 즉, 여가대체 내용은 다양할 수 있다. 동일 여가활동이라도 참여 시간을 대체하는 법, 활동 장면 즉 장소나 동료 등을 대체하는 법, 단지 여가활동의 수행 방식을 대체하는 방법 등등이 있다.

〈표 10-4〉 여가제약의 개인적 극복 전략 요약

전략 방향	전략	구체적인 방법
여가태도 수정 전략	일반적인 여가태도 수정 특정여가태도 수정	생각의 변경 방법
여가제약 대처 전략	㉠ 타협을 통한 제약극복	ⓐ 인지전략(평가방식 수정), ⓑ 행동수정 전략(능력개선, 시간관리)
	㉡ 여가대체 전략	ⓐ 종목 대체 ⓑ 활동 구성 요소 대체

2 여가 지속성

여가제약에 대비되는 단어는 '지속적 여가'일 것이다. 취미활동과 같은 현상서 주목해야 할 특징은 활동 혹은 경험의 지속성 혹은 반복성이다. 삶의 주기가 변하는 오랜 기간 동안 동일한 여가활동에 반복적으로 참여하는 현상을 통칭해서 **"여가 지속성**

(*leisure continuity*)"이라고 부를 수 있다. 여가 지속성 현상은 특히 노년기 건강을 다루는 노인학 분야에서 대두된 **지속성 이론**(*continuity theory*: Atchley, 1971, 1989)에서 강조된다.

여가 지속성 현상을 기술하는 이론적 개념들이 있다. **여가 전문화, 여가경력, 진지한 여가** 등은 모두 여가 지속성 현상을 반영하고 있으며, 여가학 연구에서 중요한 위치를 차지하고 있다. 이들 개념은 모두 가치중립적 의미에서 어떤 특정한 여가활동이나 경험을 일정기간 이상 정기적/비정기적으로 반복하여 수행하는 현상을 포함하고 있다. 반면 여가중독과 같은 현상도 지속적 여가의 특징을 암시하지만 부정적 의미로서 지나친 수준의 과잉참여로 인해 개인적, 사회적 건강에 문제를 야기한다는 점에서 정상적인 지속적 여가 현상과는 다르다. 여가중독은 다음 장 여가과잉의 논의에서 다루기로 한다.

(1) 여가 전문화(leisure/recreation specialization)

여가와 레크리에이션이 거의 동일 의미로 사용되던 1970년대, Bryan(1977)에 의해 '*레크리에이션 전문화*(*recreation specialization*)'라는 개념이 처음 소개되었다. 당시 시대적 배경에서 레크리에이션이라는 용어는 재충전의 기회를 제공하는 능동적인 복합 활동(complex activity)의 의미를 지니고 있었으므로, 레크리에이션 전문화란 결국 다소 복합적인 유형의 여가활동에 대한 전문화를 뜻하는 것으로 볼 수 있다. 그러므로 여기서는 레크리에이션 전문화의 범위를 확장하여 **여가 전문화**라는 개념으로 사용한다. Bryan(1977)은 여가(레크리에이션) 전문화를 "참여자가 어떤 스포츠나 여가활동에 사용하는 장비와 기술, 그리고 선호하는 현장의 특징으로 반영되는 것으로서, 일반적인 수준부터 특화된 행동양식까지 이르는 연속선"으로 정의하였다(p.175). 그가 언급한 것처럼, 여가전문화의 개념은 여가 서비스와 상품을 제공하는 시장관리자의 입장에서 동질적인 수준의 구성원들로 형성된 세분 시장을 구분하는 데 도움을 준다.

일반적으로 여가 전문화 수준이 높을수록 해당 활동에 관련된 경력, 참여빈도, 몰입 수준, 지식, 기술수준이 높고, 경제적 투자도 증가한다고 한다(황선환·김미량, 2010). 물론 구체적인 여가활동에 대한 동기, 혜택, 선호, 경험 등도 전문화의 수준에 따라 달라질 수 있는 요인들이다(Bryan, 1977). 여가전문화의 개념은 크게 3개 요인으로 측정된다(McFalane, 1994) : 각각, 해당 활동을 수행한 과거 경험(즉, **경력**), 그 활동이 인생에서 얼마나 중심이 되는지의 여부(즉, **인생의 구심성**), 그리고 그 활동을 위해 투자한 경제적 비용(즉, **투자 수준**) 등이다.

한편, 전문화 과정이 초보 수준부터 전문가 수준까지 일차원적 연속선상의 발전 경로를 따르는지에 대하여 의문을 제기할 수 있다. Backlund & Kuentzel(2013)은 전문화 과정이 다원적 방향으로 전개되는 게 일반적이며, 일원적 방향의 전문화 발전이 오히려 예외적인 현상일 수 있다고 주장했다. 이런 주장은 설득력이 있어 보인다. 그리고 다양한 경로의 전문화 과정이 결국 여가태도나 평가, 나아가 삶의 만족을 유도하는 것으로 알려져 있다.

(2) 여가경력(Leisure Career)과 재미진화모형(Fun-evolving Model)

여가전문화의 개념과 직접 관련된 개념이 바로 **여가경력**(*leisure career*)이다. 전문화의 개념이 기술과 노력을 요구하는 특별한 난이도의 활동에 적용된 용어라면, 여가경력은 직업이나 인생사 및 사회화에 결부되거나 그로부터 파생된 용어다. '여가경력'이라는 용어는 여가사회학자 Kelly(1974, 1977)가 처음 사용한 듯하다. 그는 '인생 전반에 걸친 생애주기 및 사회화 과정에 결부된 여가활동의 패턴'이 있다는 '여가경력' 모델을 제안하였다. 인생주기에 따라 선호하고 참여하는 특유의 여가활동 유형이 존재할 수 있고, 그러한 여가활동은 사회화의 통로가 된다는 논리이다. 사실 이러한 접근은 "경력"이라는 단어가 경험 누적에 따른 질적 변화를 가질 것이라고 믿기 때문이다. 그런데 경력이 단계들로 구성되고 또한 경력 단계마다 질적 차이가 있는 여가활동의 패턴을 전제하면, 이러한 개념은 여가활동 지속성이 아니라 '활동 대체'에 해당된다.

이와 달리, 경력의 개념을 동일 여가활동에 반복적, 지속적으로 참여하는 현상으로 이해할 수도 있다. 예들 들어, 여가활동의 한 유형으로 간주되는 (순수)여행 행동을 이해하기 위한 경력 모델들이 있다. Pearce(1986, 2005)의 여행경력사다리(TCL) 모형과 여행경력패턴(TCP) 모형이 그것인데, 이들 이론적 모형은 모두 여행경력이 쌓일수록 참가자가 보유한 여행 욕구의 종류가 달라진다고 제안한다. 그러나 이 두 가지 여행 경력 모형을 검증하려는 시도가 꽤 있었으나, 이론적 타당성을 지지하는 경험적 증거는 발견하기 어려워 보인다(고동우, 2018, 2019). 한편 제2부에서 보았던 재미진화 모형(고동우, 2002)은 동일 여가활동에 참여하는 경력의 문제를 가치추구의 개념으로 이해하고자 했는데, 이러한 접근은 모두 여가경력의 문제를 단일 여가활동의 지속적 현상으로 이해하려는 시도라고 하겠다.

고동우(2019)는 재미진화모형을 여행경력의 맥락에 적용하여, 순수여행에 참여하는 이들의 다양한 여행경력 지수가 모형에서 제시한 행동양식의 변화 패턴과 어떻게 일치하는지를 검증하였다. 예컨대 여행 참여자를 행동양식의 진화 단계에 따라 '저관여 집단 – 보기 중심 집단 – 가지기 중심 집단 – 하기 중심 집단 – 되기 중심 집단'으로 배열할 때, 여러 가지 여행경력 지수들이 모두 하위 행동양식 단계(저관여, 보기)에 비해 상위 행동양식 단계(하기, 되기)에서 더 높게 나타났다. 이러한 결과는 재미진화모형이 말하는 여가경력 누적에 따른 가치추구 행동양식의 변화가 일정한 패턴을 가진다는 논리를 강하게 지지한다. 나아가 단일 종목의 지속적 여가활동에서 경력의 개념이 형성되고 있음을 보여준다.

(3) 진지한 여가(serious leisure) vs 가벼운 여가(casual leisure)

현대 여가학 연구에서 "진지한 여가"는 가장 주목받는 개념 중 하나이다. Robert Stebbins(1982)에 의해 진지한 여가의 개념과 특징이 소개된 이후, *가벼운 여가*(Stebbins, 1997), *기획 여가*(project-based leisure)(Stebbins, 2005)의 개념이 순차적으로 정리되면서 소위 *"SLP(Serious Leisure Perspective)"*라는 이론적 체계가 완성되었다. SLP 체계에서 여가는 '자신의 능력과 자원을 활용하여 만족과 충족을 얻기 위해 자유 시간에 개입하는 것으로서 비강제적이며 맥락적 틀을 지닌 활동(contextually framed activity)'으로 정의된다. [그림 10-5]에 진지한 여가를 포함한 SLP 체계를 제시하였다.

여기에는 최소한 3종류의 여가활동 범주가 있다. 핵심 영역으로서 '진지한 여가'는 '참여자가 어떤 특별한 기술, 지식 및 경험의 결합을 표현하고 획득하는 와중에 해당 경력을 발견하는 영역으로서, 충분히 실제적이고 흥미롭고 자기 충족적인 아마추어 (amateurs), 취미가(hobbyists), 자원봉사자(volunteers)의 핵심 활동을 체계적으로 추구하는 것'으로 정의된다(Stebbins, 1992, p.3). 그러므로 아마추어 활동, 취미 활동, 그리고 자원봉사 활동은 전형적으로 진지한 여가에 분류된다. Stebbins(1992)는 뒤에서 진술할 '가벼운 여가'와 본질적으로 구분하기 위하여 '진지한 여가'의 배타적 특징을 6가지로 정리하였다: 1) 인내(*Perseverance: need to persevere at the activity*), 2) 경력(*Leisure Career: availability of a leisure career*), 3) 노력 (*Significant Effort: need to put in effort to gain skill and knowledge*), 4) 지속적 혜택(*Durable Benefits: realization of various special benefits*), 5) 독특한 공유감정(*unique ethos and social world*), 그리고 6) 동일시(*Identification: an attractive personal and social identity*). 이 6가지 특징은 진지한 여가의 활동 구조가 유발하는 장기적 경험의 본질이라고 할 수 있다. 따라서 어떤 활동에 반복적으로 참여하는 경험이 진지한지를 가늠할 수 있는 기준이 된다.

한편, 진지한 여가 경험을 유발하는 특별히 다른 영역이 있는데, 바로 일을 삶의 전부로 생각할 정도로 애착을 가지고, 강한 성취감을 구하는 '헌신 활동(*devotee work*)'이 그것이다. 헌신 활동의 경험은 진지한 추구로 구성되지만 "여가의 범위"에 있는 게 아니다. 그러나 이런 일에 빠져들 때 참여자는 일과 여가의 경계를 잊는다고 알려져 있다.

진지한 여가의 반대 축에 위치한 것이 "가벼운 여가"이다. 가벼운 여가는 '즉각적인 내재적 보상이 이루어지고, 상대적으로 짧은 쾌락만을 주며, 특별한 훈련 없이도 즐길 수 있는 활동'이다(Stebbins, 1997). 말 그대로 일상적으로 쉽게 접할 수 있는 즐거움의 기회를 말하며, 이것은 기본적으로 쾌락적이고 순수하게 즐기는 형식을 가진다. Stebbins는 가벼운 여가의 전형적인 사례로서 8가지를 예시하고 있다; 놀이(*play*), 이완(*relaxation*), 수동적 오락(*passive entertainment*), 적극적 오락(*active entertainment*), 사교 대화(*sociable conversation*), 감각 자극(*sensory stimulation : e.g., sex, eating, drinking*), 가벼운 자원봉사(*casual volunteering*), 그리고 흥겨운 에어로빅(*pleasurable aerobic activity*). 대부분의 가벼운 여가는 본질적으로 사소해 보이지만, 그럼에도 이런 경험 활동이 개인의 삶과 사회 건강에 공헌하지 않는다고 볼 수는 없다. 가벼운 여가도 우리 삶에서 중요하다(Stebbins, 2001b).

그러나 Stebbins는 일반적으로 진지한 여가경험이 가벼운 여가활동보다 더 낫다는 주장을 이어왔다. 드문 사례로서 진지한 여가활동이 가벼운 여가활동에 비해 삶의 만족에 미치는 영향이 더 크다는 직접 비교연구 결과가 있다. 고동우·정소정(2015)은 진지한 여가활동 참가자와 가벼운 여가활동 참가자를 선별하여 두 집단의 정신건강을 비교하였다. 정신건강 지수로서, 긍정심리자본과 유스트레스(eustress) 및 삶의 만족도는 진지한 여가활동 집단에서 일관적으로 유의하게 더 높았다. 디스트레스(distress)는 두 집단간 차이가 유의하지 않았다. 이러한 결과는 Stebbins의 진지한 여가 이론이 타당하다는 것을 지지한다.

한편, 진지한 여가와 가벼운 여가를 제외한 제3의 여가활동 범주가 있는데 바로 '기획여가(project-based leisure)'이다. 기획여가는 자유 시간에 단기적이고 약간 복잡하고, 일회성이거나 간헐적이며, 창의적으로 수행하는 활동으로 정의된다(Stebbins, 2005). 이런 활동은 상당 부분 계획적이고, 노력이 들고, 종종 기술과 지식이 요구되지만, 앞서 보았던 진지성의 다양한 특징이 없고 또 진지성 특징을 개발하려는 의도도

개입되지 않는다. 그렇다고 가벼운 여가도 아니다. 기획여가와 다른 진지한 여가를 구분해주는 중요한 기준이 바로 "간헐적(occasional)"이라는 형용사다. Stebbins에 의하면, 예술축제, 스포츠 이벤트, 종교 기념휴일, 생일 파티, 국경일 기념식 같은 정기 행사는 "창의적"이어서 새로운 상상과 지식, 기술을 남길 수 있음에도 "간헐적으로" 이루어지는 기획여가에 포함된다. 이런 여가는 그래서 지속적 여가 현상이 아니라 이벤트성 여가활동이라고 할 수 있다.

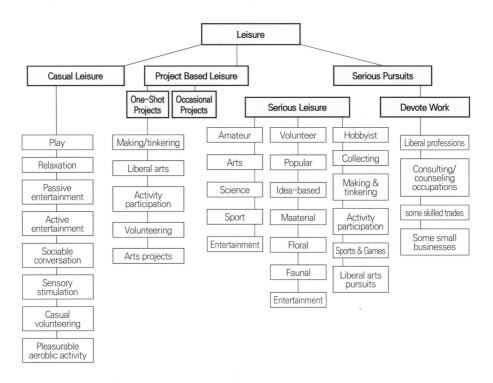

[그림 10-5] Stebbins(1992)의 Serious Leisure Perspective

(자료원: The Serious Leisure Perspective Website, www.seriousleisure.net. 저자 요청에 의해 원천 밝힘)

이상의 SLP 이론에서 논의거리는 바로 진지한 여가와 가벼운 여가를 이분법적으로 구분할 수 있는가의 문제이다. 두 개념을 연속선상의 상대적 개념으로 이해할 필요가 있으며, 진지한 여가와 가벼운 여가를 이분법적으로 구분하는 것에 반대하는 주장이 이어지고 있다(Scott & Shaffer, 2001; Scott, 2012; Shen & Yarnal(2010).

Stebbins가 제시한 진지한 여가의 본질적 특징 6요인을 기준으로 삼아 진지성 (seriousness)이라는 연속선상의 상대적 개념으로 이해할 수 있고 측정 가능하다고 보는 연구들이 늘고 있다(고동우·김병국, 2016; 김미량, 2008, 2015; Gould, Moore, McGuire, & Stebbins, 2008; Gould, Moore, Karline, Gaede, Walker, & Dotterweich, 2011; Heo, Stebbins, Kim, & Lee, 2013; Shen & Yarnal, 2010). 진지한 여가를 상대적 경험의 수준에서 다룬 연구 중 국내의 연구 두 편이 주목을 끈다.

우선 황선환·김미량·이연주(2011)는 진지한 여가활동이 여가만족도를 통해 삶의 질 향상에 영향을 미친다는 결과를 제시하였는데, 이들은 '진지한 여가활동에 참여하는 정도'를 진지한 여가라고 조작적 정의하고, '진지한 여가 측정척도'(김미량, 2009) 29문항을 활용하여 512명의 자료분석을 통해 결과를 도출하였다. 진지한 여가 경험은 여가만족과 삶의 질에 유의한 긍정 효과를 가진다는 사실을 확인하였다.

한편, 고동우·김병국(2016)은 김미량(2008)의 진지한 여가 측정척도에 근거, 각 요인별로 1개 문항씩 추출하여 수정하여 '단축형 진지성 여가경험 척도'를 구성하였다. 320명의 표본 자료를 분석하여 신뢰도와 타당도를 확인하였다. 나아가 진지성 여가경험이 긍정심리자본과 삶의 질에 미치는 영향의 구조를 확인하였다. 독자들의 참고를 위하여 '단축형 진지성 여가경험 척도'를 소개한다.

〈표 10-5〉 단축형 진지성 여가경험 척도

하위요인	리커트형 5점척도 문항(여가활동 □□)
인내	나는 □□에 참여할 때, 어려운 일이 생겨도 포기하지 않고 꾸준히 참여한다.
노력	□□의 기량을 향상시키기 위해 끊임없이 노력한다.
전문경력	나는 □□에 대한 전문적인 지식을 알고 있다.
동일시	내가 참여하는 □□에 일체감을 느낀다.
지속적 결과/혜택	□□ 참여는 깊은 성취감을 준다.
공유감정	□□에 열성적으로 함께 참여하는 사람들과 동질감을 느낀다.

주) 이 척도는 김미량(2008)의 '진지한 여가척도'의 각 요인별로 1문항씩 도출하여 일부 수정한 것임 (고동우·김병국, 2016).

(4) 여가전문화, 여가경력, 진지성 여가의 관계

상기한 3가지 개념이 여가 지속성 현상을 이해하고 설명하는 이론적 틀이 될 수 있다고 본다. 그런데 이들 3개 개념의 상호연관성은 또 다른 논의거리이다. 실제로 여가전문화 개념을 진지한 여가의 특화된 수준에 적용할 수 있다고 평가하기도 한다(Scott & Shaffer, 2001). 이론적 수준에서, 여가전문화 현상은 여가경력 개념과도 연관된다. Stebbins(1982, 1992)는 두 개념을 유사한 수준에서 이해하여, 전문화를 진지한 여가의 6가지 특징 중 하나인 경력 차원의 핵심 요소로 설명하기도 하였다. 나아가 그는 전문화의 의미가 진지한 여가를 추구할 때의 결과이거나 징후로 볼 때 가장 잘 이해된다고 주장했다(Stebbins, 2005, 2007). 실제로 진지한 여가의 경험적 특징들이 여가전문화를 유의하게 예측하는 요인들이라는 연구 결과도 발견된다(Tsaur, & Liang, 2008). 한편, 김민규(2015)는 진지한 여가와 레크리에이션 전문화, 여가중독의 관계를 분석하였는데, 간단명료한 결론을 얻었다. 즉, 진지한 여가 수준이 높아질수록 레크리에이션 전문화 수준과 여가중독 수준도 증가하고, 높은 전문화 수준이 되면 여가중독의 수준도 강해진다는 것이다. 결국 여가전문화와 진지성 여가 경험은 상호 연관이 깊고, 동시에 여가중독의 가능성을 강화시킨다고 할 수 있다. 이러한 결과로부터 여가경험의 긍정적인 요인이 부정적인 측면으로 전이되는 과정과 여가중독 발현 과정을 이해하는 데 단초가 될 수 있다고 주장하였다(김민규, 2015).

결국, 여가전문화란 진지한 여가 경험의 특별한 국면을 묘사하는 데 활용되어야 하거나, 할 수 있다고 본다(Scott, 2012, p.367). 전문성 수준이 일반적으로 곧 참여자의 경력 수준을 구분하는 기준이 된다는 주장이다. 따라서 여가전문화의 개념은 여가경력의 전환점(a turning point)이 될 수 있다. 일정한 수준의 기술과 능력, 가치관, 동기, 몰입, 지식 등등으로 반영되는 전문화 수준은 질적 발전의 핵심요소로서 하위 수준과 상위 수준을 외현적으로 구분할 수 있는 기준이 되기 때문이다. 이런 점에서 여가전문성과 여가경력 및 진지한 여가의 관계는 위계구조 혹은 상호의존적 구조로 이해할 수도 있다. 즉, 여가전문성이 여가경력을 강화시키고 여가경력이 진지성 여가경험을 강화시키는 것이라고 볼 수도 있다.

1 여가제약의 개념을 설명하시오.

2 여가제약의 종류를 설명하시오.

3 행위자의 입장에서 여가제약을 극복할 수 있는 방법을 나열하시오.

4 여가산업 경영자의 입장에서, 여가제약의 조건에 따라 시장을 관리하는 방법을 제시하시오.

5 여가태도란 무엇인지 설명하시오.

6 여가태도 수정전략을 설명하시오.

7 제약대처 전략의 종류를 설명하시오.

8 자기 합리화 전략은 어떤 경우에 유용한지 예를 들어 설명하시오.

9 각자 자신의 여가제약 상황을 말하고 그것을 극복할 수 있는 방안을 제시하시오.

10 여가 지속성을 반영하는 개념들은 어떤 것이 있는가?

11 여가전문성과 여가경력의 개념을 비교 설명하시오.

12 진지한 여가 이론의 틀을 설명하시오.

13 진지한 여가와 진지성의 개념을 구분하여 설명하시오

14 여가 현상을 고려하여 진지성, 전문성, 경력은 각각 어떤 관계를 가지는지 설명하시오.

15 재미진화모형을 활용하여 여가경력 현상을 설명하시오.

제11장 | 여가과잉과 문제여가

　　현대 사회가 안고 있는 문화적 수준의 많은 문제는 여가행동과 관련이 깊다. 여가행동은 심리학적으로 볼 때 다양한 문제를 야기할 수 있는 구조를 지니고 있기 때문이다. 그래서 많은 여가문제는 심리사회적 차원의 이해를 필요로 한다. 개념적 특징에서 보는 것처럼, 여가는 그 자체가 강제와 의무를 벗어난 자발적 선택과 체험의 내재적 즐거움을 추구하는 행위이자 경험이다. 일상탈출을 전제하고 있으며, 그것의 즐거움을 추구하는 심리적 현상이다. 이 때 일상이란 대개 사회적 규범, 제도, 타인의 시각, 사회적 바람직성, 합리성 등 강제와 의무로 구성된 경험적 맥락을 의미한다. 우리는 일상에서 규칙적이고 합리적이며 규범적이고 친사회적 행동을 할 것을 종용받는다. 반대로 여가 장면은 이러한 일상의 규칙과 심리적 환경에서 벗어나기를 전제로 하는 것이다. 여가행동이 탈규범적이고 반사회적 경험으로 이루어질 가능성과 그것의 확장 이유는 바로 이 점에 있다.

　　때때로 여가경험은 자신의 의지와 관계없이 엉뚱한 방향으로 고착될 수 있다. 중독과 같은 "여가과잉" 현상이 대표적이다. 어떤 여가행동은 반사회적일 뿐만 아니라 자기 파괴적인 방향으로 이루어진다. 그래서 우리가 여가문제라고 부르는 현상은 개인적인 차원과 사회적인 차원에서 심각한 문제를 야기하는 모든 여가행동을 총칭한다. 여가문제는 거시적 측면과 미시적 측면에서 나누어 논의할 수 있다. 이 장에서는 우선 미시적 수준에서 여가과잉과 탈규범 여가의 원인과 현상을 분류하고 정리하였다.(거시적 차원의 논의는 다음 장에서 정리하였다.)

　　사회적 현상으로서 여가문제는 사실 개인적 차원의 문제여가에서 출발한다. 그것의 원인이 사회적 제도와 환경에 있다고 하더라도 문제여가는 결국 개인의 신체적, 정신적 건강에 부정적인 결과를 초래하기 때문이다. 그래서 사회적 차원에서 문제를 다루는 것도 중요하지만 개인적 차원에서 문제여가의 종류를 정리하고, 여가 행동이 어떤 부정적 결과를 유발하고 있는지를 살펴볼 필요가 있다. 지금까지 알려진 개인적 차원의 문제여가는 활동의 유형에 따라 구분할 수도 있고 심리적 현상별로 나누어볼 수도 있다. 여가중독, 비행과 폭력, 탈규범 행동 등은 가장 자주 논의되는 문제여가들이다.

① 여가중독(Leisure Addiction)

우리는 보통 중독이라는 용어를 이중적 의미로 사용한다. '열정적 몰두(-aholic)'이거나 '강박적 몰입(-addiction)'이 그것이다. 전자는 일말의 즐거움 추구를 의미하는 바가 있지만, 후자는 병리적 상태에 가깝게 이해된다. 본 장에서 말하는 여가중독은 긍정적 몰입이라기보다 부정적인 강박적 몰두를 의미한다. 그러나 두 가지 의미는 동전의 양면이 되기 쉽다[13]. Godbey(2003)에 의하면, 전 세계 인구의 5%를 차지하는 미국인의 불법마약 소비 비중은 약 40%에 달하고, 미국에서 통용되는 모든 지폐의 97%에 코카인의 자취가 묻어 있다고 한다. 또한 여러 주에서 중대 범죄로 체포된 이들의 53% ~ 79%가 마약 복용자였고, 불법 마약판매는 기획범죄의 주요 사업이 되어왔다고 강조한다. 미국 내 2천만 명의 알콜중독자, 2천만 명의 강박적 도박꾼, 3천만 명의 과식증 환자, 8천만 명의 무절제한 식탐 인구가 있다고도 한다. 20년 전의 통계가 그렇고 현재는 더 심각할 것이다. 이처럼 중독은 우리 사회의 중대한 문제가 되고 있지만, 종종 어떤 것이 중독인지, 심각한지 아닌지 완전히 이해할 수 없는 경우가 있다.

---

13) 예컨대, workaholic이나 alcoholic 같은 용어는 처음에 열정적 몰입의 의미로 사용되었지만 현대에선 병리적 상태로 해석된다.

(1) 여가중독의 개념과 종류

이 책의 초판에서(2007년) 필자는 여가중독을 "어떤 구체적인 종류의 여가활동에만 몰입하여 장·단기적으로 심리적 혹은 신체적인 건강에 폐해를 야기하며, 이로 인해 다른 일상생활을 정상적으로 수행할 수 없는 경우"라고 정의한 바 있다. 최근에는 김민규·박수정(2014a)이 델파이 연구방법으로 전문가의 의견을 규합하여 여가중독의 개념을 '특정 또는 다수의 여가활동에 대한 과도한 집착이나 강박행동으로 인해 일상생활에 신체, 심리, 사회적 문제를 유발하는 상태'라고 도출하였다. 두 가지 정의 내용은 대동소이해 보인다. 즉, 과도한 몰입, 집착, 강박 행동, 건강폐해, 일상생활 문제야기 등이 여가중독의 개념적 핵심요소들이다.

그러나 중독을 병리적 상태로 인식하는 것에 대한 반론도 있다. Peele(1989)은 중독을 '어떤 상태라기보다 하나의 연속적 과정'으로 이해해야 한다고 주장한다. 어떤 이들은 '중독자'로 분류되지만 자발적 의지와 노력으로 중독을 멈추기도 하고, 치료와 같은 의학적 도움이 불필요한 경우도 있다. 예컨대, 4천만 명의 미국인이 담배를 끊었고, 그 중 90%는 외부의 의학적 도움이 없었고, 대부분의 중독자는 자발적으로 중독을 멈춘다고 한다. 심지어 중독을 질병을 분류하게 되면, 의학적 도움이나 치료에 의지하게 되고 개인의 자발적 의지와 판단을 간과하고 유보하게 된다고 본다. 이런 이유로 Pleele(1989)는 중독을 질병으로 간주하는 것에 반대하였다.

그러나 많은 중독자의 생업은 대부분 중독성이 있는 도둑질이나 매춘 등 다른 형태의 범죄에 연계되기 쉽다. 또한 여가중독은 개인만이 아니라 주변 사람들 나아가 사회전체에 부정적인 영향을 미치기도 한다. 대개 중독은 그것을 반복/지속하는 현상으로 나타나며, 개인의 자발적 의지에 의해 그만둘 수 없는 상황을 유발한다. 그러므로 중독 상황에 이르면, 행위자는 여가 개념의 기본 전제가 되는 자발적 의지에 의한 의사결정을 한 것처럼 착각하지만 실제로는 정상적인 심리적 리듬이 이미 깨진 상태에서 이루어지는 것이며, 자신의 의지와 관계없이 그 활동을 수행하게 된다. 그러므로 여가중독은 이미 여가경험이 아니며, 여가경험의 왜곡 현상이라고 볼 수 있다. 사실 여기서 말하는 모든 여가문제는 여가 왜곡일 뿐이다.

한편 국내에서 여가중독의 원인과 증상 및 결과를 근거이론(grounded theory)의 방법으로 해석하고자 했던 김민규·박수정(2014b)은 세 가지 결론을 도출하였다: "첫째, 여가중독에 이르는 과정은 내재적 동기, 현실도피, 동경이 인과적 조건인데, 개인적 갈망과 환경 자극 등의 상황적 맥락에 의해 촉진된다. 둘째, 여가중독의 주요 현상으로서 금단, 내성, 일상생활 장애, 의존, 집착, 여가동반의존, 여가 중복중독 등이 나타난다. 셋째, 신체적/사회적/심리적 건강의 악화를 거치면서 비로소 여가중독 상태를 알게 된다"(p.1). 그러나 여가중독 상태에 이르게 되더라도 당사자는 이를 부인하고, 현실을 회피하는 경우가 많다.

중독의 대상이 되는 여가활동은 매우 다양하다. 활동 구조의 측면에서 중독 가능성이 크거나 적은 활동을 분류할 수 있지만, 일반적으로 거의 모든 여가활동은 중독 가능성을 지니고 있다. 왜냐하면 여가활동은 재미를 가져오기 때문이다. 다만, 사회적 수준에서 그리고 개인적 수준에서 비교적 그 빈도가 많고 여러 가지 문제를 야기하고 있는 종류의 여가중독 현상을 분류할 필요가 있다. 도박중독, 섹스중독, 인터넷 중독, 스마트폰 중독, 알콜/약물중독, 게임중독, 공격성중독, 펫(pet) 중독 등은 대표적이다. 대부분의 중독은 공통적인 특징의 과정을 거친다. 즉, 활동을 수행하는 동안 짜릿한 쾌락, 통제감, 자기무능의 탈피 등을 느낄 수 있으나, 장기적으로는 정신적, 신체적, 사회적으로 극복하기 힘든 상태를 야기한다는 것이다. 그러나 중독도 중독 나름이어서 어떤 종류의 중독은 개인적, 사회적으로 큰 문제를 야기하지만, 다른 것들은 사소한 문제만 야기할 수도 있다. 사회적으로 큰 문제가 되지 않기 때문에 드러나지 않는 종류의 중독들도 있다.

여기서는 여가중독의 원인을 중심으로 세부 내용을 정리하였다. 이어서 우리 사회의 가장 큰 문제로 대두한 도박중독의 사례를 설명하였다. 미리 말하면, 도박은 게임의 형식을 간직하고 있기 때문에 게임중독은 곧 도박중독으로 변질될 가능성이 크다고 할 수 있다. 알려진 것처럼 게임중독은 최근 세계보건기구에 의해 **질병**으로 분류되었다.

(2) 여가중독의 원인

여가중독이 생기는 이유는 다양하지만 크게 세 가지 차원에서 고려할 수 있다. 첫째는 문화와 제도 등 사회적 차원의 원인이고, 둘째는 성격과 동기 등 행위자 개인의 문제이고, 셋째는 여가활동의 구조적 본질이라는 특징 때문이다. 여가중독의 원인을 세 가지 측면에서 구분하여 더 구체적으로 설명하면 다음과 같다.

① 여가중독의 사회적 원인

어떤 사회는 여가중독을 허용하고, 종용하는 문화적 특징을 가지고 있다. 가령, 마리화나는 일종의 마약으로서 중독성이 강해서 우리나라와 같은 경우 이를 법으로 금지하고 있다. 그러나 서구의 많은 나라는 이를 허용한다. 그래서 마리화나 중독은 우리나라보다 미국이나 유럽국가에서 더 만연하다. 여가중독에 대한 사회적 환경의 영향은 정치, 경제, 종교적 이념의 차원, 문화적 정책적 측면, 노동구조의 영향, 그리고 가족 및 학교 등 소규모 사회 환경의 차원에서 살펴볼 수 있다.

어떤 사회는 여가활동을 독려하는 문화적 분위기를 가지고 있고, 다른 사회는 이를 억제하는 규범과 분위기가 있다. 가령, 민주주의 사회는 사회주의 국가에 비해 개인의 자유를 더 허용하며, 개인의 자발적 선택을 독려하는 경향이 있다. 사회주의 국가에서 개인의 자유보다 평등을 더 강조한다면, 민주주의 국가는 평등보다 자유의 가치를 더 중시하는 것이다. 이러한 이념의 차이는 구성원 개인의 다른 행동 경향을 만들어낸다. 여가는 말 그래도 스스로 선택한 경험이기 때문에, 여가경험의 기회와 종류는 자본주의 사회에 더 많다고 할 수 있다. 그러므로 중독에 이를 정도의 여가경험을 할 수 있느냐 아니냐의 문제도 사회적 이념에 연결된다.

이념이 반드시 정치 제도적 차원에서만 논의되는 것은 아니다. 종교적 이념도 매우 중요한 사회문화적 환경이 된다. 가령, 청교도 윤리인 천직(天職)을 강조하는 기독교나, 신독(愼獨)을 강조하는 유교 사회에서 전통적으로 여가, 놀이, 여유 등은 모두 부정적인 것으로 인식된다. 사실 엄격한 도덕성을 강조하는 종교적 이념의 지배 하에서는 일반적으로 여가중독의 가능성이 낮다. 그러나 종교적 지배가 강할수록, 왜곡되거나 은밀한 방식으로 심지어는 탈규범적이거나 종교적 특권의 방식으로 이루어지는 여가행동이 생겨나고 거기에 중독될 가능성이 증가하다.

한편, 사회주의 이념에 뿌리를 둔 사회철학자들은 종종 여가라는 개인적 현상을 부정한다. 이미 앞 장에서 언급한 것처럼 여가행동 자체는 사회적 이념, 제도, 산업구조

등이 만들어낸 허구에 불과하다는 입장이다. 이런 관점에서 여가중독은 정치권력이나, 산업구조가 만들어낸 부산물로 규정된다. 이런 주장은 과도한 면이 있지만 타당한 측면도 있다. 소위 3S 정책으로 불리는 여가문화 정책은 과거 독재정권에 의해 자주 시행되었던 통치 전략으로서 국민들의 관심을 스포츠(sports), 성(sex), 영상(screen) 등에 묶어두기 위한 것이었다. 이들 3S 여가문화는 감각적 쾌락을 유발한다는 점에서 대중은 이런 여가경험에 중독되기 쉽고, 정권에 쏠린 국민의 시선을 분산시킬 수 있다.

사실 자본주의 사회에서 여가는 행위자의 것이기도 하지만 그 자체가 상업화의 대상이 된다. 그래서 자본주의라는 경제적 이념 역시 사회의 여가중독을 유발하는 중요한 원인이 된다. 여가 상업화는 여가활동을 일정 범위로 묶고 하나의 상품으로 재포장하여 판매하는 현상을 의미하므로, 여가 마케팅 전략(장치)의 결과로서 여가중독이 발생하기 쉽다. 가령, 과거 전통사회에서 게임, 음주, 노래 등등은 단지 행위자의 것에 불과하였으나 이제 이런 것들을 수행하기 위해서는 구매와 소비의 과정을 거쳐야 한다. 가요주점, 오락실, 카지노 등은 대표적인 여가 상품들이며 이것들은 하나같이 중독성이 강한 것들이다. 심지어 브랜드 충성도나 감각적 인테리어와 같은 마케팅 전략은 중독을 부채질한다.

여가중독의 사회적 원인으로서 일 혹은 직업의 영향도 무시할 수 없다. 앞에서 보았던 것처럼, 노동의 구조는 여가활동의 구조에 영향을 미친다. 마르크스나 엥겔스에 따르면, 노동 장면의 착취 구조는 개인의 자율성을 말살함으로써 사회적 소외를 야기할 것이다. 이러한 소외는 개인으로 하여금 수동적 여가활동에 집착하게 할 수 있고(전이 가설), 반대로 착취에 대한 반작용으로서 왜곡된 자율 즉, 폭력적이고 자기 파괴적인 여가행동에 집착하게 만든다는 것이다. 이런 논리에 의하면, 어떤 직업을 가지고 있느냐에 따라, 그리고 노동시간과 노동구조의 특징(즉, 자율성의 박탈)에 따라 소외감의 유발 가능성은 달라질 것이다. 소외감이 많을수록 개인은 자신만의 세계에 빠질 가능성이 증가하게 되는 것이다. 즉, 노동으로부터의 소외가 여가중독을 야기할 수 있음을 말한다.

여가중독의 사회적 원인으로 고려해야 할 마지막 부분은 가족, 학교 등 유의미한 타인(significant others)의 영향이다. 일반적으로 여가활동은 이들 참조집단을 통해 배운다. 그것을 얼마나 허용하는 문화인가에 따라 중독의 가능성은 달라진다. 예컨대, (뒤에서 사례로 보겠지만,) 도박중독의 중요한 원인 중 하나가 가정의 도박문화이며, 부모가 공개적으로 도박을 하거나 도박을 허용하는 가정에서 자란 아이들이 도박중독에 빠질 가능성이 높은 것으로 알려져 있다(이홍표, 2002). 도박만이 아니라 다른 종류의 여가활동도 마찬가지이며, 가족 환경만이 아니라 학교 환경도 중요하다. 교사와 동료들의 영향도 당연히 고려하여야 한다.

② 여가중독의 개인적 원인

사회 환경의 영향 요인을 고려하더라도 여가중독의 원인으로서 일차적인 책임은 개인에게 있다. 개인이 정신적으로 성숙하다면 환경의 영향이 있다고 하더라도 그것을 통제하고 절제할 수 있기 때문이다. 개인의 가치관, 성격, 능력, 동기 및 학습경험 등에 따라 중독이 발생할 수도 있고, 아닐 수도 있는 것이다.

앞에서 보았던 "소외(isolation)"의 개념을 다시 고려해보자. 인간은 누구나 자유의지를 가지고 있다는 전제하에서, 소외감은 자유의지의 다른 돌파구를 만드는 원인일 수 있다. 가령, 직업이나 대인 관계에서 소외감을 겪게 되면 다른 대안을 통하여 자신의 정체성을 확인하려는 동기가 강해지며 이는 다시 소극적이거나 매우 개인적인 여가활동에 집착하게 만들 수 있다. 이런 사람들은 집안에 박혀서 혼자만의 여가활동에 집착하거나, 음주 등에 의지하여 소외감을 잊어버리려고 하거나, 도박같은 것에 빠질 가능성도 있다. 뒤에서 보겠지만 도박은 통제감의 환상을 유발하는 구조를 지니고 있기 때문에, 소외감이 큰 사람들에겐 매우 강렬한 유혹의 탈출구가 된다.

성격 면에서 여가중독 가능성이 큰 사람들도 있다. 제2부에서 보았던 여가 성격 중, 여가자극 민감성-권태성(leisure susceptibility-boredom) 특질은 여가중독에 대해 매우 유의한 설명 변인이다. 개인은 대개 서로 다른 각성역치 수준(level of arousal threshold)을 가지고 있다. 각성역치 수준이 높은 사람들은 웬만한 자극에는 반응하지 않을 만큼 둔감한 반면, 각성역치 수준이 낮은 사람들은 아주 작은 자극에도 반응할 정도로 민감성이 높다. 둔감성이 높은 사람은 정상적인 여가경험에 재미를 느끼지 못하고 권태를 느낀다(Iso-Ahola & Weissinger, 1990). 또한 여가권태성 점수가 높은 사람은 스스로를 사회적 유능감, 자기 오락화 능력, 자기존중감 수준이 낮다고 평가하며, 여가에 대한 긍정적 태도점수가 낮고, 다양한 여가활동을 추구하지 않는 경향이 있다(Mannell & Kleiber, 1997). 이런 사람들은 쉽게 접근 가능하고, 강렬한 자극을 주는 약물이나 격렬한 운동, 강한 비트 음악과 같은 것을 즐기는 경향이 있다. 이러한 것들은 최소의 노력으로 강한 자극을 얻을 수 있는 대안이기 때문에 악순환이 이루어지고 중독에 이르게 된다(Iso-Ahola & Crowley, 1991, p.260). 그리고 내향적 성격보다 외향성 성격이 더 높은 각성역치 수준을 지니고 있어서 따분함을 견디지 못하며 권태로움에 대해 민감하게 반응하는 것으로 알려져 있다. 그래서 내향적 성격 보유자보다는 외향성이 강한 사람이 상대적으로 여가중독에 빠질 가능성이 높다.

자극 민감성 수준은 누적된 학습의 결과로 형성되기도 한다. 대개의 경우 강한 자극에 자주 노출되면 자극역치 수준이 증가한다. 예를 들어, 동일 음악을 듣더라도 소리를 크게 하여 자주 듣게 되면 청각 능력이 감퇴하게 되고, 나중에는 작은 소리도 듣지 못하게 된다. 결국 청각 능력은 큰 소리에만 반응하는 수준이 되며, 음악을 듣더라도 강한 비트가 있는 음악을 들어야 한다. 이런 경우 청각은 이미 강한 음악에 중독된 것이나 마찬가지이다. 락(rock) 가수들의 경우 이런 소리중독이 많다고 알려져 있다. 알콜중독에 빠진 성인을 조사하였던 연구들은 부모가 알콜 중독자이거나, 어린 시절 알콜에 노출 경험이 많을수록 알콜중독의 비율이 높다는 사실을 확인하고 있다(Rosenthal, 1992).

자극 민감성은 소리나 색체 지각에서만 나타나는 것이 아니다. 도박중독이나 섹스중독의 경우에도 매우 유의한 설명 변인이다. 뒤에서 보면 알겠지만, 도박을 즐기는 사람들은 중독에 빠질수록 배팅 액수가 커지는 경향이 있다. 배팅에서 성공할 확률을 고려하는 것이 아니라 배당확률 즉, 따는 돈의 크기에 관심을 둔다. 그래서 적은 금액에 의한 적은 액수의 배당으로는 충분한 자극이 되지 못하고, 역치 수준을 넘길 수 있을 만한 배당을 얻기 위한 배팅을 한다. 이런 행동이 악순환으로 이어지면서 종국에는 배당액수에 중독되는 것이다. 섹스중독에 빠진 사람들도 각성 역치를 넘길 수 있는 새로운 자극을 찾는 심리적 현상으로 이해할 수 있다. 변태 성욕이나, 바람둥이라는 말도 결국 파트너와의 정상적인 애정행위만으로 충분한 자극을 얻지 못하기 때문에 나타나는 현상이라고 볼 수 있다.

결론적으로 말하면, 여가중독의 원인으로서 개인적 차원의 요인은 개인의 **각성역치 수준, 외향적 성격, 통제감의 동기, 학습 경험** 등이 잘 알려져 있고, 관련 연구가 증가하고 있다.

③ 중독의 원인으로서 여가활동의 구조적 특징

여가활동의 종류에 따라서도 중독 가능성은 달라진다. 가령, 마약이나 술, 운동, 게임 등은 다른 종류의 활동들보다 중독을 야기할 가능성이 높다. 왜냐하면 이런 것들은 **자극의 강도**가 비교적 크기 때문이다. 자극 강도가 작은 것보다는 큰 것이 반복 참여를 유발한 가능성이 크다. 도박중독의 경우처럼, 도박중독자들은 거의 공통적으로 중독 초기에 매우 큰 액수의 돈을 따는 긍정적 경험을 한다. 그것은 강한 자극을 불러일으킨다. 이런 경험은 참여자로 하여금 일종의 **유능감**이나 **통제감**을 지각하도록 유도한다. 마치 자신이 능력이 있어서 행운을 통제하여 불러온 것으로 착각하게 한다. 일종의 통제감에 대한 환상 경험이다. 활동의 종류에 따라 이런 유능감을 쉽게 유발하는 것들이 있고, 그렇지 않은 종류가 있다. **통제감, 유능감** 및 **그것들에 대한 환상** 체험의 가능성이 큰 여가활동이 구조적으로 중독을 야기할 가능성이 높다.

그리고 통제감, 유능감, 환상 등은 모두 활동을 수행하는 동안의 즉각 체험으로서 **내재적 보상**의 역할을 한다. 그러므로 이런 체험이 얼마나 빨리 이루어지느냐하는 즉각성의 차원도 중요한 원인이 된다. 어떤 여가활동들은 체험에 대한 **즉각적인 피드백**을 주지만, 다른 여가활동들은 그 속도가 느리거나 유예될 수 있다. 예를 들어 독서, 수영, 등산, 조깅, 골프 등은 중독의 대상이 될 수 있지만 초기에는 그렇지 않다. 장기간 이런 운동에 익숙해져야만 생리적, 심리적인 즉각 체험으로서 유능감을 얻게 된다. 반면 게임, 인터넷, 음주, 약물 등은 행위의 즉각적인 결과를 체험으로 지각하게 만든다. 이런 활동은 중독 유발의 가능성이 그만큼 크며 빠른 것이다. 만약 피드백의 속도가 매우 늦어진다면 행위자는 그 활동에 대한 흥미 자체를 잃어버릴 지도 모른다. 결국 즉각 체험과 피드백의 속도는 여가활동의 구조가 지니고 있는 매우 중요한 중독의 원인이 된다.

자극의 강도, 통제감, 환상, 즉각 체험과 피드백 외에도 여가 활동이 지닌 **익명성 보장**이라는 조건도 중요하다. 여가행동은 개념이 말하는 것처럼 본질적으로 일탈의 동기를 반영하고 있다. 즉 자발적 선택을 전제로 한다는 점에서 여가활동의 일탈성은 규범 일탈의 가능성을 내포하고 있다. 그러나 탈규범 행동이 사회적으로 허용되지 않는다는 점에서 행위자의 행동 범위는 제약받고 있으며, 여가 기회를 통해 행위자는 일탈 혹은 탈규범 체험을 하고 싶어 한다. 이 때 사회적 처벌을 피하면서도 탈규범 체험을 할 수 있는 유일한 조건이 바로 익명성의 보장이다. 익명성의 조건은 객관적으로 동일한 자극이라고 하더라도 그것을 강하게 지각하게 만들며, 앞에서 보았던 것처럼 이는 중독의 잠재적인 원인이 된다. 즉, 탈규범 체험은 그것만으로도 강한 재미이지만, 익명성의 조건은 그것을 더 강화하는 역할을 한다. 익명성의 조건이 중독을 야기하는 현상으로서, 은밀한 거래 행위는 모두 여기에 해당되며, 인터넷은 매우 보편적인 중독의 조건을 지닌다. 만약 인터넷 상에서 익명성이 보장되지 않는다면 중독도 사용자도 급격하게 줄어들 것이다.

최근 세계보건기구(WHO)에서 질병으로 분류한 게임중독의 경우, 디지털 게임의 구조로부터 그 원인을 찾을 수 있다. 현대사회에서 디지털 게임은 유능감, 통제감, 환상, 즉각적인 피드백, 탈규범, 익명성 등을 골고루 갖추고 있다. 게다가 토큰이나 게임 머니와 같은 외재적 보상, 그리고 각종 캐릭터의 감각적 분장, 사회적 역할과 상징, 그리고 제도적 허용과 상업화 등이 개입되어 있어서 게임중독의 기회는 더 커지고 있다. 확언컨대, 게임은 그렇지 않을 수 있으나 게임중독은 질병이다. 그러므로 그것을 용인할 것인가 아닌가, 혹은 어느 수준까지 허용하고, 어느 수준에서 치료할 것인가의 문제는 의료 차원의 논의거리가 되어야 한다.

2 여가중독의 사례 : 도박중독

도박(gambling)은 활동의 구조라는 형식면에서 게임의 한 형태일 수 있으나, 결정적인 차이점은 '경쟁이 있는 game의 불확실한 결과에 의존하여 금전을 추구하는 활동'이라는 점이다. 추구하는 금액의 크기와 활동에 대한 강박성을 기준으로 어떤 게임은 여가 수준에 머무르고 있고, 다른 게임형식의 활동은 여가의 범위를 완전히 벗어난다고 할 수 있다. 예를 들어 '사다리 타기'나 '가위바위보'를 하여 점심 내기를 한다면 사람들은 도박이라고 부르지 않는다. 이런 경우는 그야말로 재미로 하는 내기인 셈이다. 그러나 엄격하게 말하여 아무리 적은 액수를 걸더라도 행위자가 게임의 결과를 금전적 가치로 평가하고 추구한다면 이는 도박이라고 할 수 있다. 내재적 보상이라는 체험의 즐거움을 추구하기보다, 외재적 보상을 추구하는 외재적 동기가 더 강하기 때문이다. 그러므로 단순한 게임인가 아니면 도박인가의 구분은 전적으로 행위자의 동기상태를 기준으로 삼아야 하지만, 대개의 경우 그러한 활동에 대한 강박성과 습관성 및 내기의 액수에 따라 객관적인 기준에서 도박인지 아닌지를 알 수 있다. 사실 내기 액수가 적고, 빈도가 간헐적이라면 도박은 개인적으로나 사회적으로 큰 문제가 되지 않는다. 도박중독은 "도박으로 인하여 당사자는 물론이고 가족, 생업이 피폐해짐에도 불구하고, 하고 싶은 충동을 이겨내지 못하는 강박적 상태"를 말한다. 도박 중에서도 사교를 목표로 하는 경우에는 문제가 되지 않는다. **습관성 도박** 혹은 **문제 도박**이라고 부르는 것이 곧 도박중독이다.

① 도박중독자의 특징

도박중독자는 다음과 같은 특징을 보인다(이홍표, 2002: 5장):

ㄱ 도박중독자는 재미삼아 한 두 번 도박을 하는 게 아니라 기회가 있을 때마다 도박을 한다.

ㄴ 이들은 온 정신이 도박에 쏠려 있어 다른 일에는 안중에도 없다.

ㄷ 이들은 도박에서 아무리 실패해도 다음 번에는 이긴다는 확신이 강하다.

ㄹ 돈을 따더라도 그만두지 못하여 계속하게 되고, 결국에는 패자가 된다(손해 본다).

ㅁ 처음에는 소액으로 하다가 점점 배팅 액수가 증가하고 막판에 모든 것을 한 번에 건다.

ㅂ 도박자는 고통과 쾌감이 교차된 긴장을 맛보며 이 스릴을 위해 도박을 한다.

ㅅ 심리적인 의존성, 강박성 등의 합병증을 겪는다.

② 도박중독의 진행과정

도박중독은 게임의 종류에 따라 서서히 진행되기도 하고, 급하게 진행되기도 한다. 그러나 도박중독은 거의 공통적인 과정을 거친다. [그림 11-1]에서 보는 것처럼 [승리

→ 손실 → 절망 → 포기/필사의 단계를 거치면서 점점 큰 문제에 빠져든다. 다행히 중독에서 벗어날 수 있다면 [극복 → 재건 → 성장]의 시기를 가질 수 있다. 도박중독자의 재활 프로그램은 대개 극복-재건-성장의 기회를 가질 수 있도록 도움을 준다(이흥표, 2002).

[승리단계] : 도박중독자들은 게임에 처음 참여하는 시기에 자주 이기는 경험을 한다. 승리의 횟수가 증가하고, 한몫에 대한 망상을 가진다. 그래서 초기에 승리단계를 겪지 않으면 중독에 빠질 가능성은 그만큼 줄어든다. 재미가 없기 때문이다. 초기 승리자는 점점 도박 전부터 흥분감을 느끼고, 배팅액이 증가하며, 한번은 크게 이기는 경험을 한다. 이런 경험은 평생 잊을 수 없다.

[손실단계] : 그러나 도박 승리자는 대내외적으로 허풍을 보인다. 자신이 마치 게임 과정이나 결과 혹은 운을 지배한 것처럼 말하곤 한다. 허풍 횟수가 증가한다. 때때로 거짓말도 하게 된다. 좀 더 진전하면 직장을 회피하며, 도박에 전념한다. 이 쯤 되면, 도박을 중단하기 어렵게 되고, 합법적 대출을 시도하지만 가족에게는 무관심해진다. 곧 부채 지불을 지연하게 된다. 성격이 급변하고, 초조함과 불안해지는 자신을 느낀다. 불법 대출도 마다하지 않고, 타인의 도움을 구걸한다. 타인의 명예를 훼손하고, 가족 및 친구와의 불화를 겪게 되고, 도움을 주지 않는 타인을 원망하며, 불법 행위를 한다.

[절망단계] : 손실 단계는 곧 절망으로 이어진다. 도박 액수와 도박으로 보내는 기간이 급상승한다. 자신은 양심의 가책을 느끼지만 뒤늦은 후회를 하게 되는 것이다. 그러나 되돌릴 수 없는 자신을 발견한다. 이런 발견은 공포감으로 이어진다. 자신의 인생이 끝났다는 절망감에 휩싸이게 된다.

[포기/필사단계] : 절망은 자기 자신의 인생과 생명을 포기하는 단계로 발전한다. 다른 사람의 도움도 무시하고 현실과 유리된 상태에서 필사적으로 도박에 매달린다. 이 시기가 되면 자살충동을 느끼고, 불법 행위로 인하여 수배가 되거나 소

송에 휘말리는 경험을 가진다. 이혼과 가정 파괴를 겪게 되고, 이러한 절망을 필사적으로 이겨내기 위한 여러 가지 시도를 할 수도 있다. 알콜은 자주 찾는 도피처가 되지만 중독으로 이어진다. 약물중독, 공격성 중독이 동반하게 되고, 감정조절이 불가능한 감정파괴의 상태를 겪게 된다.

[극복, 재건, 성장의 시기] : 절망과 포기 단계에 이르지 않고, 다행히 도박을 멈출 수도 있다. 혹은 절망과 포기 단계에서 극적으로 자신을 회복하는 경우도 있다. 자발적인 회복 노력이 정상적으로 이루어진다면 대개 전문상담가나 정신과 치료를 스스로 받을 수도 있다. 그러나 이런 경우는 드물다. 극복은 대개 외부 전문가의 도움을 필요로 하며, 상담과 치료를 통해 도박을 중단하고 자신에게서 희망을 발견하고, 책임감 있는 사고를 하는 과정이다. 기로의 단계에서 중독을 극복하려는 노력이 성공할 경우 자기 재건의 기회를 가지게 된다. 체계적인 복구 계획을 세우게 되며, 자기 존중감을 회복하고, 가족과 동료들과 더 많은 시간을 보내며, 법적 문제를 해결하려고 하고, 인내력이 증대된다. 나중에는 자기 자신에 대한 통찰을 하고, 타인을 위한 희생정신이 생기고, 타인에 대한 정상적인 영향력을 회복한다. 자신과 타인에 대한 완전한 이해를 할 수 있는 능력이 생기는 것이다. 이게 성장의 시기이다.

● 승리단계	● 성장단계
우연한 도박 기회 승리했을 때의 흥분 경험 배팅액 증가 큰 승리 경험 종종 승리, 승리빈도 증가 도박 환상- 배팅액 급증 비이성적 낙관에 빠짐	자신에 대한 통찰 타인에 대한 영향력을 되찾음 타인을 위한 희생 도박에 몰두하는 시간의 감소 문제에 신속히 대응 자신과 타인에 대한 이해
● 패배단계	● 재건단계
승리에 대한 허풍 실패가 계속됨 실패를 숨기고 거짓말 성격 변화 – 숨김 초조, 불안, 허탈감 증가 합법/불법 부채증가 도박만 생각함 배우자/가족에 소홀 가정불화 부채상환 능력의 상실	복구계획 자신을 있는 그대로 수용, 인정 가족과 친구들의 재신뢰 가족과 더 많은 시간을 가짐 신경질적 행동 감소 정신적 여유 세금 납부, 예산 절약 배우자 및 가족과 관계 개선 새로운 관심사가 생김 목표실현을 위해 노력함 법적 문제를 해결함 인내력 증가
● 절망/필사의 단계	● 기로의 단계
도박에 투자하는 시간 증가 후회, 경악 평판의 쇠락 가족과 친구들로부터 소외 타인을 탓함 법적 소송에 휘말림	희망을 가짐 책임감 있는 사고 정신적 성장 욕구 확인 자기 결정 증가 직장 복귀 도움에 대한 열망과 한계 인정 도박 중단 인성검사 받음 더욱 명료한 사고

● 최악의 상황
○절망, ○자살에 대한 생각, ○자살시도, ○자살실패, ○이혼, ○알콜남용, ○감정파괴, ○금단현상

[그림 11-1] 도박중독의 진행 및 회복 과정(이흥표, 2002, p.96)

③ 도박중독의 원인

도박중독의 원인을 제대로 이해하는 것은 중독자의 회복과 건강한 사회를 위해 매우 중요하다. 도박중독의 원인으로서, 모든 게임은 도박의 규칙을 적용할 수 있다는 점에서 게임의 구조적 특징이 가장 크다. 그러나 중독자 개인의 생리적, 심리적 문제 그리고 사회적 환경의 문제가 현실적으로 더 중요하다. 왜냐하면 중독 가능성이 있다고 해서 모든 게임을 금지할 수는 없기 때문이다.

• **도박중독의 사회적 원인**에 대하여 Herscovitch(1999)는 도박에 대한 사회적 태도, 사회적 통제, 접근가능성을 강조하고 있다. 이외에도 사회의 수동적인 여가문화와 일의 구조적 측면의 영향을 논의할 수 있다. 첫째, 도박을 허용하는 사회적 문화에서는 **도박의 상업화**가 이루어질 가능성이 높으며 이는 다시 도박중독자를 더 많이 양산한다. 도박의 상업화가 이루어질수록 도박에 빠져드는 사람이 많아지는 것은 당연하다. 일련의 연구에 의하면, 강원랜드 주변이나 라스베가스 인근의 도박중독 비율이 높다고 한다. 최근 우리사회에 만연하게 사회문제가 되고 있는 스포츠도박 사이트나 성인오락실은 사실 도박장이며, 전형적인 도박의 상업화 현상을 반영한다. 둘째, 도박을 허용하거나 선호하는 사회나 가정의 분위기가 자녀의 도박중독을 유발한 가능성이 높다. 부모가 도박을 즐기면 아이들도 도박에 흥미를 보일 가능성이 높으며, 그것은 다시 도박중독으로 이어질 수 있다. 도박에 대한 **허용적인 사회적 태도**가 크면, 모방의 기제가 크게 작용하는 것이다. 셋째, 도박에 대한 **사회제도적 통제**의 여부가 크게 영향을 미친다. 일반적으로 도박을 규제하는 제도가 강할수록 중독자가 줄어든다고 알려져 있다. 우리나라의 경우 도박에 대한 **이중적 제도**를 가지고 있다. 강원랜드나 경마장 등은 제도권내의 허용된 도박장이지만 사설 도박은 허용하지 않고 있고, 도박범죄의 명확한 기준 조차 설정되어 있지 않다. 이런 경우 도박에 대한 일관된 제도가 없기 때문에, 경계에 선 사람들은 도박을 하는 동안 더 큰 짜릿함을 맛볼 수 있다. 넷째, 한 사회의 전반적인 여가문화가 수동적이어서 능동적인 여가활동의 기회가 없을 때 도박은 매우 유의한 탈출구가 된다. 즉, 도박은 **수동적인 여가문화**의 범주에 속하지만, 수행 경험은 각성을 주기 때문에 자극을 추구하는 이들에게 도박은 흥미 있는 기회가 된다. 마지막으로 일과 직장의 구조가 지루하게 이뤄졌고 도전과 모험 욕구의 분출 통로가 없는 경

우, 도박의 기회는 하나의 탈출구가 된다. 수동적 여가문화와 더불어 일과 직장의 지루한 구조는 개인으로 하여금 소외감을 야기할 수도 있고, 이런 경우 도박은 소외 탈출의 대안으로 여겨질 수 있다.

• **도박중독의 개인적 원인**은 생리적 측면과 심리적 측면으로 나누어 고려할 수 있다. 우선 생리적 요인으로서 유전적 소인이 있다. Rosenthal(1992)의 연구에 의하면, 부모가 알콜이나 약물을 남용한 경험이 있는 경우가 병적 도박자의 18~43%에 이르며, 부모가 문제도박 경험이 있거나 하는 비율은 20~28%였다. 한편 6,718명의 쌍둥이를 대상으로 한 연구에서는 유전적 소인이 도박행동의 5가지 측면을 35~54%나 설명한다는 결과를 보였다(Eison, et al., 1998). 한편 도박행동은 뇌의 쾌락추구 구조 때문이라는 이론도 있다. 병적 도박은 코카인이나 다른 약물중독 경험과 유사한 정서 및 행동 변화를 경험한다는 것이며, 도박이 뇌의 도파민(신경전달화학물질) 수준을 증가시켜서 고양감과 쾌락을 느끼게 한다는 것이다(Epstein, 1989).

도박중독이 억제능력의 결핍에서 나온다는 생리학적 연구도 있다. 도박중독자는 뇌파상(EEG)의 결함이 있는 경우가 많으며, 병적 도박으로 발전하기 전인 아동기부터 뇌파상의 결손이 존재했고, 주의력 결핍에 의한 과잉활동장애로 고생한 사람이 많았다(Carlton & Goldstein, 1987). 이러한 결과는 뇌기능상의 억제력 결여가 도박중독을 야기할 수 있고, 자기 규제가 필요한 거의 모든 영역 즉, 알콜이나 약물중독의 원인이 된다는 것을 알려준다(이흥표, 2002).

도박의 심리적 원인에 대한 연구는 정신분석적 관점, 인지적 관점 및 학습이론의 관점에서 이루어졌다. 우선, 정신분석학적 관점에서 보는 도박행동의 원인은 자기처벌의 잠재욕구와 전능감을 위한 투쟁으로 간주된다(이흥표, 2002). 예를 들어 도박판에서 상대는 어린 시절 부모와 동일시되며 그들에게 지는 것은 부모에게 순종하는 것과 같다는 무의식이 작용함으로써 계속 지고 있음에도 도박을 하게 된다는 것이 자기처벌의 잠재욕구인데, 이는 "지기 위해서 도박한다"는 다소 엉뚱한 논리를 만들어 낸다(이흥표, 2002. 재인용). 전능감을 위한 투쟁이 곧 도박중독이라는 관점은 도박을 짜릿한 흥분을 추구하는 강박적 자위행위로 본다. 그래서 승리자인 자신을 확인하고 싶어 하는 불완전한 인간 행동의 한 현상이 도박이라는 것이다. 그러나 이러한 정신분석학적 관점은 검증할 수 없다는 점에서 논란의 여지가 많다.

　도박의 심리적 원인에 대한 인지적 관점은 매우 그럴 듯한 논리를 제시한다. Ladouceur & Walker(1996)는 도박중독을 오류의 사고체계(즉, 신념)가 승리 및 금전적 동기와 결합하여 만들어 내 결과라고 본다. 도박과 관련된 사고(思考)의 오류는 최소한 4가지가 있다. 첫째 통제력의 착각은 거의 공통적인데 도박을 하는 사람은 대부분 우연확률의 결과에 대해 자신이 예측할 수 있고 결정할 수 있다고 믿는 경향이 있다. 이들은 자신의 도박 기술이 뛰어나다고 과장하여 믿는 경향이 있다(Langer, 1975; Toneatto, 1999). 그러나 이것은 착각에 불과하다. 다음의 경우를 예측해 보자.

[한개의 동전을 10번 던질 때, 동전의 앞면이 연속해서 9번 나온 경우 10번째 던지기의 결과는 동전의 앞면일까 아니면 뒷면일까?] 정답은 이 장의 맨 뒤에 제시되었다.

　둘째, 문제도박을 하는 사람은 '자기편의적 기억 오류'를 가지는 경향이 많다. 도박을 하는 동안 부정적이거나 잃었던 경험은 억제되고 승리했던 경험은 회상이 쉽다. 즉, 선택적으로 정보를 추구하는 경향이 강한 것이다. 실패했던 경험을 회상하는 것은 패배감과 같이 자신의 정신 건강을 해치기 때문에 억제하고, 거의 본능적으로 사람들은 긍정적인 경험만을 회상하는 경향이 있다. 도박중독자들은 이런 경향이 지나치게 강하다.

　셋째, 미신적 신념은 일종의 징크스에 대한 과도한 신념인데 이는 통제력 착각의 한 현상이다. 미신적 신념이란 실제로는 결과와 무관함에도 불구하고 어떤 특정한 행동을 함으로써 그 행동이 결과에 영향을 미칠 것이라고 믿는 신념을 말한다(이흥표, 2002). 운동선수나 도박자들은 나름대로 징크스라고 부르는 특별한 버릇을 가지고 있다. 이것은 전적으로 미신적 신념에 불과하며, 이런 신념이 강하면, 결과의 우연 확률을 무시하게 된다.

　마지막으로 고려할 수 있는 인지적 요인은 '일보직전(near-miss)의 실패 기억'이다(Reid, 1986). 아슬아슬하게 성공하지 못한 경험은 개인의 노력 부족에서 원인을 찾게 만든다(즉, 귀인 attribution). 그래서 조금만 더 잘했더라면 결과가 좋았을 것이라고 생각하는 것이다. 이런 생각은 아쉬움으로 이어지고 다시 도박을 시도하게 한다. 단지 우연히 발생한 결과임에도 불구하고 있는 그대로 판단하기보다는 개인의 노력으로 극복할 수 있다고 착각하는 것이다.

도박의 심리적 원인으로서 학습이론의 기제는 매우 유용한 설명 틀이다. 특히 조작적 조건화 기제는 매우 강력한 중독의 이유를 말해준다. 조작적 조건화의 핵심 논리는 간단하다. 즉, 보상을 받는 행동은 지속되고 반복할 가능성이 큰 반면, 처벌이 주어지는 행동은 그 가능성이 줄어든다는 것이다(즉, B.F. Skinner). 그래서 도박을 하여 이긴 경우 보상이 주어지면 그 행동을 반복할 가능성이 증가하게 된다. 특히, 앞에서 보았던 것처럼 도박의 초기에 크게 승리하는 경험은 그래서 중독에 이르게 하는 결정적인 사건(즉, 보상)이 된다. 보상이 즉각적으로 이루어질수록 강화 효과는 증가한다. 그리고 연속적 강화보다는 간헐적 보상이 더 강력한 효과를 지닌다. 대부분의 중독자들이 도박을 지속하는 이유로 "간혹 돈을 따기 때문"이라고 답하는 이유도 이 때문이다(이흥표, 2002, p.113). 게다가 도박판의 보상물로서 돈은 *1차 강화물*이 되며 이는 다른 종류의 보상물(칭찬, 책, 기록 등)보다 더 직접적인 효과를 가진다. 물론 승리의 스릴, 흥분, 통제감, 유능감, 전능감 등 심리적 상태 역시 강력한 1차 보상물이다. 우울한 사람에게 이러한 심리적 느낌은 매우 강렬한 매력이 된다.

3 탈규범 여가행동 : 반달리즘(Vandalism)[14], 청소년 비행, 폭력

"재미/놀이를 위한 반달리즘(vandalism for fun or play)"을 비롯한 탈규범 행동은 사실 가장 오래된 여가 현상이며 연구 주제이다. 반달리즘, 비행과 폭력 문화는 청소년기에 특히 자주 나타난다. 청소년의 반달리즘, 비행과 폭력 문제를 여기서 다루어야 하는 이유는 그것이 성인들의 탈규범 행동과 달리 여가경험의 요소를 지니고 있기

---

14) 반달리즘은 타인의 사유재산이나 공공자산을 파손, 훼손, 오염시키는 모든 행위를 말한다.

때문이다. 사회학자 S. Cohen(1973)에 의하면, 반달리즘은 동기 특징에 따라 6가지로 정리할 수 있는데 이 중 3가지가 여가적 속성을 지닌다. 이념(ideological), 복수(vindictive), 놀이(playful)가 그것이다. 이념적 행위라 함은 반달리즘이 행위자의 생각과 신념을 표현하는 기회라는 것이고, 복수라는 것은 분노와 상처를 보상받으려는 의도라는 것이고, 놀이라 함은 반달리즘이 재미를 얻을 수 있는 통로라는 뜻이다. [나머지 세 가지는 각각 획득(acquisitive), 전술적(tactical), 사악한(malicious) 반달리즘이다]. 이러한 접근은 반달리즘의 종류를 분류하고 설명하는 데 도움을 준다. 그러나 여가경험으로서 반달리즘은 사회학적 수준에서 보는 것보다 훨씬 복잡한 심리적 메커니즘을 가진 것으로 추정된다. 자기표현이나 보상추구 혹은 경쟁과 도전 같은 전통적인 놀이와 여가 속성 외에도 탈규범의 긴장을 즐기고 있다는 전제가 있다.

호이징아(Huizinga)의 표현, '인간은 놀이하는 존재'라는 사실을 인정하면, 인간의 자발적인 사회 심리적 현상인 여가행동은 일상의 여러 영역에 만연하게 스며있다고 보아야 한다. 자발적 선택 행위는 본질적으로 인간의 기본욕구를 분출하는 방식으로 이루어질 것이다. 물론 우리는 사회적 학습과 교육을 통해 기본욕구를 표현하고 충족하는 방식을 배우며, 대체적으로 사회적 규범이라는 틀 속에서 그 기회를 만들어간다. 그러나 청소년기에는 사회적 규범을 완전히 내면화하지 못하고, 때때로 그러한 규범에 반항하거나 저항하는 방식으로 자신의 욕구를 충족시키는 경향이 있다. 규범에 대한 저항 역시 자유의지의 다른 표현방식인 셈이다. 이러한 반규범적 반항은 특히 기본욕구를 분출할 수 없는 조건에서 두드러진다.

분명한 사실은 여가 레퍼토리 범위가 넓어서 대안의 여가 기회가 많은 사람이, 범위가 좁아서 여가 기회가 적은 사람에 비해 반규범이나 탈규범 행동을 할 가능성이 크다는 것이다. 그러므로 청소년기 비행은 많은 부분 개인의 책임이라고 할 수 있고, 특히 여가 역량의 부족이 중요한 원인이 된다. 물론 넓게 보면 청소년에게 여가 기회를 제대로 제공하지 못한 사회적 환경, 즉, 정부, 학교, 가족 등에도 원인이 있다. 이런 이유에서 청소년기 많은 비행과 폭력행동 및 반달리즘은 자기표현의 기회로 간주되며 그 자체가 여가적 속성을 포함한다고 이해되어 왔다. 사실 왕따와 같은 집단 괴롭힘도 공격성 여가행동의 한 현상이다(사례분석 참고). 반달리즘, 비행과 폭력 행동에 대한 원인을 구체적으로 살펴보자. 개인의 심리적 차원과 사회 환경적 원인을 구분하여 고려할 수 있다.

(1) 탈규범 여가행동의 심리적 원인

청소년의 반달리즘, 비행 및 폭력 행동의 심리적 원인은 크게 성격, 동기 및 인지적 측면으로 나누어 볼 수 있다. 우선, 성격 면에서 비행과 폭력은 분노와 공격성의 발로로 인식된다. 청소년은 대개 성인들에 비해 공격성향이 강한 편이며, 공격성은 폭력의 가장 중요한 원인이다. 그러나 공격성이 강하더라도 자기조절능력이 있다면 그것이 분출되는 것을 제어할 수 있다. 불행하게도 청소년기에는 대체로 자기조절능력이 약하다. 자기조절 혹은 통제능력의 결핍은 충동성으로 이어진다. 충동적으로 행동하는 경향이 강하다는 말이다. 이는 주로 여가동기 이론에서 보았던 것처럼 우리의 심리가 **'최적각성 추구 추동'**의 지배를 받기 때문이다. 공격성과 충동성의 발로는 특히 자기 존중감이 낮을수록 가능성이 증가한다. 공격 행동은 타인만이 아니라 자기 자신에게도 상처를 주며, 자기 존중감이 낮은 사람들은 대개 자기 자신을 비하하는 행동을 한다. 청소년기에 이러한 행동은 자주 관찰된다.

[사례 11-1] 청소년 탈규범 사례: 왕따 행동의 여가심리

왕따 행동은 반사회적인 범죄로 인식되지만 행위 당사자에게 있어서 그것은 놀이에 불과하다. 왕따를 당하는 학생은 상처를 입지만 왕따를 하는 학생은 그것을 통해 정복과 성취감을 느끼고, 기성 세대의 규범을 깨는 일탈의 즐거움을 얻는다. 유심히 보면, 왕따 같은 반규범 행동에도 그들만의 일정한 규칙이 있다. 괴롭히더라도 특정한 부위를 때려선 안된다거나 특정한 시간에만 괴롭힌다거나 일정한 범주의 아이들만 괴롭힌다거나 하는 것들이 그것이다. 이러한 세부 규칙을 따르는 것은 곧 한정된 안정추구 욕구의 결과이다. 왕따 현상에서 안정추구 기제가 작용하는 과정은 스스로 왕따를 당하지 않기 위해서 다른 동료를 왕따시키는 데 동참하는 행동에서 엿볼 수 있다. 많은 왕따 행동은 바로 불안에서 도피하고자 하는 심리로부터 출발한다. 심리학에서 말하는 준거 집단의 규범을 따름으로써 행위자 나름의 선(善)의 축을 구축하는 것이다. 만약 청소년들에게 충분한 여가 기회 즉, 운동과 여행 같은 일상 탈출의 기회가 충분하다면 최적 각성을 경험할 기회가 많아지기 때문에 왕따 현상은 줄어들 것이다. 마음속에 있는 악(惡)의 욕구를 분출시킬 수 있는 여가 기회가 주어지는 것이 중요하다. 예를 들어 지난 여름 월드컵 기간에는 왕따 사고가 줄어들었다고 한다. 거리응원, 도로점거, 고성방가, 빨간 옷, 축구 등 최소한 그 기간만큼은 변화가 있는 일탈 생활이 가능했다. 결국, 왕따라는 반규범 행동은 이 사회의 학교 제도와 가족문화가 만들어낸 일그러진 여가 범주일 뿐인 것이다.

사실 왕따 현상을 행위자의 여가행동으로 본다면, 왕따를 통해 실현하는 이중적 가치(dual values)와 지각하는 심리적 체험은 학생들의 다른 여가행동에서도 나타나기 마련이다. 탈규범, 정복, 성취, 파괴 등과 더불어 아이들의 여가행동에서 두드러지게 나타나는 특징은 그것이 게임 지향적(game oriented)이라는 점이다. 엄밀히 말하면 왕따 행동에서도 누가 더 지능적으로 많이 괴롭히는가 하는 것이 경쟁 요소로 작용할 수도 있다. 그만큼 행위자에게 그 행동은 놀이적이다. 이러한 요소는 곧 경쟁의 욕구 혹은 원리로 볼 수 있다. 아이들에게 경쟁은 운동을 포함한 거의 모든 여가행동에서 나타난다. 그들은 어른들이 보기에 아주 사소한 것을 가지고도 경쟁을 한다. 경쟁의 원리는 모든 동물이 가지고 있는 욕구일지도 모른다.

대표적인 여가활동을 사례로 들어보자. 인터넷 게임은 이제 청소년을 지배하는 여가활동이라고 해도 무난하다. 머드 게임은 경쟁의 원리가 가장 세련되게 실현되는 장이다. 상상속의 무기를 사용하여 초인적인 능력을 발휘할 수 있고 그러한 능력을 통하여 일상에서는 실현하기 어려운 가상의 성취 경험을 이루어낼 수 있다. 실제에서는 나약한 존재이지만 가상세계에서는 강한 존재로 인식된다. 현실에서는 불가능하지만 게임 상에서는 상대를 잔혹하게 죽일 수도, 무기를 탈취할 수도 있고, 그래서 지배자가 될 수도 있다. 경쟁의 세계에서 우뚝 선 존재가 될 수 있는 것이다.

이러한 경쟁 욕구는 청소년의 다른 여가행동에서도 공통적으로 드러난다. 그들의 여가 행동을 보면, 혼자서 하는 여가는 거의 없다. 혼자서 수영을 하거나, 혼자서 등산을 하는 아이들도 없다. 친구들과 농구를 하여도 혼자서 조깅을 하는 아이들은 거의 없다. 사색을 즐기는 아이들도 거의 없다. 설사 혼자서 바둑 책을 보더라도 그것 역시 경쟁에서 이기기 위한 준비일 뿐이다. 아이들의 모든 여가에서 경쟁은 거의 핵심적이며 공통적이기 때문에, 경쟁에서 지면 다른 종목이나 방법 혹은 대상을 찾아서 경쟁 우위에 서고 싶어 한다. 그래서 아이들을 위한 여가교육 프로그램을 구성할 때 경쟁 요소 도입은 필수적이다.

학교에서는 불량한 학생이라고 해도 집에서는 착한 아이들이 많다. 부모들의 눈에는 예의 바르고 효성이 있으며 형제간 우애를 지키는 경향이 있다. 또한 반대로 집에서는 늘 반항적이고 예의 없는 아이들도 학교에서는 똑똑한 모범생으로 불리는 경우가 많다. 사실 거의 대부분의 학생들은 이 두 범주에 속한다. 가정과 학교에서 각기 다른 심리적 기제를 작용시키기 때문이다. 엄밀히 말하면 학교에서나 집에서 그리고 사회에서 언제나 모범적인 행동을 하는 경우는 매우 드물다. 인정하고 싶지 않을지 몰라도, 성인들 역시 그러하다. 사회적으로 성공한 사람이라고 하더라도 인생의 한 쪽 축 어느 부분에서는 (그것이 상상의 세계일지라도) 일탈적이다.

누구누구는 집안환경이 불우해서 불량 청소년이 되었다는 말을 자주 한다. 또 누구는 유복한 집안인데도 불량한 학생이 되었다는 말도 한다. 어느 말이 맞는 것일까? 최적 각성의 연장선상에 있는 변화 추구라는 심리적 기제로 이해하면 둘 다 맞는 말이다. 만약 집안에서 청소년의 넘치는 에너지를 받아 줄만한 분위기가 형성되었다면 경제적 환경 따위는 문제가 되지 않는다. 그런데 들여다 보라. 그런 학생들도 그들의 세계에서는 심성이 착한 아이로 통하는 경우가 많다. 넘치는 에너지를 받아줄 집안 환경이라면, 만약 아이들의 변화 욕구를 수용하는 여가문화가 형성되었다면, 이 시대 불량 학생은 그리 많지 않을 것이다.

– 고동우(2002d. "청소년 여가문화의 이해" 중에서)

둘째, 동기적 측면의 원인은 쉽게 추론된다. 성격 특질 역시 동기적 기제를 포함하는 경향이 있고, 비행과 폭력 행동의 원인은 청소년기에 가장 강해지는 각성추구 추동의 작동에 그 뿌리가 있다. 각성추동은 동기의 근원적 힘으로서 공격욕, 권력욕구, 소외감 탈피, 통제감 및 유능감 욕구, 모험과 탐구, 도전, 흥분 등을 유도한다. 긴장과 스릴은 각성추구의 중요한 결과이자 체험이다. 그리고 이러한 욕구들은 상호 밀접하게 연관되어 있다. 예컨대 '소외 탈피'라는 말은 환경에 대한 교류능력의 확인 기회가 있음을 의미하며, 권력과 통제 및 공격성은 곧 유능감의 다른 지각 양식일 뿐이다. 경쟁에서 다른 사람을 지배하고 통제하는 느낌이 곧 권력이며, 공격을 통해 이를 실현할 수 있다. 이러한 욕구는 누구에게나 있지만 특히 청소년기에는 직접 행위를 통해 그것을 충족하고자 한다. 성인이라면 다소 복잡하고 장기간에 걸쳐 계획적으로 다른 사람이나 환경을 지배하려고 하지만(즉, 이런 것이 곧 정치이다), 청소년기에는 결과의 즉각적인 피드백을 추구한다.

셋째, 청소년 비행의 다른 심리적 원인은 바로 미완성된 인지적 능력에서 찾을 수 있다. 그래서 의사결정 과정의 오류를 범할 가능성이 상대적으로 높다. 지능이 높고 낮음을 의미하는 것이 아니라 어떤 행동이나 활동의 기제 및 상황의 결부 여부를 냉정하게 판단하기가 어렵다는 것이다. 경험 부족 때문이라고 할 수도 있다. 대표적인 의사결정의 오류는 성취행동 결과에 대한 과대 추정이며, 잠재적 손실에 대한 과소 추정으로 나타난다. 다시 말해서, 자신의 행동이 가져올 긍정적 결과는 과대 추정하지만, 부정적인 부작용에 대해선 과소 추정하는 경향이 있다. 이런 인지 오류는 일종의 지나친 각성추구 상태가 그 원인일 수 있다. 가령, 흥분한 상태에서는 냉정한 판단을 하는 게 어려워진다. 이런 판단 오류는 위기대처능력의 결핍으로 이어진다. 청소년의 사랑을 풋사랑이라고 하고, 청소년의 사회적 활동을 호기 발동이라고 하는 이유는 이 때문이다.

마지막으로 청소년 일탈행동의 다른 심리적 이유는 바로 **여가 레퍼토리**의 문제이다. 앞에서 말한 것처럼 한 순간에 자신의 감정을 분출하고 욕구를 실현할 수 있는 기회 즉, 여가 레퍼토리가 충분히 넓다면, 탈규범, 비행과 폭력은 그 만큼 줄어들 것이다. 여가 레퍼토리는 비행과 폭력 등 일탈행동의 좋은 대안이 된다. 예컨대, 2002년 월드컵 기간 중에 청소년의 비행과 일탈행동 및 폭력 행동이 줄어들었다는 통계가 이를 잘 말해준다. 거리응원과 운동 등 욕구 분출의 기회가 많았기 때문이다.

(2) 탈규범 여가의 사회 환경적 원인

청소년 비행의 사회적 원인으로 가장 자주 언급되는 것이 폭력적 사회문화에 대한 노출 경험이다. 사회학의 '사회해체이론'에 따르면, 사회 전반의 구조와 질서가 무너지면 아노미(anomie)라는 혼란 상태로 이어지고, 하위 수준의 지역이나 영역별 세부 집단의 문화가 개인을 지배하게 된다. 영역이나 지역 단위의 사회문화가 전승되고 따라서 집단내 탈규범이나 일탈 문화도 세대를 거쳐 전승된다. 소속된 집단이나 지역의 문화가 폭력적이고 공격적이라면, 개인의 폭력 행동은 당연한 것처럼 받아들이고 확산된다(즉, 아노미 이론은 사회구조의 갈등과 해체 상태를 설명하고, 차별적 교제이론은 집단내 문화 학습을 설명한다. [사례 11-2] 참고). 반규범적 행동으로 인식되지 않는 것이다.

이는 마치 심리학에서 말하는 사회학습이론(Bandura, 1986a,b)의 논리와 동일하다. 사실 사회학습이론에서는 더 구체적으로 사회 환경의 영향을 강조한다. 사회의 유의미한 타인은 모방과 동일시의 중요한 대상이다. 즉, 대중 스타나 영화의 주인공, 부모나 친구들의 행동은 모방되고 동일시된다. 현대에서 정보공유의 기회가 많고, 자극적이고 탈규범적인 내용의 대중 영상물이 홍수를 이루는 상황에서 청소년은 가장 민감하고 열정적인 학습자라고 해도 과언이 아니다.

[사례 11-2] 청소년 비행에 대한 사회학 이론들

- **사회해체이론과 아노미 이론** : ▶ 사회갈등이나 변동에 의해 기존의 지배 규범이 약화되고 새로운 규범이 정립되지 않은 혼란 상태가 지속되면, 무규범이나 이중규범 상태에서 범죄 가능성이 증가한다(Dürkheim). ▶ 한 사회의 '문화 목표'와 '제도화된 수단' 간의 괴리 현상, 즉 아노미 때문에 비행이 발생하는데 아노미 상황이 특정인에게는 정당한 방법으로 문화적 목표를 달성할 수 없게 만들기 때문이다(Merton).

- **비행하위문화 이론 (Cohen)** : 중산층의 가치가 사회의 지배문화로 자리 잡게 되면, 하류계층의 자녀들은 중산층의 기준이 정한 사회적 지위를 획득하는 게 어려워진다. 이로 인한 지위욕구불만 때문에, 하류 계층의 청소년들은 자신들에게 불리한 기준 대신, 유리한 새로운 가치기준을 집단적으로 형성되고 되고, 그런 준거 틀에서 청소년 비행은 정당한 것으로 합리화하게 된다.

- **갈등이론 (Meier, Quinney)** : 자본주의 사회의 자본가 계급과 노동자 계급의 갈등이 비행을 유발한다는 이론. 갈등을 유발하는 정치적 사회적 계급 구조가 근본 원인이다.

- **사회유대이론(사회통제이론) (Hirschi)** : 사회적 유대가 해체될 때 비행이 발생한다. 유대는 청소년의 비행 성향을 통제해줄 수 있는 일종의 장치와 같기 때문이다.

- **중화이론 (Matza & Sykes)** : 청소년들은 자기의 비행이 나쁘다는 죄의식을 중화시키는 전략을 구사하여 자기 합리화를 한다. 대표적으로 5가지 중화기술이 알려져 있다: 자기 책임의 부정 및 전가, 가해의 부정과 의도 왜곡, 피해자 책임 비난(피해자의 원인제공 강조), 고발자 비난, 대의명분 호소 등

- **차별적 교제이론 (Sutherland)** : 가장 많이 사용되는 이론. 비행은 친밀 집단 내에서 사회적으로 학습된 결과로서, '사회적 상호작용'과 '모방'은 중요한 통로이다. 반듀라의 사회학습이론과 일맥상통. 따라서 일탈집단을 직/간접적으로 자주 접하게 되면 일탈청소년이 될 가능성이 증가한다. 근묵자흑(近墨者黑).

- **낙인이론 (Lemert, Becker)** : 유의미한 타인 등 주위로부터 우연히 자신의 지위가 비행자로 낙인 찍혔기 때문에, 거기에 맞춰서 의식적이고 상습적으로 비행을 저지른다는 내용. 아이들은 주위에서 의미 부여한 자격에 맞게 행동하는 경향이 있다. Hargreaves는 교사에 의한 낙인 과정을 세 단계로 설명했다: 추측, 명료화, 공고화 단계를 거친다고 한다.

한 사회의 구조도 중요한 원인이 된다. 구성원간 유대감이 부족한 사회구조나 학교 및 가정에서 일탈과 비행 가능성은 증가한다. 사회유대이론이 지적하는 것처럼, 구성원간 유대감이 부족하다는 말은 구성원의 생각과 행동을 교류할 수 없을 뿐 아니라 상호 통제의 기능을 상실하였음을 의미한다. 이런 경우 최소한 두 가지 이유에서 문제를 야기한다. 첫째는 구성원들이 개별적으로 행동해도 아무도 간여하지 않는다는 것이며, 둘째는 익명성을 보장받기가 쉽다는 것이다. 많은 범죄가 익명성의 조건에서 발생한다는 사실은 잘 알려져 있다.

한편, 청소년 중에서도 실패를 경험하는 이들이 자주 폭력적이라는 주장이 있다. 실패 경험은 자기 자신과 주변에 대한 분노로 이어지기도 한다. 그러므로 사회의 구조가 성공의 기회 장치를 제대로 갖추지 못할 때 많은 이들은 실패를 경험할 가능성이 많아지며, 이는 다시 사회적 범죄로 이어진다. 사실 실패는 상대적 박탈감을 느끼게 한다. 많은 범죄가 상대적 박탈감을 가진 이들에 의하여 이루어진, 사회에 대한 무조건적 공격 행위라는 사실이 잘 알려져 있다. [사례 11-2]의 비행 하위문화이론은 이런 논리를 지지한다.

마지막으로 사회의 양육 방식을 고려할 수 있다. 즉 폭력과 비행은 양육 과정을 통한 학습의 결과라는 주장이 그것이다. 사회학습이론은 이런 현상을 잘 설명해왔다. 대개 가정에서 신체 학대를 경험한 아동일수록 비행/폭력적으로 성장한다는 연구 결과는 많다. 부모의 가혹한 양육 태도는 아동의 정신적 상처를 야기하여 분노와 좌절감을 유발할 수 있다. 뿐만 아니라 자신의 기준에서 잘못했을 때, 비행과 폭력을 행사해도 된다는 신념을 형성시킬 수 있다.

④ 다른 여가문제들

지금까지 우리는 여가문제의 종류를 거시적 측면과 미시적 측면에서 살펴보았다. 특히 미시적 수준에서는 중독과 탈규범 문제에 초점을 두어 그 현상과 원인을 비교적 구체적으로 제시하였다. 소외, 일탈, 유행과 상업화, 중독, 공격성 등은 비교적 심각한 수준의 여가문제들이다. 이런 문제보다는 덜 심각하지만 현대사회에 만연한 여가문제 중 하나는 바로 앞장에서 보았던 여가제약의 문제이다. 특히 여가제약 중에서도 이상과 현실의 괴리 현상은 여가문제로 다룰 만하다. 여가 괴리 현상은 현대 자본주의 사회의 보편적 문제일 것으로 보이며, 다음 장에서 다루기로 한다.

> [정답은 반반이다. 만약 당신이 앞면, 혹은 뒷면이 나올 것이라고 예측하였다면 통제감의 오류를 가지고 있는 것이다.]

연 · 구 · 문 · 제

1 문제여가란 무엇인지 정의하시오.
2 사회 문화적 측면에서 여가문제의 현상과 원인을 설명하시오.
3 미시적 수준에서 여가문제의 종류를 분류하시오.
4 여가중독의 개념을 정의하고 종류를 나열하시오
5 여가중독의 원인을 학문적 영역으로 나누어 설명하시오.
6 여가중독의 심리적 원인을 설명하시오.
7 여가중독의 원인을 여가활동의 구조적 특징으로 설명하시오.
8 도박중독의 원인을 범주화하여 설명하시오.
9 도박중독의 진행과정을 개괄하시오.
10 반달리즘과 여가의 관계를 논의하시오
11 폭력과 공격행동이 지니는 여가적 속성을 설명하시오.
12 중독이나 폭력행동은 여가인가 아닌가? 그 이유를 설명하시오.
13 청소년의 왕따 현상을 여가 심리적 측면에서 해설하시오.
14 여가활동의 종류를 고려하여 각각이 지닌 중독가능성을 기준으로 나열하시오.
15 희망 여가와 실제 여가 사이의 괴리 현상이 생기는 이유와 개선 방안을 생각해보시오.

현대 여가학의 초기 연구는 개인적, 심리적 현상이 아니라 사회적, 문화적 수준의 주제에 초점을 두고 있었다. 여가 현상의 사회문화적 특징과 순기능 및 역기능에 대한 것이 대부분이었다. 사실 역사 문명의 결과로 자연스럽게 형성된 모든 사회 문화적 현상은 순기능과 역기능을 가진다. 여가문화 역시 예외가 아니고 심지어 그것이야말로 사회적 정체성과 역사의 정수라는 주장도 있다(Huizinga, 1938). 그리고 우리가 '여가 현상'이라고 지칭하는 대상은 대개 유행이나 문화적 패턴을 반영하는 '사회/문화적 수준의 여가'를 말한다. 우리는 여가문화가 우리 사회를 얼마나 윤택하게 하는지, 그리고 여가산업이 경제발전에 얼마나 큰 비중을 차지하는지를 잘 알고 있다. 그럼에도 여가문화는 양면성이 있어서 역기능도 있다.

한편, 사회 구성원의 여가행동은 개인적 차원에서만이 아니라 사회적, 국가적 차원에서도 점검되어야 한다. 본질적으로 여가경험과 행동은 개인의 것이긴 하나, 사회적 환경의 영향과 더불어 사회적 파장을 불러올 수 있기 때문이다. 그래서 사회의 문화적 건강을 해치거나 개인적 건강을 해치는 여가활동과 경험은 모두 여가문제라고 규정할 수 있다. 행위자의 자발적 선택을 통해 이루어졌으나 궁극적으로 심리적, 신체적 건강을 해치는 여가경험과 활동은 물론이고, 행위자 스스로에게는 큰 문제가 없지만 사회적으로 용인되지 않거나, 문화적 폐해를 가져오는 경우에도 여가문제의 범위에 들어 있다.

여가 현상이 사회적으로 주목받는 이유는 여가문제가 사회문화적 수준에서 심각한 지경에 이르렀다고 인식되기 때문이다. 그런 사회적 수준의 인식은 동서고금을 통해 늘 존재했던 것으로 보인다. 다만 사회문화적 여가문제가 본격적으로 학문적 수준에서 논의되기 시작한 것은 산업혁명 이후 산업사회에서다. 사회주의 이념의 창시자인 칼 마르크스(K. Marx)와 그의 동료 엥겔스(Engels)가 노동자의 여가문화를 언급한 것이 처음이다(van Raaij, Veldhoven, Warneryd, 1987). 아이러니하게도 이 두 사람은 사회주의 이념을 공유하면서도 여가문제에 대해선 상반된 견해를 가지고 있었다[15]. 마르크스가 노동자의 여가 현상을 자발성과 인간성에 대한 박탈의 결과로 나타난 자기 파괴적이고 반사회적인 것으로 본 반면, 엥겔스는 여가시간이야말로 인간성과 자발성을 회복할 수 있는 기회라고 보았다. 물론 둘 다 이 시기 유한계급의 여가행동에 대해선 부정적인 견해를 가지고 있었다. 자본주의 혹은 자본의 유일한 수혜자로서 자본가 계급의 여가문화는 프롤레타리아 계급을 착취한 산물로서 향락적이고 과시적인 형태를 띤다고 보았다. 이러한 관점은 19세기 말~20세기 초, 베블린(Veblen, 1899)의 「유한계급론」에서 더 구체적인 논리로 전개되었다.

물론 이러한 관점은 오늘날에도 많은 유럽의 여가사회학자들에 의해 유지되고 있다. 크리스 로젝(C. Rojeck, 1985, 1995)을 비롯한 네오 맑시스트들(Neo-Marxists)은 자본주의 사회의 여가 현상이 본질적으로 개인의 자발적 선택의 결과가 아니며, 시장의 원리가 만들어낸 상품의 소비에 불과하다고 주장한다. 옷을 사거나, 화장하는 것, 게임을 하고, 스포츠에 몰두하는 것 모두가 여가 상품화의 연장이며 이는 곧 자본주의 시장이 만들어낸 허구의 여가라는 주장이다. 이런 논리가 전혀 엉뚱한 것은 아니다. 왜냐하면 사람이 자발적 수행이라고 믿는 행위조차 환경의 영향을 받을 수밖에 없고, '여가경험'은 사회적, 물리적 환경이 허용하는 범위 내에서 추구하는 '제한된 자유의지'를 반영하기 때문이다.

결국 오늘날 사회구조가 양산해 낸 여가문화 현상은 시장 자본주의라는 경제적 원리와 민주주의라는 정치적 이념이 유도한 제도적 산물이라고 할 수 있다. 자본주의 시장 원리는 궁극적으로 이익이 되는 것에 투자가 이루어지도록 하며, 사람들은 다시 사람과 돈이 모이는 곳으로 몰려든다는 원칙을 보여준다. 그래서 사회적 수준의 여가문

---

15) 두 사람이 여가에 대해 다른 견해를 가진 이유는 아마도 개인적 생활 배경의 영향인 듯하다. 마르크스는 독일의 유태인 변호사 아버지 밑에서 7남매 중 셋째로 자랐으나 성장한 후에는 가난하여 자식을 잃을 만큼 곤경을 겪었던 반면, 엥겔스는 독일의 부유한 공장주 집안 손자로 나서 자랐고 엘리트 교육과 경제적 여유를 누릴 수 있었고, 아버지의 명으로 영국 맨체스터 방직공장의 관리자로 일했다고 한다.

화는 이러한 원칙의 지배를 받는다고 할 수 있으며, 이로 인해 다양한 특징의 문제를 야기하고 있다. 현대 사회가 보여주는 여가문화의 문제를 정리해 보자.

1 여가의 획일화와 소외

현대 사회를 대중사회라고 말하는 것은 대중의 가치관이 획일적이며, 소비와 여가 문화가 유행 따라 변한다는 것을 의미한다. 유행은 현대 사회의 다른 특징인 정보 공유 와 확산 현상에 의해 매우 급속도로 발생한다. 환경 적응을 잘하는 이들에겐 문제가 되 지 않지만 감수성이 예민한 이들에겐 이러한 환경 변화가 부담이 된다. 현대 사회의 여 가문화는 다분히 유행에 따라 변하고 있으며, 유행하는 여가행동을 따라가느냐 못하 느냐에 따라 주류와 비주류로 규정되어 버리는 현상도 있다.

유행을 따라갈 준비가 안 되어 있다면 개인은 심각한 소외를 겪는다. 청소년 소외, 노인 소외 등은 모두 이러한 시대 문화와 관련이 있고, 이들의 여가생활은 병리적으로 나타날 가능성이 있다. 소외는 상대적 박탈감(Festinger, 1957)의 원인이며 결과라 고 할 수 있다. 상대적 박탈감은 사회 전반에 대한 반감으로 이어질 수 있고, 불특정 다 수를 향한 반규범 행동을 유발할 수 있다. 가령, 소외를 느끼는 자들은 불특정 다수에 대해 복수하거나, 자신보다 더 소외된 자를 응징함으로써 자기 보상을 추구하는 경향 이 있다. 혹은 소외감을 겪으면서 사회로부터 스스로를 격리시킬 수도 있다. 이런 경우 반사회적 가치관이 형성되기도 한다. 왕따라는 사회적 문제도 결국 개인주의 문화로 인한 소외가 원인 중 하나이다.

그리고 역설적으로 여가소외의 치료 방법은 바로 혼자서 할 수 있는 긍정적인 여가 활동을 통해서 찾을 수 있다. 대표적으로 독서나 음악, 스포츠는 혼자서 할 수 있는 여 가활동이지만 지적/정서적/신체적 개선을 가져온다는 점에서 소외를 극복할 수 있는 좋은 통로가 될 수 있을 것이다. 앞 장에서 정리한 '진지한 여가'는 좋은 방안이 될 수 있다.

2 과시적 소비와 여가의 자본화

현대 사회의 다른 특징은 유한계급의 과시적 소비문화이며, 전통적인 자본주의 사회가 안고 있는 병리적 구조에 여가의 자본화가 연계된 형태이다. 과시는 곧 자기표현의 한 방법이고 자기표현은 여가행동의 가장 기본적인 욕구 중 하나이다(성영신 등, 1996a). 인간은 누구나 남에게 자기 자신을 과시하려는 욕구를 가지고 있으며, 특별히 유한계급에게 과시적 소비는 일종의 여가를 즐기는 기회가 된다(Veblen, 1899). 일부 부유층의 초고가 해외여행, 수 천 만원짜리 크루즈여행, 최고급 자동차, 한정판 핸드백이나 의류 소비 등은 대표적인 예들이다.

이론적으로 보면, 우리 사회에 만연한 과소비 문제도 실제로는 자기표현의 욕구가 발현한 일종의 여가행동으로 이해된다. 이러한 과시성향은 자가용 승용차나 골프채, 스키장비 등을 구매하는 행동에서도 여실히 드러난다. 우리나라는 경승용차에 대한 선호도가 선진국에 비해 매우 낮은 수준이라고 한다. 이는 자동차를 운송수단이라기보다 일종의 과시수단 또는 사회적 지위로 생각하는 사고방식이 팽배하기 때문이다. 비용 때문에 골프장에는 일 년에 한 두 번 가면서 골프채는 최고급으로 소유하는 것이나, 스키 기술은 초보적이면서 자동차 위에 스키도구를 싣고 다니는 것, 스키장에 가서 정작 슬로프는 오르지 않으면서 바디라인이 드러난 화려한 스키복으로 패션을 자랑하는 것 등은 모두 과시적 소비이며 과시적 여가행동이다.

자신을 내 보이기 위해 분수에 맞지 않는 여가생활을 하는 경우도 많다. 이런 현상은 이미 잘 알려진 사회적 문제들이다. 대개의 경우 하급문화는 고급문화를 따라가게 되어있으며, 사람들은 지배계급의 문화를 고급문화로 인식하는 경향이 있다. 대다수 시민들은 과거 지배계급의 문화와 행동 양식을 무조건 모방하는 경향을 보인다. 이것은 소위 자기향상 욕구의 분출인 셈이다. 그러나 문화의 근본인 도덕적 가치관과 같은 노빌리스 오블리제(nouvelle's oblige)를 따라 하기에는 어렵고, 겉으로 드러난 쉬운 행동 양식만을 모방한다. 여기서 문제가 발생한다. 그래서 베블린이 『유한계급론』을 통해 지적한 것처럼, 과시적 여가 현상은 유한계급에만 국한되지 않고 중산층이나 서민계층으로 전염되고 확산된다. 바로 과시적인 소비 및 여가행동이 나타나는 것이다.

특히 자본주의의 수혜를 입은 졸부들의 여가 행태는 매우 과시적이며 이는 다시 사회의 위화감을 유발한다.

과시성 여가활동은 과시적 소비와 직접 연계되어 있어서, 그것을 따라할 수 없는 이들에게는 상대적 박탈감을 주고 결국 계층 간 갈등을 조성하게 된다. 서민들은 무리한 과소비를 통해 스스로 사회 주류의 일부로 남아있다는 증거로 삼고자 한다. 일종의 강박적 과소비가 생겨나는 것이다. 과시적 소비는 크게 두 가지 측면에서 사회 문제가 된다. 첫째는 재정적 능력이 없는 사람이 과시적 소비를 모방하게 되면, 결국 정신적, 경제적으로 파산에 이를 정도로 위험해진다는 것이고, 둘째는 과시적 소비가 여가의 자본화로 이어진다는 점이다. 특히 여가의 자본화 문제는 과시적 소비가 여가활동 비용 즉, 여가시설, 여가장비, 참가비용 등의 상승을 유발하여 여가 참가자나 여가 공급자 모두 고비용을 치러야 하는 악순환을 야기한다. 그래서 소비자든 공급자든 자본을 가진 사람만이 그러한 여가상품을 독점할 수 있는 문제를 유발한다. 여가의 자본화는 결국 과시적 소비문화와 그로인한 정신적/경제적 파산의 주범이 된다.

③ 여가의 향락화

산업 사회에 비해 현대 사회에 이르러 여가 기회가 많아진 것은 분명하다. 우리는 비교적 쉽게 여가경험을 추구하고, 즐길 수 있다. 여가는 즐거운 것이라는 인식이 있다. 그래서 여가 기회 확대는 사회적으로 잠재된 여가욕구가 분출될 가능성이 증가했다는 것을 의미한다. 인간의 욕구는 기본적으로 즐거움(pleasure)을 지향한다. 인간을 쾌락추구 존재로 보았던 프로이드에 의하면, 인간의 기본 욕구로서 성욕(need for sex)과 공격욕(need for aggression)이 인간을 지배한다. 그것의 충족은 즐거움을 가져온다. 기회가 있다면, 누구나 이러한 욕구를 분출하는 방식으로 여가행동을 수행할 가능성이 크다는 것을 의미한다. 대개의 경우, 음주, 섹스, 게임, 스포츠 등은 이러한 기본 욕구를 잘 충족시켜주는 구조의 여가활동으로 평가된다. 사실 음주가무와 게임은 전통적으로 가장 오래된 보편적인 여가활동이라고 할 수 있다. 그래서 사회적으로 기회가 주어지면 사람들은 이런 종류의 여가활동을 스스로 찾아갈 가능성이 높다. 이런 이유로 해서, 다양한 종류의 주점이 향락적으로 발달하고, 게임 형태를 띤 도박 산업이 활성화된다. 여가의 향락성과 사행성이 팽배해지는 사회적 현상은 최근 우리 사회를 보면 잘 알 수 있다. 도시의 건물마다 가요주점, 단란주점, 룸싸롱 등 주점이 있고, 카지노, 경마장, 경륜장과 성인오락실이 번성하고 있다. 물론 이런 현상은 국가 차원의 제도적 허용 범위에 의해서도 달라진다.

(1) 향락적 여가의 개념과 음주문화

즐거운 여가와 향락적 여가는 의미가 좀 다르다. 국어사전에서 향락(享樂)이라는 용어는 '쾌락을 즐기는 것'으로 정의한다. 그런데 우리는 일상적으로 향락이라는 용어를 쾌락(快樂)과 구분하여 사용한다. 즉, 향락에는 과도한 쾌락 추구의 의미가 스며있다. 라캉(J. Lacan)의 논지에 의하면, 향락은 쾌락이 넘치는 수준에 다다른 것이다. '불쾌한 긴장이 없는 즐거움'을 **쾌락**이라고 하면, **향락**은 '쾌락이 넘쳐서 불쾌한 긴장에 이른 수준'이라는 것이다. 그러므로 "향락적 여가"란 '감각적 즐거움이 넘쳐서 개인과 사회에 불쾌한 긴장과 문제를 야기할 만한 수준의 여가경험'이라고 할 수 있겠다. 문제는 이러한 향락적 여가문화가 현대 우리 사회에 만연하다는 데 있다.

사실 여가문화의 향락성은 성욕이나 공격성이라는 인간의 기본 욕구에서 출발하지만 전통적인 문화나 제도는 이것의 강렬한 촉진 요인이 될 수 있다. 예컨대 우리 사회 향락적 여가문화의 뿌리가 동아시아의 고대 문화인 신선사상에 있다는 해석도 있다. 중국에서는 이미 노장사상을 통하여 신선사상이 하나의 철학으로 체계화되었고, 이러한 동양철학은 역사를 지배했던 귀족계급이나 양반 사회에서 가장 중요한 덕목으로 강조되어 왔다. 가령, 신라의 화랑도 훈련 중 가장 중요한 것은 풍류도의 습득이었고 실제로 명산대천을 유람하며 호연지기를 기르는 것이 필수 과정이었다고 한다. 조선 시대에 이르러 풍류사상은 풍경 좋은 계곡에서 시와 음악과 술을 즐기는 행위를 양반들의 이상적인 생활양식으로 간주하였다. 실제로 우리나라 유명한 계곡에 가보면 여지없이 풍류를 즐기던 정자가 세워져 있다. 이러한 풍류가 현대에 이르러 다양한 방식의 향락 문화로 진화되었음은 쉽게 상상할 수 있다.

한국을 찾은 외국인 바이어가 놀라는 일 것 중 하나는 빌딩 지하에 아방궁 같은 인공 풍류공원이 만들어져 있으며 각종 술집 이름으로 도시거리를 구성하고 있다는 사실이다. 계곡에서 보던 풍경을 TV 스크린에서 접할 수 있고, 기생이 연주하던 음악은 기계 반주로 들을 수 있고, 주산지에서도 보통 사람은 마시기 어려운 비싼 양주에 취할 수 있고, 불법이지만 원하기만 하면 도우미의 접대를 받을 수 있다는 것이다. 이러한 향락을 제공하는 것이 기업들의 공통적인 사업 방식이라는 것도 이미 잘 알려져 있다.

향락적 접대문화가 일반화되어 있는 우리 사회의 전통이 더더욱 이러한 현상을 부추기고 있다. 향락 문화는 세대를 거쳐 젊은이들로 하여금 모방하게 하고, 향락은 현대인의 당연한 여가경험으로 자리매김 된다. 실제로 우리나라 사회에서 경사든 애사든 혹은 단순히 일상 모임과 같은 상황에서도 "술"이 빠질 수 없으며, '한 잔 하는 것'이 일상화되어 있다. 그래서 작가 현진건은 우리 사회를 "술 권하는 사회"로 묘사하기도 하였다.

통계청의 사회조사 결과(2016)에 의하면, 우리나라 성인 인구의 약 65%가 1년에 한잔 이상 음주 경험이 있는 것으로 나타났다(남자 79%, 여자 52.3%). 주 1회 이상 음주자도 45%이고, 남자의 경우 그 비율이 55%에 이르고 있다[그림 12-1].

음주 인구 및 횟수와 금주가 어려운 이유(19세 이상) 단위 : %

	계	음주[1]	소계	월1회 이하	월 2~3회	주 1~2회	주 3~4회	거의 매일	금주 시도[2]	소계	스트레스 때문	사회 생활에 필요해서	금단 증세가 심해서	기타
2014년	100.0	64.6	100.0	26.8	29.3	28.3	10.7	5.0	25.2	100.0	35.3	61.2	2.2	1.3
2016년	100.0	65.4	100.0	26.0	29.7	28.1	11.3	4.9	26.9	100.0	41.1	53.1	3.3	2.5
남자	100.0	79.0	100.0	16.3	28.0	33.0	15.4	7.4	25.4	100.0	37.8	56.2	3.9	2.1
여자	100.0	52.3	100.0	40.1	32.3	20.9	5.4	1.3	31.5	100.0	48.9	45.6	2.0	3.5

주 : 1) 지난 1년 동안 술을 한 잔 이상 마신 사람임
2) 절주 또는 금주를 시도한 사람임

(자료원 : 통계청 2016년 사회조사 결과)

[그림 12-1] 우리나라 음주인구 통계(통계청, 2016)

다음 [그림 12-2]는 연간 음주량을 국가별로 비교한 지도이다. 우리나라는 비교적 고음주국가에 해당된다.

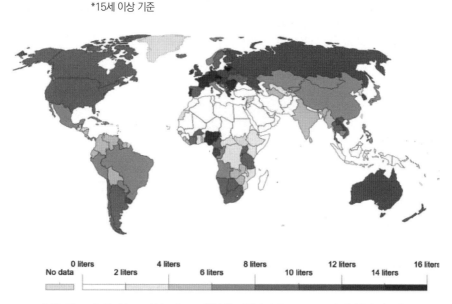

2016년 1인당 알코올 소비 지도
*15세 이상 기준

출처 : Hannah Ritchie and Max Roser (2019) - "Alchol Consumption". *Published online at OurWorldINData.org.* Retrieved from: 'https://ourworldindata.org/alchol-consumption'

[그림 12-2] 음주량 비교 세계지도

한편 기업을 포함한 법인의 접대비 현황은 우리나라의 여전한 향락적 음주문화를 잘 알려준다. 윤지환(2002, p.79)은 약 20년 전 우리나라의 접대비 현황을 다음과 같이 정리한 바 있다: "국내 기업이 2000년 세무서에 신고한 접대비는 1995년에 비해 약 40% 증가한 액수인 3조 5000억 원대에 이르고, IMF체제 중이던 1997~1998년에도 접대비는 계속 늘어왔다. 게다가 음성적인 접대비 규모는 공식 접대비의 최고 10배에 이르는 것으로 추산되고 있으니(1997년 감사원 조사), 그 액수는 그야말로 어마어마하다고 할 수 있다. 이와 더불어 전체 위스키시장 규모도 예상을 뛰어넘어 수직 성장을 하고 있다. *[중략]*"

20년이 지난 최근에도 우리나라 기업의 유흥업소 접대 문화는 여전한 것으로 확인된다.

〈표 12-1〉 2010년대 법인카드 사용금액 중 유흥업소 사용실적 (단위 : 억원)

	2011년	2012년	2013년	2014년	2015년	총액	연평균
유흥업소 사용 합계	14,137 (100%)	12,769 (100%)	12,340 (100%)	11,819 (100%)	11,418 (100%)	62,483	12,497
룸살롱	9,237 (65.3%)	8,023 (62.8%)	7,468 (60.5%)	7,332 (62.0%)	6,772 (59%)	38,832	7,766
단란주점	2,331 (16.5%)	2,107 (16.5%)	2,110 (17.1%)	2,018 (17.1%)	2,013 (17.6%)	10,579	2,116
극장식식당	1,624 (11.5%)	1,341 (10.5%)	1,340 (10.9%)	1,185 (10%)	1,232 (10.8%)	6,722	1,344
나이트클럽	507 (3.6%)	429 (3.4%)	416 (3.4%)	407 (3.4%)	369 (3.2%)	2,128	426
요 정	438 (3.1%)	869 (6.8%)	1,006 (8.2%)	878 (7.4%)	1,032 (9%)	4,223	845

(자료원: 국정감사 자료, 더불어민주당 김종민의원실, 연합뉴스TV)

(2) 성매매 산업 규모 추정

성매매, 성관련 게임 및 포르노그라피 역시 향락적 여가의 범위에서 다룰 수 있다. 현대 문화산업에서 성관련 게임과 포르노그라피가 차지하는 비중은 상상을 초월하며, 규제를 할수록 음성화되는 경향이 있다. 인간의 기본 욕구에서 출발하여 성장하는 여가경험에 직접 연계된다는 점에서 이러한 산업은 여가의 향락화를 유도하는 원인이자 유인요인이 된다. 여가 향락화는 앞으로도 피할 수 없는 문화현상이 될 것이고, 이와 관련된 산업 역시 성장할 것이다.

형사정책연구원의 연구보고서는 2016년 현재 성매매 전체 시장규모를 대략 30조에서 37조원 사이로 추정한다. 이는 약 40조원이상으로 추정되는 커피산업과 유사한 규모다. 또한 여성가족부의 '2016년 성매매 실태조사'에서 일반 남성 1050명 중 '평생 동안 한번이라도 성구매 경험이 있는가'라는 질문에 '그렇다'고 응답한 사람의 비율은 50.7%에 달했다고 한다. 그러므로 성매매 산업을 향락적 여가산업의 일부로 간주할 때 그 규모는 어마어마한 것이다. 이런 현상은 한국만의 사례가 아니고 전세계적으로 만연하다고 볼 수 있다. 일부 국가에서는 성매매 산업을 노골적으로 혹은 암묵적으로 조장하거나 허용하여 경제 부양책으로 활용하기도 한다.

① (성)게임 산업 규모

게임 산업은 문화산업의 주요 영역으로 간주되어 정부의 경제정책 대상으로 자리 잡았다. 한국콘텐츠진흥원(2019)에서 조사한 바에 의하면([2019대한민국 게임백서]), 2018년 국내 게임시장 규모는 14조 2,902억 원으로, 2017년 13조 1,423억 원 대비 8.7% 증가한 것으로 나타났고, 2009년 이후 지속적인 성장률을 보이고 있다(한편, 중국 '2019년 중국 게임 산업 보고서'에 따르면, 2019년 중국 게임 산업 규모는 2,308억 8천만 위안(약 38조 3천억 원)으로 2018년 대비 7.7% 성장했다고 한다).

최근 2018년에 UN WHO가 게임중독을 정신질환으로 지정하면서 디지털 게임을 둘러싼 사회적, 학문적 논란이 되고 있지만, 게임산업 차체가 축소될 것이라고 예측하는 이는 거의 없다. 게임 산업이 흥행을 이어가는 이유는 그것의 컨텐츠와 디자인이 매력을 끌기 때문인데, 바로 쾌락을 유도하는 성적 이미지(sexual image)와 경쟁본능에 관련된다. 그러나 아직까지 게임에 포함된 향락적 요소의 비중을 정확히 가늠할 수 있는 자료와 기준은 찾기 어렵다. 이와 관련한 연구가 기대된다.

② 포르노그라피 산업

향락적 여가문화의 한 분야로서 포르노그라피 이용도 주목할 만하다. 어떤 문화에서는 포르노그라피를 음란하거나 외설스럽다는 이유로 문화적으로 억제하고 금기시하는 경향도 있지만, 그것은 상대적인 수준에서만 그렇다. 동서고금을 통하여 외설과 음란의 자극물은 언제나 존재하였고, 사회 속에서 사람들은 그런 자극을 접하면서 살아왔다. 그리고 동일한 자극물이어도 사회의 일부에서만 그것이 음란하다고 여겨지는 경우도 있다. 대개의 경우 성인에게는 건강한 성문화로 용인되지만 아동 청소년에겐 외설과 문란이라는 이름으로 억제되기도 한다. 어떤 문화에서는 성스럽다고 추앙받는 예술 작품이 다른 지역에서는 외설 작품으로 비난받기도 한다(예컨대, 르네상스 시기에 만들어진 비너스 상, 각종 그리스 여신상들, 명화들). 결론적으로 말하면, 예술에 대비되는 외설과 문란의 기준은 명료하지 않다. 그 기준은 종교가 진화하듯 시대에 따라 변하고 있다.

더 재미있는 현상은 동일한 음란물에 대해서도 대외적으로는 금기하면서 정작 사적으로는 은밀하게 즐기는 경우가 많다는 것이다. 이런 현상은 특히 "보수적인 문화"를 표방하는 사회에서 더 자주 나타난다. 예컨대 미국의 경우, 가장 보수적인 지역으로 간주되는 유타(UTAH) 주에서 플레이보이나 팬트하우스 같은 포르노잡지 구매율이 높고, 음란사이트 접속율이 높다는 연구 보고서도 있었다. 귀족이나 상류층은 더 위선적이고 은밀하게 포르노를 즐기는 경향이 있다. 일종의 예술이라는 문화 장치를 통해 향락적 취향을 즐기는 현상이다. 서양 미술사에 자주 등장하는 몇몇 이름은 상류층의 외설 수요를 그럴 듯하게 포장하는 소재가 되는데, 비너스(아프로디테), 팜므 파탈이 대표적이다. 음탕하거나 치명적인 매력을 지닌 여성의 대명사인 "팜므 파탈"이라는 제목의 책을 소개한 어떤 기자의 서평 [사례 12-1]은 이런 현상을 잘 암시한다.

[사례 12-1] 향락적 여가 이야기: "팜므파탈"에 관하여

"...누드화에 얽힌 사람과 미술이야기를 읽으면서 갖게 되는 의문 한 가지. 오늘의 우리가 왜 이 책을 가까이 하는 것일까? 유명화가의 '위험할 만큼 매력있는 여성그림'을 통해 뇌쇄적인 여체와 분위기를 훔쳐보기 위한 것은 아닐까. 혹 현대의 포르노사진처럼 에로틱한 그림들을 보며 대리만족하던 19세기 유럽 상류사회 남성과 닮은꼴은 아닌지. 이 책은 예술품 속의 직설적이며 일차적 관능은 현대의 포르노와도 일맥상통함을 드러내며 서양미술로의 '은밀한 유혹'을 시도한다..."

(자료원: 문화일보, 2003.07.03., 신세미 기자, "팜므 파탈(이명옥 저/다빈치)" '북리뷰: 신비 또는 음탕...' 중에서).

이처럼 각종 예술을 빙자하여 잘 포장된 자극으로부터 지저분하고 보잘 것 없는 형태에 이르기까지 포르노그라피의 범위와 종류는 넓다. 일반적으로 책(서류, 잡지, 단행본), 필름과 연극, 언어, 미술/사진, 음악, 광고, 게임 등의 문화적 요소들이 문란과

외설의 컨텐츠를 담아내는 그릇이 된다고 평가받는다. 그러나 외설과 문란의 기준도 불명료하거니와 그것을 즐기는 현상에 은밀함과 이중성이 개입되어 있어서 포르노 산업의 규모는 추산하기 어렵다.

4 사행성 여가문화

향락적 여가 못지않게 심각한 문제로 간주되는 여가문화가 사행성 여가이다. 게임과 도박은 구조가 동일하다. 다만 행위 목적이 내재적이냐 외재적이냐에 따라 여가인지 아닌지를 가늠할 수 있을 뿐이다. 게임은 규칙과 승부라는 특징 때문에 인간의 유능감을 지각하기에 가장 쉬운 구조이며, 도전-효능-승리-성취-결과 등의 연쇄적 과정에서 유능감을 확인하려는 인간에게 매력적인 여가활동으로 인식된다. 이러한 이유 때문에 게임과 동일한 구조를 지니고 있는 도박은 보통 사람이 쉽게 빠질 수 있는 특징을 지닌다. 도박은 여가행동으로 위장되기 쉬운 구조를 지니고 있어서, 종종 행위자와 관리자는 이를 여가문화의 하위 영역으로 간주한다. 도박중독의 문제는 이미 11장에서 다루었다.

각종 조사에 의하면 최근 수년간 국내 여가산업 시장에서 사행성 산업이 차지하는 비중이 급격히 높아졌다고 한다. 경마, 경륜, 카지노, 복권 등 사행성 여가산업의 시장 규모는 2000년 기준, 총 6조 1,1571억 원으로 전체 여가시장 규모 14조 8,851억 원에서 41.4%에 이르는 수치이다(한국레저산업연구소, 2001). 2011년 사행산업 규모(총매출액)는 18조 3,526억 원이었고, 2018년에는 22조 3,904억 원으로 추산될 만큼 확대되었다. 연도별 변이가 있지만 이는 대략 여가산업규모의 45%내외 수준을 차지한다. [그림 12-3]은 사행산업통합감독위원회의 통계자료에 발표된 사행사업의 매출액이다.

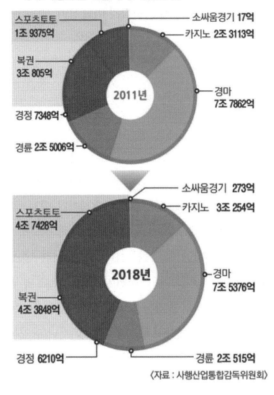

국내 사행산업 매출액 추이 (단위: 원)

스포츠토토
1조 9375억

복권
3조 805억

경정 7348억

경륜 2조 5006억

2011년

소싸움경기 17억

카지노 2조 3113억

경마
7조 7862억

스포츠토토
4조 7428억

복권
4조 3848억

경정 6210억

2018년

소싸움경기 273억

카지노 3조 254억

경마
7조 5376억

경륜 2조 515억

〈자료 : 사행산업통합감독위원회〉

[그림 12-3] 사행산업 매출액 통계(2011년 183,526억 원 / 2018년 223,904억 원)

(사행산업통합감독위원회, 2019).

  실제 사행성 여가 활동자 수를 보면, 경마장 1,268만 명, 경륜 499만 명, 카지노 내국인 285만 명(외국인 283만 명), 경정 194만 명 등의 순이었다. 그러나 이런 수치는 단지 공공시설을 이용한 참여인원에 불과하며, 고스톱이나 포커를 즐기는 이들은 이보다 훨씬 많다고 할 수 있다. 사행성 활동이 단순히 놀이수준에서 머무르면 다행이지만, 문제는 이와 같은 사행성 게임을 여가 수준에서 즐기기보다 중독성의 도박으로 즐긴다는 데 있다. 이들은 이미 여가경험을 추구하는 것이 아니라 금전을 추구하는 것이다. 도박은 자본주의 사회에서 가장 심각한 병리적 문화를 낳으며, 개인적으로는 인생과 가족을 망가뜨리는 통로가 되고 있다.

5 기술 문명의 의존과 소극적 여가

현대 사회가 문명사회라는 의미는 기술 발달의 상태를 말하며 실제 현대의 소비자는 다양한 기술문명에 의존하여 살아가고 있다. 기술문명이 여가문화에 미치는 영향은 크게 세 가지 측면에서 살펴볼 수 있다. 첫째는 앞서 말한 문명의 소외 현상을 유발할 수 있다는 것이고, 둘째는 여가활동의 구조가 복잡해졌을 가능성이고, 셋째는 기술문명에 의존함으로써 능동적이고 적극적인 여가활동 대신 소극적이고 의존적인 여가활동이 증가한다는 것이다.

처음 두 가지는 바로 기술문명으로부터 야기된 소외와 결핍의 문제이다. 기술문명을 따르기 위해선 그것을 다루는 기술지식과 능력이 필요한데 기술 습득에 실패할 경우, 소외를 겪을 수밖에 없다. 가령, 컴퓨터 기술의 발달은 전체적으로 많은 순기능이 있지만, 많은 기성세대로 하여금 의사소통을 불가능하게 만든다. 이런 경우 컴퓨터를 이용한 복잡한 여가활동은 요원해질 뿐 아니라(즉, 두 번째 문제), 컴퓨터 세대와의 단절을 의미한다(즉, 첫 번째 문제).

세 번째 문제인 기술 의존적 여가활동은 여가 행위자의 적극적 노력과 투자를 요구하지 않는 쉬운 여가활동이 가능해졌기 때문에 나오는 현상이다. TV와 인터넷만으로도 충분히 시간을 보낼 수 있고, 음악을 듣는 것으로 명상을 대신할 수 있고, 휴대폰으로 사회적 교류를 대신할 수 있다. 현대인이 가장 많은 시간을 보내는 활동이 TV 시청이고, SNS만으로도 세상 일을 접할 수 있는 시대가 되었다. 이러한 여가활동은 모두 소극적 여가로 구분된다.

최근 실태조사에 따르면, 우리나라 국민 대다수가 여가시간을 적극적으로 활용하지 못하는 것으로 확인된다. '2018국민여가활동조사'(문화체육관광부, 2019)에 따르면, 가장 많이 참여한 단일 항목의 여가활동으로 휴식을 선택했고(54.7%), 가장 중요한 여가활동으로 TV 시청을 뽑았다(45.7%). 이러한 소극적 여가활동 경향의 가장 큰 이유는 우리 사회가 다양한 놀이문화나 시설을 확보하지 못한 이유 때문이기도 하거니와 공교육의 결정기인 초, 중, 고교 시절부터 다양하고 적극적인 여가활동을 할 수 있는 습관을 습득하지 못했던 것이 큰 원인일 것이다. 다시 말해 능동적 여가활동을 적극적으로 수행할 수 있도록 흥미와 능력을 교육하지 못한 탓도 있다. 수동적이고 소극적인 여가활동은 낮은 여가만족도를 유도하며(윤지환, 2002), 낮은 여가만족도는 결국 행복 지수를 경감시키는 부작용을 낳을 것이다.

6 희망 여가와 실제 여가의 괴리

자본주의 체제의 본질적인 원리이자 부산물이 부익부빈익빈 현상이다. 계급에 의한 경제자본 및 문화자본의 차이는 극복할 수 없는 사회적 수준의 여가문제를 야기할 수도 있다. 베블린이 말한 것처럼 유한계급은 대중이 따라오지 못할 수준의 여가소비를 지향할 것이고, 일반 서민은 자본주의 시장이 만들어낸 여가형식을 희구하지만 실현할 수 없는 좌절에 마주하게 될 수 있다. 더 쉽게 말하면, 희망여가와 실제여가의 괴리는 사회적 갈등의 가능성을 내포하고 있다는 점에서 사회적 수준의 여가문제라고 할 수도 있다. 희망 여가활동을 실제로는 수행할 수 없는 사회적, 개인적 현상은 개인의 행복과 사회적 건강이라는 차원에서 심각한 문제로 전이될 수 있다.

[그림 12-4]는 2005년 우리나라 국민들의 여가실태조사에서 확인된 희망 여가와 실제 여가의 괴리 현상이다. 이런 현상은 2011년 서울시민을 대상으로 조사한 결과에서도 유사했다. 두 조사에서 모두 희망 여가활동으로서 "여행"을 고른 빈도가 가장 많았고, 주로 능동적이고 적극적이며 자기계발에 맞는 활동을 희망하는 경향이 있었으나 실제 참여 빈도는 매우 낮았다. 즉, 적극적이고 능동적인 범주에 해당되는 희망 여가활동에 비해 실제 여가활동 참여가 매우 미흡한 수준에서 괴리를 보이고 있다.

반면 수동적이고 실내형의 여가활동은 희망 수준에 비해 오히려 과잉 참여하는 것으로 나타났다. 가장 자주 참여하는 여가활동의 결과와 비교해 보면, 실제 그들의 여가활동은 이를 충족시키지 못한 채 TV 시청이나 음주, 잠자기 등의 다소 수동적이고 소모적인 활동 중심으로 이루어져 있음을 확인할 수 있었다. 이는 결국 희망하는 여가활동이 시간과 소요비용, 그리고 다른 심리적 이유 때문에 현실적으로 수행하기 어려운 경우가 적지 않다는 것을 의미한다. 따라서 희망 여가와 실제 여가 사이의 괴리를 해결하기 위하여 사회적, 개인적 차원의 전략이 요구된다.

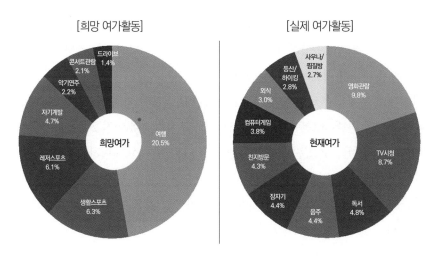

[그림 12-4] 희망 여가와 실제 여가의 괴리(한국문화관광정책연구원, 2005)

'문화체육관광부'에서 공개한 "2018국민여가조사" 결과에 따르면, 우리나라 국민이 여가생활만족도를 조사한 결과, 만족은 47.5%였고, 보통 28.7%, 그리고 불만족한다는 비율이 23.8%였다. 여가생활 불만족 이유를 확인한 결과는 [그림 12-5]에 제시하였는데, 시간부족과 경제적 부담이 대부분이며, 각각 51.3%와 29.9%이었다. 이러한 결과는 시간적, 경제적 자원이 여가생활에서 일종의 필요조건이라는 점을 알려준다.

사례수:5,274명,
단위:%

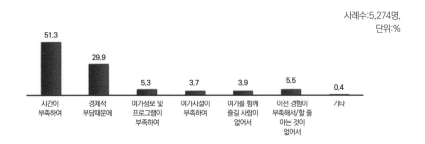

[그림 12-5] 여가활동 부족의 원인별 빈도(2018국민여가활동조사)

희망 여가활동을 실현할 조건으로서 시간과 비용의 문제가 가장 크다면, 그 크기는 얼마나 될까? 2018년 기준으로 평일 실제여가시간(3.3시간)과 희망여가시간(4.0시간)은 0.7시간 정도 괴리가 있고, 주말의 경우 실제(5.3시간)와 희망 시간(6.2)은 약 0.9시간 정도의 괴리가 있었다. 다행인 점은 2016년(주중 괴리 0.9, 주말 괴리 1.0시간)에 비해 그 괴리가 다소 줄었다는 점이다.

여가비용의 문제를 추적한 결과, 2018년 월평균 실제 여가비용(151천 원)과 희망 여가비용(192천 원)은 42천 원으로 나타났는데, 조사가 이루어진 2006년 이후 비용의 괴리가 점차 줄어들고 있는 경향이 발견된다. 다시 말해 실제 여가비용이 늘어나는 경향과 함께 희망 여가비용도 현실화되고 있는 것이다. 이는 경제적으로 분수에 맞는 여가활동을 고려하고 이에 맞는 여가 비용을 추산하는 역량이 개선되고 있을 가능성을 말해준다.

[그림 12-6] 우리나라 국민의 월평균 여가비용 추이(2018국민여가활동조사)

더 재미있는 현상은, 예상할 수 있는 결과지만, 젊은 세대와 노인 세대가 인식하는 여가제약의 요인이 크게 다르다는 점이다. 다음 [그림 12-7]은 설명이 필요 없는 패턴의 차이를 보여준다. 젊을수록 시간 부족이 가장 큰 불만인데 반하여 연령이 들수록 (70세 전후까지) 경제적 부담 때문에 여가생활에 불만을 가진 비율이 증가한다.

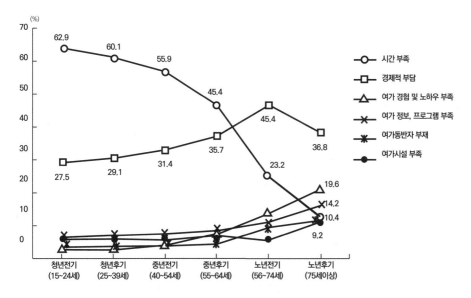

[그림 12-7] 생애주기별 여가생활 불만 요인의 변화

(2016 국민여가활동조사, 자료 재구성)

7 현대 여가문화의 향방

현대 사회에 이를수록 여가문화의 양상은 더 복잡하고 다양해지고 있으며 사회적 문제를 야기할 가능성도 커지고 있다. 사회적 이념, 법과 제도, 가치기준과 도덕, 기술 문명, 자본, 학문, 권리신장, 문화개방, 산업의 양상, 계급구조 등 매우 다양한 사회문화적 배경이 여가문화의 문제를 야기하는 원인이다. 그러나 더 본질적인 것은 쾌락을 추구하는 인간의 본능으로서 본능의 끝이 무엇인지, 어디인지 아무도 모른다는 것이다. 그러므로 향후 우리 사회에 대두하게 될 여가문화로 인한 사회문화적 문제를 해결하기 위한 노력은 인간에 대한 체계적인 이해를 필수적으로 요구한다.

1 여가의 획일화가 생기는 이유는 무엇인가?

2 여가소외 현상을 개념적으로 정의하고 그것이 왜 생기는지 설명하시오.

3 여가의 자본화 라는 개념을 설명하고 사례를 제시하시오.

4 과시적 소비를 하는 이유를 설명하되, 행위자와 공급자의 역할을 구분하여 설명하시오.

5 향락적 여가의 개념을 나름의 기준으로 정의하시오.

6 향락적 여가 산업을 분류하시오.

7 우리나라 사람들이 음주를 좋아하는 이유가 무엇인지 추론하여 제시하시오.

8 성매매 현상의 추이를 예측하고 그 이유를 제시하시오.

9 성(sex)을 소재나 주제로 하고 있는 게임의 종류를 나열하시오.

10 포르그라피를 구분하는 기준을 제시하고, 왜 그런지 설명하시오.

11 사행성 여가 산업의 종류를 분류하여 설명하시오.

12 지역 개발의 방안으로 사행성 여가시설을 도입하여야 하는지 여부를 논의하시오.

13 기술 문명이 여가문화에 미친 영향을 설명하시오.

14 소극적 여가행동을 하는 현대인을 논리적으로 이해할 수 있는 방법은 무엇인가?

15 현대 사회의 여가문제 중 가장 중요한 이슈를 골라 논의하시오.

제13장 │ 여가와 사회문화적 맥락 : 계급, 일, 성, 종교 등

역사적으로 인류 문명을 지탱하여 온 사회구조의 특징, 경제 활동, 종교와 사상, 성 문화는 각각 사회적 계급, 개인의 생존, 가치관과 사고방식, 그리고 인구 확보를 위한 주요 경로라고 부를 만하다. 이들 요소는 인류가 사회를 형성하여 살아가는 데 필수불가결한 것들이다. 그러므로 이들 요소는 여가행동과 문화에 직접적으로 영향을 미쳐 왔고, 여가참여 행동양식은 진화를 거듭했다. 통찰력을 가진 학자들이 주목하면서, 사회계급을 둘러싼 여가 불평등의 문제, 노동/직업의 구조와 여가의 관계, 종교와 여가의 관계, 그리고 성과 여가의 관계가 역사적으로 고찰한 만한 연구 주제가 되었다. 이 장에서는 사회적 변인으로서 이들 4가지 요인이 여가행동과 어떤 관련을 가지고 있는지를 순서대로 고찰할 것이다.

1 계급과 문화자본 및 여가

인류 문명사에서 '계급'은 농경사회의 대두와 함께 탄생했다(J. Diamond, 1997)[16]. 지배계급과 피지배계급이 구분되고 권력의 위계적 체계가 이어졌다. 권력을 구성하는 핵심적 가치가 시대에 따라 달라지고 있지만, 권력 체계는 고대, 중세와 산업사회에도 있었고, 현대 디지털 시대에도 존재한다. 여가 연구의 출발 시기로 간주되는 고대 그리스의 플라톤이나 아리스토텔레스가 교육과 동일시하여 강조했던 놀이나 여가

---

16) 문화생태지질학자. 각 대륙의 문명 성쇠를 탐구하여 생태환경의 영향력을 추적한 "총, 균, 쇠"의 저자.

도 귀족들의 것으로서, 서민 혹은 피지배 계급에게는 제한된 기회였을 뿐이다. 따라서 계급과 여가의 직접적 관계는 문명 이래 지속되고 있는 것이다.

계급 혹은 계층이라는 개념은 사회학자들이 선호한다. 사회학자나 문화학자들은 사회적 수준의 여가 현상을 환원적으로 설명하기 위하여 "계급(class)"이라는 개념을 거의 필수적으로 사용한다. 자본주의 사회의 떠오르는 문제로서, 여가 소비행동을 설명하기 위해 계급이라는 변인을 차용한 대표적인 학자는 베블린(Veblen, 1899)으로 알려져 있다. 베블린은 여가('자유시간'의 의미)를 현시적 소비이자 낭비의 기회로서 특정 계급의 전유물로 인식하였다. 베블린에 의하면, 부르조아 계급은 자신들을 피지배계급과 구분하기 위한 전략으로서 과시적 소비와 여가를 자행한다. 원시시대에서 야만시대로 변천하는 동안 남성중심의 약탈과 차별은 전리품을 통해 현시되었고, 생산 활동을 하지 않음으로써 그것이 사회적 지위를 상징할 수 있다는 행태가 유한계급의 소비양식이 되었다는 것이다. 야만시대로 간주되는 중세에 이르러, 봉건 지배계급은 미신적 믿음으로 점철된 종교적 제의를 통해 우월적 계급을 과시했고, 이러한 전술은 현대 유한계급의 경쟁이나 차별, 과시와 다를 바 없다고 본다. 이런 관점에서 보면, 중세 귀족의 결투나 거리 무뢰배들의 싸움은 경쟁과 차별 및 과시라는 면에서 본질적으로 차이가 없는 것이고, 그것은 현대에 이르러 각종 스포츠나 불필요한 소비, 비생산적인 과시적 낭비를 통한 차별화로 전승되었다. 스포츠 선수들이 경기 중에 보여주는 종교적 행위는 모두 행운에 의존하는 미신적 행위에 불과하고, 그것은 중세 귀족들의 결투, 즉 계급적 차별성을 현시하는 경쟁과 다를 바 없다는 것이다. 이처럼 베블린의 관점에서 보면, 자본주의 사회가 지속되고 계급이 유지되는 한, 여가는 지배계급의 약탈성, 차별성, 경쟁, 우월성 등을 현시/과시하려는 비생산적인 전유물에 불과하다.

한편, 부르디외(Bourdieu, 1984/최종철 역, 2005)의 관점은 좀 더 현학적이다. 그는 "자본"의 개념이 경제적 수준에서만이 아니라 사회적, 문화적, 상징적 수준에서 확장, 포장될 수 있다고 본다(물론 조작적으로 정의되고 일관된 방식으로 측정하기 어려운 점이 있다). 계급은 '경제자본', '사회자본', '상징자본', '문화자본(cultural capital)'의 수준으로 가늠되고, 이런 기준으로 위계화한 계급은 다른 계급과 차별되는 나름의 동질적 생활양식인 "아비투스(habitus)"를 획득하고 전승하게 된다고 본다. 그래서 부르디외의 계급 정의는 분명히 아비투스에 기반하고 있으며(Garnham &

Williams, 1980), 개인은 계급 아비투스의 한 변이형에 불과하다고 본다(조광익, 2006, p.384). '취향'은 아비투스의 일부분이자 대표적인 개념이다. 부르디외에 의하면, 취향은 본질적으로 사회적이며 후천적으로 형성되고, 계급에 따라 서로 다르게 경험되는 것으로서 출신 계급과 교육 수준의 결과물이다. 그래서 취향은 문화자본의 결과물로도 볼 수 있는데 자본의 종류 중 문화자본은 계급 지위의 지표이자 기초로서, 계급적 지위를 상징하며 주요 권력의 원천이 되고, 종종 비공식적인 학위기준으로 가늠할 수 있다(조광익, 2006, p.387). 문화자본은 취향과 여러 소비행위를 결정하는 가장 중요한 원동력으로 이해된다.

부르디외의 입장에서 보면, 결국 계급의 구성요소이거나 지표인 두 가지 개념(즉, 아비투스와 문화자본)을 활용하여, '취향'으로 대표되는 특별한 여가행동양식을 설명할 수 있다는 것이다. 아비투스는 계급내 동질적 사회화의 결과물인 복합적 구성체이고, "문화자본"은 '경제자본의 확장력으로 인해 형성된 계급의 점유물로서, 여가문화나 취향을 즐길 수 있는 역량이거나 자원'이라는 것이다. 그래서 취향은 종종 계급 구성원에 의해 차별적 수준의 문화자본을 현시하거나 표현하는 방식으로 드러나기도 한다. 예컨대 Holt(1997)에 의하면, 문화자본은 문화 엘리트에 의해 신성하게 된 진귀한 미적 양식으로, 혹은 그들만의 특별한 상호교류 방식의 소비행위로 표현된다.

부르디외의 관점에서 보면, 개인의 어떤 실천이나 행위도 제한된 환경 범위 안에 있으며, 그것은 개인이 속한 계급의 아비투스와 자본의 결과인 셈이다(Dumais, 2002). 여가행동양식은 결국 자본(특히 문화자본)과 아비투스의 결합으로 결정된다고 주장한다(조광익, 2006). 부르디외와 후학들의 주장을 고려하면, 아비투스가 선호와 행위 양식의 방향성을 결정하는 스타일을 의미한다면, 문화자본은 일종의 계획을 실행하는 데 필요한 정신적 자원이자 심리적 역량으로 이해할 수 있다.

부르디외의 논리는 사회적 불평등의 계급구조가 재생산되며 여가문화소비의 불평등이 계승되는 현상에 대한 사회구조적 원인을 추적하였다는 점에서 시사하는 바가 크다고 하겠다[17]. 그럼에도, 계급을 강조하는 이러한 접근은 지나치게 추상적인 개념

---

17) 아비투스와 문화자본으로 상징되는 사회계급의 불평등 문제는 그것이 세대를 거쳐 사회적으로 재생산되며 불평등한 계급이 지속된다는 데 있다(부르디외·파세롱, 2000; 조광익, 2012; 조

을 중심으로 펼쳐진 환원주의적 논리의 한계를 가진 것으로 평가된다. 계급간 차이가 계급내 차이보다 더 두드러질 때, 그리고 '평균의 의미가 분산의 의미보다 더 유용할 때' 이들의 주장은 타당하지만, 현대인의 여가행동과 취향은 너무 다양하고 복잡하고 가변적인 특징이 있다. 즉, 사회학적 구성 개념이 지닌 이론적 가치를 인정하지만 지나친 일반화의 오류라는 비판도 피할 수 없다.

[사례 13-1] 경제자본과 문화자본 및 라이프스타일의 관계 연구(조은, 2001)

"...17가족을 경제자본 기준으로 전문가 계급 5가족, 자본가 계급 4가족, 자영업 계급 4가족, 노동자 계급 4가족 등으로 분류한 후, 경제자본과 문화자본의 순환적 관계를 규명하고자 했다. 연구 결과, 경제자본과 문화자본은 라이프스타일을 구분해주는 주요 축인데, 두 축의 작동방식은 상이하게 나타났다. 상류계급(자본가, 전문가)의 경우 계급재생산은 문화자본에 의존해서 생기는 반면, 하류계급(자영업, 노동자)의 경우에는 경제자본에 의존한 계급재생산이 나타났다. 문화자본이 계승되고 경제자본을 축적하는 것으로 추정된다. 일상생활(집, 여가, 직업, 학교)이 계급을 분화하고, 또 계급이 일상생활을 분화하는 현상이 있고, 일상생활 분화는 경제자본과 문화자본에 의해 확대되고 있었다. 일상생활에서 경제자본이 문화자본으로 직접 전환이 되는 건 아니지만, 라이프스타일이 경제자본의 영향을 받을수록 계급 구분은 더 명료해졌다. 반면 해외여행이나 유학이 문화자본이 되는 것처럼, 문화자본은 쉽게 경제자본을 만들어내는 경향이 있다. 문화자본이 경제자본이 되어갈수록, 계급간 장벽은 더 명료해지고 있음을 보여준다. 자본가 계급과 전문가 계급이 한편이고, 자영업과 노동자 계급이 다른 한편이었다..."

(자료원: 조 은(2001). 문화 자본과 계급 재생산 : 계급별 일상생활 경험을 중심으로. 사회와 역사. 60, 166~205.ISSN 1226-5535. 영문초록 재정리 요약했음.)

은, 2001; 최샛별, 2006). 간단히 정리하면, 계급내 아비투스의 범위 안에서, 부모의 경제자본은 가정에서 자녀의 문화자본을 만들고(즉, 고급과외나 취미예술교육), 이런 자녀는 학교에서 좋은 학업성취를 얻고, 이어서 상위학교 진학과 학위 취득 가능성을 증진하고, 이들은 졸업 후 좋고 안정한 직장/직업을 구하여 경제적 자본을 확보할 것이라는 것이다. 이는 결국 불평등한 사회계급 구조의 재생산으로 이어진다.

2 일과 여가 / 여가와 일

'일과 생활의 균형'에 대한 논의는 1972년 국제 노동관계 컨퍼런스(International labor relations conference)에서 도입한 노동환경의 질(QWL: Quality of Work Life)이라는 개념으로부터 진화한 것으로 알려져 있다. 초기에는 기업의 생산성 향상과 경쟁력을 강화시키기 위한 목적으로서, 노동자 스스로 자신의 삶을 개선하고 설계할 수 있도록 기업이 프로그램을 제공하고 노동환경을 개선하는 전반적인 과정으로 이해되었지만 점차 더 넓은 개념으로 발전되었다(한라성, 2019). 2000년대에 이르러 직장인의 가정생활과 여가 및 교육 기회 등을 중시하는 일과 생활의 균형으로 확대되었고, 일-생활 균형에 대한 연구가 증가하고 있다. 특히 21세기 전환기에 하버드 경영대학(2000)이 출판한 『Work and Life Balance, 일과 생활의 균형』은 '제목'만으로도 산업사회가 낳은 전형적인 직장의 위기를 공식 선언한 문서로 평가할 수 있다. 지난 200년간 자본주의 사회의 일반적인 직장인이 달려왔던 성취와 성공을 향한 질주가 개인과 가족의 진정한 삶을 희생하도록 요구하는 것이었음을 증명하는 것이자 문제해결을 위한 장치 모색의 시도였다. 약 20년이 흐른 요즘 우리 사회의 키워드로서 '일과 생활의 균형'을 지칭하는 **"워라밸(WoLiBal)"**은 거스를 수 없는 대세를 반영한다. 균형을 추구하는 이러한 사회적 현상은 당연하고 바람직해 보인다. 아마도 이와 관련된 연구와 제도적 장치 혹은 기업 전략은 앞으로 더 각광받을 것이다.

그러나 용어 "워라밸"은 여전히 '기울어진 운동장'과 같은 편견의 가치를 반영한다. 산업사회의 전형인 **'일을 통한 성공'**의 가치를 여전히 핵심에 두고 있는 **"일 중심의 사고방식"**을 반영하고 있기 때문이다. 여가생활이나 가족의 삶을 노동 생산성의 수단으로 간주하는 전통적인 산업사회의 관점이 유지되고 있다는 지적이다. 워라밸이라는 용어를 구성하는 한 축으로서, 여가(leisure)가 아니라 생활(life)이 포함되었다는 사실에 주의할 필요가 있다. 그만큼 일을 중심으로 보는 대신, 여가를 부수적이거나 사소한 것으로 간주하고 있음을 반영한다.

이처럼 일과 여가의 관계를 조망하는 시도는 산업사회의 '일 중심의 관점'에서 시작되었다. 그럼에도 일-여가 관계에 대한 사회학적 관점의 초기 탐구자로서 S.

Parker(1971)는 3가지 다른 관점이 있을 수 있다고 정리하였다(p.47). 첫째는 앞에서 진술한 '일 중심의(priority of work) 관점', 둘째, 노동과 여가의 균등성(equality of work and leisure) 관점, 셋째, 여가 중심의(priority of leisure) 관점 등이다. Parker의 주장은 삶의 질에서 어느 것이 더 중요한가의 문제를 다루고 있다. '일 중심의 관점'에서는 여가를 보조적이고 수단적인 위치에 놓고 일을 통한 성취와 결과가 삶에서 더 중요하다고 보는 관점이고, '일-여가 균등성 관점'은 삶에서 차지하는 일과 여가의 비중이 모두 중요하다는 뜻이고, 마지막으로 '여가 중심의 관점'은 일보다 여가 생활이 삶에서 더 중요한 가치가 있어서 노동이 오히려 수단적 의미를 가진다는 고대 그리스 철학을 담고 있다. 이 세 가지 관점 중에서 두 번째인 일-여가 균등성 관점은 특히 일과 여가의 균형을 강조한다는 면에서 비교적 객관적인 입장이라고 할 수도 있다. 이런 맥락에서 최근 우리 국민의 일과 여가의 균형을 조사한 사례를 참고할 만하다.

[그림 13-1]을 보면, 우리나라 국민들은 삶에서 차지하는 일과 여가의 비중 비교에서, 일의 비중이 약간 더 높긴 하나, 대체적으로 비슷하게 판단하는 것으로 보인다,

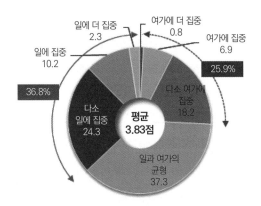

[그림 13-1] 우리나라 국민의 일과 여가 균형(문화체육관광부(2019), 2018국민여가활동조사)

두 영역이 '균형을 이루고 있다'는 응답이 37.5%이고, '일에 더 집중한다'는 응답이 36.8%, 그리고 '여가에 더 집중한다'는 비율이 25.9%였다. 그런데 여가에 집중할수록 행복수준이 더 높게 나타나고 있다. 아마도 삶의 질을 중시하는 문화가 팽배한 우리 사회는 향후 여가에 더 집중하거나 균형을 중시하는 비율이 증가할 것이라고 예측해 볼 수 있다.

(1) 일과 여가의 본질에 대한 오해

일과 여가 중 어느 영역이 삶의 질에서 더 중요하게 작동하는가의 문제는 최근 들어 연구자들의 많은 주목을 끈다. 전술했던 것처럼 전통적으로는 일을 인생의 중심으로 생각하고 여가를 부수적으로 여겼으나, 후기산업사회에 이르러 두 영역은 균형을 맞추거나 혹은 여가 우선의 가치관이 팽배해졌다. 그러므로 [그림 13-1]은 우리사회가 산업사회에서 후기산업사회로 전이되고 있음을 잘 보여주는 사례라고 할 수 있다. 이런 흐름은 모두 삶의 질에서 여가 영역의 중요성이 점차 강조되고 있음을 의미한다.

그러나 어떤 특징을 기준으로 일과 여가를 비교하느냐에 따라 두 영역의 가치는 다르게 평가될 수 있다. 예컨대 비교 준거로서 삶의 질을 고려할 때, 두 영역을 단순히 시간 배분의 차원에서 보는 방법, 활동의 환경맥락을 비교하는 방법, 두 영역의 활동구조를 비교하는 방법, 두 영역의 결과를 비교하는 방법 등이 있을 수 있다.

이 중에서 가장 빈번하게 고려되는 비교 기준은 바로 시간 배분의 차원이다. 그 이유는 일반적으로 일과 여가의 자원을 제로섬(zero-sum)의 틀로 이해하기 때문이기도 하다. 시간예산의 관점은 가장 오래된 여가 관리의 방법으로 간주되어 왔고, 선진국 비교의 근거가 되곤 한다. 즉 노동 시간의 통제를 통해 자연스럽게 여가시간 혹은 자유재량시간이 형성될 것이고, 이를 통해 국민의 삶의 질이 나아질 것이라는 믿음이 있다. OECD 주요국의 2016년 연간 노동시간을 비교한 [그림 13-2]를 보면, 우리나라는 평균 1,763시간보다 많은 2,069시간으로서 39개국 중 하위 5개국에 포함될 정도로 노동시간이 많은 편이다. 최근 주 52시간 근무제가 국회를 통과하면서 연간 노동시간은 다소 줄어들 것으로 보이지만 기업과 중소업주의 반발이 커서 제도 실현에 어려움이 있다.

시간관리가 중요함에도 불구하고, 노동시간이나 자유시간 혹은 여가시간의 관리가 곧 삶의 질로 이어질 것인가 하는 문제는 다소 복잡해 보인다. 시간 여유가 직접 삶의 질로 이어지는 게 아니라는 연구 결과들이 있다. 혹은 노동/일의 속성이 부정적인 것으로만 평가되어서도 안된다는 증거도 있기 때문이다.

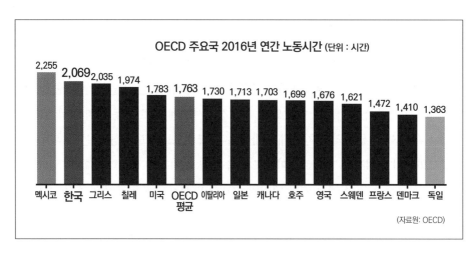

[그림 13-2] 우리나라 국민의 연간 노동시간 국제비교

　　심리학자 Csikszentmihalyi(1990)의 연구 결과는 여가경험의 가치를 맹신하던 이들에게 충격을 주었다. 그는 '경험표집방법(experiential sampling method)'이라는 독특한 기법으로 일상생활에서 겪는 심리적 상태를 측정하는 방식으로 이 책의 제2부에서 보았던 flow 경험을 조사하였다. 분석 결과, 우리가 '최적 체험'이라고 부르는 "flow" 경험은 일반적인 예상과 달리 여가보다는 일 장면에서 더 자주 보고된다는 사실을 확인하였다. 우리는 일반적으로 노동을 더 힘들고 스트레스 많고 착취적이라고 여기고, 자발적인 여가시간의 경험을 더 즐겁고 의미 있고, 거기에 몰입할 것이라고 믿는 경향이 있으나, Csikszentmihalyi(1990)의 연구 결과는 이런 믿음에 정면으로 반하는 것이었다. 역설적이게도 사람들은 여가보다는 일을 하는 동안 flow 상태에 더 자주 빠진다는 것이다. 업무시간의 거의 절반에서 사람들은 평균이상의 도전감을 느끼는 반면, 대개의 여가 장면에서는 수동적이고, 약하고, 지루하고, 불만족스러운 경험이 자주 나타났다. 소위 자유 시간에 사람들은 할 일이 없었고, 기술을 사용할 필요도 없고, 더 슬프고, 지루하고 약한 자극을 접하고, 그래서 불만족 상태를 저 자주 겪었다. 반면, 일을 하는 동안 사람들은 유능감과 도전감을 느끼고, 더 행복하고 창의적이고 더 만족한 경험을 가졌다. 그럼에도, 아이러니하게도 사람들은 일을 적게 하고 더 많은 여가활동의 기회를 가지려고 한다(Csikszentmihalyi, 1990).

　　이러한 Csikszentmihalyi(1990)의 연구결과가 암시하는 것이 단순히 '여가를 멀리하고 일을 중시하라'는 뜻은 아니다. 오히려 현대인의 여가생활이 지닌 일반적인 문제점을 알려준다. 이미 앞 장에서 고찰했던 '진지한 여가(serious leisure)' 개념을 다시 생각해보자. Stebbins(1982, 1992)가 진지한 여가의 전형적인 유형으로 제안했던 아마추어 활동, 취미 과학, 자원봉사 등은 모두 직장인의 업무와 닮아있다(즉, 외재적 보상으로서 임금 활동이 아닐 뿐이다). 또한 진지한 여가의 경험 특질이라는 진지성 경험의 6요인은 모두 인내, 노력, 경력, 지속적 결과, 동일시, 독특한 감정공유 등으로서 우리가 직무라고 부르는 업무에서 요구하는 것들이기도 하다. 이런 점에서 Stebbins는 가벼운 여가보다 진지한 여가의 필요성을 강조했던 것이고, 진지한 여가는 참여자의 특별한 의지와 노력 및 투자가 요구한다. 다시 말해 현대인에게 필요한 것은 자유시간이나 여가 기회를 더 도전적이고 창의적이고 생산적으로 보내는 방법과 능력이다. 즉, 여가역량의 개선이 필요하다는 지적인 셈이다. '자기오락화 역량'은 이에 대한 한 가지 대안이 될 수 있다.

(2) 일-여가 관계

일과 여가의 관계를 탐구하기 위하여 어떤 관점에서 접근할 것인가도 중요하지만, 분석의 내용과 단위를 포함한 연구방법도 고려하여야 한다. 이와 관련한 Zuzanek & Mannell(1983)의 정리는 이 분야 연구를 이해하는 데 유용할 것이다. 그들은 일-여가 관계에 대한 탐구가 7가지 다른 방식으로 이루어질 수 있다고 고찰하였다.

- 첫째, 시간 예산(time-budget)의 문제를 통계적 방법으로 접근하는 방식,
- 둘째, 사회경제적 관점에서(즉, 계급, 소득, 직업, 가족 등) 수입과 자유시간의 상호 연관성을 탐색하는 방식,
- 셋째, 사회조직적(socio-organizational) 및 계획적(planning) 차원에서 일과 여가의 관계를 파악하는 접근,
- 넷째, 사회학적/사회역사적(sociological/socio-historical) 관점에서 시간보다는 가치지향성을 중심으로 일-여가 관계를 이해하는 시도,
- 다섯째, 사회적 직업 지위(socio-occupational status)의 틀을 활용하여 사회계층별 여가양식(leisure style)이 어떻게 다른지를 탐색하는 방식,

- 여섯째, 일 중심의 관점에서, 노동구조가 여가행동과 경험에 미치는 직접적인 효과를 다루는 연구 방식,
- 일곱째, 사회심리학적 관점에서 업무태도가 여가참여, 여가태도 및 지각에 미치는 영향을 분석하는 방식 등이 그것이다.

특히 여섯째와 일곱째 주제인 노동의 구조적 특징이나 업무 태도를 여가경험과 여가태도에 연관하여 탐색하는 방식은 이론적으로 발전하고 있다.

산업혁명 이후 공장이 활성화되고 도시가 발달하면서 공장노동자의 여가는 재충전의 기회로 관리하여야 할 차원에서 주목받기 시작했다. 그래서 여가 연구에서 일-여가 관계는 가장 오래된 주제 중 하나이다. 특히 일-여가 관계를 노동력 착취의 연장선에서 이해하려고 시도했던 마르크스(K. Marx)와 엥겔스(F. Engels)의 주장이 1960년대 들어 다시 주목받기 시작하였다. 마르크스와 엥겔스의 여가관은 현대인이 겪는 일과 여가의 연관성을 이해하는 단초가 되었고, 각각 전이(spillover)가설과 보상(compensation)가설로 재정립되어 탐구되고 있다(Wilensky, 1960). **전이가설**은 노동현장의 고된 착취와 무기력이 전이되어 여가 현장의 개인은 스스로를 착취하고 무기력한 방식의 경험을 하게 된다는 주장이다(마르크스). 반면 **보상가설**은 노동으로 인해 기력 고갈이 생기더라도 자유시간이 주어질 때 에너지를 재충전하고 스스로를 보완하려는 여가경험을 추구한다는 것이다(엥겔스). 한편 Parker(1972)는 여기에 더해 제3의 가설을 추가하였는데 그것은 바로 **분리가설**(segment hypothesis, 혹은 **중립가설** neutrality hypothesis)이다. 분리가설은 일과 여가의 영역이 경험 측면에서 상호 영향이 없다는 것이다. 일의 경험과 여가경험은 각각 독립적인 별개의 영역이라고 보는 관점이다.

그럼에도 지난 50여년간 일-여가 관계에 대한 다양한 탐구는 일관된 결과를 보이고 있지 않다는 점이 중요하다. Champoux(1981)는 세 가지 가설을 다루었던 기존 연구들의 경험적 분석 결과를 종합 정리한 후, 특정 가설을 지지하기 어렵다는 결론을 내렸다. 또한 Zuzanek & Mannell(1983)은 일을 중요하게 여기는 사람들에게 전이가설이 타당할 수 있지만, 대체적으로 일이 불만족스럽다고 해도 여가가 그것을 보상해준다는 증거가 없다고 고찰하였다. 그들은 일과 여가의 관계가 개인적인 삶과 일의

조건에 따라 크게 달라진다는 결론을 내렸다. 나아가 경제학의 오래된 *교환이론 (trade-off theory)*을 적용하면 일과 여가를 위한 시간 선택의 문제로서 둘은 경쟁적 대안이자 기회비용의 개념으로 논의할 수도 있다. Zuzanek & Mannell(1983)은 이를 포함하여 일-여가 관계를 설명하는 이론적 틀로서 전이가설, 보상가설, 중립(분리)가설, 교환가설이 성립할 수 있다고 정리하였다.

이후에도 일-여가 관계를 검증했던 여러 연구들의 결과는 여전히 비일관적이다. 전이가설이 가장 타당하다는 자료를 제시하는 경우도 있고(Tait, Padgett, & Baldwin, 1989), 보상가설이나 분리가설을 지지하는 연구 결과들도 있다(Rain, Lane, &Steiner, 1991). 반대로 보상가설이나 분리가설을 기각하는 연구 결과도 있다(Kelly & Kelly, 1994). 그러나 남아프리카 노동자 사례연구를 했던 Mageni와 Slabbert(2005)는 Parker(1982)의 분리가설에 해당되는 일-여가 관계의 유형을 찾아내기가 어렵다고 주장했다.

한 가지 대안 논리는 일과 여가의 관계가 여러 차원의 경로를 통해 상호작용하고 있고, 그래서 다원적 관련성이 존재할 수 있다는 점이다. Geurts & Demerouti(2003)에 의하면, 일과 다른 일상영역은 4가지 다른 방식으로 상호 간섭의 관계를 가질 수 있다. 첫째, 업무의 부정적 기능 때문에 일상 영역에 부정적으로 영향을 미치는 부정적 간섭이 가장 공통적으로 발견된다. 둘째, 일상생활의 부정적 기능이 업무상황에 부정적으로 영향을 미치는 부정적 간섭, 셋째, 업무영역의 긍정적 측면이 일상생활에 영향을 미치는 긍정적 간섭, 넷째, 일상생활 영역의 긍정적 기능이 업무영역에 긍정적으로 영향을 미치는 긍정적 간섭 등이 그것이다.

일 가치(work value) 연구자인 Elizur(1991)의 발견은 시사하는 바가 크다. 그는 "일과 일 아닌 것"(work and non-work) 영역의 관계를 탐구하면서, 일터와 가정이라는 사회적 환경(social environment)을 구분한 후 세 가지 행동양식(즉, 도구적 instrumental, 감정적 affective, 인지적 cognitive 요소들)을 비교하였다. 이스라엘 직장인 106명의 자료를 구한 다음 유사성 구조분석(similarity structure analysis)을 통해 "일과 일 아닌 영역"의 관계가 원추형태의 모습을 지닌다고 결론지었다. 구체적으로 말하면, 도구적 요소와 인지적 요소는 삶의 두 영역이 보완적 관계를 보이고, 감정적 요소는 분리 관계에 있다는 주장이다.

일과 여가의 관계를 규명하는 시도에서 어려운 점은, 연구자의 가치관을 비롯하여 비교분석의 단위가 연구 상황마다 다르다는 사실이다. 이런 연구 방법상의 상이함은 연구 결과의 일관성 있는 해석을 불가능하게 만드는 이유가 된다. 심지어 참여경험이나 태도 수준에서 일과 여가 영역을 비교하는 경우에도, 연구마다 다른 심리적 구성개념을 설정하는 경향이 있다. 그래서 일과 여가를 비교할 수 있는 체계적인 개념적 틀을 이론적 근거 하에서 구축할 필요가 있다. 일과 여가는 현대인의 삶에서 가장 큰 영역을 차지하고 있으므로, 두 개념이 어떤 관계성을 가지고 있고, 또 그것이 삶의 질에 어떻게 영향을 미치는지의 문제는 앞으로도 중요한 연구 주제가 된다.

3 종교와 여가

(1) 종교(생활)는 여가인가?

유사 이래 종교(혹은 종교적 행위)의 역사는 노동이나 여가의 역사에 버금 갈 만큼 오래되었다. 잘 알려진 것처럼 인류 문명에서 이들 세 가지 영역은 하나의 문화양식에서 분화하였다. 문명의 변천을 겪으면서 노동은 생계/경제적 수단의 영역이 되고, 여가는 자기개발과 즐거움의 통로가 되고, 종교는 기복(祈福)과 구원(救援)의 의식으로 분화되었다. 분화의 기저에서 정치적 권력이 결정적인 역할을 하였다는 사실도 부인할 수 없다. 현대 사회에서도 여전히 이들 세 가지 영역이 미분화되거나 통합된 형태의 라이프스타일을 유지하는 이들이 있으나(즉, 직업 종교인의 경우로서 스님, 신부, 목사, 수녀, 등등) 이는 매우 예외적일 뿐이고, 이들을 선지자로 믿는 시민들은 점점 줄어들고 있다. 이슈는 일반적인 시민의 종교 활동과 경험을 여가활동으로 볼 수 있는가의 문제이고, 볼 수 있다면 왜 그런가 하는 점이다. 그리고 종교와 여가 두 영역이 다르다면 종교의 역사와 문화가 일반인의 여가생활에 어떻게 영향을 미치고 있는가 하는 것이다. 혹은 반대의 영향관계도 고려할 수 있다.

여가 개념을 종교적 수준에서 이해하여야 한다고 주장한 대표적인 학자는 독일(스위스라는 설도 있다)의 종교철학자 Josef Pieper(1952)이다. 그는 다음과 같이 주장한다.

> "여가는 자신의 존재를 전체적으로 조망할 수 있는 능력을 배양하는 마음의 태도이자 영혼의 조건이다... 진정한 여가(authentic leisure)에 마주 설 수 있는 능력이야말로 인간의 기본적인 힘이다. 일터로부터 과감히 한걸음 벗어나서 전체적인 삶의 실체를 조망할 수 있는 힘이야말로 진정한 여가를 맞이할 수 있는 능력이다. 자신을 속박하는 '숨겨진 불안(hidden anxiety)'을 떨쳐내야만 진정한 자유의 문을 열 수 있고, 거기서 비로소 초월적 힘을 만나고 새로운 생명력을 얻어서 일상에 귀환할 수 있다..."(Pieper, 1952, p.53).

JOSEF PIEPER
(1904~1997)

이런 이유로 정신적, 영적 태도로서 여가는 외부의 조건에 의해 주어지는 것이 아니라고 본다. 남는 시간, 휴일이나 휴가와 같은 외현적 조건이 여가를 만드는 것이 아니라, 자기 존재의 실체를 통찰하는 영혼의 조건이자 마음의 태도가 진정한 여가라는 것이다. 그런데 일반인의 종교생활을 여가활동의 한 유형으로 볼 수 있느냐의 문제는 다른 주제들이 관련되어 있다. 우선 종교생활과 여가생활의 공통요소가 있는지를 볼 필요가 있다. Godbey(2003/ 권두승 등 공역, 2005)는 여가와 종교의 유사점을 6가지로 정리하였다. 여기서는 Godbey가 제시한 개념을 중심으로 필자의 견해를 덧붙여서 정리하였다.

첫째, **축제성(festivity)**이다. 여가경험과 종교적 경험은 모두 축제의 느낌을 포함한다는 것이다. Godbey(2003)는 Pieper의 여가 개념을 정리하면서, 여가(즉, 앞에서 진술한 영혼의 조건이나 마음상태로서)는 영적인 축제가 가능한 상태에서만 발생하고, 여가와 종교적 표현에 필수적인 축제느낌은 '일하기(working)' 장면에서 얻을 수 있는 게 아니라고 보았다. Pieper의 관점에서, 축제느낌의 핵심을 즐거움이라고 한다면 그것은 아무리 잘 준비하고 계획하고 억지로 찾으려고 해도 자동적으로 만들어지지 않는다. 그럴듯하게 훌륭한 계획을 세우더라도 우리의 삶을 받아들이고 인정할 수 있는 능력을 갖추어야만, 내면으로부터 나오는 진정한 즐거움을 비로소 경험할 수 있다. 즐거움을 강요할 수는 없는 것이고, 진정한 자기 내면의 태도가 자기 체험을 조용히 관조하고, 자신을 그것에 내맡길 수 있을 때 비로소 기쁨이 생긴다고 본다. 이런 이유로 여가 현장이나 종교적 행위로서 축제는 유사한 정신적, 영적 태도를 필수적으로 요구하는 유사성이 있다.

많은 경우 여가경험과 종교체험 사이의 공통적인 요소를 발견하게 된다. 그런데 제도화된 종교 행동에서 정기적으로 영적 경험을 추진하거나, 비제도화된 민속신앙에서 신명을 체험하거나 혹은 명상이나 산신 기도를 통해 초월적 힘을 경험할 때의 심리적/생리적 현상이 현대의 많은 스포츠나 예술, 심지어는 약물 경험에서도 발견된다. 이런 현상을 축제성의 유사점이라고 해야 하는지, 아니면 종교와 여가와 환각의 차이라고 해야 하는지는 더 많은 탐구가 필요해 보인다.

둘째는 **자유의지**(*the free-will*)이다. 자유 시간이나 남는 시간이 여가의 필수 조건은 아니지만(왜냐하면, 사실 우리는 강제와 의무 시간을 박차고 나가 누구의 허락도 없이 자신만의 시간을 가질 수 있고, 종종 그렇게 실행하기도 한다), 자유의지는 여가경험의 조건이자 구성요소가 된다. 종교 역시 개인적 수용이 전제되는 조건에서만 가능한 경험이자 신념이다. Godbey의 표현을 빌리면, '어떤 사람에게도 믿음이 강요될 수 없듯이 어떤 사람에게도 (여가)활동에 즐겁게 참여하라고 강요할 수 없다'(2003, p.233). 물론 세뇌의 결과와 자유의지는 구분되어야 한다.

셋째, **통합성**(*the integrity*)이다. 이미 전술한 Pieper의 주장처럼, 여가경험은 자신의 삶을 전체적으로 조망해볼 수 있는 기회이자 과정이다. 우리는 명상, 독서, 음악, 스포츠, 봉사활동 혹은 여행과 같은 여가생활을 통해 자기 자신의 삶을 되돌아보고 또 새로운 인생을 꿈꾼다. 건강한 종교인 역시 종교생활을 통해 자신의 삶을 반성하고 미래 지향적으로 통합하는 경향이 있다. Godbey의 관찰에 의하면, 여가활동을 통해 전체성과 통합성을 발견하는 사람들이 종교적 행위로 간주되어 온 유형의 여가행동을 쉽게 지향하는 경향이 있다고 한다. 그러므로 현대사회에서 캠핑, 암벽등반, 명상, 요가, 순례, 트레킹 등이 인기가 있는 이유는 그것들이 종교 생활이 제공해오던 통합성 경험의 기회이기 때문일 것이다.

넷째, **개인적 안녕과 자기실현**(*individual well-being and self-actualization*)이

다. 모든 여가활동이나 모든 종교생활이 이 차원의 공통점을 가지고 있다고 말하기는 어렵지만, 이상적인 여가와 이상적인 종교는 분명 개인적 행복과 자기실현이라는 선위에서 맞닿아 있다. 예컨대 불교에서 말하는 "해탈(解脫, 깨달음)"은 서양의 용어로 보면 최고 수준의 자기실현이고, 여가학의 뿌리인 아리스토텔레스의 윤리학은 자기실현의 기회로서 여가를 행복에 이르는 통로라고 보았다. 현대에서도 여가의 가장 중요한 기능으로서 개인발달(심리적/신체적/정신적/사회적)을 중시하고 있고, 종교가 표방하는 행복과 영적 성장의 기회는 이 영역에 포함된다.

다섯째, 진리추구(pursuit of truth)이다. 인류가 신봉하는 종교가 살아남게 된 중요한 이유는 신앙이 바로 진리추구의 길이라고 믿기 때문일 것이다. 그런 믿음과 행위가 옳은지 아닌지, 혹은 종교가 과연 진리를 품고 있는지에 대한 의심은 과학이 발전속도와 비례하여 늘어날 것이고, 그래서 진리추구의 다른 방법을 탐색하는 이들이 늘어날 것이다. 단순함과 원시성은 진리에 가까운 것의 특징이라는 믿음이 팽배하다. 진리추구의 대안으로서 단순한 형태의 여가활동은 가장 오래되었고, 미래에 더 늘어날 전망이다. 오지탐험이나 순례여행, 명상, 과학탐구, 독서 등은 진리추구의 여정으로서 이미 종교를 대신하고 있다고 평가할 만하다.

여섯째는 의식(ritual)이다. 모든 종교는 제례의식을 가지고 있다. 의식은 궁극적인 가치를 내포하고 있다고 믿고 있는 대상이나 절차에 대하여 개인이 존경과 관심을 보여주는 전통적인 절차이며 형식이지만(MacCannell, 1976), 진지성(seriousness)이라는 특별한 측면이 있다. 의식은 일종의 형식으로서, 참여자의 자격을 인그룹(in-group)과 아웃그룹(out-group)으로 가늠하게 만드는 전통적인 경계선이 된다. 대부분 '진지한 여가' 활동은 나름의 형식 구조라는 의식을 가지고 있다. 거의 모든 종교나 신앙이 가지고 있는 의식 중 하나는 "물묻이기(immersion)" 의식이다(물에 빠지거나 물을 끼얹거나, 물로 손과 얼굴을 씻거나 하는 행위). 이와 비슷하게 거의 모든 전통적인 여가활동은 '즐기는 순서'를 자연스럽게 형성한다. 조직화된 사회적 여가일수록 그리고 진지한 여가일수록 '의식화' 가능성은 증가한다. 가벼운 여가의 경우에도, 그것이 사회적으로 전통의 모습을 갖추어갈수록 "여가의식"이 개입될 가능성이 늘어난다. Godbey(2003)의 사례를 빌리면, 뉴욕을 여행할 때 대부분 자유의 여신상을 가고, 런던에 가면 웨스트민스터 성당을 방문하는 것이 필수 코스가 된다. 모든 스포츠 경기에서도 사전 의식을 성대하게 혹은 최소한으로 치른다. 의식을 치르면서 진지함은 배양된다.

한편, 호이징아(Huizinga)는 종교와 놀이의 공통점으로서 이상추구를 위한 엄숙함, 시공간의 한계를 극복하는 무한 상상력, 그리고 가식 행동/가면/의복/언어 등의 장치로 이룬 상징성을 지적하였다. 이들 특징은 모두 놀이를 더 진지하게 만들어내는 반면 동시에 종교를 더 즐겁게 만드는 요소들이다. 현대 종교가 점점 더 놀이를 허용하고 닮아가는 이유는 바로 여기에 있다. 소위 종교적 행사를 빙자한 여가와 놀이도 많이 생겼지만(즉, 산사음악회, 명사강연, 성가대, 교회밴드, 부흥회, 합창 등), 각종 종교인이 종파를 형성하여 권력과 세력을 펼쳐가는 혹세무민(惑世誣民)의 모습으로부터, '시인 박노해'가 노래한 것처럼, 그 자체가 일종의 **"종교놀이"**가 된 듯하다.

(2) 종교와 여가의 작용과 반작용

종교와 여가의 관계는 역사적으로 변증법적 과정의 진화를 겪어 왔다. 고대사회에서 여가와 종교가 미분화의 상태였다면, 서구의 중세나 동양의 중세에서 여가와 종교적 제의는 진지성 혹은 엄숙함을 기준으로 분리되었다. 이미 호이징아(Huizinga)가 지적한 것처럼, 유럽의 경우 고대 그리스의 여가가치관과 철학을 수용했던 로마가 4세기 이후 기독교 세력이 득세하게 되면서 중세에는 엄숙함이 있는 종교적 제의를 제외한 다른 여가와 놀이를 억제하였고, 소위 중세 암흑기를 맞이하게 되었다. 종교적 교리의 범위 안에서만 여가와 놀이가 허용되었을 뿐이었다. 사육제와 같은 경우가 대표적인데, 이는 처음에 민속 축제였지만 그 수요가 너무 강했기 때문에 종교적 교리로 재해석하고 재구성하여 사육제라는 이름으로 허용되었고, 나중에는 축제로 진화하였다.

동아시아에서도 여러 종류의 민속 문화나 놀이형식이 종교의 제도화를 거치면서 재정비되었다. 예컨대 고대 중국의 경우 춘추전국시대를 거치면서 유교와 도교를 포함한 다양한 철학과 사상이 지배문화가 되기 시작했고, 신선놀이나 음악, 시 등과 같은 여가문화는 허용되었지만 예(禮)와 의(義)에 어긋나는 행위는 경시되었다. '사마천'의 『사기 史記』에 따르면, 공자는 「시경 詩經」을 선집하는 동안 '정(鄭)나라와 위(衛)나라 아악(雅樂)은 음란하다'면서 음란한 시를 경계하여 제외하였다고 한다. 한국의 역사에서도 불교와 유학이 허용하는 범위 내에서 여가문화가 유지되었지만, 제도적으로는 향락적이거나 게으른 행위를 경멸하는 경향이 강했다. 종교나 사상이 억압하거나 불허하는 분위기는 근대 산업사회에 이르기까지 유지되었다. 왜냐하면 서구의 청교도 윤리나 동양의 유교사상은 모두 근면을 중시하고, 여가와 놀이는 죄악시했기 때문이다. 조직화되고 제도화될수록 종교가 여가와 놀이를 통제하고 억제하는 지침을 만들 가능성도 증가했다.

기독교와 여가문화의 관계를 돌아보면, 일요일이 기독교의 안식일이 되어 종교적 의무를 다하고 조용히 쉬어야 하는 날로 지정된 것은 16세기 청교도 운동 이후의 일이라고 한다(Godbey, 2003). 그전에도 일요일이 유태인의 안식일이긴 했으나 유태인에게 이날은 기쁨과 즐거움의 날이었던 반면, 기독교 역사에서 일요일은 점차 '놀이'는 빼고 엄격한 예배와 안식의 날이 되었다는 것이다. 종교개혁 이후 서양에서는 청교도와 비청교도의 갈등이 심각했는데 쟁점 중 하나가 일요일 문화였다고 한다. 일요일 교회 예배 후 레크리에이션을 허용하느냐가 문제였다. 청교도인들은 일요일 레크리에이션을 금기시했고[18], 19세기 미국에서는 '청교도법(Blue Law)'을 만들어서 여러 가지 개인적인 여가활동(영화관람, 댄스홀 출입, 술집, 각종 오락실 등)을 금지하고, 쾌락추구 금지를 명령하였다(Godbey, 2003, pp.241-242). 그러나 20세기 서구의 일요일은 매우 급속한 속도로 쇼핑과 소풍과 집안일을 챙기는 날이 되고 말았다. 개신교를 포함한 종교가 '게으른 즐거움'을 추구하는 인간의 본능을 억압하는데 실패했기 때문이다.

일상생활과 그 속의 여가행동양식을 제도화된 종교가 조직적으로 억제하고 통제할수록 거기에 대한 반발력도 커졌다. 즐거움을 추구하는 존재로서 서민들이 여가와 놀이의 향락과 유희를 버린 것은 아니고 은밀하거나 탈법적인 방법으로 세속의 일부로 전승하여왔다. 소위 변증법적 과정에서 반(反)의 과정에 이른 것이다.

종교의 영향을 받은 전통적인 여가문화와 욕구는 크게 4가지 운명을 겪었을 것으로 추정된다. 첫째는 제도화된 종교에 의해 완전히 억압되고 배제되어 사라진 경우(즉,

---

18) 일요일 레크리에이션을 허용한 교회에서도, 반발세력은 "하느님과 종달새가 한 자전거를 탈 수는 없다"면서 결사 항전했다고 한다(Dulles, 1965/Godbey, 2003, p.242에서 재인용).

대개의 경우 사회적/집단적 행위가 드러나는 교리 위배적인 여가문화가 여기에 포함될 것이다. 폭력과 동물학대 등 잔인한 여가행동.), 둘째 제도화된 종교의 억제를 피해 은밀하게 진화하는 개인적이고 세속적인 여가(즉, 섹스, 음주, 도박 등 개인적이거나 소규모 향락/사행/환각 행동들), 셋째는 제도화된 종교적 제의로 편입되어 허용되고 변신하는 경우(즉, 사육제 등 각종 제의, 혹은 미국 남부에서 성행하여 전 세계로 전파된 부흥회 예배 등), 넷째 종교권력이 자신들의 세력을 유지 강화하기 위한 기관이나 프로그램을 만들어서 적극적으로 수용하고 제도화하여 발전시킨 여가문화이다. 예컨대 YMCA, YWCA와 같이 개신교의 범종파 수준 친목기구를 만들어서 각종 여가요구를 수용하는 경우이다. 한국 불교의 경우 조계종에서 템플스테이 프로그램을 통해 일반인의 여가욕구(영성체험과 자연교류 욕구가 핵심일 것으로 판단된다)를 수용하는 것도 이 범주에서 해석할 수 있다. 이 중 처음 두 가지는 변증법적 과정에서 반(反)의 단계로, 나중 두 가지는 합(合)의 과정으로 이해할 수 있다.

한편, 네 번째 운명의 경로는 종교와 여가문화의 긴 전쟁이 어떻게 결판날지를 가늠하게 해준다. 과연 어느 쪽이 승자가 될까? 이와 관련하여 다음의 구절은 힌트를 준다. 미국 북서부 기독교 대변인이 20세기에 다음처럼 고백했다고 한다: "젊은이들을 즐겁게 하는 것이 그들을 구원하는 데 도움이 된다면 그 일은 충분히 교회의 영광스러운 가치가 된다"(Dulles, 1965/Godbey, 2003, p.245 재인용). 인류 문명에서 살아남기 위하여, 여가문화가 종교에 의존하는 것이 아니라 종교가 여가문화에 의지해야 한다는 고백인 것이다. 역사는 종교와 여가의 갈등이 여가의 승리로 끝날 것이라고 알려준다. 이유는 종교의 수행방식이 '통제'와 '억제'를 의미하는 반면, 여가행동은 '자유'를 의미하기 때문이다. 그러므로 만약 여가적 속성을 배제하거나 지나치게 금기시하는 종교 세력이라면 멀지 않은 시일에 종말을 고할 것이다.

④ 성(sex)과 여가

생태계 법칙으로 보면, 성행동은 새로운 생명을 잉태하는 자연의 절차이며, 그로부터 인류 세계가 유지되고 운영된다. 실제로 인류 역사에는 '자손을 퍼뜨리기' 위한 성행동만을 중시하는 문화와 사상이 있었다. 유학사상이나 유태교 및 기독교의 오래된 교리는 성관계를 최소한 '겉으로는' 죄악시했다. 그런데 성행동은 사회적으로 학습된다는 주장이 정설이다. 그래서 오래된 부부에게 아이가 생기지 않는 경우를 보면, 부부가 '불운하게도' 성관계를 제대로 배우지 못한 채 잠만 같이 자고 '아무 일도 없었기' 때문인 사례가 빈번했다고 한다.

역으로 그 방법을 '알고 있는' 부부나 연인이 반복적으로 '다른 일 없이' 함께 잠만 자는 경우도 상상하기 어렵다. 1953년 킨제이보고서(Kinsey Report)에 의하면, 성관계와 임신의 비율은 약 '1000 대 1'이라고 알려져 있다. 그리고 낙태나 임신조절을 죄악시하는 가톨릭 국가인 이탈리아의 경우 성행동 빈도는 세계 최고 수준이지만 출산율이 최저 수준이라고 한다(Godbey, 2003, p.324). 임신을 위한 것이 아니라면 성관계는 즐거움을 위한 것이거나, 혹은 즐거움을 공유함으로써 부부 관계를 돈독하게 하려는 목적일 것이다.

즐거운 것이 여가경험의 본질이라고 보면, 이처럼 성관계는 이 기준에 가장 부합하는 요소가 된다. 프로이드가 성욕을 인간의 가장 기본적인 욕구로서 삶의 에너지(리비도)라고 지적한 이유는 일리가 있다. 그래서 통제나 규제, 규범이 없다면 여가문화는 성적 요소를 포획할 것이고 향락적으로 변할 것이다. 인류 역사의 위대한 사상과 철학이 거의 예외 없이 절제와 금욕을 요구하는 이유도 인간의 성욕이 지닌 잠재력의 크기 때문일 것이다. 어떤 종교와 사상 혹은 정치 제도가 이를 금지하더라도 섹스는 인류사에서 사라지지 않았고, 앞으로도 사라지지 않을 것이다. 성관련 행동에 있어서만큼은 위대한 성직자라고 해도 위선적인 경우가 많았다. 그리고 동서고금에 걸쳐 성 스캔들이나 성문화가 역사를 바꾼 사례도 많다. 성관련 문제는 권력투쟁의 수단이 되거나 정권이 무너지는 계기가 되기도 했다.

이런 이유로 성의 역사나 성문화에 대한 뛰어난 통찰과 연구 혹은 보고서도 많은 편이다. 종종 보수적인 문화배경에서는 이를 학문적으로 다루는 것조차 금기시하지만, 성을 배제하고 여가 현상을 이해하기란 쉽지 않을 것이다. 여기서는 성과 여가의 관계성을 이해하는 데 도움이 되는 몇 가지 주요 맥락을 제시함으로써, 독자들로 하여금 개인적으로 통찰할 수 있는 기회를 제공하고자 한다.

(1) 종교와 성문화의 관계

역사적으로 성문화와 성행동은 종교적 신앙의 범위 안에서 금지되거나 반대로 독려되었다. 이 주제와 관련하여 다음과 같은 질문을 할 수 있다.

- 특정 종교는 성문화를 일관되게 죄악시하였을까?
- 특정 종교가 성행위를 죄악시하는 이유는 무엇인가?
- 다양한 종교가 주장하는 성문화 가치관은 어떻게 다른가?
- 성직자에게 성은 어떤 의미를 지니는가?
- 성적 행위가 종교적 숭배 행위로 인식되었던 시기와 문화적 이유를 고려해보라.
- 종교가 이율배반적인 성 문화 태도를 가진 경우가 있다. 그 이유는 무엇인가?

(2) 매춘

어떤 이들은 인류 역사에서 가장 오래된 상업이 바로 '매춘'이라고 말한다. 오늘날 성매매라고 하는 매매춘의 오래된 증거는 사실 고고학적 유물이나 고대 기록에서도 발견된다. 어떤 시대에는 매춘이 공공연한 사회 문화였고, 죄악시하지도 않았고 오히려 독려되기도 했고, 숭배의 수단이 되기도 했다. 그리고 현대에서도 지속되는 매매춘 문제는 이제 인권유린의 차원에서 논의되고 있다. 그러나 분명한 것은 현대 사회에 이를수록 섹스의 즐거움이 여러 측면에서 '매춘화'되고 있다는 사실이다(Godbey, 2003/ p.335). 다음과 같은 질문이 가능하다.

- 매춘의 역사는 어떤 증거로부터 발견되는가?
- 매춘이 용인되는 사회나 시대에서 그것의 허용범위는 어느 수준인가?
- 그런 사회에서 매매춘의 자격은 어떤 신분에게 적용되는가?
- 도시발달과 매춘의 관계를 어떻게 정리할 수 있을까?
- 사창과 공창의 차이와 공통점은 무엇인가?
- 인권보호와 매춘의 관계를 정리해보자.
- 현대 사회에서 매춘을 허용하거나 금지하는 나라들을 분류해보자.
- 우리 사회에서 매춘을 허용해야 하는가 아닌가? 허용한다면 어떤 수준과 방법이어야 하는가?

(3) 부부(결혼)와 성

결혼이란 "남자에겐 자유를 거는 것이고 여자에겐 행복을 거는 도박"이라고 말하는 이들도 있다. 부부는 현대 사회 대부분 가족의 최소 단위다. 결혼은 역사적으로 성인의 암묵적인 의무였고, 자녀를 낳아서 사회를 유지하도록 요구하는 문화 장치였다. 그런데 여가의 즐거움이라는 면에서 보면, 결혼은 섹스의 즐거움을 허용하는 동시에 그 범위를 제한하는 제도적, 문화적 조건이다. 그래서 이 사회는 부부간 성생활에 대해서는 관대하지만 혼외 성관계에 대해선 죄악시하여 비난한다. 그러나 이러한 비난과 관대 조차 당대 문화가 만들어낸 한시적 가치기준에 불과한 것일 수 있다. 당장 조선시대만 하더라도 축첩제도와 기생문화가 만연했고, 서구 자본주의 사회에서는 상상 이상의 자유로운 성문화가 형성되어 있다(마이클 폴리, 2016/ 김잔디 역, 2018, pp.215-242). 결혼이라는 개념이 여가로서 성과 관련하여 논의할 만한 이슈들이 있다

- 결혼의 단위로서 일부일처제의 근원은 어디에 있는가?
- 일부다처, 일처다부, 다부다처, 성 공유제 등 다양한 형태의 결혼문화가 있었다고 알려졌다. 이런 문화양식이 역사적으로 도태된 이유는 무엇인가?
- 일부일처 결혼제도가 미래에도 유지될까?
- 혼외 성관계가 인정되던 시기는 언제인가 그리고 현대 사회에서 그것이 금기된 이유는 무엇인가?
- 우리나라에서 간통죄가 폐지된 것은 타당한가?
- 간음은 나쁜 것인가 아니면 단지 즐거운 여가인가?
- 성을 통한 남자와 여자의 즐거움은 어떻게 다른가? 달라야 하는가 아니면 같아야 하는가?

(4) 성 관련 문화산업

우리가 문화산업의 대명사로 간주하는 게임, 가요, 음악, 연극, 영화, 문학 및 포르노그라피(pornography)의 공통적인 주제이자 핵심 내용은 "사랑"에 관한 것이다. 이들 장르는 성과 사랑을 은밀하거나 상징적으로 표현하기도 하고, 직접적인 소재로 삼기도 한다. 예컨대, 게임의 역사적 뿌리는 여자에게 선택받기 위한 남자들의 경쟁이

었을 수 있고, 여자의 꾸미기와 상냥함은 남자들의 선택을 받기 위한 전략적 행위의 진화일 수도 있다. 사랑은 경쟁, 위기, 배신, 절망, 후회, 도전, 공격, 성취, 행복, 착각, 환상, 열정, 헌신, 인내, 고통과 섹스가 얽혀있는 심리적 복합체다. 사랑의 당사자가 고통을 받든, 위기를 겪든, 그것을 보고 듣는 이에겐 재미있는 여가가 된다. 그러므로 공격성과 더불어, 성과 사랑은 문화산업의 결정적인 컨텐츠로 작용한다. 몇 가지 질문을 통해 문화산업으로서의 성 문화를 고려해보자.

- 각종 게임의 등장인물, 줄거리, 소품, 디자인 등을 성적 매력성이라는 차원에서 평가해 보자.
- 가요나 음악의 주제 중, 사랑이 차지하는 비중은 어느 정도일까?
- 연대기적으로 우리나라 가요의 변천을 가사의 내용으로 비교할 때, 사랑의 모습은 어떻게 그려지고 있고, 변해왔는가?
- 대중적으로 성공한 오래된 영화와 실패한 영화를 성적 자극의 구성이라는 차원에서 비교해보자.
- 포르노그라피를 정의하고 그것의 범위를 설정해보자.
- 향후 문화산업의 발전은 어떻게 되겠는가?

1 문화자본의 개념을 정의하시오.

2 계급과 경제자본, 문화자본, 사회자본 등의 개념을 비교하고, 관계를 설명하시오.

3 워라밸의 개념을 정의하고, 개념적 한계를 설명하시오.

4 일-여가 관계를 설명하는 주요 가설 4가지를 설명, 평가하시오.

5 일과 여가 중 어느 것이 더 중요한지 판단하고, 왜 그런지 설명하시오.

6 종교와 여가는 역사적으로 어떤 관계를 가지고 있는지 설명하시오.

7 종교가 여가문화에 미친 영향과 여가문화가 종교에 미친 영향을 비교 설명하시오

8 종교는 여가의 일부라는 주장이 있다. 이에 관해 논증하시오.

9 성과 여가의 관계를 이해하는 핵심적 논리를 제시하시오.

10 포르노그라피의 종류와 범위에 대한 논의하시오.

11 포르노그라피가 인류 문명에서 사라지지 않는 이유를 설명하시오

12 문화산업과 향락산업의 관계를 논의하시오.

13 포르노그라피에 대한 이율배반적인 행태의 사례를 찾아 설명하시오.

14 관능적 예술작품을 향락적 여가문화의 관점에서 해석하시오.

15 문명의 역사를 고려하여, 성과 종교 및 여가의 관계를 통합하여 논의하시오.

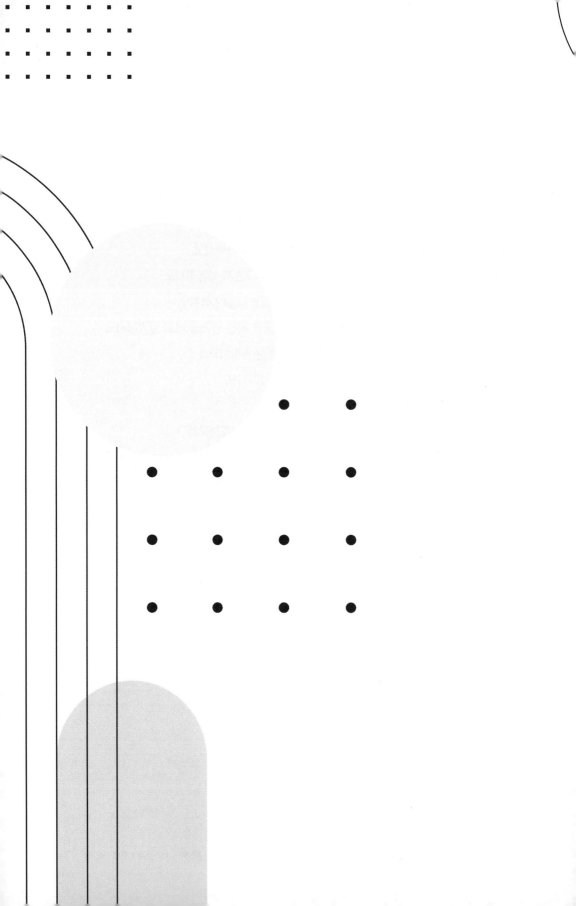

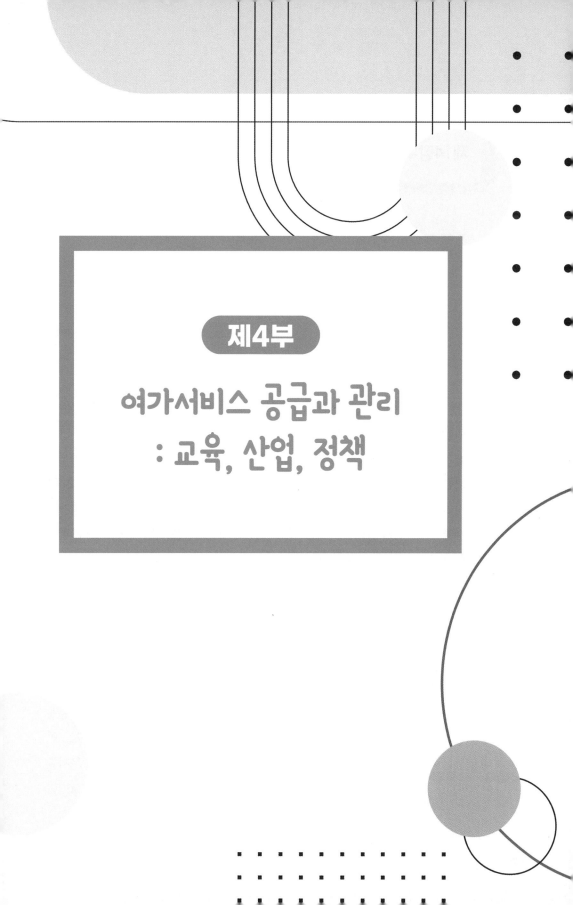

제4부

여가서비스 공급과 관리
: 교육, 산업, 정책

제14장 | 여가 상담/교육 및 여가복지

> "미래는 여가를 현명하게 사용하도록 교육받은 사람들의 몫이다."
>
> – Charles K. Brightbill(1960)

　　여가의 심리적, 신체적 기능에 대해선 이미 제2부에서 살펴보았다. 여가개념의 정의에 대한 견해 차이를 가진 이 분야 학자들조차도 공통적으로 인정하는 부분이 여가의 기능이다. 동서고금을 통하여 놀이와 여가는 정서적, 인지적, 신체적 기능을 개선하기 위한 공식적/비공식적 기회가 되어 왔다. 고대 그리스 사람들이 믿었던 것처럼, '도전적이고 창의적인 여가활동을 하는 사람이, 단지 긴장해소와 휴식으로만 여가활동을 수행하는 사람과 달리 지적으로 더 발달할 것이라는 믿음'이 우리에게 있다. 현대에 이르러 세계적인 사회 문제로 인식되고 있는 치매를 예방하기 위한 방법 찾기도 이러한 믿음의 연장선상에 있다. 실제로 치매예방 효과를 지닌 다양한 여가활동과 프로그램이 개발되고 있다. 예를 들어, [사례 14-1]은 우리나라 중앙치매센터와 몇몇 연구가 제시한 치매예방에 좋은 인지적 활동목록이다. 인지활동을 포함하여 다양한 여가활동의 신체적, 정신적, 사회적 기능이나 효과는 전통적으로 여가 및 레크리에이션 연구 역사에서 중요한 연구 주제들이었다.

　　이런 병리적 문제의 연장선상에서 예방과 개선의 차원으로 여가프로그램을 어떻게 다룰 것인가의 문제가 바로 이 장의 주제이다. 어떤 사람들은 다양한 제약요인으로 인해 원하는 여가활동을 즐길 수 없을 뿐 아니라, 왜곡된 여가행동으로 사회적인 문제를 야기하기도 한다. 여가치료와 교육은 이러한 문제를 해결하기 위한 시도로서 1960년대 이후 발전되어 왔다. 여가활동이 지닌 순기능을 극대화하고 역기능을 최소화함으로써 개인과 사회 모두에 도움을 주고자 하는 것이 곧 여가치료이며, 여가교육의 일반적인 취지이다. 삶의 질에 대한 관심이 증가하면서 현대사회에서 여가교육과 여가치료의 개념은 점점 중요해지고 있다. 이 장에서는 여가교육과 치료 및 유사 개념을 살펴보고, 지금까지 알려진 주요 이론적 모형을 소개하고, 구체적인 처방 전략으로서 여가상담, 여가교육 및 치료의 방법을 소개할 것이다.

[사례 14-1] 치매예방에 좋은 인지활동들

1. 중앙치매센터 자료실(2020)
   - 낱말맞추기, 퍼즐, 장기/바둑, 카드놀이
   - 책, 신문/잡지 읽기
   - 카드, 엽서, 편지, 일기 쓰기
   - 컴퓨터 배우기/사용하기
   - 영화/연극, 박물관, 미술관 관람하기
   - 그림그리기, 음악듣기, 원예활동 등
   - 기타 손가락 이용한 뜨개질이나 피아노 연주 등.

2. Clarkson-Smith & Hartley(1990)
   - 55세 장년이상의 카드게임은 작업기억(working memory)과 추론 능력에 효과 있다

3. Coyle, Kinney, Riley, & Shank(1991)
   - 춤, 음악, 애완동물, 방문프로그램이 노인성 치매환자의 인지능력 개선 효과 있다.

4. Willis, Maier, & Tosti-Vasey(1993)
   - 끝말잇기와 낱말맞추기 퍼즐이 노인들의 언어지식과 유동적인 추론 능력 개선 효과

여가교육의 개념과 목표

(1) 여가교육과 여가치료

여가교육의 개념은 범위를 기준으로 두 가지 접근이 있을 수 있다. 넓은 의미에서 여가교육은 '여가 기회를 위한 교육(education for leisure opportunity)'과 '여가를 통한 인성교육(education through leisure)' 둘 다를 포함한다. 그래서 여가활용 방법에 대한 교습과 지도, 여가참여 기회의 제공, 여가기술과 능력의 함양과 같은 구체적인 목표들만이 아니라 여가의 가치와 권리의 강조, 여가활용을 통한 인지, 정서, 신체, 사회적 능력의 함양 등이 여가교육의 목표가 된다. 광의의 여가교육 문제는 현대에 이르러 두 가지 측면에서 강조된다.

하나는 국민 건강과 복지의 수준에서 여가능력과 기회를 증진하는 것이 바람직하다는 취지이고, 둘째는 여가산업의 발전을 도모하기 위한 차원에서 여가전문가 양성교육을 통해서 여가산업의 인력 수급 체계를 유지, 관리하고자 하는 방향이다. 전자의 경우 각종학교에서 다양한 여가관련 과목을 정규 수업으로(체육, 미술, 음악, 독서 등등) 배정하여 교육하는 것이 사례가 된다. 후자의 경우는 대학교에 설치된 여가관련학과(여가학과, 관광학과, 스포츠레저학과, 문화산업학과 등등)나 각종 직업학교 등이 해당될 것이다. 한편, 이승민(2008)은 '델파이 기법19)'을 활용하여 우리나라에서 필요한 여가교육의 실행 분야를 중요도 순으로 제안하였다. '여가교육 대중화', '여가교육 평생교육화', '여가교육 전문화', '여가교육 법제화', '여가교육 공교육화' 등의 순서로 중요하다고 결론지었다. 최근 한국의 상황을 보면, 이들 과제가 상당부분 실행되고 있음을 알 수 있다. 각종 스포츠 센터, 평생교육기관 및 각종 문화센터, "여가생활 활성화 기본법"(2016년 제정), 다양한 여가관련학과 등이 이를 반영하고 있다. 여가교육의 방식과 내용은 앞으로도 더 진화할 것으로 추정된다.

반면, 여가교육에 대한 협의의 정의는 여가교육을 여가치료 서비스의 한 과정이라

---

19) '어떤 해당 이슈에 대하여 전문가의 의견을 수합하여 정리하는 연구 방법'. 초기 탐색적 연구에 합당하다.

는 제한된 범위로 간주하며, 여기에는 여가상담(leisure counselling)이나 여가지도 (leisure guidance)의 의미가 강조된다. 그래서 구체적인 여가문제를 진단하고, 여가 기술 및 능력의 함양을 통한 여가참여 기회를 제공하는 데 목적을 둔다.

엄밀히 말하면, 현대 여가학의 역사에서는 여가교육의 개념보다 여가치료의 개념 이 먼저 나왔다. 초기의 여가교육은 전술한 여가치료의 한 부분으로 간주되었으며 여 가치료에서 분화된 협의의 개념이었다. 그러나 최근에는 여가교육을 광의적으로 정의 하는 경향이 있으며, 그래서 여가치료의 개념을 포괄하는 의미로 사용한다. 따라서 광 의의 여가교육과 구분하기 위하여 여가치료과정의 여가교육(즉, 협의의 개념)은 '여가 상담과 지도'라는 용어로 대체되고 있다. 여가교육보다 여가치료의 개념이 먼저 사용 되었기 때문에, 여가치료의 개념을 먼저 이해할 필요가 있다. 여가치료의 개념이 체계 적으로 다루어진 역사는 1932년 미국의 '아동건강과 보호 회의(The White House Conference on Child Health and Protection)'에서 장애아동을 위하여 레크리에 이션 기회 제공이 중요하다는 '장애인권리 장전'을 채택하면서이다(Austin & Crawford, 2001). 이후 Davis(1936)에 의해 레크리에이션 치료의 개념이 처음으로 정의되었다고 알려져 있다.

초기의 "레크리에이션 치료" 개념은 1970년대 들어 "치료레크리에이션(Therepeutic Recreation)" 개념으로 확장되었다. 그러나 의미는 크게 다르지 않다. 최근에는 모든 종류의 여가활동을 치료 수단으로 활용할 수 있다는 점에서 **여가치료(Leisure therapy)**"라는 용어가 더 적절한 것으로 인정된다. 사실, 1990년 이전까지만 해도 치료 레크리에이션의 개념은 신체적 운동 능력을 강조하는 느낌을 주며, 실제로 음악/독서/ 미술/영화/게임 등 지적인 여가활동의 문제와 기능에 대해선 무시하여 왔다. 이런 이유로 "여가치료"의 개념은 레크리에이션 치료의 의미를 넘어 "여가경험을 통하여 참가자의 삶의 질을 높이기 위한 하나의 처치 과정(intervention)"으로 정의된다(Iso-Ahola, 1980).

전통적으로 여가치료는 두 가지 차원의 기능 개선을 전제로 한다(Iso-Ahola, 1980; Mannell & Kleiber, 1997). 첫째는 해당 여가활동에 필요한 기술과 능력 습득 및 향상 의 기회로서 교육이라는 측면이고, 둘째는 해당 여가활동의 경험을 통한 신체적, 정신 적, 사회적 능력 향상으로서 궁극적으로 삶의 질 고양의 수단 차원이다. 전자가 여가참여 기술 및 능력의 개선이 목표라면, 후자는 여가경험의 결과(즉, 기능) 개선을 통한 삶의 질 향상에 초점을 둔다. 이런 관점은 최근 각광받는 긍정심리학(Positive Psychology)의 패러다임과도 일관성이 있다. Csikszentmihayli(1990)에 의하면, '별로 지루해하지 않고 매 순간을 즐길 수 있어서, 외부에서 주어지는 어떤 환경적 조건을 필요로 하지 않는 사람은 "창의적인 삶"을 획득하는 자격시험을 통과한 것이다'. 그러므로 "창의적인 삶"이란 우리를 즐겁게 만들어주는 외부 자극을 찾는 게 아니라 스스로 즐길 수 있는 능력을 가진 삶인 것이다. 그런 능력을 가진 사람은 마음으로부터 저절로 생겨나는 흥미를 개발하여 목표를 가지게 되고, 그런 "의미있는 삶"을 살아가는 사람이 그렇지 않은 사람보다 대체로 행복하다고 본다(Csikszentmihayli, 1990).

여가치료와 유사한 개념들로 재활, 치료 레크리에이션, 임상(혹은 병원) 레크리에이션(즉, 질병 치료 목적), 특수 레크리에이션(즉, 장애인의 여가생활 추구 목표) 등 다양한 용어들이 사용된다(Austin & Crawford, 2001). 오늘날 여가치료 개념은 의학적인 문제만이 아니라 자기실현과 삶의 질 향상의 기회를 도와준다는 취지가 강하다는 점에서(Austin, 2001) 통합적 의미가 강조되고 있다.

정리하면, '여가교육'이라는 포괄적인 개념 속에 재활의 의미가 있는 '여가치료'가 있고, 여가치료의 한 과정으로서 '여가상담/지도'의 절차가 있다. 레크리에이션 치료는 여가활동의 종류가 신체적 운동을 중심으로 하는 재활의 의미가 강하며, 따라서 여기서는 장애인의 신체적 기능의 재활만이 아니라 정상인의 심리적 제약 개선을 포괄하는 의미에서 여가치료와 여가교육이라는 용어로 확장하여 사용할 것이다.

(2) 여가교육 및 치료의 목표

고대 그리스인들은 '여가를 위한 교육'에 대해, 자유인이 재난을 피하기 위해 습득해야 할 필수적인 것으로 생각했다고 한다. 영국에는 아직도 "놀지 않고 공부만 하는 아이는 바보가 된다"는 속담이 있다. 이는 모두 놀이를 포함한 여가활동이 개인의 정신과 신체를 건강하게 발달하도록 도와준다는 의미이다. 대개 어린 시절의 경험은 성인기의 다양한 능력과 태도를 결정한다. 특히 아동기 여가 레퍼토리의 확립은 성인기의 삶의 질에 영향을 줄 것이다. 여가 활용방법을 습득하면 여가 기회를 얻을 수 있을 뿐 아니라, 창의성과 정서 안정에 이르는 방법을 체득할 수 있는 것이다. 다양한 문제 해결 능력이 증진될 수 있다는 뜻이다. 따라서 어린 시절부터 여가교육이 필요하다고 하겠다. 이런 이유에서 공교육을 통한 여가교육의 필요성이 대두된다.

현대적 의미에서 여가교육의 필요성을 선구적으로 주장하였던 Brightbill(1960)에 의하면, '여가를 위한 교육'은 사람들로 하여금 일찍부터 여가활동을 즐길 수 있도록 해서, 오랫동안 가정, 학교 그리고 지역사회에서 점점 늘어나는 여가시간을 잘 사용하는 기술과 여가경험에 노출되는 것을 의미한다. 그는, 여가활용 기술을 전해주고 그것을 사용하기 위해 준비해야 하는 것을 포함해서 매우 지속적이고 꾸준한 개입 과정을 곧 '여가교육'이라고 지적하였다.

이론적으로 보면, 여가치료와 교육은 일반적으로 공통적인 세 가지 목표 가치를 지니고 있다(Edginton, DeGraaf, Dieser, & Edginton, 2006, pp.378-379). 우선 개인으로 하여금 자신의 흥미와 적성을 표현하고, 전반적인 능력과 잠재력을 개선시킬 수 있는 기회를 영유할 수 있도록 유도하여 개인의 여가권리(the right of leisure)를 스스로 찾아가도록 도와주는 것이다. 둘째, 자신의 선호와 독특한 능력을 표현할 수 있는 경험과 활동을 스스로 선택하고 결정하는 자기결정(self-determination)의 능력을 함양하는 데 있다. 셋째, 즐겁고 만족스런 인생 경험을 지각하게 함으로써 궁극적으로 개인의 삶의 질(quality of life)을 고양시키는 데 목표가 있다. 즉, 개인의 원활한 여가생활과 삶의 질 향상이라는 궁극적인 목표를 전제로 시행되어야 한다.

궁극적인 목표를 달성하기 위해서는 하위 단계의 세부적인 목표가 필요하다. 구체적이고 세부적인 목표가 분명하게 설정되지 않으면 치료와 교육의 효과를 가늠하는 준거가 생기지 않기 때문이다. 여가치료나 교육의 구체적

인 목표에 대해선 학자들에 따라 다양한 용어와 체제로 제안되어 왔다.

우선, Loesch와 Wheeler는 만족, 적응, 교정, 제어라는 4가지로 구분하여 제시하였다(이수길·오갑진·정호권, 2003. 재인용). 각각의 의미를 정리하면 다음과 같다.

만족 : 참가자 혹은 내담자로 하여금 여가활동에서 만족감을 얻도록 유도하는 것이다. 특히 내재적 보상의 만족을 지각하도록 유도하는 것이 중요하다.

적응 : 여가활동에 대한 적응능력을 향상시키는 것으로서 실제 기술과 지식 등을 함양한다.

교정 : 여가활동 및 경험 중 불만족, 부적응의 개인적인 원인을 제거하여 궁극적으로 불만 등을 교정하는 것이다. 적응능력의 함양에 더불어 여가태도 개선이 교정에 도움이 된다.

제어(control) : 참여자가 평소 습관처럼 하고 있는 비정상적이고 그릇된 여가활동을 사전에 방지하는 것이다.

한편 Witt와 Ellis는 여가교육의 목표를 다음과 같이 다섯 가지로 나누고 있다(이수길 등, 2003. 재인용). 이들이 제시하는 여가교육의 목표는 참여자의 여가동기, 재미체험 능력, 인지 능력 등 보다 심리적인 차원의 역량들을 개선하는 것이라고 할 수 있다. 첫째, 여가 기회와 경험에 대한 인지적 통제 능력, 둘째, 성취능력 및 그것의 지각 능력, 셋째, 내재적 동기 성향, 넷째, 여가에 대한 지속적 관여(enduring involvement to leisure), 그리고 다섯째, 재미 추구 및 지각 능력의 향상이 그것이다. 각각의 목표에 대한 구체적인 설명은 〈표 14-1〉에 제시하였다.

학자들마다 다양한 용어를 사용하여 여가교육 및 치료의 목표를 제시하고 있지만, 정리하면, 삶의 질 향상이라는 궁극적인 목표를 정점으로 여가권리의 확보, 여가동기의 신장, 여가체험 및 수행 능력의 개선, 여가제약의 제거 및 기타 등으로 요약할 수 있다. 물론 더 구체적이고 세부적인 하위 목표들이 설정될 수 있다. 이를 그림으로 제시하면 다음과 같다[그림 14-1].

〈표 14-1〉 Witt와 Ellis가 제시한 여가교육의 목표

여가교육 목표	세부 교육 내용
여가경험에 대한 인지적 통제능력의 향상	1. 여가 기회에 대한 자각 능력 향상 2. 의사결정 능력의 향상 3. 경험선택 및 지각능력의 향상 4. 여가권리 및 욕구에 대한 긍정적 사고의 유발 5. 여가의 평가능력의 향상
여가경험의 인지적 성취감 향상	1. 여가활동에서의 성취 경험 향상 2. 상대적 박탈감 제거(다른 사람과 비교는 부적절) 3. 점진적 자기 향상감 4. 성취 수행 능력의 향상(집중력 향상) 5. 실패 시 외부 제약요인의 타당한 파악(정당화 전략)
내재적 동기의 향상	1. 호기심 향상 2. 내재적 보상 추구 경향성 향상 3. 다양한 욕구의 우선 순위 조정 4. 의사결정시 책임감의 강화 (자기결정 욕구 강화)
지속적 관여의 향상	1. 과업 수행 능력(대처능력)의 향상 2. 단기적 결과보다 장기적 결과에 관심 유도 3. 승부감보다 참여의 즐거움 추구 유도 4. 시간 지각의 제거(시간 압박감 제거)
재미의 향상	1. 자발적 의욕의 향상 2. 즐거움의 발휘 및 유머감각의 향상 3. 기회탐색 및 대안의 일반화를 위한 능력 향상 4. 상상력 및 창조력의 발휘

주 : 이수길 등(2003: 313)의 내용을 재정리함.

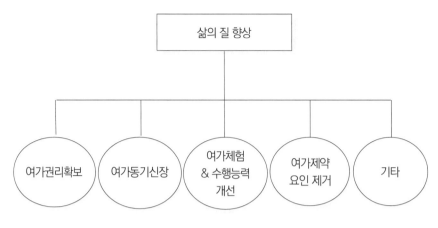

[그림 14-1] 여가교육과 치료의 목표

2 여가교육과 치료의 영역 및 접근방식

여가교육의 방법 혹은 전략에 대해 다양한 견해가 있다. 상기한 여가교육의 세부 목표 중 어떤 부분을 강조하느냐에 따라, 그리고 세부 전략들 사이의 관계를 어떻게 설정하느냐에 따라 이론의 내용과 체계가 다소 다르다. 다만 기존의 여가교육 및 치료 이론들은 여가교육 전반에 대한 것이 아니라 여가치료 과정에 초점을 두고 있다. 이들 중 일부는 여가치료 과정의 여가상담 및 지도에 해당되는 '협의의 여가교육'에 초점을 두기도 한다. 여기서는 여가교육 및 치료의 영역과 접근방식을 먼저 살펴본 후, 이어지는 절에서 비교적 널리 활용되고 있는 이론들을 소개한다.

(1) 여가교육·치료의 영역

여가치료의 영역은 크게 세 가지로 구분할 수 있다(Peterson과 Gunn, 1984). 첫째는 치료 및 재활 서비스 영역(therapeutic and rehabilitative service)인데, 여기에는 체력 등 신체기능 회복, 인지기능 향상, 정서반응기능 개선, 사회적 행동기능 회복, 이상행동 통제능력 증진, 자신감과 독립심 증진 치료 등이 포함된다. 여가활동에 참여하는 것이 가능할 수 있도록 기초능력 향상 과정에 초점을 두는 재활훈련의 치료 기법이 그것이다.

둘째는 여가상담 및 지도(leisure counselling & guidance) 교육 영역인데, 여가활동과 관련된 KSAo(지식, 기술, 능력 및 다른 특성 등)를 개선하는 과정으로 간주된다. 여기에는 여가활동의 참여 의지(개인적 조건)를 가질 수 있도록 도움을 주는 정신적 상담과 교육을 포함하며, 궁극적으로 여가태도를 개선하는 데 초점을 두고 있다. 여가상담은 여가지도라는 용어로 대체되기도 한다. 여가상담은 여가치료 과정의 하위 세부 절차로 이해하면 된다.

셋째는 여가참여(leisure participating) 영역인데, 여가참여 기회를 제공하거나, 여가행동과정의 경험 내용을 스스로 지각할 수 있도록 유도하고, 여가시설을 제공하는 것 등을 포함한다. 이는 궁극적으로 여가제약의 외적 요인을 해소시킴으로써 여가활동을 유지, 강화하는 과정을 핵심으로 하는 것이다.

이러한 세 가지 여가치료 영역은 일련의 과정으로 구조화되며, [치료 및 재활을 통한 기능회복 → 상담 및 지도 교육을 통한 심리적 조건 향상 → 여가참여 서비스를 제공하는 여가 기회 제공 단계]로 이어진다.

[그림 14-2] 여가치료 과정 및 영역 구분

(2) 여가치료 과정 : 전문가 입장

① **문제 진단 및 측정 단계(assessment phase)** : 치료자 혹은 전문가의 입장에서 치료와 교육의 첫 단계는 내담자 개인의 문제점, 건강, 성격, 욕구, 잠재력 및 환경 조건 등을 정확히 진단하는 것이다. 이때는 전문가와 내담자 사이의 친밀감(Rapport) 및

신뢰(reliability) 형성이 전제되어야 한다. 진단은 다양한 방법과 도구를 활용하여 이루어진다. 객관적이고 양화 가능한 측정도구를 활용할 수도 있고, 투사법과 같은 심층 면접을 통하여 이루어지는 질적 방법을 활용할 수도 있다. 무엇보다도 문제 진단의 성패는 진단자의 전문적 경력에 달려 있다.

② **치료계획 단계(planning phase)** : 진단이 끝나면 전문가와 내담자가 상의하여 구체적인 진행 프로그램을 계획한다. 이 계획에는 최종 도달 목표(terminal program objective)와 실행 가능한 목표(enable objective)를 구분하여 설정하여야 한다. 최종 목표를 달성할 수 있는 수단과 목표를 구체화함으로써 두 차원 사이의 관계만이 아니라 그에 맞는 프로그램에 대한 세부적인 계획을 세워야 한다. 목표위계지도를 활용할 수 있다.

③ **실행 단계(implementation phase)** : 계획한 개별 프로그램을 실행하는 단계이다. 이 때 중요한 것은 실행이 언제나 고객 지향적(즉, 치료 대상자 중심)이고 목표 지향적이어야 한다는 점이다. 치료자 중심의 실행은 실패할 가능성이 크고, 위험할 수도 있다.

④ **평가 단계(evaluation phase)** : 계획한 목표와 목적이 달성되었는가의 여부를 평가하는 단계이다. 치료 대상자의 반응을 체계적이고 타당하게 측정하여야 하며, 이를 위하여 양적 평가와 더불어 심층면접이 필요하다. 이 때 주요 평가 내용은 자기결정의 정도, 동기유발의 정도, 기술수준과 과제의 일치 정도, 기술습득의 정도, 참여 집중도 등이 공통적으로 포함된다.

(3) 여가상담 및 교육의 접근 방식(paradigm)

앞에서 보았던 여가치료 과정이 일반적이고 공통적인 것이라고 해도, 치료 및 교육 전문가의 특성과 내담자/피교육자의 특성 및 상황에 따라 구체적인 진행 절차와 내용은 달라질 수 있다. 특히 여가치료 과정의 한 절차로서 협의의 여가교육으로 이해되고 있는 여가상담 및 지도 과정에서 전문가의 개입과 역할은 다른 어떤 절차보다도 중요하다. 특히 치료/교육 전문가가 어떤 접근방식을 취하느냐에 따라 문제 진단, 교육내용 및 효과가 달라질 수 있다. 어떤 관점에서 내담자 혹은 피교육자를 보느냐에 따라

진단과 지도의 방향이 달라질 수 있기 때문이다. 여기에는 최소한 8가지 접근방식이 있으며 대부분 임상 및 상담심리학의 패러다임에 근거한다.

고객중심적 접근방식(client orientation approach) : 진단과 계획 및 실행 과정이 치료자 중심이 아니라 내담자 중심의 관점에서 이루어지는 것을 말한다. 고객중심적 상담과 지도는 현대의 여가치료 중 가장 큰 비율을 차지하고 있다. 이러한 접근방식은 인본주의 심리학에 근거하고 있으며, 치료전문가는 다만 내담자 스스로 문제를 찾고 해결할 수 있도록 유도하는 역할을 한다. 고객중심적 지도방식이 지향하는 중요 목표는 바로 자기실현(self-actualization)이며, 이것은 개인이 자신의 힘, 능력, 잠재력을 최대한 발휘하는 상태를 말한다. 자기실현은 개인이 최선을 다 했을 때, 잠재력을 실현하여 훌륭한 성과를 획득하게 되는 경우를 말한다.

정신분석적 접근방식(psycho-analysis approach) : Freud 이론에 근거하는 정신분석적 방법은 여가활동의 많은 부분을 무의식적 동기의 결과로 본다. 그러나 이 방법은 여가학 분야에서 아직까지 큰 주목을 받지 못하고 있는 실정이다. 이 접근이 여가 전문가의 관심을 끌지 못한 이유는 두 가지인데, 첫째는 그것이 인간행동의 주요 결정인자를 성적 측면(sexual factor)에서 찾는다는 것이고, 둘째는 무의식에서 찾고 있기 때문이다. 그만큼 인간을 성적 욕망으로 왜곡하여 진단할 가능성이 있고, 또 무의식을 추적하기 힘들다는 점이 한계가 된다. 정신분석적 방법은 무의식에서 치료 근거를 탐구하기 때문에 치료자와 고객의 관계, 고객의 인적사항 및 일상적 관습도 중요시한다.

정신분석적 방법보다 더 진보된 것이 칼 융(C. Jung)의 **분석심리학적 방법**이다. 이는 정신분석적 접근방법과 밀접한 관련이 있으나 상대적으로 자아(ego)를 더 강조한다. 이 접근에서 퇴행(regression)의 개념은 매우 유용하게 활용된다. 정신분석적 접근은 퇴행과정의 본질을 성적 문제(sexual problem)에서 찾고 있는데 비하여 분석심리학적 접근은 여러 가지 사고(관념, 신념, 감정 등)도 퇴행될 수 있다고 본다. 퇴행 개념을 응용한 분석심리학적 접근에서는 개인이 그들 행동의 원인을 스스로 인식하게 될 때 여가 적응력이 높아질 것이라고 가정한다.

행동주의 심리학적 접근방식(behavioral approach) : 행동주의 심리학은 학습심리학 이론을 말하며, 특히 Skinner의 도구적 학습 이론이 자주 응용된다. 여가교육에서 이 기법은 '보상과 처벌의 원리'를 통한 여가행동 수정 방법을 의미한다. 이 접근은 바람직한 여가행동의 빈도를 증가시키기 위하여 '보상 전략'을 쓰고, 바람직하지 못한 행동의 빈도를 감소시키기 위하여 '처벌 전략'을 이용한다. 가령, 아동의 경우, 여가활동 참여 기회 자체를 여가치료 및 교육 과정의 보상물로 제공할 수 있고, 이런 보상물은 더 나은 여가행동으로 변화시키는 역할을 수행하게 만들 수 있다. 즉, 음악을 싫어하는 아이에게 10분간 열심히 악기를 연주하면 10분간 만화를 보게 해주는 보상전략은 궁극적으로 악기연주 기술을 향상시킬 것이다. 이러한 교육 방법은 비교적 만연한 편이다. 문제는 바람직한 것의 판단 기준을 누가 정하느냐 하는 것이다. 그래서 많은 훈련과 경험을 겸비한 전문가에 의하여 활용되어야 한다.

사회학습적 접근방식(social learning approach) : 알버트 반듀라(A. Bandura)의 인지학습이론에 근거한 이 기법은 역할 놀이(role paly)를 강조한다. 사회학습적 접근에 의한 여가교육 역시 대체로 전문적인 지도자들이 많이 이용하는 편이다. 그 이유는 접근의 용이성에 있다. 여가활동을 통하여 피교육자의 잘못된 관념을 제거하는 데 중점을 두고, 바람직한 역할을 하도록 유도하며, 그 과정에서 교류분석적 기법(transactional techniques)을 통하여 행동 통제를 할 수 있다. 이 접근은 행동심리학적 교육과 함께 여가 훈련에 있어서 광범위하게 이용하고 있으나, 참여자가 비교적 덜 집중적일 수 있기 때문에 지도효과가 약할 수도 있다고 한다.

형태 심리학적 접근방식(gestalt psychological approach) : 이 방법은 형태주의 심리학(gestalt psychology) 이론에 근거하고 있다. 형태주의 접근은 전체적인 맥락에서 하나의 여가활동이 얼마나 중요한가를 인식하도록 도와주는 방법이다. 따라서 여기서는 구체적인 하나의 여가기술이 중요한 게 아니다. 피교육자가 자신의 삶에서 여가생활이 얼마나 중요한지를 스스로 인식하도록 도와주는 게 중요하다. 이 방법은 과거 전통적인 여가지도 과정에서는 거의 이용되지 않았으나, 여가의식 및 여가권리 찾기 과정에서는 매우 유용한 기법이 된다.

실제지각 변경의 접근방법(reality therapy approach) : 실제지각 치료방법 역시 지금까지 광범위하게 이용되지 못하고 있다. 이 접근의 기본적인 원리 두 가지는 첫째, 사람들은 그들이 행하는 행동의 책임을 수긍하여야 한다는 것이고, 둘째, 책임감 있는 사람은 타인의 가치뿐만 아니라 자기 자신의 가치를 지각하기 위하여 행동한다는 것이다. 이 방법은 자기 현실에 대한 재해석의 기회를 통해 여가능력과 기술을 변경하는 것이 초점이다.

합리적 이성 치료 방법(rational cognitive therapy) : 이는 인지심리학의 이론에 근거를 두고 있다. 이 접근은 인간의 이론적, 이성적, 합리적 사고를 강조하는 인지적 접근방법이다. 이 방법은 여가치료 과정에서 그 동안 폭넓게 이용되지 못했다. 그 이유는 이 처치기법이 엄격하면서도 동시에 아주 직설적인 접근이기 때문이다. 이 방법의 기본 절차는 인간의 신념체계와 행동 사이의 관계를 조사/탐구하는 것에서 출발한다. 합리적, 이론적, 이성적인 방식으로 사람들이 사고할 수 있게 스스로 노력하도록 지원하는 방법이다. 왜냐하면 여가행동은 이성적인 생각과 관련이 있기 때문에, 생각이 변할 때 부적합한 행동도 수정될 수 있다고 믿기 때문이다. 그러므로 감성적인 사람보다 이성적인 사람에게 이 기법은 더 효과적일 수 있고, 감성적이거나 충동적인 사람의 경우에도 이성적 오판의 실수를 바로잡는 훈련을 통해 개선될 수 있다.

이들 외에도 성격 특성적 접근방법(trait and factor approach), 가치 명료화 접근법(values clarification approach), 절충적 접근방법(eclecticism approach) 등이 개발되었고, 21세기에 들어서는 긍정심리학적 접근방법 등이 새롭게 각광받고 있다. 최근 흐름을 보면, 다양한 치료 방법과 절차들은 나름대로 장·단점이 있으며, 가장 중요한 요소는 치료자의 전문 경력이라고 할 수 있다. 경력이 많은 전문가는 이러한 다양한 기법의 장점을 혼합하여 독창적인 방법으로 치료효과를 낼 수 있다.

여가교육 및 치료 이론

여가치료 및 교육에 대한 이론적 모형은 1970년대 이후 다양하게 발전되어 왔다. 이들 이론은 매우 포괄적인 내용을 포함하여 궁극적으로 삶의 질 향상 문제까지 전문가가 개입하여야 한다는 입장도 있고, 여가능력의 개선을 강조하여 치료 및 재활 기능에 초점을 두는 경우도 있다. 치료 및 교육의 각 영역간 관계설정에 초점을 두기도 한다. 여기서는 현대의 여가치료 과정에서 비교적 널리 응용되고 있는 4가지 이론적 모형을 소개한다.

(1) 여가교육 시스템 모형(Mundy & Odum, 1979)

Mundy와 Odum(1979)은 여가교육을 "개인으로 하여금 여가경험의 가치와 목표를 구체화하고 명료화하게 만드는 과정으로서, 여가활동을 통하여 삶의 질을 고양시킬 수 있는 방법을 습득할 수 있도록 도움을 주는 것"이라고 보았다. 그래서 삶에서 여가생활을 어느 위치에 두어야 하는지를 스스로 결정하는 것, 여가활동과 관련된 자신의 욕구, 가치관 및 잠재력의 증진, 그리고 여가활동을 하는 동안 스스로 질적으로 만족스런 경험을 선택할 수 있는 능력을 배양하는 것이 포함되어야 한다고 주장하였다. 이를 통해 개인으로 하여금 궁극적으로 "여가 정체성(leisure identity)"을 갖도록 도와주는 것이다. 이러한 취지의 여가교육을 위하여 Mundy와 Odum은 '여가교육 시스템 모형'을 제시하였다[그림 14-3].

이 모형은 5가지 하위영역을 구분하고 있고, 각각의 교육영역은 개인의 '의사결정(decision making) 영역'을 중심으로 상호 연관체계를 지닌 것으로 가정한다. 나머지 4개 영역 중 여가의식(leisure awareness)은 자신에게 여가가 얼마나 중요하며, 어떤 여가활동이 가능한가에 대한 정확한 판단을 할 수 있도록 도와주는 영역이고, 자기의식(self-awareness)은 자신의 능력, 흥미, 성격, 개념들을 제대로 알 수 있도록 도와주는 것이며, 여가기술(leisure skills)은 구체적인 여가활동에 필요한 능력과 지식 및 기술 등을 습득하도록 하는 것이며, 마지막으로 사회교류(social interaction) 영역은 개인의 사회적 상호작용 기회와 필요한 능력, 그리고 태도 등을 개선하는 부분이다.

이들 개별 영역은 '의사결정 능력'을 중심으로 각각 상호 연관이 있어서 궁극적으로 여가활동과 경험을 선택할 수 있는 의사결정 능력을 배양한다고 본다. 이 이론의 특징은 여가교육의 내용을 강조할 뿐 아니라 여가 정체성의 확립을 중시하고 전반적인 삶의 질 향상을 지향하고 있다는 점이다.

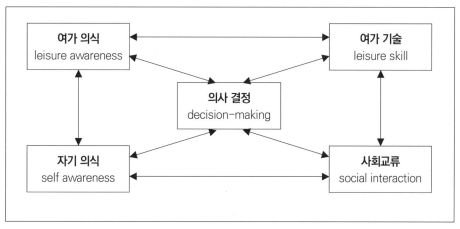

[그림 14-3] Mundy & Odum(1979)의 여가교육 시스템 모형

(2) Dattilo & Murphy(1991)의 체계적 접근 모형

여가교육 체계적 접근 모델은 기본적으로 여가교육의 취지가 여가권리를 찾아주는 것이라는 점을 강조한다. 여가활동의 선택 및 경험 과정에서 맞닥뜨리는 여가제약 요인을 제거하는 것이야말로 인간의 여가권리를 찾는 것이라고 가정한다. 여가의식(가치관), 여가지식, 여가기술을 교육하여 궁극적으로 여가제약 요인을 제거할 수 있다고 본다. 전문가에 의한 여가지도(leisure guidance)와 주변의 촉진 분위기는 가장 좋은 교육방법으로 간주된다.

이 모델의 장점은 교육 내용의 범주를 포괄성-구체성의 수준에서 분류하여 각 영역을 순차적으로 진행하는 데 있다. 즉, 광의의 여가문제로서 여가생활을 하는 개인의 자기 정체성 문제를 개선하는 것에서 시작하여, 점차적으로 협의의 여가문제를 개선하는 방향으로 진행된다. 최종적인 단계에서는 구체적인 여가기술을 습득하도록 도와주며, 이를 통해 내담자는 '여가활동의 의미 있는 경험(significant experience in leisure activities)'을 획득할 수 있다는 것이다. 물론 순차적인 7단계의 교육은 각 단계마다 프로그램의 제목, 목표설정 및 진술, 측정 가능한 목표, 활동평가 기준, 내용 진술, 과정 진술 등을 포함하여야 한다.

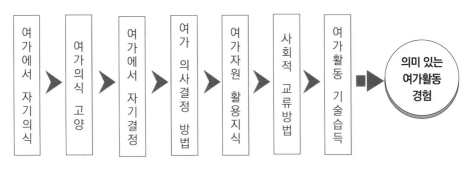

[그림 14-4] Dattilo & Murphy(1991)의 체계적 접근방식 여가교육 모형

(3) 여가 능력 모형(Leisure Ability Model: Peterson & Stumbo, 2000)

오늘날 가장 널리 활용되고 있는 여가 능력 모형은 1970년대 말 처음 소개되어 1990년대 말에 일부 내용이 수정되었다(Peterson & Stumbo, 2000). 여가 참여와 관련된 내담자의 욕구 확인에서 교육이 시작되어야 한다고 강조하는 이 모델은 교육의 효과로서 궁극적으로 만족스럽고(satisfying), 독립적이며(independent), 자유 선택적인(freely chosen) 여가 생활양식(leisure lifestyle)을 영위하게 한다는 목표를 가진다. 이 모델은 내담자의 행동능력 수준에 맞추어 치료전문가의 역할이 달라지는 상호작용을 강조하며, 기능적 개입, 여가교육(협의), 여가 참여가 일련의 연속적 과정으로 진행되도록 한다. 치료에 해당되는 기능적 개입은 기능적 행동의 개선을 지향하는 처치 과정이다. 여가교육 과정은 여가기술을 지도함으로써 여가 레퍼토리를 확장하게 하거나 여가흥미를 개선하는 과정이다. 마지막으로 여가참여는 자발적으로 스스로 계획하는 여가활동에 참여할 수 있도록 도와주어서 궁극적으로 여가생활 양식을 개선하는 과정이다. 그러므로 내담자의 입장에서 보면, 초기의 치료 및 처치 과정은 여가경험이 아니고 일종의 강제 상황이라고 할 수 있고, 최종의 여가참여 과정은 순수한 여가경험 상황이며, 여가교육 단계는 둘 사이의 중간에 해당된다[그림 14-5].

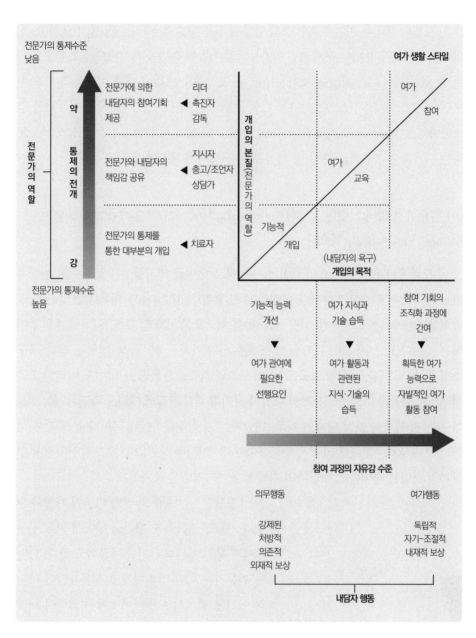

[그림 14-5] 여가 능력 모형(Peterson & Stumbo, 2000)

이 모델의 특징은 여가치료의 초기 단계에 전문가의 적극적인 개입을 강조하고, 전반적인 여가 생활보다는 구체적인 여가능력의 기능적 측면을 개선하도록 초점을 둔다는 데 있다(Ross & Ashton-Schaeffer, 2002:169). 그래서 다른 이론들에 비해 이 모델은 개인 복지증진을 위한 수단적 가치(instrumental value)로서 여가능력을 강조하며(Edginton et al., 2006. p.380), 전반적인 삶의 질 향상과 같은 추상적 목표보다는 여가기술과 능력의 개선 및 확장 같은 구체적인 목표에 관심을 둔다.

(4) 치료여가 서비스 전달 모델(Therapeutic Recreation Service Delivery Model: Van Andel, 1998)

이 모델에서 교육 서비스의 목표는 내담자로 하여금 여가활동은 물론이고 비여가활동 경험에서도 자신의 목표를 달성하고, 실현감(fulfillment), 만족(satisfaction), 달성감(mastery) 및 행복감(well-being)을 최적으로 체험할 수 있도록 권한을 부여하는 것이다(Van Andel, 1998). 이 모델에서 여가치료 서비스의 범위는 진단/욕구 측정, 처치 및 재활, 내담자 교육, 그리고 보호와 건강증진 등을 포함한다. 이러한 교육 서비스의 내용과 정도는 전문가와 내담자 사이의 관계 본질에 따라 달라진다. 즉, 전문가-내담자 관계가 초기 단계인 경우, 내담자는 치료 전문가에게 욕구나 문제 등에 대한 정보를 알려주고 전문가에게 의존하여야 하지만, 둘 사이의 관계가 발전하면서 전문가의 개입은 줄어들고 내담자의 자발성과 여가경험은 증가하게 된다.

이 모델은 여가활동의 발달 이론적 가치와 교육의 기능적 결과를 연계하고 있어서 치료 전문가에게 강한 이론적 근거를 제공하고 있다. 나아가 전문가는 내담자의 여가영역 문제만이 아니라 여가를 넘어서는 영역에까지 개입하여 내담자의 삶의 질에 필요한 기능적 역량과 잠재력을 증진하는 데 중추적 역할을 담당하도록 한다. 즉 치료의 범위를 넘어서 개인 성장을 위한 서비스를 제공하여야 한다는 것이다.

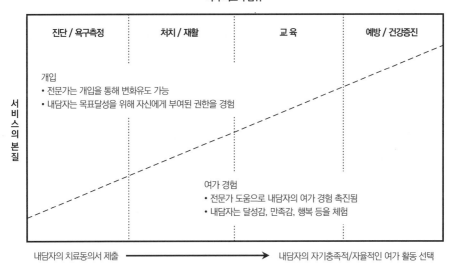

여가 치료의 범위

| 진단 / 욕구측정 | 처치 / 재활 | 교육 | 예방 / 건강증진 |

서비스의 본질

개입
• 전문가는 개입을 통해 변화유도 가능
• 내담자는 목표달성을 위해 자신에게 부여된 권한을 경험

여가 경험
• 전문가 도움으로 내담자의 여가 경험 촉진됨
• 내담자는 달성감, 만족감, 행복 등을 체험

내담자의 치료동의서 제출 ⟶ 내담자의 자기충족적/자율적인 여가 활동 선택

치료전문가와 내담자 관계의 본질

[그림 14-6] 여가치료 서비스 모델(Van Andel, 1998)

(5) 다양한 교육 모형에 대한 전반적 평가

다양한 여가교육 및 치료 이론들은 나름대로 장점을 지니고 있다. 치료와 교육의 내용을 강조하느냐, 치료의 순차적 연계를 강조하느냐, 여가기능 개선에 초점을 두느냐, 아니면 삶의 질 향상의 문제까지 다루느냐 하는 점에서 강조 수준이 다를 수 있다. 그러나 궁극적으로 치료의 목표와 비전은 다르지 않고, 전문가의 자질과 적극적인 개입 및 내담자의 자발성이 보장되어야만 성공적인 교육과 치료의 효과를 성취할 수 있다는 공통점이 있다.

기존의 여러 가지 여가치료 및 교육 모델을 점검하였던 Bullock과 Mahon(1997)은 교육 절차의 공통적인 특징을 다음과 같이 정리하였고, 이 분야의 선구자인 Austin(2001)도 이에 동의하고 있다.

• 개인 성장과 전문가 개입의 연속체로서 교육과정
• 내담자 개인의 역량과 능력에 대한 신뢰 확보

- 자유와 자기결정의 증대
- 치료전문가의 통제를 줄여가는 과정
- 지역 사회에 대한 자연스런 관여와 참가의 확대 혹은 지역 사회로의 통합 등이 그 것이다.

이러한 교육 과정을 통하여 궁극적으로 내담자는 여가의식(leisure awareness : 여가에 대한 신념 및 가치체계), 자기의식(self awareness: 여가 정체성의 확립), 여 가참여 의사결정 기술(합리적 의사결정 방법, 여가계획수립 방법, 문제해결능력 등), 여가기술 배양(여가활동에 필요한 KSAo 함양), 여가자원 활용방법(여가 기회 및 자원 에 대한 이해 능력, 이용 방법) 등을 개선할 수 있는 것이다.

④ 결론 : 효과적인 여가치료 및 교육 방법에 대한 전망

현대 사회에서 여가치료와 교육은 과거의 치료나 재활 레크리에이션의 범위를 넘 어서고 있으며 정서 및 인지능력 향상을 위한 치료 개념으로 각광받고 있다. 가령, 음 악치료, 미술치료, 웅변, 연극, 독서지도, 명상치유, 숲치유, 농촌치유, 식물치료, 여행 치유 등도 모두 여가치료와 여가교육의 범주에서 고려될 수 있는 주제들인 것이다. 치 유여행이나 농촌치유 같은 영역은 전망이 매우 밝다고 할 수 있으나 전문가는 거의 없 는 것이 현실이고, 숲치유와 같은 프로그램이 일부 인기를 끌고 있긴 하나 그것의 효과 검증에 대한 의문이 여전히 크다고 하겠다. 이처럼 새로운 영역의 여가교육 주제들이 제대로 연구되고 실행되기 위해서는 체육이나 레크리에이션 전공 영역만이 아니라 전 통적인 심리학, 교육학, 의학 등의 이론을 수용하여야 한다. 학문적 수준의 열린 자세 가 필요한 것이다. 그러나 우리나라의 경우 심리상담 프로그램을 종교적 선교의 수단 으로 오용하거나, 혹은 다양한 여가치료 프로그램을 유사의료 행위로 간주하는 사이 비 전문가들도 자주 보고되고 있다. 이러한 사회적 현상은 이 분야의 과학적 발전을 방 해하는 요소들로서 경계해야 한다.

그리고 효과적인 교육방법으로서 다양한 기법이 탐구되어야 하고, 다양한 관점이 융합되어야 한다. 예를 들어 자발적 참여를 유도하는 것은 모든 교육의 출발점이다. 자발적 참여 조건은 교육 자체를 여가답게 만드는 방법이기 때문이다. 시청각 교육의 효과도 무시할 수 없다. 시각정보와 청각 정보는 각각의 처리 기제가 다르며, 두 가지를 병행하면 집중을 유도할 수 있다는 인지심리학의 증거들이 쌓여있다. 유의미한 타인의 행동을 활용하는 모델링 방법도 중요할 수 있다.

내재적 보상의 전략은 가장 중요하게 강조되어야 하는 교육 내용이자 방법이다. 가령, 모든 공부에서 재미 형태의 내재적 보상은 가장 중요한 역할을 하는 것으로 알려져 있다. 그래서 여가교육 자체가 즐거운 여가체험이 될 수 있다면 가장 바람직한 효과를 볼 수 있다. 성과에 대한 정보형태의 외재적 보상 전략도 필요할 것이다. 내재적 동기론에 따르면, 정보형태의 외재적 보상은 오히려 초기 내재적 동기를 강화시키는 시너지 효과를 가지기 때문이다(제2부 참고).

연·구·문·제

1 여가교육과 여가상담, 여가치료의 개념을 구분하여 정의하시오.

2 여가치료의 범위와 종류를 말해 보시오.

3 여가교육 및 여가치료의 궁극적인 목표 세 가지를 정리하시오.

4 여가교육 및 치료 과정을 3단계로 구분하여 설명하시오.

5 전통적인 여가치료 절차를 단계별로 설명하시오.

6 여가상담과 지도에 대한 접근방식을 패러다임별로 나누어 설명하시오.

7 여가상담 및 지도에 관한 다양한 접근방식 중 귀하(치료 전문가로서)에게 가장 잘 맞는 것은 어느 것인지 말하시오. 그리고 그 이유를 제시하시오.

8 여가교육 및 치료에 관한 대표적인 4가지 이론의 공통점과 차이점을 설명하시오.

9 우리 주변에서 볼 수 있는 여가교육 및 치료 기관을 말하고, 각 기관에서 수행히는 여가교육 및 치료 프로그램을 확인하여 설명하시오.

10 미래 사회에 필요한 여가교육의 방향에 대해 제안하시오.

제15장 | 여가산업과 여가경영 : 경제/경영학적 관점

경제 혹은 산업의 관점에서 보면, 여가문화는 일종의 사회적 소비현상으로 이해되고, 공급자에 의해 예측, 관리 가능한 영역이 된다. 여가문화는 21세기를 대표하는 가장 중요한 생활양식이고, 이를 둘러싼 거시적 경제규모는 매년 증가일로에 있다. 현대를 여가(문화)산업의 시대라고 부르는 현상은 너무 당연하고, 나아가 여가문화는 국가차원의 중요한 정책 대상이 된다. 여가산업 혹은 여가문화산업의 개념적 범위에 대해선 아직도 통일된 견해가 확립되지 않았지만, 거시적 수준의 여가소비 규모가 매년 급신장하고 하고 있고, 현대의 대부분 산업이 여가서비스와 직간접적으로 연관된다는 점에서, 경제학적 관점에서 여가산업을 진단하고 평가할 필요가 있다.

여가문화산업을 경제학적 관점으로 이해하기 위한 가장 쉬운 방법은 전통적인 경제학이 표방하는 원칙에서 출발하는 것이다. 다음 [사례 15-1]은 폴 크루그만(Paul Krugman)이 경제학 교과서에 제시한 '경제 기본원칙 12가지'이다. 이 장을 공부하기 전에 독자들은 [사례 15-1]의 경제 기본원칙을 우리나라 여가문화산업과 여가서비스 기업 및 국민의 여가소비행동에 대입하여 생각해 볼 기회가 있다.

[사례 15-1] 경제학의 전제 : 경제기본원칙
(Krugman & Wells, 2015/김재영, 박대근, 전병헌 공역, 2017, ch.1).

- 원칙1: 자원이 희소하기 때문에 선택이 필요하다
- 원칙2: 어떤 선택의 진정한 비용은 그것의 기회비용이다.
- 원칙3: '얼마나 많이'의 문제는 결국 한계 범위에서 결정된다.
- 원칙4: 사람들은 주로 유인가(incentive)에 반응하고, 자신의 편익을 증가시킬 수 있는 기회를 활용한다.

- 원칙5: 교역으로부터 이익이 생긴다.
- 원칙6: 시장은 균형을 향하여 움직인다.
- 원칙7: 자원은 사회의 목적을 달성하기 위하여 최대한 효율적으로 사용되어야 한다.
- 원칙8: 대부분 시장은 효율성을 달성한다.
- 원칙9: 시장이 효율성을 달성하지 못하는 경우, 정부의 개입으로 사회의 후생을
  증진할 수 있다.
- 원칙10: 한 경제 주체의 지출은 다른 경제 주체의 소득이다.
- 원칙11: 경제 전체의 총 지출은 그 경제의 생산 능력을 벗어나기도 한다.
- 원칙12: 정부의 정책은 지출을 변화시킬 수 있다.

경제학적 관점에서 여가문화 시장과 산업을 평가하기 위해 필요한 핵심 개념들은 시장, 수요, 공급, 가격, 소득과 지출, 노동시간과 남는 시간, 욕구, 여가활동, 관련 직업, 자원/시설, 마케팅 등등이다. 이들 개념은 서로 복잡하게 얽혀서 여가문화산업을 움직인다. 예컨대 여가문화산업은 우리가 소위 서비스업이라고 부르는 산업의 대부분을 차지한다. 그러므로 많은 기업과 직장인을 먹여 살리는 일을 여가 소비자가 담당하고 있고, 많은 직업이 여가문화와 관련 있는 셈이다[20].

경영자의 입장에서 볼 때, 여가참여행동은 일종의 구매와 소비행동으로 간주된다(설사 행위자가 스스로 그것을 소비라고 생각하지 않을지라도). 그래서 경영자의 입장에서는 여가문화산업의 시장 상황과 특징을 먼저 이해하고 이에 접근할 필요가 있다. 이것이 곧 여가 마케팅의 출발점이다. 이미 잘 알려진 것처럼 여가 마케팅 전략은 기존의 4Ps 마케팅 믹스(mix)의 패러다임을 따를 수 있다. 즉, 여가상품(leisure products), 판매촉진(promotion), 가격(price), 그리고 유통(place)은 여가 마케팅의 핵심 요소들이다. 그러나 여가 마케팅 전략을 구사하기 전에 경영자는 여가 시장과 여가 소비자 및 환경의 영향 요인을 제대로 파악하여야 한다. 이 장에서는 여가산업의 경제학적 측면을 먼저 살펴보고, 뒷 부분에서 여가경영의 주제를 정리하였다.

---

20) 한국의 2016년도 서비스산업 규모는 GDP 대비 59%, 매년 3.1% 성장률을 보인다. 미국의 서비스산업 규모는 80% 정도(성장률 2.1%)이다.

1 여가수요와 여가공급

경제학의 관점에서, 시장을 지배하는 핵심 축은 수요와 공급이다. 균형가격을 결정하는 '수요공급의 법칙(law of demand and supply)'은 경제학의 가장 중요한 원리에 해당된다. 즉, 수요곡선과 공급곡선이 만나는 지점에서 '균형 거래량'(즉, 적정 수준의 수요/공급량)과 '균형가격'(즉, 적정가격)이 결정된다는 것이다. 그래서 수요를 통제하는(즉, 억제 혹은 촉진) 방법이나 공급을 조절하는 전략은 국가 경제정책의 기본이 된다. 여기서는 수요와 공급의 개념을 여가소비시장의 특징에 맞게 해석하여 정리하였다.

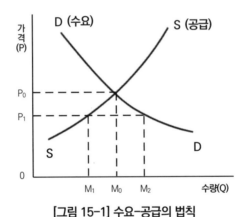

[그림 15-1] 수요-공급의 법칙

(자료원: www.naver.com, 네이버 지식백과)

전통적으로 경제학에서 여가문화는 서비스업, 여가상품은 사치재(즉, 소득 탄력성 〉1) 등으로 간주하기도 하였다. 그러나 대부분의 산업에 서비스 영역이 개입되면서, 제조업과 서비스업의 경계가 모호해지는 현상, 즉 제조업이 서비스산업화 되는 현상이 두드러지고 있다. 제조 기업이나 제조 산업의 가치창출 전략에 서비스 요소를 융합하여 소비자의 만족도를 극대화할 수 있다는 믿음에서 나온 산업 경제적 현상으로서, 이런 현상을 '제조업의 서비스화(서비타이제이션, *Servitization*)' 혹은 '경제의 소프트화'라고 부른다. 이러한 서비스화 현상에서 여가 소비적 속성은 핵심요소가 된다.

(1) 여가수요의 개념과 유형

어떤 이들은 수요(demand)와 욕구(need)를 동의어로 사용하기도 하나, 정확히 말하여 수요는 요구(욕구)와 동일한 의미가 아니다. 전자는 경제학의 용어이고 후자는 심리학의 용어로서, 수요는 명시적이며 한시적이지만 욕구는 잠재적이며 지속적인 경우가 더 많다. 심리학적 개념 틀로 보면, 수요는 잠재/명시 욕구의 궁극적인 결과물로서 "태도"에 해당될 것이다. 그러므로 어떤 여가상품에 수요를 가지고 있다는 표현은 어떤 여가욕구가 개입되어 있다는 말이 된다.

우리가 통상 사용하는 수요의 개념은 신고전주의 관점인데, '어떤 재화나 서비스(예컨대 여가상품)를 구매하고자 하는 소비자의 수'로 정의된다. 그런데 여가수요의 경우, 그 대상이 반드시 상품이 아니거나 구매가 아닌 참여 수요가 있을 수 있다는 점에서, 또 현재 참여하는 경우만이 아니라 나중에 참여하고자 하는 경우도 존재한다는 점에서 개념은 다소 복잡하다. 그래서 여가 현상에 수요라는 용어를 적용하는 것이 대체적으로 불분명하다는 지적이 이미 지난 1970년대부터 있었다(Miles & Seabrook, 1977/ 김광득, 2013, p.176 재인용).

일반적으로 여가수요의 개념은 전술한 신고전주의 관점 외에도 4가지가 더 있다(Smith, 1990, p.98). ① 현재 여가활동 참여자 수(effective demand/current consumption), ② 미래에 여가활동에 참여할 의지가 있는 예정자 수(expected future consumption), ③ 잠재수요(latent demand)로서 참여욕구는 있으나 참여를 유예하거나 장벽요인 때문에 참여하지 못하는 경우, ④ 여가활동에 참여하고자 하는 욕망(desire)으로서 심리학적 욕구를 의미한다(즉, 욕구의 심리적 수준이 다양하기 때문에 대응계획을 세우기 어렵다).

그런데 이들 개념을 숙고해보면, 여가활동의 즉흥성, 충동성, 역동성, 무료이용 가능성 등으로 인해 여가 수요는 일관성이 결여된 특징이 있다. 다시 말해 여가수요를 협의의 수준에서 정의하면, 예측 불가한 경우가 많다. 그러므로 여가수요는 전술했던 신고전주의 관점에서 보는 게 타당할 것이다. 이런 점에서 보면, 여가수요는 "여가시설이나 여가 자원에 대한 현재의 이용수준과 함께 향후 여가활동에 참여할 의사가 있는 사람의 수"로 정의할 수 있다(Lavery, 1974/김광득, 2013, p.176 재인용).

수요의 법칙(law of demand) : [그림 15-1]에서 보면 일반적으로 수요곡선은 우하향의 형태를 띤다. 다시 말해 공급량이 동일한 조건에서, 가격이 오르면 수요는 줄어들고 가격이 내리면 수요는 증가한다는 수요의 법칙이 일반적인 현상이다. 두 가지 예외가 있는데 하나는 과시적 소비(conspicuous consumption)를 위한 상품이고, 다른 하나는 기펜재(Giffen goods)[21]로 알려져 있다(이준구·이창용, 2015, p.54; Krugman & Wells, 2015, p.304). 이들은 가격이 오르면 수요도 따라 오르고, 가격이 떨어지면 수요도 동반하여 줄어드는 현상을 보인다. 전자는 고급 여가상품이 해당될 것이고, 후자는 최소 비용이거나 아무 때나 즐길 수 있는 여가서비스(예, 공원이나 주민센터 여가 프로그램)를 오히려 회피하는 현상이 해당될 수 있다. Krugman & Wells(2015)는 기펜재가 현실에서는 거의 없어서 무시해도 된다고 주장하였으나(p.304), 여가 서비스의 경우 다를 것으로 판단된다. 필자의 견해로는 많은 여가상품이나 시설이 과시적 소비상품이거나 기펜재에 해당될 수도 있다고 판단된다. 즉, 여가소비에는 가격이 오르면 수요도 증가하고, 가격이 내리면 수요도 줄어드는 현상이 있다.

여가수요와 지출 현황 : 우리나라 전체 국민의 여가수요를 인구수로 명시하기는 어렵다. 왜냐하면 전체 국민을 조사하는 건 현실적으로 불가능하기 때문이다. 다만 문화체육관광부 주관 [2018국민여가활동조사] 결과에 따르면, 우리나라 국민의 여가수요를 가늠할 수 있는 몇 가지 통계가 있다. 다음 [그림]과 〈표〉에 제시한 내용을 순서대로 보자.

우선 [그림 15-2]는 우리나라 국민이 지난 10여년간 여가소비에 지출하는 비용의 연도별 추이이다. 2006년부터 2018년까지 (2010년은 예외적) 대체적으로 월 14만 원 수준의 여가비용 지출이 확인된다. 2018년 월평균 여가비용은 151,000 원으로 2016년 136,000 원에 비해 15,000 원 정도 증가한 것으로 나타났다. 2007년 말 국제 금융위기를 겪었고, 2010년은 6.5%의 성장률에 거품경제가 있었다는 점을 고려할 필요가 있다.

---

21) 감자가 주식이었던 19세기 아일랜드는 무척 가난했는데, 감자가격의 상승으로 더욱 가난해졌다. 그런데 감자 수요도 증가하는 현상을 보였는데 이는 수요법칙과 다른 것이었다. 역으로 가격이 내려가면 수요도 줄어드는 재화를 경제학자들은 기펜재라고 부른다.

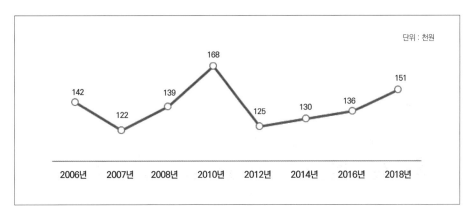

단위 : 천원

[그림 15-2] 우리나라 국민의 월평균 여가비용 추이
(자료원: 2018국민여가활동조사)

한편 〈표 15-1〉은 우리나라 국민의 주요 여가활동 조사 결과이다. 복수응답으로 선택한 여가활동 참여수준을 보면, 취미/오락활동 참여율이 가장 많고, 휴식활동 (86%), 사회 활동(65.2%) 등으로 높게 나타났는데, 비교적 비용이 적게 드는 여가활동 범주로 보인다. 반면, 비용이 더 드는 스포츠, 문화예술, 관광 등의 빈도는 적게 나타났다. 이는 아마도 참여도가 잠재수요를 모두 반영하지 못하는 것으로 판단된다.

〈표 15-1〉 우리나라 국민의 주요 여가활동(2018 국민여가활동조사, 복수응답, N=10,498)

단위 : %

구분		취미오락 활동	휴식활동	사회 및 기타활동	스포츠 참여활동	문화예술 관람활동	스포츠 관람활동	관광활동	문화예술 참여활동
전체		90.5	86.0	65.2	35.3	21.1	15.4	14.6	6.5
성별	남성	92.5	83.3	58.5	39.6	19.1	26.8	14.3	4.7
	여성	88.5	88.7	71.9	31.0	23.1	4.1	14.9	8.3
연령	15–19세	96.7	72.4	69.3	33.3	29.1	15.2	6.6	9.5
	20대	96.0	69.2	70.3	36.4	34.4	14.9	10.0	5.2
	30대	95.4	83.3	59.0	42.5	26.1	18.8	19.3	4.1
	40대	93.3	89.3	57.5	41.2	23.8	19.1	17.8	3.8
	50대	89.8	91.5	63.4	36.2	16.7	17.0	14.6	5.9
	60대	85.9	94.6	69.4	31.0	10.8	11.0	14.5	10.7
	70세 이상	73.5	96.2	76.8	17.2	5.6	7.5	12.9	10.8

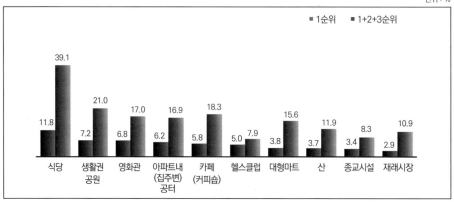

[그림 15-3] 우리나라 국민이 이용하는 주요 여가공간(2018국민여가활동조사, N=10,498)

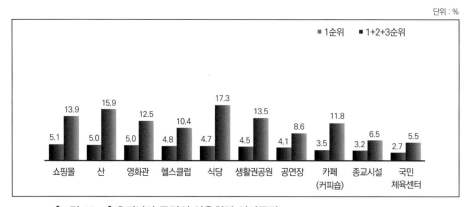

[그림 15-4] 우리나라 국민의 이용희망 여가공간(2018국민여가활동조사, N=10,498)

한편 [그림 15-3]과 [그림 15-4]는 우리나라 국민이 실제 이용하는 여가공간과 희망하는 여가공간의 조사 결과이다. 복수응답 결과를 중심으로 보면, 주요 이용시설로서 식당, 공원, 카페, 집주변 공터, 대형마트, 산 등의 순서로 자주 이용하는 편이었다. 반면, 희망하는 여가공간은 식당, 산, 쇼핑몰, 공원, 영화관, 카페, 헬스클럽 등이 10%이상의 응답률을 보였다. 실제 이용공간의 특징은 주로 일상생활의 권역으로 보이는 반면, 희망 여가공간은 훨씬 더 다양하게 분포하는 경향이 있다. 특히 생존 활동의 공간일 수있는 '식당'의 응답률이 두 그림에서 현격하게 다른 현상을 보인 것이 특징이다.

(2) 여가공급의 개념과 종류

공급은 수요의 개념과 달리 직접적인 관리 대상으로서, 거시적 경제정책의 범주이다. 대표적인 진보경제학자 이준구·이창용(2015)은 국민경제의 주요 세 과제를 다음과 같이 정리했다(p.18) : "① 무엇을 생산할 것인가? ② 어떤 방법으로 생산할 것인가? ③ 생산한 상품을 누구에게 배분할 것인가?" 이 질문을 '게임'이라는 여가문화산업에 적용하면 다음과 같이 풀어볼 수 있을 것이다: 예컨대, "게임 시장과 산업을 확장할 것인가? 전적으로 민간 투자에 맡길 것인가 아니면 정부재원을 투여할 것인가? 게임을 전면 허용할 것인가 아니면 청소년 규제를 할 것인가?" 등.

여가공급(leisure supply)은 여가시장을 형성하는 모든 잠재적 소비자의 여가수요에 특정한 기준으로 대응하는 여가자원 및 시설, 여가산업, 여가교육이나 프로그램 등을 관리하고 제공하는 포괄적 의미를 지닌다. 그러나 일반적으로 여가공급요소는 자원과 시설 및 산업 차원에서 다루어지는 물리적·유형적 속성을 지닌 것에 제한된 경향이 있다(김광득, 2013, p.178). 그것의 이용 소비 혹은 참여로부터 효용을 얻을 수 있는 기반(base)이 되는 것이 결국 여가공급의 요소인 것이다.

여가공급은 다른 종류의 산업과 달리 몇 가지 특징이 있는데, 김광득(2013)은 여가공급요소에 초점을 두고 그 특징을 다음 5가지로 정리하였다(p.179).

① 여가공급요소는 경우에 따라 전도불능의 특성이 있다. 즉 자연자원은 여가자원으로 개발하면 돌이킬 수 없는 상황이 된다.

② 여가공급요소는 여가활동에 대한 잠재 가치를 부여해준다. 자원의 활용도가 클수록 그 가치는 더 부각된다.

③ 여가공급요소는 여가수요를 직접 충족하는 주 공급요소와 부차적 역할을 하는 보조적 공급요소가 구분된다.

④ 여가공급의 가치는 위계가 있다. 즉, 여가공급에는 서열이 있어서, 특정 시설에 근접하면 할수록 더 많은 수요가 생기고, 시설 수준이 좋으면 좋을수록 더 많은 수요가 생긴다.

⑤ '공급이 수요를 창출한다'는 공급의 법칙이 여가 시장에도 적용된다. 여가공급이 여가수요를 유도한다.

여가공급의 유형도 다양하게 나타난다. 공급요소의 형태, 공급자원내용, 공급범위, 공급방식, 공급시기, 수요자 특징 등이 각각 공급체계의 기준이자 상호 연관성을 가진다. 이 문제는 결국 여가정책의 주요 내용이 된다. (여가정책은 다음 장에서 다룬다.) 이외에도 여가공급에 영향을 미치는 다양한 거시적, 미시적 요인들이 있을 수 있다. 잠재적 여가자원의 특징, 정치/경제적 환경, 사회문화적 환경, 생태적 환경, 인구통계적 특징과 기술 수준, 소비시장의 특징 등이 복합적으로 영향을 미치고 있다. 그러므로 여가공급은 시장 원리에 의해서만 결정되지 않는 복잡한 메커니즘을 지니고 있어서, 관리하기 어려운 특징이 있다.

(3) 여가시장에서 '수요·공급의 법칙'은 유효한가?

일반적으로 여가산업의 관리 측면에서 어려운 점 중 하나는 일반적인 경제 원리로서 '수요·공급의 법칙'이 얼마나 유효한가 하는 점이다. 다른 1차 산업이나 제조업, 서비스업의 경우에 비하여 그 유효성에 의문을 제기할 수 있다. 왜냐하면, 전술했던 것처럼 여가수요의 개념이 모호하고, 수요 수준이 예측불가하고 비일관성을 지니고 있어서, 이에 대응하는 공급의 규모 산정 역시 어려워지기 때문이다.

여가시장을 관찰해 보면, 여가소비는 유행, 과시적 소비, 간헐적 소비, 충동성, 탈규범성, 비합리적, 감성적 특징이 있어서 비일관적이고 비예측적이다(제2부 참조). 그럼

에도 불구하고 여가문화를 찬양하거나 여가소비를 지지하는 이들은 향후 여가수요를 과대 추정하는 경향이 있다. 즉, **"여가수요 과대 추정의 오류 가능성"**이 있다. 반면, 공급위주의 여가정책 필요성을 강조하는 이들에 의해 여가공급의 양과 방향이 결정되는데, 이들은 거의 언제나 여가공급이 부족하다고 주장하는 경향이 있다. 즉, **"여가공급 과소 추정의 오류 가능성"**이 존재한다. 이런 현상은 후기산업사회에 이를수록, 여가문화가 강조되면 될수록, 그리고 여가산업을 활용한 경제발전이 중요할수록 강해진다. 예컨대, 강원랜드와 같은 카지노개발 계획의 과정을 다룬 보고서, 각 지방자치단체가 개발한 다양한 관광지구 개발 보고서, 국가 차원의 메가 이벤트(mega event) 유치 전략을 지지하는 각종 보고서, 4대강 개발계획의 여가/관광 효과 추정 등은 모두 이런 추정 오류 가능성을 잘 보여준다.

2 여가산업의 개념

미리 언급하면, 국내외에서 여가산업 혹은 레저산업이라는 용어가 빈번하게 사용되지만, 이에 대한 통일된 개념 정의 및 분류체계는 아직 확립되지 않았다. 여가산업의 경계와 범위도 문제인데, 예컨대 문화산업은 여가산업의 일부인지, 중복인지, 혹은 여가산업을 포괄하는지도 의문이다. 이런 논란은 여가와 여가활동의 정의가 가진 개념적 범위 문제(제1부 참고), 그리고 여가경험과 소비행위에 연관된 다른 산업의 관련성이 지닌 복합성 때문에 야기된다. 그럼에도 많은 국가 기관과 학자들은 여가공급을 기획하고 관리하는데 요구되는 근거를 마련하기 위하여 제한된 수준의 정의를 모색하여 왔다.

김광득(2013)은 여러 가지 이해방식을 고찰한 후, 여가산업을 "산업구조상 복합적 산업이고, 사업의 대상 면에서 여가자원보다는 무형재를 주 대상으로 하며, 인간의 경제석 여가행위를 위하여 여가서비스를 세공하는 가운데 영리적 이윤을 추구하는 경제적 행위"로 요약하였다(p.237). 한편, 한국문화관광연구원(2008)에서는 포괄적 의미에서 여가산업의 개념을 다음과 같이 정의하였다 : "여가산업은 문화·스포츠·관광·오락·휴양 등 관련 서비스업종을 비롯하여 여가활동에 필요한 장비와 도구를 공급하는 업종까지, 여가활동과 관련된 경제활동을 묶은 것으로, 그 중심에 여가활동이 있다"(p.19). 그래서 광의의 여가산업에는 1차 산업(관광농업이나 관광어업), 2차 산업(레저용품 제조업), 3차 산업(여가 서비스업)이 모두 포함된다(엄서호, 1998).

더 구체적이고 협의로 정리하려는 시도는 문화체육관광부의 [2013 여가백서]에서 발견된다. 여기서는 여가산업을 "자유재량 시간(discretionary time)에 가처분 소득(disposable income)을 가지고 여가를 목적으로 하는 활동에 필요한 재화와 서비스를 생산하거나 제공하는 산업에 주로 종사하는 생산단위의 집합(p.67)"으로 명시하였다. 부연하여 "여가활동을 위해 직접 생산하거나 직접 제공하는 재화와 서비스의 생산 및 소비와 관련된 산업"이라고 설명하였다(p.67). 정부기관이나 산업분석 보고서에서 적용하는 '여가산업'의 개념은 경제적 규모의 추정가능성을 가장 중요하게 고려하기 때문에, 협의적으로 정의되는 경향이 있다. 그래서 여가산업 평가와 같은 정책 연구에서는, 공급과 최종 소비 사이의 중간 단계에서 운용되는 상품과 서비스 산업은 여가산업의 범위에서 제외하고, 여가활동에 관련된 최종 생산물을 제공하는 산업체들만 포함하는 경향이 있다.

사실 '여가활동을 목적으로 하는 경제 행위'라거나 '여가활동에 필요한 재화와 서비스', '자유재량시간', '가처분소득' 등의 용어들은 모두 여가산업의 범위를 협소하게 제한해버린다. 심하게 말하면 이런 조건의 진술에는 치명적인 문제점이 있다. 이미 제1부 '여가의 개념' 장에서 논의했던 것처럼, 우리는 반드시 자유시간이나 남는 시간이 있을 때만 여가경험을 하는 것이 아니라 짬과 틈을 만들어낸다. 가처분소득이 있어야만 소비지출을 하는 것이 아니라 충동적이고 즉흥적으로 즐기고, 그리고 플렉스(flex) 소비도 한다. 이런 소비행동을 여가경제활동이 아니라고 할 수 있을까? 그리고 여가와 비여가를 구분하기 어려운 경제활동의 경우도 많다. 가령, 종교인이 교회·성당·사찰에 가는 이유는 '마음의 안도라는 즐거움을 얻기 위한 것'이고, '헌금과 시주를 하고 용품을 구입하는 지출행위를 수반한다'는 점에서 여가(소비)활동에 해당되지만, 공식적으로는 여가산업의 범주로 다루지 않는 모순이 있다. 또한 다양한 문화산업과 여가산업은 서로 중복되는 경향이 많음에도 불구하고 별개의 산업으로 간주하고, 반면 프로스포츠 산업을 모두 여가산업의 범위에서 다루는 것은 과잉 포괄의 오류로 보인다.

결론적으로 여가산업의 개념적 범위를 한정하기 위하여, 몇 가지 단어를 중요하게 고려하여야 한다. 첫째 여가경험이 핵심이므로 이와 관련되어야 하고, 둘째 소비자의 화폐소비가 발생하여야 하고, 셋째, 여가 소비자에게 최종 제공되는 상품과 서비스에 결정적인 관련이 있어야 하고, 넷째, 의도하지 않거나 명시되지 않은 여가소비지출을 야기한 생산물도 포함하여야 한다(예, 운동화의 다양한 용도, 관광지 농/축/수산물 직접 판매 등). 결국 여가산업은 "소비자의 여가경험과정에서 발생하는 모든 소비지출에 관여된 산업의 총체"라고 할 수 있다.

③ 여가산업의 분류 및 규모 : 여가공급의 관점

'통계청'이 수집하는 '한국표준산업분류'에서는 독립된 여가산업의 범주가 아직 만들어지지 않은 상태이다. 그래서 이 분야 국내 연구기관에서는 취지에 맞게 범주를 재구성하여 산업규모를 추정하는 경향이 있다. 외국의 경우에도 여가산업의 분류체계는 일관성이 없고, 경제 환경상황에 맞게 제안된 경향이 있다. 예컨대 일본에서는 생산성본부가 1977년부터 발간한 '여가백서'를 통해 여가산업을 4개 범주로 분류하여 규모를 산정하고 이후 연도별 추이를 추적하고 있다. 스포츠산업, 취미/창작 산업, 오락 산업, 관광/행락 산업 등으로 분류된다(엄서호·서천범, 1999). 그러나 이러한 분류체계에 대하여 [2013여가백서]는 다른 견해를 제시하고 있다.

> "(일본의 레저산업 분류에 근거할 때) 스포츠와 관광을 제외한 나머지 두 하위 산업의 경우에는 한국의 특수성을 감안하여 조정하는 것이 필요하다. 한국의 여가산업을 대표할 수 있는 주무부처인 문화체육관광부의 경우 여가영역이 스포츠, 관광, 문화예술로 나뉘어져 있기 때문에 문화예술을 하위 범주로 설정하여야 한다. 그러나 문화라는 개념이 방대해서 전체 여가산업을 포괄하고도 남는다. 따라서 여가부분의 하위산업을 구분할 때, 문화의 명칭을 사용하지 않는 것이 바람직하다."(문화체육관광부, 2013, p.69)

이런 논의를 거쳐 [2013여가백서]에서 제시하는 우리나라 여가산업은 스포츠산업·
관광산업·예술산업·엔터테인먼트산업·기타산업 등 5개로 구분된다. 〈표 15-2〉에
서 보면, '사교, 휴식, 교육, 종교와 원예'가 기타 여가산업에 포함된 것이 눈에 띈다.
그러나 문화영역의 많은 부분이 여가생활과 관련이 있음에도 이를 여가산업에서 배제
한 근거는 타당해 보이지 않는다. 문화영역을 어떤 방식으로 여가산업에 포함시켜야
하는지 탐구할 필요가 있다.

〈표 15-2〉 여가부문 산업별 분류(문화체육관광부, 2013여가백서, p.69)

여가부문	구분
스포츠산업	– 시설·용품·경기
관광산업	– 여행·식사·숙박·교통
예술산업	– 고전음악·회화·무용 및 공연예술·공예·도예
엔터테인먼트산업	– 텔레비전/라디오·외식 및 식도락·영화·연극 및 기타 공연·대중음악/뮤지컬· 기타 관람·독서·사진·리조트/테마파크·게임·도박·놀이·패션·미용
기타산업	– 사교·휴식·교육·종교·원예·기타(애완동물)

(1) 여가공급 차원의 여가산업 규모

[2013여가백서]의 보고를 요약하여 정리하면, 2000년 ~ 2009년 사이 '**총공급**[22]'
으로 추산한 우리나라 전체 국가경제에서 "여가부문이 차지하는 규모"는 131조에서
252조로 약 두 배 가량 늘어났고, 전체 국가경제에서 차지하는 비율도 8.03%에서
10.31%로 증가했다. 그러나 서브프라임 사태로 일컫는 미국발 금융경제위기로 말미
암아 2009년 성장률은 1.94%에 불과했고, 전체 국가경제에서 차지하는 비율도
7.68%로 떨어졌다. 이런 현상이 암시하는 바, '여가부문은 경기가 좋아질 때 전체 국

---

22) 한 국민경제 안에 존재하는 모든 기업의 상품 공급량을 더한 것을 의미함(이준구·이창용,
2015, p.603)

가경제보다 더 빠른 속도로 좋아지고, 경기가 나빠지면 더 빠른 속도로 나빠진다'는 것이다. 실제로 우리나라 전체 경제성장률과 여가부문의 성장률이 비슷했던 2000년에는 경기가 보통이었고, 여가부문 성장률이 전체 경제성장률을 앞질렀던 2003년과 2005년에는 상대적으로 경기가 좋았고, 전체 경제가 빠른 속도로 확대되는데도 여가부문 성장률에는 변화가 없었던 2009년에는 경기가 좋지 못했다(2013여가백서, p.76).

(2) 우리나라 10대 여가산업

[2013여가백서]에서는 산업연관분석, 국민여가활동조사, 생활시간조사 등의 자료를 근거로 하여 각각 10위 내에 속하는 여가 영역을 선별하여 제시하였다. 10대 여가산업에 속하는 여가부문별 여가산업 개수를 살펴보면, 하위 범주별로 스포츠산업은 평균 1.5개, 관광산업은 1.3개, 예술산업은 0.25개, 엔터테인먼트산업은 4.8개 정도 분포한다. 한편 백서에서는 '기타산업은 다수 포함되어 있으나 휴식, 걷기 등 대부분이 산업적으로 재화와 서비스를 생산하지 않기 때문에 제외'하고, '대신 예술산업 범주의 공연예술산업으로 대체하여' 개별적인 10개 여가산업으로 선정 공표하였다. [2013여가백서]에는 다음과 같은 견해를 제시하였다.

> "예술산업 역시 결코 다른 것으로 대체할 수 없는 사회적 가치를 지니고 있을 뿐만 아니라 문화체육관광부의 주요한 행정영역 중 하나에 속하기 때문에 10대 여가산업 중 하나로 포함시킬 필요가 있다. 결과적으로 10대 여가산업은 아래와 같이 대중음악산업, 영화산업, 게임산업, 방송산업, 호텔산업, 여행산업, 스포츠시설산업, 스포츠용품산업, 스포츠경기산업, 공연예술산업 등으로 구성된다."(p.142)

이는 중앙정부 부처인 "문화체육관광부"의 입장을 고려한 주장이다. 그러나 필자의 견해로는 '기타산업' 범주의 '사교와 종교' 산업이 과소 추정되었을 것으로 판단한다.

<표 15-3> 10대 여가

순위	산업규모	부가가치	여가활동	여가시간
1	관광산업 – 식사	관광산업 – 숙박	엔터테인먼트산업 – 텔레비전	엔터테인먼트산업 – 텔레비전시청
2	엔터테인먼트산업 – 외식 및 식도락	엔터테인먼트산업 – 리조트·테마파크	기타산업 – 산책	기타산업 – 교제
3	엔터테인먼트산업 – 텔레비전	엔터테인먼트산업 – 도박	기타산업 – 휴식	기타산업 – 휴식·흡연
4	기타산업 – 사교	관광산업 – 여행	엔터테인먼트산업 – 사교	엔터테인먼트산업 – 컴퓨터게임
5	엔터테인먼트산업 – 독서	기타산업 – 교육	엔터테인먼트산업 – 영화	엔터테인먼트산업 – 독서·잡지·신문
6	기타산업 – 휴식	엔터테인먼트산업 – 기타 관람	스포츠산업 – 등산	엔터테인먼트산업 – 걷기·산책
7	관광산업 – 교통	예술산업 – 무용 및 기타공연	엔터테인먼트산업 – 외식 및 식도락	스포츠산업 – 개인운동 및 스포츠
8	스포츠산업 – 시설	스포츠산업 – 경기	기타산업 – 사교	엔터테인먼트산업 – 인터넷검색
9	관광산업 – 숙박	엔터테인먼트산업 – 연극 및 기타공연	엔터테인먼트산업 – 게임	기타산업 – 종교활동
10	엔터테인먼트산업 – 놀이	스포츠산업 – 시설	스포츠산업 – 보디빌딩·에어로빅	기타산업 – 학습

(자료원: 문화체육관광부, 2013 여가백서, p.141.)

<표 15-4> 10대 여가산업

여가부문	여가산업
엔터테인먼트산업	대중음악산업
엔터테인먼트산업	영화산업
엔터테인먼트산업	게임산업
엔터테인먼트산업	방송산업
관광산업	호텔산업
관광산업	여행산업
스포츠산업	스포츠시설산업
스포츠산업	스포츠용품산업
스포츠산업	스포츠경기산업
예술산업	공연예술산업

(자료원: 문화체육관광부, 2013여가백서, p.142.)

(3) 여가산업 소비지출 구조

우리나라 국민들의 2012년 국내 최종 소비 지출액은 약 545조 원으로 추정된다. 그 중 '오락문화'가 차지하는 비중은 9%로 나타났다. 연도별 국내 소비지출은 모든 항목에서 증가 추세를 보이는데, 그 중 '오락문화'가 차지하는 비용은 2006년 약 39조 원에서 매년 증가일로 있다(예외적으로 국제금융위기를 겪었던 2009년에는 약 1조 원 가량 감소했다). 2009년 약 43조 원으로 약세를 보인 이후 다시 증가하여 2012년에는 약 50조 원으로 2006년에 비하여 약 11조 원 증가한 것으로 나타났다(약 9% 비중). 여기에 여가산업과 중복된 영역을 가진 식료품, 주류/담배, 교통, 음식/숙박, 통신 등 영역의 최소 절반 수준을 여가소비지출이라고 가정하면, 2012년에만 대략 200조 원 정도가 여가소비지출로 추정된다. 문화체육관광부의 '2018 국민여가활성화 기본계획'에서는 '통계청'의 자료를 근거로 2017년 기준, [취미오락 + 문화예술 + 스포츠 + 여행]의 여가관련 지출액을 212조 4천억 원으로 추산하고 있다(p.22).

한편, 2009년 OECD에서 발표한 국가별 2006년 기준 'GDP대비 가계 오락문화소비지출 비율'을 살펴보면 한국은 3.7%로, 자료가 확보된 전체 28개 국가 중에서 하위권(25위)에 해당되었다. 지난 몇 십년간 대부분의 소위 선진국에서 오락문화에 대한 가계소비지출이 GDP 대비 약 5% 수준을 이루고 있다. 특히 영국은 7.7%로 1위, 일본은 6.1%로 7위를 차지하여 우리와 비교된다. 한편 2017년 한국은 가처분 소득의 13.5%를 생활필수비용으로 사용하고 있다고 조사되었는데 이를 역으로 추정해보면 가처분소득의 최대 86.5%를 여가소비지출로 활용했을 가능성을 의미한다.

4 소비자 중심의 여가시장 : 여가경영의 문제

앞서 정리한 정부나 공급자 입장의 여가산업 분류는 여가상품과 서비스의 유형을 외형적으로 구분하는 것이고, 다분히 정부기관의 제도적 관리를 목적으로 이루어진다. 그래서 이들이 분류한 산업 범주가 여가산업의 전부라고 말할 수 없으며, 일상 소비처럼 보이는 지출이 여가소비에 해당될 수도 있지만 통계적으로 배제되기도 한다.

예컨대 의류와 신발은 여가산업에 포함되지 않고 일상 소비산업으로 분류되지만, 소비자의 입장에서는 의류와 신발 구매를 여가소비지출로 간주할 수도 있다. 그러므로 사업자의 입장에서 보면 경영이 반드시 여가산업으로 분류된 영역의 여가 소비자에 국한될 필요가 없다. 여가산업을 분류하는 기준은 객관적으로 절대적인 것이 없다. 다만 이해하기 쉽고 경영 접근이 용이하면 그만이다. 이런 점에서 소비자의 입장에서 바라보는 여가소비시장을 검토할 필요가 있다. 소비자 입장의 여가산업에는 어떤 것들이 있을까?

(1) 여가 소비자 유형에 근거한 여가산업

여가 소비자의 행동양식을 기준으로 여가 소비자의 유형을 구분한 다음 그에 맞는 여가산업과 기업의 종류를 분류할 수 있다. 〈표 15-5〉는 여가 소비자의 유형에 따른 여가산업의 종류이다. 여기서 여가 소비자의 유형 분류는 Horner와 Swarbrooke (2005, p.23)에 따른 것이고, '사교클럽형'은 필자가 추가한 것이다. 이러한 분류는 소비자가 주로 추구하는 여가가치(leisure values)를 기준으로 한 것이며, 소비자마다 여가행동을 통하여 구하고자 하는 인생의 가치가 다르다는 데 근거한 것이다. 물론 소비자는 인생을 통해 한 가지 가치만 추구하지는 않는다. 그래서 몇몇 유형은 상호 의존적이며 따라서 실제로는 개별적인 여가산업이 복합적으로 구성된다. 이러한 분류가 의미 있는 이유는 단지 여가시장을 이해하는 데 도움이 된다는 것이다.

(2) 여가소비의 특징

여가소비는 일상의 생활필수품 소비행동과 상당히 다른 특징이 있다. 일상의 생필품 소비는 그야말로 생존과 생활을 위한 필수적인 행위로서, 합리적 구매 의사결정을 따를 가능성이 있지만, 여가 소비는 그렇지 않다. 여가상품과 서비스의 수요가 매우 강렬하다고 해도 그 수요의 충족은 인생에서 필수적인 게 아니기 때문이다. 그래서 여가소비의 메커니즘은 일상의 다른 소비행동과 비교하여 더 복잡하고 미묘할 수 있다.

<table>
<tr><td colspan="3" align="center">〈표 15-5〉 여가 소비자의 역할 유형과 여가산업의 종류</td></tr>
<tr><td>여가 소비자 역할유형</td><td>여가 경험 종류</td><td>여가산업 유형</td></tr>
<tr><td>학습자형(student)</td><td>독서, 탐험 등</td><td>출판사/방송국/학원/박물관 등</td></tr>
<tr><td>쇼핑형(shopper)</td><td>쇼핑즐기기</td><td>쇼핑센터/백화점 등</td></tr>
<tr><td>운동형(sportsman)</td><td>각종운동</td><td>헬스클럽/공원/운동시설 등</td></tr>
<tr><td>가정형(home-lover)</td><td>정원, TV, PC 등</td><td>방송국/인터넷 포탈사이트 등</td></tr>
<tr><td>관광자형(tourist)</td><td>주말여행</td><td>운송업/호텔/국립공원/여행사</td></tr>
<tr><td>정신수양형(spiritualist)</td><td>명상, 종교 등</td><td>교회/절 등 종교시설</td></tr>
<tr><td>외식소비자(consumer)</td><td>외식, 음료 등</td><td>레스토랑/커피숍 등 외식업체</td></tr>
<tr><td>쾌락추구형(hedonist)</td><td>게임, 음주, 놀이공원 등</td><td>오락실/술집/놀이공원 등</td></tr>
<tr><td>예술가형(artist)</td><td>연극, 음악, 미술, 축제 등</td><td>극장/화랑/콘서트/미술관/축제 등</td></tr>
<tr><td>사교클럽형(club-seeker)</td><td>자원봉사, 클럽활동 등</td><td>봉사단체/사교클럽/이벤트 등</td></tr>
</table>

주 : Horner와 Swarbrooke(2005:23)에 근거, 사교클럽형은 필자가 추가함.

여가소비와 여가상품은 최소한 다음과 같은 11가지 특징을 지니고 있다. 이 중 앞의 9가지는 Horner와 Swarbrooke(2005, p.35)가 분류한 것이고, 나머지 3개는 필자가 추가하였다.

㉮ 여가 소비행동은 일반 소비행동에 비하여 개인의 라이프스타일을 더 많이 반영한다. 왜냐하면 여가소비는 개인의 자율적 의지를 반영하기 때문이다.

㉯ 여가상품의 구매가 자주 일어나지는 않을지라도 종종 고가격의 비용을 지불한다. 특히 관광 상품의 경우, 여행패키지는 중고차 값 정도의 고비용이지만 소비자는 기꺼이 이를 지불한다.

㉰ 여가상품은 대개 서비스상품의 특징을 지닌다.

㉱ 여가상품은 개별적인 것들도 있지만 대개는 여러 요소가 묶여 있는 복합 상품이다.

㉲ 여가 소비자는 대개 여가활동에 대하여 높은 기대를 한다. 여행을 하는 대부분의 사람은 여행지에서 로맨틱하고 재미있는 사건을 기대하는 경향이 있다.

㉳ 여가상품의 고객(customer)과 소비자(consumer)가 언제나 일치하는 게 아니다. 고객은 상품을 구매하는 사람이고 소비자는 이를 이용하는 사람이다.

㉘ 여가소비 상황에서 외부 요인의 영향은 절대적이다. 특히 친구나 동료의 영향은 매우 크다. 이런 사람들을 준거집단(reference group)이라고 한다.

㉙ 여가상품이나 서비스의 가격은 종종 그 상품의 본래 가치를 반영하지 않으며, 심지어 공짜로 주어지기도 한다. 아름다운 해변의 금전적 가치를 생각해보라. 우리는 그것을 공짜로 즐긴다.

㉚ 여가상품과 서비스는 종종 복잡한 절차를 통해서만 이용할 수 있다. 외국여행이나, 극장이용 등은 개인의 수고가 요구된다.

㉛ 여가 소비행동은 이성적인 판단의 결과라기보다 감성적이고 비합리적인 결정의 결과이며, 그래서 쾌락적 소비와 충동구매가 생길 가능성이 높다.

㉜ 여가상품의 구매는 많은 경우 소유권을 구매하는 것이 아니라 임시 이용권을 구매하는 것에 불과하다. 놀이동산, 관광지, 극장, 호텔 등을 상상해보라. 많은 돈을 지불하지만 소유권을 구매하지는 않는다. 다만 임시로 사용할 수 있는 권리만 사는 것이다. 그래서 "고객이 주인"이라는 말은 상징에 불과하다.

㉝ 여가서비스의 소비는 '한계효용 체감의 법칙'이 적용되지 않는다. 오히려 중독구매의 가능성이 더 크다. 게임, 여행, 독서, 음주, 영화 등은 하면 할수록 욕구가 더 생긴다.

여가 소비행동의 이러한 특징은 여가상품의 개발과 마케팅이 전통적인 기업 경영의 방식과 달라야 하는 이유를 암시한다. 구매결정 과정이 훨씬 복잡하고, 경제학적 인간관으로는 이해하기 어려우며, 전통적인 관점으로는 예측하기도 어렵다. 여가소비의 핵심 가치는 효용과 만족이 아니라 바로 즐거움 추구이며, 재미 경험의 심리적 기제가 복잡하기 때문이다. 사실 여가 소비행동의 이러한 특징은 최근 들어 다른 일상의 소비문화에도 영향을 미치고 있다. 최근 우리사회의 전반적인 마케팅 전략이 감성 측면을 강조하는 방식으로 전개되는 것은 바로 소비문화 자체가 여가적 특성을 지니는 방향으로 변모하고 있다는 증거이기도 하다.

5   여가 마케팅 전략

다른 종류의 사업도 그렇지만 여가 사업자의 입장에서 가장 먼저 고려하여야 하는 것은 자신의 사업 역량이다. 여기에는 자본, 기술, 마인드, 자신의 장단점 등 모든 개인의 역량이 포함된다. 자신의 사업 역량을 정확히 진단하여야만 추후의 활동이 가능해진다. 만약 개인의 역량을 어느 정도 파악하였다면, 시장 환경을 제대로 평가하고, 그에 맞는 4P 전략을 구상하여야 한다. 대부분의 기업이 진행하는 공통적인 마케팅 계획의 순서는 다음과 같다.

① 기업의 목표와 비전 확인
② 마케팅 대상 세분시장의 확인
③ 기업환경의 분석(SWOT 분석)
④ 전략 혹은 계획의 전제 확인
⑤ 마케팅 목표와 전략 수립
⑥ 기대되는 결과 추정
⑦ 대안의 계획과 전략 확인
⑧ 구체적인 프로그램 수립 및 실행
⑨ 결과 측정 및 검토

이러한 순서는 일련의 순환 과정을 거친다. 왜냐하면 마케팅이란 연속적이고 지속적인 과정이기 때문이다. 그래서 측정 및 검토의 결과는 상위의 어떤 단계에도 영향을 미칠 수 있어야 하고 각 단계는 수정될 수 있어야 한다. 물론 계획의 각 단계별 구체적인 내용은 여가상품이나, 기업 혹은 시장상황에 따라 조금씩 달라질 수도 있다. 그러나 마케팅 계획에 있어서, SWOT 분석, 시장세분화 및 4P 전략(상품, 가격, 유통, 촉진)은 대개 공통적이다. 따라서 여기서는 이들 주요 개념을 간단히 설명한다.

(1) SWOT 분석과 시장세분화

SWOT 분석과 시장세분화는 모든 마케팅의 기초이다. 이것의 목표는 시장 환경, 소비자의 특성 및 기업 내부의 장단점을 정확히 파악하는 것이다. 이를 기초로 사업자는 접근 가능한 시장의 영역을 구분해내고, 그에 맞는 구체적인 계획을 세울 수 있다. 이러한 작업은 사업의 초기에만 적용되는 것이 아니다. 사업이 진행되는 도중에도 끊임없이 점검하고 진단하여야 한다. 왜냐하면 시장 환경은 급속도로 변화하기 때문이다.

시장 환경의 문제와 기업의 내부 문제를 동시에 고려하여 마케팅 전략을 계획하는 기법이 SWOT 분석이다. 기업 내부의 장단점을 고려하여 강점(Strengths)과 약점(Weaknesses)을 진단하고, 시장 환경의 특징을 고려하여 기회요인(Opportunities)과 위협요인(Threats)을 정리한다. SWOT 분석의 사례를 [그림 15-5]와 같이 제시하였다. 이 그림은 가상의 여행사를 가정하고 예시적으로 분석한 내용이다.

강점(Strengths)	약점(Weaknesses)
브랜드 다각화	나쁜 노사관계
높은 시장 점유율	낮은 노동생산성
좋은 기업이미지	비싼 상품개발 비용
유능한 인력	권위주의적인 기업문화
기회(Opportunities)	위기(Threats)
경기 호황기 진입	경쟁사 과다 진입
상품개발 전문가 초빙 기회	전통적인 상품 수요 급감
수요 다양: 틈새시장의 가능성	온라인 여행사의 독창성
정치안정화	소비자 수요의 복잡성

[그림 15-5] 여행사의 SWOT 분석 사례

SWOT 분석에 이어, 마케팅 담당자가 수행하여야 하는 작업은 바로 시장세분화(market segmentation)이다. 시장세분화의 기준은 최소한 시장 환경 영역과 소비자의 특성에 근거한다. 여기서 시장 환경이라 함은 정부의 경제정책, 여가문화 정책, 국제 정세 등 정치적, 경제적 상황을 의미하며, 모든 경제활동은 이러한 환경의 영향으로부터 자유롭지 못하다. 가령, 북한 관광 수요가 많다고 해서 이를 사업으로 옮기기는 어렵다. 왜냐하면 정치적인 문제가 있기 때문이다.

시장세분화의 기준은 다양하다. 앞서 말한 정치적, 경제적 측면의 시장 환경이 될 수도 있고, 소비자의 개인 특성에 근거할 수도 있다. 가령, 국내 시장을 세분하면, 지리적 수준에서 시장을 구분하는 것이 가장 간단하다. 그러나 정치적 이념을 중심으로 보수 지역과 진보 지역 및 중도 지역으로 구분할 수도 있다. 이념 성향을 기준으로 하여 사회적 계급으로 나눌 수도 있다. 경제적 소득 수준, 가치관, 성격, 태도, 라이프스타일, 구매경험 등은 가장 자주 사용되는 시장세분화 기준들이다. 최근에는 소비자의 행동 특성에 근거하여 시장세분화를 시도하는 경우가 많다. 가령, 여행 빈도에 따라 여행 소비자들을 구분할 수도 있고, 여행경험의 질적 수준에 따라 이를 세분할 수도 있다. 〈표 15-6〉는 여가 소비자의 행동 특성에 근거한 시장세분화의 사례이다. 가장 좋은 시장세분화는 그런 세분시장이 접근가능하고, 관리가능하며, 효과가 있어야 하는 것이다.

〈표 15-6〉 행동 특성에 따른 여가 소비시장 세분 사례

구분 기준	소비자 시장세분 유형
사용경험여부	구매경험 없는 자 과거경험이 있으나 현재는 사용하지 않는 사람 처음 사용자 정기적인 사용자
여가상품 흥미도 수준	상품을 모르는 사람 알고 있고 관심이 있는 사람 구매 욕구가 있는 사람 구매의도가 있는 사람 즉각 구매 계획이 있는 경우
상품태도 기준	열정적인 태도 보유자 무관심 수준의 소비자 적의 수준의 소비자

동기 유형	사회적 지위 추구자 경제성 추구자 새로운 경험 추구자 좋은 서비스 추구자 재미 체험 추구자 사교형 소비자 등
브랜드 충성도 수준	완전 충성도 시장 부분 충성도 시장 충성도 없는 경우

(2) 상품 포지셔닝 및 개발(product positioning & development)

상품 포지셔닝이란 어떤 상품의 구체적인 속성들에 근거하여 소비자가 마음 속에 그 상품의 이미지를 자리 잡도록 하는 방법을 의미한다. 대개 경쟁 상품과의 상대적 위치를 의미한다(Kotler & Armstrong, 2004). 포지셔닝의 과정은 일련의 절차에 따라 이루어진다.

우선 마케터는 시장세분화의 결과에 근거하여 표적 시장을 정한 다음 그 세분시장의 잠재 소비자가 원하는 것이 무엇인지를 정확히 파악하여야 한다. 그 다음 소비자의 수요에 맞는 상품과 서비스를 개발하여야 하고, 특히 동일 시장 내의 경쟁 상품에 대하여 소비자가 가지고 있는 이미지를 분석, 평가하여야 하고, 이에 근거하여 경쟁 상품과는 다른 독특한 상품 이미지를 새로이 개발하여 신상품에 이를 접목시켜야 한다. 이러한 신상품의 이미지는 당연히 세분 시장의 욕구에 부합하여야 하며, 이것이 이루어지고 나면 가격, 광고 등의 다른 마케팅 전략을 활용하여 시장에 진입하게 된다.

그런데 이러한 상품 포지셔닝의 과정은 신상품의 경우에 해당되는 것이고, 대개는 기존 상품을 개선하는 방향의 개발 전략이 요구된다. 특히 개발비용이 이미 많이 투입된 경우 새로운 상품을 개발하는 것보다는 기존 상품을 개선하는 전략이 더 필요하다. 가령, 놀이공원과 같이 자원 개발을 통한 여가상품의 경우, 전혀 새로운 상품을 개발하기가 쉽지 않다. 그래서 적절한 시기에 최소 비용을 들여 상품 리모델링 전략을 세워야 한다.

어느 시점에 리모델링 전략을 구사할 것인가 하는 것은 상품의 생명주기와 관련이 있다. 일반적으로 알려진 상품 생명주기는 도입기(introduction 또는 product innovation), 성장기(growth), 성숙기(maturity), 그리고 쇠퇴기(decline)의 과정으로 이어진다.

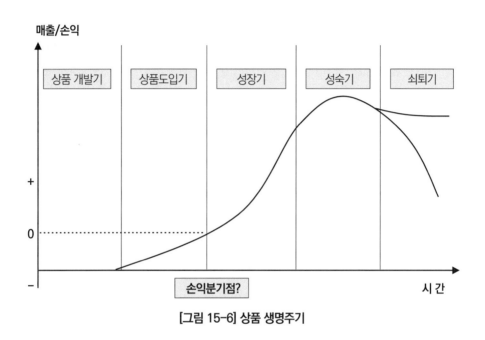

[그림 15-6] 상품 생명주기

시장진입 초기엔 시장 점유율 및 판매량이 매우 늦은 속도로 증가한다. 대개의 신상품은 이 시기에 시장에서 사라져 버린다. 살아남는 상품의 비율은 평균 5% 정도에 불과하다는 보고도 있다. 기업의 입장에서는 이 시기에 이득을 보기 어렵다. 그러므로 투자의 시기라고 할 수 있다. 이 시기를 넘기면 성장기로 접어드는데 시장 점유율과 수익률이 급신장하는 경향이 있다. 이 때 이미 소비자의 마음은 상품 포지셔닝이 분명히 이루어진 상태이다. 이 때 기업은 판매 신장의 정책을 펼 수 있다. 성숙기에는 성장률과 수익률이 최고 정점에 달한다. 이 시기가 바로 기업의 입장에서 신상품 개발이나 리모델링의 준비를 해야 할 기회이다. 충분한 투자와 개발 노력이 필요한 시점이다. 마지막으로 쇠퇴기에는 그 상품을 유지할 것인지 혹은 철수할 것인지를 결정해야 한다. 만약 해당 상품을 시장에서 계속 유지하기 위해서는 혁신적이며 구체적인 리모델링 전략을 세워야 한다.

(3) 유통(place)

여가산업의 유통 전략은 현대 사회의 복잡성과 밀접하게 관련 있다. 정보화와 교통의 발달로 인해 기업은 더 빨리 그리고 직접적으로 소비자에게 다가갈 수 있다. 그러나 현대사회는 정보의 홍수와 과다 경쟁의 시대이며, 소비자는 전문화되고 자동화된 사회 시스템 속에서 살아간다. 그러므로 기업의 입장에서 보면, 소비자를 직접 대면할 수 있는 기회가 더 많아진 것이 사실이나 경쟁과 정보로 인해 동시에 더 편리하고 더 정확하고 신뢰를 줄 수 있도록 소비자를 배려하여야 하는 과제를 안게 되었다. 과거 전통적인 물류의 유통은 생산자-도매업-소매업-소비자라는 단계를 거쳤으며 생산자가 소비자를 선택하는 시장 구조였으나, 이제는 생산자-(대리인)-소비자의 직접관계가 형성되었다. 과거 전통적인 산업사회에서는 생산자가 소비자를 선택하는 구조였으나, 현대사회의 경쟁 체제는 소비자가 생산자와 상품을 선택하는 구조로 바뀌었다. 소비자가 다양한 대리인과 생산자 사이에서 자신에게 가장 만족을 주거나 혹은 다른 독특한 동기로 선택하는 상황이 된 것이다. 이런 이유로 해서 현대의 기업들은 새로운 유통구조를 찾아내야 하는 과제를 안고 있다.

여가상품은 콜센터나 아울렛 매장을 통해 소비자에게 직접 판매되기도 하지만, 대개는 온라인, 오프라인 대리점을 통해 이루어진다. 그리고 여가상품은 이미 설명한 것처럼 복합 상품의 특징을 지니고 있다. 그래서 소비자 역시 패키지화된 여가상품을 한 번에 구매하는 경향이 있다. 이러한 특징은 여가산업의 유통 구조에 대한 몇 가지 힌트를 제공한다.

첫째, 예약시스템의 활용이다. 전통적으로는 전화예약 시스템을 활용하였으나 최근 인터넷과 모바일의 발달로 인해 부킹(booking) 기회를 공정하게 제시할 수 있을 뿐 아니라 실시간 예약이 더욱 용이해졌다.

둘째, 여가상품은 여러 상품이 복합적으로 구성되는 경우가 많기 때문에 소비자는 각각의 상품을 개별적으로 구매하는 것의 어려움을 느끼게 된다. 이러한 어려움은 새로운 판매 구조를 유발하였는데, 대표적인 것이 대리점이다. 전통적으로 여행사는 호텔, 교통, 식음료 상품을 묶어서 판매한다. 최근에는 각종 입장 티켓을 대리 판매하는 회사도 생겼다. 이런 구조는 개별 상품의 생산자가 소비자를 직접 상대해야 하는 수고를 덜어줄 수 있다.

셋째, 개별 여가상품을 독자적으로 판매하는 경우의 촉진비용을 줄이는 방법은 일종의 컨소시엄(consortium)을 구성하여 해결할 수 있다. 가령, 한국에서 미국의 인디아나주에 가기 위해서는 환승 때문에 인천-시카고의 항공권과 시카고-인디아나의 항공권을 각각 구매하여야 하는 번거로움이 있다. 물론 미국내 항공 일정은 미국적 항공기를 이용하여야 한다. 이런 경우를 위해 국내 항공사들은 이미 미국의 국내 항공사들과 컨소시엄을 구성하고 있으며, 여행객은 한 번의 항공권 예약으로 원하는 지방까지 가는 일정 예약을 해결할 수 있다.

넷째, 프랜차이즈(franchise) 혹은 체인(chain) 유통 구조도 고려할 수 있다. 특히 자본이 충분한 기업은 프랜차이즈나 체인 구조를 통하여 소비자의 수요를 충족시킬 수 있도록 모기업의 표준 여가상품을 일관되게 통제할 수 있다. 최근 들어 우리나라의 많은 카페는 이런 프랜차이즈 영업망을 구축하고 있으며, 일부 호텔들도 이런 전략을 구사하고 있다. 심지어는 교회 등 종교 단체들도 이런 전략을 구사한다.

다섯째, 기타 다른 방법들도 활용 가능하다. 전통적인 직접 마케팅기법은 기업이 소비자를 직접 대면하여 판매하는 방법으로서 유통비용을 줄일 수 있는 장점이 있다. 특히 컴퓨터 기술과 정보 기술의 발달로 인해 최근 들어 매우 늘어나는 추세이다. 그 외에도 새로운 유통기법들이 꾸준히 생겨나고 있다.

(4) 가격(price)

가격은 마케팅의 결정적인 요소이다. 상품에 매기는 가격은 기업과 소비자 모두에게 그럴 듯해야 한다. 이윤을 추구하지 않는 조직의 여가상품이라고 해도 가격은 여전히 중요하다. 왜냐하면 가격은 경제적 의미만이 아니라 소비자의 심리적 상징성을 지니고 있기 때문이다. 적절한 가격을 결정하는 방법은 여러 가지가 있다. 전통적으로 알려진 일반적인 가격전략 이론은 최소한 다음의 7가지 요인을 고려할 것을 권장한다(Horner와 Swarbrooke, 2005).

① **가격결정의 목표** : 가격을 정하는 것은 기업의 전사적 목표와 관련이 있다. 신상품의 인지도를 높이기 위한 것인지, 시장점유율을 확보하기 위한 것인지, 혹은 경쟁상품

과 차별화를 위한 가격 경쟁인지 등등을 고려하여야 한다. 가령, 세분시장별로 동일 상품의 차별 가격전략을 구사할 수도 있다. 상품의 생명주기가 해당 세분시장에서 어떤 단계인가에 따라 다른 가격이 결정될 수도 있다. 이를 정리하면 최소한 세 가지 방향을 고려할 수 있다:

첫째는 비용 지향적 전략으로서 생산 비용을 핵심적으로 고려한 방법이고,

둘째는 수요 지향적 전략으로서 고객의 수요 수준에 맞추어 가격을 결정하는 방법이다. 이는 전통적인 경제학의 '수요·공급의 법칙'에 따르는 것이다.

세 번째는 경쟁시장 지향적 전략으로서, 경쟁사의 가격 전략에 근거하여 자사 상품의 가격을 결정하는 방법이다.

②**생산비용** : 조직의 입장에서 여가상품과 서비스를 개발하고 유통하는 데 드는 비용은 가격의 가장 중요한 요소이다. 비수익 조직의 상품(예, 국립공원, 박물관 등)은 비용 이하의 가격으로 판매되기도 하지만, 이윤 추구를 목표로 하는 경우 대개 상품가격은 비용에 수익분을 더한 수준에서 결정된다. 다만, 경쟁시장이나, 현금유통의 목적에서는 의도적으로 비용이하 수준으로 가격을 낮추는 전략을 사용할 수도 있다.

③**유통구조** : 대개의 여행상품은 대리인을 통해 판매된다. 이처럼 유통 구조상 다른 구성원이 개입되어 있는 경우, 이들의 커미션을 확보하기 위해서는 생산비용 이상의 가격을 책정하여야 한다. 그래서 유통 과정이 복잡할수록 가격은 올라갈 것이고, 그것이 단순할수록 가격을 절감할 수 있다. 최근 항공권을 온라인상에서 구매하면 일정 부분 할인혜택을 주는 경우는 이런 이유 때문이다.

④**고객의 기대** : 가격은 해당 상품의 품질을 대신하는 일종의 메시지 역할을 한다. 가령, 고가격의 상품에 대하여 소비자들은 품질이 좋을 것이라는 기대를 하는 반면 저가품에 대해선 낮은 상품 품질을 예상하는 경향이 있다. 그러므로 럭셔리 호텔 룸 같은 경우는 실제 비용에 관계없이 고가격에 판매되기도 한다. 그래서 가격 그 자체가 광고 전략이 되기도 한다.

⑤ **시장 상황** : 시장이 경쟁 상태에 있는 경우는 다른 상품의 가격이 결정적으로 영향을 미친다. 물론 비가격 전략을 통해 경쟁 상황을 극복할 수도 있으나, 이런 경우에는 고객을 끊임없이 설득해야 한다. 자사 상품과 서비스가 더 낫다는 설득 작업이 필요하며, 이는 광고와 같은 촉진 전략에서 해결한다. 그러나 대개의 경우는 가격변경 전략을 통하여 경쟁을 타개한다. 가격을 낮추는 것이 일반적인 방법이나, 역으로 상품 품질의 우위를 자신하고 오히려 가격을 올리는 방법도 쓸 수 있다. 물론 후자의 경우는 차이역치 수준(differential threshold level) 이상의 상품 개선 노력이 수반되어야 한다.

⑥ **법적/제도적 요인** : 대개 중앙정부는 각종 소비자 가격을 일정 수준 통제하는 경향이 있다. 물가 상승률이 국가 경제에 부담을 주기 때문이다. 여가상품의 경우에도 세금이나, 법적 제재 장치를 통하여 일정 수준 가격의 변동 범위를 통제한다. 가령, 위스키 가격에는 적지 않은 세금이 부과되어 있고, 한 때는 자장면 가격조차 규제하였다. 항공료의 경우에도 제도적 관리 장치가 있다. 그래서 여가상품의 가격은 제도적 범위 내에서 이루어져야 한다.

⑦ **다른 마케팅 요인들** : 이미 설명한 것처럼, 유통구조상의 복잡성이나 촉진 전략의 방법은 그 자체로서 가격에 반영될 수 있다. 그것은 비용의 의미만이 아니며 의도적인 상품 차별화의 전략으로 해석될 수도 있다. 가령, 유통구조상 각 프랜차이즈 지점의 가격은 동일하여야 하지만, 세분시장에 따라 차별화된 메시지를 전달하는 기능으로서 가격을 활용할 수도 있다.

(5) 촉진(promotion)

촉진은 잠재 혹은 실제 고객에게 상품을 알리고 설득하여 궁극적으로 기업의 상품을 수용할 수 있도록 의사소통하는 일련의 과정이다. 촉진 전략은 소비자가 해당 상품에 개입된 수준에 따라 달라진다. 소비자와 상품의 관련성 단계를 자각(awareness), 흥미(interest), 평가(evaluation), 구매 시도(trial), 채택구매(adoption)라는 일련의 과정으로 이해할 수 있으며 그래서 촉진의 목표를 각 단계별로 나누어 고려할 수 있다. 잠재고객으로서 해당 상품을 전혀 모르는 경우에는 인지도를 높이기 위한 목표를 설정하여야 한다.

소위 상품 자각(awareness)을 목표로 하는 것으로서 이런 경우 대개 대중매체는 주요 촉진 수단이 된다. 흥미(interest) 유발을 목표로 하는 경우 신상품을 이미 유명한 브랜드나 회사명과 결부시켜 광고할 수 있다. 이 경우에도 대중매체는 주요한 촉진 수단이 되며 이 단계를 수요 창출의 목표라고 할 수 있다. 평가(evaluation) 시도를 목표로 하는 촉진 전략은 소비자로 하여금 해당 상품의 장점을 제대로 평가하게 하는 것이며, 보통은 소비자 보고서나 사용평가 보고서 혹은 구전을 접할 때 형성된다. 구매 시도(trial) 단계에서 소비자는 직접 해당 상품을 사용하거나 구매하는 행동을 한다. 물론 긍정적인 평가가 있다고 해서 모두 시도 단계로 넘어가는 것은 아니기 때문에 마케터는 판매 전략을 통해 구매 행위가 실제로 이루어지도록 전략을 구사하여야 한다. 개별 판매나 대량판매 방법을 모두 쓸 수 있다. 마지막 단계인 소비자의 채택 행동은 한번 사용했던 상품의 좋은 점에 대하여 확신을 가지는 것을 의미하며, 그래서 지속적이고 반복적 구매가 이뤄질 뿐 아니라 고객 충성도가 생기는 것을 말한다. 이를 위하여 마케터는 대중매체 광고나 직접 마케팅, AS 전략 등 다양한 촉진 전략을 구사할 수 있다.

그래서 촉진의 목표는 수요 창출, 인지도 제고, 상품태도 개선, 판매량 신장, 경쟁상품과의 차별화, 안정적인 판매율 확보, 고객충성도 확보 등 다양할 수 있다. 또한 각각의 목표는 독립적으로 세워지고 유지되는 것이 아니라 상호 연계적이라고 할 수 있다. 따라서 한 가지 촉진 전략은 복수의 목표 달성을 추구할 수도 있고, 역으로 하나의 목표를 위하여 여러 가지 전략이 동시에 활용될 수도 있다. 가장 효과적인 촉진 전략은 상품 혹은 서비스 그 자체의 품질이다. 그래서 상품개발의 실패는 모든 촉진 전략을 무력화시킨다. 다행히 상품이 보장된다고 가정하면, 다양한 촉진 전략을 구사할 수 있다. 지금까지 잘 알려진 촉진 전략들은 광고, 홍보, 스폰서쉽, 브로슈어, 직접메일, 판촉(쿠폰, 보너스, 콘테스트 등), 판매원, 매장요인(디스플레이, 사인, 간판 등등) 등이 있다. 이 중 판매원의 자질과 매장의 분위기는 어떤 경우이든 필수적인 것이며, 광고는 마케터의 창의성이 가장 많이 반영되는 전략이다. 최근의 광고는 소비자의 이성에 호소하는 방식보다 감성에 호소하는 전략이 채택되는 추세에 있으며, 이런 경향은 여가

상품의 본질인 즐거움 추구와 일치하는 현상이다. 이외에도 최근에는 매우 독창적이며 효과적인 촉진 전략들이 전개되고 있다.

연 · 구 · 문 · 제

1. 여가수요의 개념을 정의하고 주요 원칙을 제시하시오.
2. 여가공급의 개념을 정의하고 주요 원칙을 제시하시오.
3. 수요–공급의 법칙이란 무엇인지 여가소비시장을 가정하여 설명하시오.
4. 수요의 법칙, 공급의 법칙, 수요공급의 법칙이 적용되지 않는 예외적인 상황을 여가시장에서 찾아서 예시하시오.
5. 여가산업의 개념을 정의하시오.
6. 여가산업의 하위 영역을 나름의 기준으로 구분하시오.
7. 여가산업의 하위 영역별 특징과 미래를 전망하시오.
8. 여가경영자의 관점에서 여가소비시장을 설명하시오.
9. 여가소비시장을 세분화하는 타당한 기준을 제시하시오.
10. 여가소비시장을 분석하는 방법을 제시하고, 특정한 여가상품을 예로 들어 설명하시오.
11. 2020년 전 세계를 강타한 '코로나19' 사태를 예로 들어서, 전염병이 여가소비시장에 미치는 영향을 진단하시오.
12. 여가시장과 여가산업이 다른 서비스업과 비교하여 환경적 영향에 더 민감한 이유를 논의하시오.

제16장 ▎ 여가정책과 제도적 관리

우리는 앞장에서 여가산업의 두 가지 측면, 즉 여가문제의 정책적 관리 대상으로서 여가공급 영역과 산업 경영이라는 사적 영역으로 구분하여 살펴보았다. 공적 차원에서는 국민의 여가생활과 복지문화 정책이자 이에 관계된 경제정책의 맥락에서 접근하고 있고, 사적 영역에서는 여가산업을 통한 이익 창출이 관리의 목표가 된다. 그러나 사적 영역의 여가경영 역시 공적 차원에서 기획하는 여가산업/문화정책의 관리 범위에서 운용된다. 여가정책과 제도적 관리가 여가문화와 여가산업의 향배를 결정하는 더 큰 영향력을 가지기 때문이다. 앞 장에서 경제/경영의 관점으로 여가산업을 다루었다면, 여기서는 문화와 국민생활의 제도적 관리라는 측면에서 중앙정부, 지방자치단체, 공공기관이 다루어야 하는 여가정책과 제도적 이슈를 정리할 필요가 있다.

1 여가 서비스의 공적 관리 : 여가정책의 개념

모든 국가정책은 정부의 목표를 달성하기 위한 수단과 절차의 종합 계획이다. 여가정책 역시 국가정책의 수단과 과정의 일부에 해당된다. 여가정책을 포함한 모든 정책은 목표 지향적이며, 여가복지의 개념은 국가의 중요한 목표가 된다. 소위 선진국일수록 여가복지 정책은 세련되게 정비하는 경향이 있는데, 선진국의 의미가 경제성장에 의해서만이 아니라 국민의 복지 수준으로 가늠되기 때문이다. 그러므로 만약 국가가 여가복지의 문제에 관심이 없다면 여가정책은 사소하게 다뤄질 것이다.

여가복지를 중시하고 있는 OECD 주요 국가의 여가정책을 비교분석한 보고서를 제출한 이강욱·오훈성(2007)은 여가정책의 개념을 다음과 같이 정의하였다: "여가를 국민의 기본권(여가권)으로 인정하고 국민의 복지생활을 향상시키려는 목표 하에서 여가 레크리에이션에 관한 정책적 문제를 놓고, 정부 또는 권위 있는 공공기관이 정치적, 행정적 과정을 거쳐 여가 레크리에이션 활동에 관한 법률, 결정, 규칙, 시책, 지침 등의 의사결정 체계로 볼 수 있다"(p.11). 한편 여가행정 관료 출신의 여가학자 김광득(2013)은 '여가발전'이라는 용어를 사용하여 여가정책의 개념을 설명하였다. 그는 여가정책을 '국민의 여가발전을 위한 여가행정의 행위를 종합적으로 조정하고 추진하기 위한 업무범위와 방향을 제시하는 시책'이라고 진술했다(p.319). 결국, 여가정책은 간단히 '정부가 국민의 삶의 질 향상을 구현하기 위하여 여가 기회를 제공하고 여가 산업을 활성화하기 위한 모든 행정 계획과 집행 활동'이라고 할 수 있다.

여가정책은 독립적으로 기획되고 집행되지 않는다. 다른 중요한 정책들과 연계될 수밖에 없다. 국가에 따라 다양한 용어가 사용되기는 하지만 대개 문화정책, 관광정책, 복지정책, 교육정책, 서비스산업 정책 등은 여가정책과 매우 밀접하게 관련된 용어들이다. 한국의 경우 여가정책은 문화체육관광부가 주로 관장하고 있으나, 여성가족부, 행정자치부, 보건복지부, 재정기획부, 농림수산부 등에서도 여가와 관련된 정책을 관리한다.

모든 정책이 그렇듯이 국민 복지를 지향하는 여가정책은 최소한 다음과 같은 기본적인 이념에서 출발한다.

첫째는 공공성(publicity)으로서, 여가정책은 국가나 사회 단위의 발전을 지향하여야 하고 공공의 선(the common good)을 추구하는 것이어야 한다.

둘째는 사회적 공정성(social justice 또는 fairness)으로서, 여가의 가치와 기회가 사회성원들에게 공정하게 분배되어서 정책으로부터 나오는 혜택이 구성원들에게 골고루 돌아가야 한다. 특히 사회적 형평성(social equity)은 보편적인 공정성의 원리로 간주되는 경향이 있다.

셋째는 민주성(democratic principle)으로서, 정책의 수립 및 집행 과정에서 국민의 다양한 의견과 수요가 반영되어야 한다. 구성원의 참여 기회를 부여한다는 뜻으로서 공청회 등은 대표적인 민주성의 반영 방법이다.

넷째는 효율성(efficiency)과 효과성(effectiveness)이다. 하나의 정책은 분명한 결과를 낼 수 있어야 하며, 그러한 결과는 미리 설정하였던 목표를 달성했느냐의 여부 (즉, 효과성)와 투자비용 대비 효과의 비율이 충분히 큰가의 문제(즉, 효율성)이다. 목표달성 차원에서 성공한 정책이라 할지라도 효율성 측면에서 실패한다면, 정책 실패에 해당된다. 김광득(2013)은 여가정책의 효율적인 집행을 위해서, 탄력성(flexibility), 포괄성(comprehensiveness), 조정성(coordination), 윤리성(ethic), 명료성(clarity)의 요건을 갖추어야 한다고 제안하였다(p.320).

다섯째, 정책의 문화적 조화성(cultural congruency)을 들 수 있다. 여가정책이 아무리 획기적이고 공정하며 이상적인 것처럼 간주되더라도 그것이 국가의 전통문화 혹은 전통적 가치와 조화를 이루지 못하면 실패할 가능성이 높다. 정책은 문화를 반영하는 것에서 출발하여 문화를 발전시키는 방향으로 전개되어야 한다.

(1) 여가정책의 목표와 추진방향

여가정책의 궁극적인 목표가 여가생활의 기회를 제공하여 국민의 삶의 질을 향상시키는 데 있지만, 구체적인 수준에서 세부적인 하위 목표들이 설정된다. 하위 목표들은 당연히 국가와 지역사회가 처한 거시적 환경에 따라 달라질 수밖에 없다. 한편, 김광득(2013)은 한국 여가정책의 궁극적 목표가 국민복지 실현이라는 점을 지적하면서, 이를 구현하기 위한 하위 목표로서 정치적 목표, 경제적 목표, 사회·문화적 목표, 환경적 목표 등을 구분하여 설명하였다.

〈표 16-1〉 국민복지 구현을 위한 여가정책의 하위목표(김광득, 2013, p.323)

하위목표	내용(세부과제) 예시
• 정치적 목표	여가계층의 확산, 국민화합, 국민에 대한 신뢰회복, 정부조직 관리의 효율성 증진, 국제친선 등
• 경제적 목표	여가산업 육성, 조세수입 증가, 고용기회 확대, 지역개발 증진 등
• 사회·문화적 목표	소비자보호, 국민 여가권리의 보장, 대중문화 창조, 전통문화의 이해, 사회정체성 확립 등
• 환경적 목표	여가환경의 개선/보호, 자연자원의 적정한 개발 촉진, 문화유산의 보존 등

여가정책은 위계적 수준에서 영역별 하위 목표를 가지고, 또한 영역별 하위목표는 각각 세부적 수준에서 여러 가지 과제를 설정하게 된다. 일반적으로 여가정책의 하위 목표로서 세부과제는 여가권리 인정, 여가환경 개선, 여가문화와 여가역량 개선, 여가수요의 물리적 수용기반 개선, 공정한 여가 기회 제공, 여가산업 발전이라는 방향성을 유지하여야 한다.

① 여가권리의 보장

누구나 여가를 즐길 수 있어야 하고 여가 기회가 공평하게 주어져야 한다는 여가권리는 여가정책의 가장 기본적인 원칙이다. 권리가 균등하게 배분되지 않으면, 다른 종류의 정책은 공정성을 잃게 된다. 그래서 여가 기회가 보편화되고 대중화되도록 유도하는 것, 이를 위하여 여가정보 안내기능을 강화하는 것, 여가활동의 형태별 자원을 특성화한 개발을 권장하는 것, 여가비용을 확보할 수 있도록 도와주는 것(예, 여행바우처 제도), 그리고 노동시간을 조정하고 국민들이 여가시간을 확보 가능하도록 휴일·휴가 제도를 개편하는 것이 포함된다.

② 건전한 국민 여가환경 개선

사회교육 기능을 강화하여 국민의 여가의식 및 여가 생활양식을 계도하는 것, 계층별 여가일탈화로 일컫는 사회적 문제의 원인을 규명하고 이를 방지하기 위한 대책을 수립하는 것, 그리고 일탈적 여가업소를 정화하여 궁극적으로 건전한 여가환경을 만들어가는 것이다. 물리적 환경과 사회문화적 환경 개선 등은 모두 이 범위에서 다룰 수 있다.

③ 새로운 여가문화 형성과 여가역량 강화

새롭고 건강한 여가문화를 보급하기 위해서 다양한 제도적 정비가 요구된다. 여가전문가 양성 제도를 정비하는 것, 민간주도형 놀이축제를 권장하고 확산하는 것, 여가문화의 질적 수준을 제고하기 위하여 공공기관에 여가교육 프로그램을 마련하는 것, 여가관련 제도 및 행정기능을 재편성하는 것, 그리고 여가부문에 관한 연례 국민생활의 특징을 조사하고, 통계를 작성하여 여가문화의 추이를 관리하는 것 등이 요구된다.

특히 여가교육을 강화하여 건강한 개인과 건전한 문화 창달을 유도하는 것이 사회적 수준의 여가역량 강화로 이어질 것이다. 그래서 학교 교육과 공공기관을 이용한 여가교육제도 개편이 필수적으로 요구된다.

④ 여가수요의 물리적 수용기반 확장

여가활동은 기반 시설 등 물리적 제약의 개선을 필요로 한다. 그래서 여가 공간 및 시설의 활용도를 제고하는 정책이 요구된다. 부족한 공간이나 시설에 대한 정기적인 조사 및 단계별 개선을 위한 투자를 실시하여야 하고, 개선 계획은 지역특성에 맞도록 이루어져야 한다. 나아가 균형개발 및 공간시설을 수용하는 환경의 보호·보전과도 조화를 이루어야 한다. 균형개발과 관련하여 최근에 대두되고 있는 자원관리의 개념이 바로 '지속가능한 개발(sustainable development)'이라는 용어이다. 적정한 수준의 개발과 보전 원칙이 적용되어야 한다.

⑤ 여가정책의 기타 목표

여가정책은 정치적 차원에서 공정하고 국민화합을 지향하는 것이어야 하고, 경제적 차원에서 산업으로서의 여가 현상을 고려하여 국민경제에 도움이 되어야 하고, 사회문화적으로는 건전한 문화의 계승 발전 취지를 유지하여야 한다. 환경적인 측면에서는 여가자원이 지속가능한 방향으로 개발되어야만 후속 세대의 여가 기회를 보전할 수 있다. 궁극적으로 정책의 목표는 국민복지의 측면에서 삶의 질 향상을 지향하는 것이어야 한다.

(2) 여가정책의 유형

여가정책의 종류를 구분하는 것은 정책을 입안하고 집행하는 데 있어서 체계적인 접근을 가능하게 한다. 여가정책의 종류는 구분 기준에 따라 다양하게 나눌 수 있다. 정책의 파급 범위, 여가활동의 범주, 정책의 집행 기간, 여가 구성요소별, 수용자 계층별 정책 등이 분류 기준이 될 수 있다. 몇 가지 사례를 〈표 16-2〉에 제시하였다. 추가 설명은 생략한다.

<표 16-2> 여가정책의 유형(사례)

구분 기준	세부 유형
국경에 따른 분류	국내 여가정책 vs 국제 여가정책
정책 범위의 주체별 기준	중앙정부, 지방정부, 국지적 정책 등
여가산업(활동) 유형별 기준	체육/스포츠, 휴식/휴양/공원, 오락/사교, 교양/문화, 음식/숙박, 관광/여행 정책 등
기간 설정의 기준	장기, 중기, 단기 정책
여가 구성요소별 기준	여가이용자(노동시간, 정보 등), 여가자원/시설관리, 여가산업 정책(세금, 인허가 등) 등
수용자 계층별 기준	청소년여가정책, 노인여가정책, 장애인여가정책, 저소득층 여가정책, 여성여가정책 등

(3) 여가정책의 활성화 시스템

여가정책은 추진 주체의 종류에 의해 크게 세 부분으로 나뉜다. 첫째는 국가정부와 지방자치정부에 의해 추진되는 공공 정책이며, 둘째는 학교나 지역사회, 교도소, 재활기관, 국립공원 등 정부출연 공공 기관에 의한 정책이다. 셋째는 종교단체, 사회복지단체, 산업체, 전문기관(사설기관) 등 민간 부문의 정책이다. 각 수준의 조직과 단위는 일종의 시스템을 구축하여 여가정책 활성화를 도모할 수 있다. 국내의 경우, 2018년 6월 발표된 '국민여가활성화 기본계획'을 통해 추진체계를 발표하였다[그림 16-1].

그림에서 보면, 여가활성화의 최종 수혜자는 국민이고, 문화체육관광부가 총괄의 역할을 하고, 다른 중앙행정기관과 광역지자체의 협력체계가 필요하고, 연구와 자문을 담당하는 외부기관의 지원이 필요하다. 이런 체계는 가장 간단한 묘사일 뿐이고, 실제로는 매우 복잡하고 다원적이어서 체계에 포함된 기관간의 소통부재와 갈등이라는 위기가 산재해 있다. 재원 부족과 업무과다, 역할갈등, 비전문성 및 정치적 이해충돌 등이 내재해 있기 때문이다.

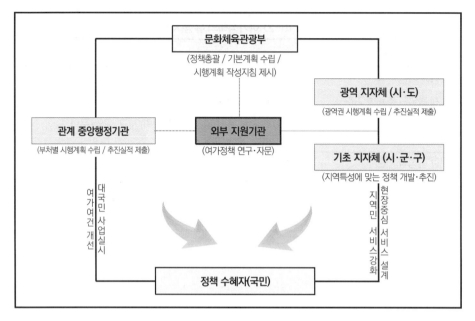

[그림 16-1] 국민여가활성화 추진체계

(자료원: 문화체육관광부, 2018.6. '국민여가활성화 기본계획', p.26)

① 중앙정부 및 지방정부의 여가정책 실행 활동

거시적 수준의 여가정책은 중앙정부나 지방기관 등에 의해 추진된다. 여가정책의 수립 및 시행에 필요한 재정을 확보하고, 국가예산이나 기금, 특별재원 등에 대한 포괄적인 계획을 수립하고, 여가교육의 방향과 시설에 관한 전체적인 진단과 계획을 세운다. 국내의 경우 이러한 정책은 문화체육관광부에서 주관하고 있다. 문화체육관광부의 조직도에 따르면 1차관과 2차관의 업무를 분리한 후, 문화예술정책실, 종무실, 컨텐츠정책국, 저작권국, 미디어정책국, 체육국, 관광정책국 등을 두어 여가문화와 유산에 관한 정책 전반을 포괄하여 관리하고 있다. 이러한 조직도는 문화예술, 종교, 컨텐츠와 권리, 미디어, 관광, 스포츠 분야를 각각 독자적인 영역의 여가문화 범주로 간주하고 있음을 반영한다. 여가정책을 포함한 모든 국가정책의 수립과 시행을 위하여 정부기관이 필수적으로 투여해야 하는 세 가지 차원의 정비 활동이 있다. 각각, 조사 및 연구, 효과적인 행정기반의 구축(즉, 행정인력 및 전문가 확보), 제도 및 재원 확보 노력이 그것이다.

첫째, 정책수립을 위한 조사/연구 활동으로서, 국민 여가활동의 물리적 환경 요소, 제도적 환경 요소, 여가 사회문화, 경제적 제약, 그리고 기존 여가시설 등을 체계적으로 조사한다. 자연 환경적 요소로서 지역사회의 면적, 접근성, 기후, 식생 등을 조사하여야 하고, 인문적, 환경적 요소로서 교통망, 산업시설, 주거지역, 공유지, 상가지역, 인구통계 및 밀도, 연령분포, 직업 등을 조사한다. 사회적 요소에 해당되는 내용들은 해당지역 기관/단체의 사업계획, 지원방법, 제도적/관습적 장애요인과 여가개발에 대한 주민여론 등이다. 경제적 요소 또한 무시할 수 없다. 토지가격, 주택문제, 주택정책, 구매력, 소득수준 등은 여가제약 요인으로 조사되어야 한다. 가장 중요한 부분은 기존 여가관련 시설을 체계적으로 진단하는 것이다. 각종 공원의 이용방식, 관리, 서비스, 스포츠 시설, 휴식공간의 유무 및 수준 등이 그것이며, 이에 대한 조사·분석을 통해 해당 지역의 여가정책 또는 개발 방향을 마련하게 된다.

여가정책을 위한 대부분의 조사, 기획, 평가 연구는 정부 부처(문화체육관광부)의 산하 연구기관이 담당한다. 이 중 문화와 관광 분야 정책을 위한 대표적인 연구기관은 [한국문화관광연구원]이고, 스포츠 정책 분야를 지원하는 산하 연구/관리는 [국민체육진흥공단]이 담당하고 있다. 국민체육진흥공단 산하에 '한국스포츠정책과학원'이 스포츠 관련 사업과 정책을 연구, 개발하는 것으로 알려져 있다.

둘째, 여가정책 수행은 결국 여가행정의 역량 강화를 요구한다. 정책과제에 대처하는 전문 인력의 확보가 중요한데 이는 결국 효과적인 행정기반의 구축 문제라고 할 수 있다. 행정인력을 고도화할 수 있는 방법을 강구하고, 지원부서와 전담부서의 역할을 정리하여야 한다. 정부기관에서는 여가정책의 수행에 필요한 인력 수급의 문제를 진단하고 관리할 수 있어야 한다. 여가정책의 실현과 지속적 효과를 유지하기 위한 여가행정 효율성을 확보하는 방법은 바로 관련 분야의 전문가를 활용하는 것이다. 행정 전문가로서 공무원이 가질 수밖에 없는 한계를 극복하는 대안이 바로 해당 분야 전문가를 활용하거나 양성하는 방법이다.

일반적으로 여가전문가 양성은 공교육이나 민간교육의 정책 일환으로 구성된다. 전문성 기준으로 보면, 여가학자, 정책기획 전문가, 여가산업관리자, 여가활동 지도전문가 혹은 교사, 여가치료 전문가, 여가서비스 전문가, 여가실무 담당자 등으로 배열할 수 있다. 여가전문가를 양성하거나 혹은 그러한 양성기관을 지원하는 제도가 필요할 수도 있다. 이를 위하여 여가산업 혹은 여가활동의 유형과 규모, 문제점 등을 먼저 체계적이고 타당하게 진단하여야 하며, 그에 맞추어 각 분야의 전문가를 양성하는 계획을 세워야 한다. 우리나라의 경우 여가 전문가 양성은 거의 전적으로 민간부문에 의존하고 있다.

셋째, 여가정책의 수립에서 가장 중요한 중앙정부와 지방정부의 역할은 여가시설과 자원의 관리 및 여가문화 정책을 실행하는 데 필요한 제도 정비와 재원(예산)의 확보이다. 소위 여가기본권을 확보하고, 이를 지탱할 수 있는 제도로서 법률적 검토와 제정을 추진할 수 있어야 한다. 이미 제정된 "국민여가활성화기본법"이 대표적인 사례이며, 정부기관에서는 지속적으로 법률 정비를 추진하고 있다. 이러한 법률적 기반이 확보되어야만 여가정책을 위한 중앙 및 지방 정부기관의 역량이 가장 빛을 발하게 된다. 문화체육관광부나 지방자치단체의 정치력이 발휘되어야 하는 시점인 것이다. 또한 국립공원, 문화유산, 체육공원, 문화예술 컨텐츠 등의 보전 문제, 여가시설 정비와 공급을 효율성 있게 집행하기 위해선 결국 인력과 재원이 필요한데 이 역시 실효성 제고를 위해선 법률적 근거가 필요하다.

② 공공단체의 여가정책

정부의 여가정책이 아무리 화려해도 실무선에서 이를 제대로 수행할 수 없다면 공염불에 불과하다. 또한 산하 기관을 통하여 여가정책의 하위 영역별 실행을 추진한다. 관광정책의 경우, [한국관광공사]가 이를 담당하는 대표적인 산하 기관이며, '한국관광공사'에서는 정부의 관광관련 각종 사업을 수행하고, 관련 민간단체를 관리 감독한다. 관광상품인증제도, 관광바우처제도, 관광벤쳐기업 지원, 관광정보안내 등을 포함한 다양한 사업을 집행하고 있고, 그리고 민간단체인 한국여행협회, 관광협회, 호텔협회 등을 관리 감독한다. 대부분의 국가는 관광산업의 비중이 증가하면서 관광공사와 같은 정부산하기관을 운영하는 것으로 알려져 있다.

우리나라의 경우, 민주주의와 경제 발전이 이루어지면서 여가문화관련 정부기관의 인적 관리 대응도 점차 나아지고 있다. 그래서 공공단체는 정책의 시행자로서 여가정책의 실질적 주체라고 할 수 있다. 학교, 각종 공사, 교도소, 군부대, 국립공원, 적십자사, 병원, 여성대학이나 평생교육원, 각종 재단 등은 여가정책을 수행하는 일선의 단체들이다. 이들 기관 혹은 단체는 건전한 여가생활의 홍보, 레크리에이션 프로그램 개발, 각종 행사 개최, 레크리에이션 센터 및 시설 운영, 지역주민이 참여하는 축제, 체육대회 개최 등의 역할을 수행한다. 이들은 학생, 직원, 회원, 주민을 위한 건전한 여가 프로그램을 개발하고, 행사를 통해 이를 보급할 뿐 아니라 레크리에이션 지도자를 채용하여 다양한 서비스를 제공한다.

③ 민간부문의 여가정책 지원

종교단체, 사회복지단체, 산업체(각종협회), 친목단체, 노동조합, 전문기관(사설기관) 등의 여가지원 활동을 포괄하는 여가정책을 말한다. 여가활동을 자문하고, 건전한 여가활동 상품과 기술을 보급하며, 여가프로그램 연구, 캠페인, 홍보 등의 사업과 더불어 여가지도자 교육, 훈련사업, 여가치료 등을 수행한다. 기업체의 경우 여가전담자를 두어 사내 여가문화를 관리하도록 하는 경우도 있다. 각종 동아리나 사내 여가시설을 지원, 관리하게 하는 것이다. 클럽관리자나 레크리에이션 지도자를 따로 채용하여 이를 관리하기도 한다. 미국의 경우 전국적인 조직체로서 전국 산업레크리에이션 협회(National Industrial Recreational Association)가 있어서 전국 기업체 근로자들을 위한 여가교육, 프로그램 개발, 홍보를 수행한다고 한다.

---

2 여가정책의 추진도

여가정책을 포함한 모든 국가정책의 시행은 추진 계획과 더불어 간략한 추진도를 먼저 확보한 후 진행된다. 국내의 경우 문화체육관광부에서 "국민여가활성화 기본계획"(2018.06)을 먼저 세운 것도 이런 이유인데, 기본계획에는 '목표 및 추진전략'을 도식화하여 제시하고 있다[그림 16-2]. 그림을 보면, 비전-목표-추진방향—추진전략 순서의 위계적 구조로 제시하여, 목표와 수단 과제를 분명히 구분하고 있다. 이를 사례로 우리나라 여가정책의 특징을 살펴보자.

우선, 최상위에 놓인 "비전"에 국민의 '삶의 질'과 '일과 여가의 균형'을 제시함으로써 우리나라 여가정책의 핵심 목표가 "일과 여가의 균형 잡기"에 있음을 분명히 하고 있고, 이를 통해 삶의 질 개선이 이루어질 수 있음을 가정하고 있다.

둘째, 정책 "목표"로 제시된 3가지는 여가참여 확대, 여가접근성 개선, 여가서비스 혁신인데, 각각의 목표가 2018년과 비교하여 2022년에 도달할 기준점을 수치화하여 표현하는 점이 주목을 끈다. 이런 도식화 방식은 과거 정부에서는 찾아보기 어려운 현상인데, 목표는 구체화될수록 실현가능성이 높아진다는 점에서 바람직한 전개라고 하겠다. 그리고 세 가지 정책목표의 세부 수치는 모두 여가행동과 문화적 요소만을 의미하는 것이 아니라 '여가경제'의 측면을 반영하고 있음을 유의할 필요가 있다. 즉, 여가정책이 문화적, 정신적, 심리적 수준의 행복을 지향한다고 하더라도 국가 경제적 담당 비율을 간과해서 시행되지 않는다는 방증이기도 하다.

셋째, 정책의 "추진방향"으로 설정한 3가지 항목은 각각 여가기반 구축, 여가서비스 구현, 여가생태계 구축인데 이는 마지막 범주의 추진전략을 간략히 표현한 것들이다.

- 여가기반 구축은 여가정책의 궁극적 목표인 여가기본권 확보를 보장하기 위한 기반시설, 공간, 시간 등을 확대 제공하고자 노력을 반영한다. 이 영역은 여가활동의 가장 기본적인 요건들이다.
- 여가서비스 구현은 곧 여가접근성 개선을 달리 표현한 것인데, 여가프로그램 확대, 장애인 배려 서비스, 수요자 친화적 공급체계 등을 강조함으로써 여가경험의 질적 개선을 지향하고 있음을 적시하고 있다.
- 여가생태계 확대는, 앞의 두 항목과 달리 여가산업과 공급인력의 문제를 다루고 있는데, 여가산업이 경제시스템의 일부로서 작동하고 발전할 수 있도록, 그리고 여가서비스가 공공차원이든 민간차원이든 유지되어 돌아갈 수 있도록 인적관리체계를 구축해야 한다는 점을 알려주고 있다.

이러한 정책 추진도는 사실 매우 추상적인 것처럼 보이지만, 세부 과제를 추진하고 시행하는 동안 매우 의미 있는 기능을 하게 된다. 여가정책을 시행하는 행정라인에서 부딪치는 혼란과 외부 압력, 혹은 부서간 갈등 상황에서 제대로 된 방향을 되찾을 수 있는 지침이 될 수 있기 때문이다. 우리는 거의 모든 업무수행에서 비슷한 곤란을 겪게 되는데 그런 상황을 이겨낼 수 있는 중요한 방향타가 바로 정책 추진도라고 할 수 있다.

비 전	보다 나은 삶, 일과 여가의 혁신적 균형		
목 표	여가참여 확대	여가접근성 제고	여가서비스 혁신
	≪지속적 여가참여율≫ 47.2%('18) → 55%('22) ≪소비지출액≫ 212조('18) → 300조('22)	≪문화활동공간 이용률≫ 64.8%('18) → 70%('22)	여가서비스 일자리창출≫ 36천명('18) → 56천명('22)

추 진 방 향	자유로운 선택이 가능한 여가기반 구축
	모두의 참여가 가능한 여가서비스 구현
	다양한 경험이 가능한 여가생태계 구축

사람중심   일상중심   연계중심

추 진 전 략	1. 여 가 참 여 기 반 구 축	1-1. '여가권'의 사회적 확산 1-2. 잃어버린 '삶의 시간' 회복 1-3. 일상의 '여가 공간' 확대
	2. 여가접근성 개 선	2-1. 수요자 맞춤형 여가프로그램 확대 2-2. 장애 없는 여가서비스 구현 2-3. 수요자 친화적 여가공급체계 구축
	3. 여가생태계 확 대	3-1. 여가서비스 전문인력 관리체계 구축 3-2. 미래 여가산업 생태계 구축

[그림 16-2] 여가정책의 추진도 사례(목표 및 추진전략)
(자료원: 문화체육관광부, 2018.6. 국민여가활성화 기본계획, p.8)

③ 여가정책의 추진 과제

여가정책의 목표를 지탱하는 세부과제들이야말로 정책의 핵심적인 시행 내용이다. 종종 추진대책이라고 불리는 이러한 시행과제는 모든 정책의 성패를 결정한다. 그래서 정책의 시행과제는 대개 국가적 상황에 대한 대응 전략이 되어야 하기 때문에, 가능하면 여론의 추이가 중요할 수 있다. 특히 여가문화나 여가복지의 문제는 국민이 원하는 바를 따르는 게 더 타당할 수 있다(종종, 여론과 달리 정책을 집행하여야 하는 경우도 있다. 국가적 위기 상황이나 과감한 대책을 필요로 하는 경우에는 정치적 결단에 의해 정책집행이 이루어진다). 왜냐하면 국민여론조사를 통해 현실적인 여가제약(leisure constraints) 요인을 파악할 수 있고, 여가정책은 결국 여가제약 요인을 개선하는 게 핵심이기 때문이다. 문화체육관광부에서는 정기적인 국민여가조사를 통해 그 시행과제를 모색하고 있고, 〈표 16-3〉은 2018국민여가활동조사에서 확인한 여가정책의 주요 과제들이다. 2007년부터 대략 10여년에 걸친 중요도 변화 추이를 알 수 있다는 것이 흥미롭다.

〈표 16-3〉 여가관련 정책별 중요도(%) 추이 비교(2018국민여가활동조사)

정책 추진과제	2007년	2008년	2014년	2016년	2018년
다양한 여가시설	45.9	48.9	29.7	29.1	32.0
질 좋은 여가프로그램 개발 및 보급	21.0	21.0	24.1	19.2	20.9
소외계층 여가생활 지원	12.2	13.4	13.9	14.2	12.0
여가 전문인력 양성 및 배치	7.4	3.9	12.4	11.2	11.0
공휴일과 휴가를 법적으로 보장	–	–	5.8	9.9	9.1
여가관련 동호회 육성 및 지원	4.8	2.6	8.8	9.2	8.6
여가관련 법규와 제도 개선	1.5	2.5	5.1	6.9	6.3
여가관련 교육기회 제공	5.3	4.0	–	–	–
여가지원 정책의 전담행정기관 설치	1.9	3.0	–	–	–
표본수	3,000	3,000	10,034	10,602	10,498

〈표 16-3〉을 보면, '다양한 여가시설' 확충의 중요성이 2007년이나 2018년이나 여전히 가장 비중이 크지만 현저한 수준으로 그 가중치가 줄어들었다. 이는 지난 10여년간 국내 여가시설이 상당히 개선되었음을 시사한다. 그에 비해 '여가 전문인력 양성 및 배치'라는 시행정책은 10년 전보다 최근 들어 그 중요도가 현격하게 커졌다. '여가 동호회 육성 및 지원', '여가관련 법규 및 제도 개선' 등도 거의 2배 수준으로 중요도

인식이 늘어나고 있다. 한편 '여가프로그램 개발 및 보급'과 '소외계층 여가생활 지원' 항목은 여전히 비슷한 수준에서 중요하다는 응답을 보이고 있다.

정책 중요도의 순서대로 보면 [여가시설 〉 여가프로그램 〉 여가 소외계층 지원 〉 여가전문인력 확보 〉 공휴일/휴가 제도 〉 여가 동호회 육성/지원 〉 여가 법규/제도 개선 등]이다. 이런 패턴은 여가활동의 필수적인 구성요소인 공간(시설)과 내용(프로그램)이 가장 중요하다는 의미이고, 나머지 다른 요인들과는 성격이 다소 다른 특징이 있다. 즉, 다른 과제 항목들은 국민의 여가 기본권의 확충에 필수적이거나 도움이 되는 조건들로 이해할 수 있다.

• 여가정책 추진과제 사례 설명(2018국민여가활성화 기본계획)

여기서는 우리나라 중앙정부 ("문화체육관광부")의 여가정책을 사례로 하여 여가정책의 추진과제와 시행 사업이 어떻게 계획되어 있는지 살펴보기로 한다. [그림 16-2]에 제시한 여가정책 추진도에서는 '문화체육관광부'의 '국민여가활성화 기본계획'이 표방하는 3개 추진전략의 하위 범주를 중심으로 8개의 세부 추진과제를 정리하고 있다. 이들 3 범주 추진전략과 8개 시행과제가 결국 우리나라 여가정책의 추진과제라고 할 수 있다. 이들 추진과제는 사실 여가정책 수행에서 필수적으로 고려하여야 할 요소를 포괄하고 있다. 이들 시행과제가 포함하는 세부 사업들을 소개하고 그것의 의미를 정리하기로 한다([사례 16-2] 참고).

(1) 여가참여기반 구축

① '여가권'의 사회적 확산

여가정책이 지향하는 이념적 기반을 명시한 것으로서, 국가에서 국민의 기본권인 행복 추구권을 실현할 수 있는 경로로서 여가권리를 인정하고, 그것의 추구행위를 확보할 수 있는 방안 구축을 목표로 하고 있다. 대통령 시행령이었던 "국민여가활성화 기본법"이 법률로 제정, 공포, 개정되면서(2016.12.20.), 법률적 근거 위에서 여가권리 구현의 다양한 방책을 마련하겠다는 계획이다. 여기에 포함된 핵심적인 시행 사업은 '여가친화기업 인증제'(2017년 79개에서 2022년 500개 기업 목표)[23] 확대, 여가교육 강화, 일과 여가의 균형 캠페인, 공감형 국민여가지수의 관리 등을 포함하고 있다.

② '삶의 시간' 회복

여가시간과 노동시간은 양극의 길항적 속성이 있어서, 노동시간을 조정함으로써 자연스럽게 여가시간을 확보할 수 있도록 도울 방법을 모색한다는 것이다. 알려진 바에 의하면, 국내 근로자의 미사용 휴가는 년 1억일에 달하고 있고, 이를 사용할 경우 약 21조원의 경제파급효과가 있다는 보고가 있다('16년 김병욱 의원실), 또한 한국노동사회연구소의 보고서(김유선, 2018)에 따르면, 주 52시간 근로 문화가 정착될 경우 약 13만개의 일자리가 창출된다고 한다. 그래서 이 시행과제의 수행 사업에는 노동시간의 총량 관리(즉, 초과근무 저축연가제, 휴식성과제 등), 근로자 휴가권 강화(즉, 휴가실태관리, 휴가지원제도, 공공부문 장기휴가 활성화 등)와 같은 세부적인 과제가 포함된다. 심리적으로 보면, 휴가나 연휴 등의 연속적 시간을 확보하게 되면 여가활동과 경험의 깊이와 지속성이 달라지게 된다. 그러므로 주4일 근무제나, 휴가제도 등은 경제적, 사회적, 개인적 효과를 기대할 수 있는 좋은 제도가 될 것이다.

③ '여가공간' 확대

여기서 말하는 여가공간은 일상생활의 환경에서 접할 수 있는 지역 여가공간을 말한다. 지역 주민이 지속적으로 여가활동에 참여할 수 있도록 유도하기 위하여 일상적으로 접근 가능한 여가공간을 확보 관리한다는 계획이다. 도시내 유휴공간을 활용하여 지역 여가공간을 조성하고 지원할 수 있는데, 문화예술공간, 지역별 작은 영화관, 지역 체육센터, 스포츠 클럽, 지역 특성별 여가공간(작은 목욕탕, 마을 정자나무 가꾸기 등), 놀이터 개선, 노인 여가학교 등이 가능할 것으로 본다. 이 사업 내에서, 국/공유지를 활용한 여가공간 접근성 문제를 다루고 있는데, 자유이용이 가능한 국공유지 정보안내, 유휴지 활용 여가공간 조성사업 등을 추진할 수 있고, 계곡 무단사유화 현상을

---

23) "일과 여가가 조화로운 업무환경을 조성, 근로자 모두의 '삶의 질'을 향상시키고자 노력하는 여가친화적 문화를 가진 기업을 선정·인증·지원하는 제도"

강력하게 방지하겠다는 목표도 있다. 나아가 전국 광역 및 기초자치단체를 대상으로 여가친화도시 선정 및 지원 사업을 계획하고 있고, 장기적으로 **"투어리피케이션 (tourification)24)"**을 방지하기 위한 방법도 모색하고 있다. 여가공간 관리체계를 구축하는 것도 중요한데, 인간다운 삶에 필요한 최소한의 여가공간을 확보하기 위한 시범사업을 계획하고 있다. 예컨대 도시지역의 경우 인구 5만명 1개소 이상의 박물관/미술관을 설치하고, 낙후지역은 기초자치단체 당 1개소의 복합문화공간을 마련하는 것이다. 결국, "여가공간 확대 사업"은 국민의 여가 참여를 유도하기 위하여, 물리적 환경의 제약 요인을 제거하겠다는 의도를 가진다.

(2) 여가접근성 개선

자본주의가 격화되면서 나타나는 여가문화의 특징으로서 계급간 격차, 공급자 중심의 여가상품 및 서비스, 대중소비 중심의 여가시장, 장애인 등을 위한 여가 기회 제약 등이 문제로 지적된다. 이에 대한 극복방안으로서 통칭하여 여가접근성 개선이라는 사업과제로 정리하고 있다.

① 수요자 중심 '여가프로그램' 확대

과거 여가시장이 공급자중심 패러다임의 지배를 받았다면, 수요자 맞춤형 여가프로그램 확대방안은 수요자의 다양한 욕구를 충족할 수 있는 방향으로 대국민 서비스 중심의 패러다임으로 전환하겠다는 뜻이다. 여가프로그램을 개발, 보급하고, 공공여가서비스 참여율을 제고하여, 공공문화 여가시설 이용률을 확대한다는 계획이다. 예컨대, 순수 장르의 예술에 대한 대중의 심리적 장벽을 없애는 전략이나, 관객참여 및 체험 프로그램 운영 확대, 예술주간(문학, 미술, 공예, 건축문화 등) 운영 등이 가능하다. 게다가 지자체가 수요창출 방식의 여가프로그램을 직접 개발하여 시민에게 제공할 수 있도록, 정부 차원의 지원 사업도 추진한다. 수요창출형 여가프로그램으로 창의성 증진 여가프로그램(유아놀이, 독서, 미술, 음악 등), 치유형 프로그램, 여가치유센

---

24) 주거지가 관광지화 되어 피해를 입거나 스트레스를 받은 거주민이 떠나는 현상

터, 예방형 프로그램(치매/폭력), 자율형 프로그램(DIY 등), 공유형 프로그램(모임, 자원봉사) 등이 가능한 사업 사례들이다.

② 공정한 '여가서비스' 구현

이 사업의 원래 명칭은 '장애 없는 여가서비스 구현'인데, 이는 공정한 여가 기회와 결부되어 있다. 장애인, 고령인구, 육아계층, 임산부 등 여가 취약계층에 대한 돌봄형 서비스강화 사업이다. 무장애 여가서비스 기반조성 사업, 어린이/청소년/여성을 위한 여가서비스 확대 사업, 실버세대를 위한 여가서비스 확대 사업, 직장인의 '일과 여가의 균형' 지원 사업, 그리고 소외계층에 대한 지원 확대를 표방하고 있다. 구체적인 시행 사업으로서, 여가동행버스, 소규모 복지시설을 이용한 공연장소 제공, 열린 관광지 조성, 취약계층을 위한 관광정보 웹사이트 접근성 강화, 방과 후 여가교육, 돌봄 서비스 개선, 여성여가 및 체육교실 지원, 노인 여가체험카드 제공, 노인 문화예술교실 운영, 직장인 휴가지원제도 정착, 직장 동아리 지원, 통합문화이용권 확대, 인생 나눔 교실 등이 기본계획에 소개되었다. 이들 세부 사업은 모두 여가 기회가 모든 국민에게 공정하게 열려있어야 함을 표방하고 있으며, 여가기본권의 취지에 부합하다고 하겠다.

③ 수요자 친화적 '여가공급체계' 구축

수요자 중심의 여가서비스를 공급하더라도 세부 사업의 진척 상황에 대한 통합적인 관리가 유지되지 않으면, 정책의 효율성을 담보하기 어렵다. 따라서 수요자 중심의 여가자원과 서비스에 대한 통합관리 시스템을 구축하여야 한다. 각 지자체별로 '여가서비스 네트워킹시스템'을 구축하도록 유도하고 지원하는 사업(지자체 내부 시스템과 지자체간 연계 시스템, 여가패스카드 등), 지자체별 복합 여가서비스 모델 개발 및 공간 리모델링 지원 사업, 관련 법률 개정 및 인증제도 확충, 스마트 여가정보시스템 구축 등의 세부 사업이 포함되었다. 이런 통합관리시스템을 통해 수요자의 입장에서 지각하는 여가서비스 체감도를 확인할 수 있다. 여가서 수집된 자료를 근거로 여가활성화 추진체계를 구축하는 것 역시 여가공급체계 사업의 일환이 된다. 이를 통해 국민의 여가생활만족 혹은 여가경험을 통한 행복증진의 실제적 향상을 추구하고 있다. 이런 사업은 중앙정부와 지방정부가 제공하는 여가시설, 프로그램, 자원 등의 실태 파악과 문제 진단 그리고 향후 개선방향을 모색하는 데 유용할 수 있다.

(3) 여가 생태계 확대

여가생태계의 결정적인 구성 요인은 크게 전문가 인력과 경제적 자원 및 그것의 효율적 순환구조라고 할 수 있다. 아무리 좋은 공공 서비스를 공급하더라도 민간차원의 여가서비스와 프로그램이 개입하게 되고, 이들의 상호 보완적인 관계가 구축되어야 하고, 이를 유지 관리하는 전문 인력이 필요하다. 공공 차원의 여가공급과 민간 차원의 여가산업 및 여가전문 인력이 상호 연계되어 있어서 이에 대한 정책적 대책이 요구되는 것이다. 국민여가 활성화 기본계획에서는 이를 '여가생태계의 확대'라고 지칭하고 있다.

① '여가전문인력 관리체계' 구축

안정적인 여가서비스 일자리를 창출하고, 수요에 기반한 인력공급 시스템을 구축하는 사업이다. 이를 위해 '여가산업 분류체계' 구축이 필요하고(즉, 여가관련 산업/직업/직종의 체계화), 주기적인 '여가백서' 발간을 통해 산업 동향, 국민의 라이프스타일 변화 추적, 국제 여가문화 동향 조사가 요구된다. 여가산업분야 전문인력 통합관리 기관을 지정하고, 전문인력과 수요처를 연결하는 고용매칭시스템 구축 사업도 포함되어 있다. 여가서비스 일자리 창출사업(즉, 여가 약자 대상 맞춤형 일자리 확대, 치유형/특수형/예방·돌봄형 여가서비스 전문인력 양성 프로그램 등)과 일자리 안정화 사업도 공공성 차원에서 추

진하고 있다. 여가전문 인력양성기관(즉, 대학 학과 등)과 여가산업 현장을 연계한 여가 서비스러닝 시스템 구축사업도 포함되어 있는데, 현장학습 시스템이나 통합형 경력경로모형 구축과 지원 등이 이에 해당된다.

② '여가산업 생태계' 구축

여가산업을 체계적으로 관리하여, 여가산업의 종 다양성을 확대하고 경제적 선순환의 고리를 만들어내어 여가산업 생태계가 미래지향적으로 구축되도록 추진하는 사업이다. '여가산업 종 다양성 확대' 전략으로서, 여가산업 분야 스타트업 지원, 여가사업 공간 지원, 아날로그와 디지털 여가산업의 공존 생태계 조성, 마니아 중심 여가산업화 지원, 여가인재 10만 양성 사업 등이 고려되고 있다. '지속가능한 여가산업 육성' 전략으로서 자연친화적 여가산업 육성, 여가기술 연구소 건립 등을 각 지자체별로 추진할 수 있도록 지원할 수 있다. '체험형 여가산업 플랫폼 구축' 전략으로서 각 지자체의 여가체험관 운영이 가능하다(예, 직업체험관 잡월드).

무엇보다도 여가산업 생태계는 곧 '여가활동과 여가문화'를 매개로 하여, 인적, 물적, 경제적 자원의 순환이 발전적인 체계를 유지하느냐의 여부에 달려있을 것이다. 즉, 여가문화와 활동을 중요하게 생각하고 창의적으로 다룰 수 있는 역량의 전문가들이 이 분야에 개입하여야 하고, 여가공급과 여가소비의 경제적 순환 고리에 충분한 경제적 자원이 투입되고 동시에 수익이 창출되며 재투자가 이루어져야 하고, 그리고 여가 상품과 프로그램을 만들 수 있는 자원과 시설 공급/관리가 효율적으로 유지되어야 한다. 이는 정부의 역량만이 아니라 시민 사회의 창의적 여가문화, 그리고 시장의 개방적인 여가 가치관을 모두 요구한다.

1 여가 서비스의 두 가지 영역을 구분하시오.

2 여가정책이 지녀야 할 이념적 원리를 설명하시오.

3 여가정책의 목표를 다양한 기준으로 분류하시오.

4 여가정책의 하위 목표가 될 과제들을 제시하시오.

5 여가정책의 유형을 구분하는 다양한 기준을 제시하시오.

6 여가 정책의 주체를 분류하여 설명하시오.

7 여가기본권에 대해 논의하시오.

8 '가상의 여가정책 추진도'를 묘사하여 설명하시오.

9 '가상의' 여가정책 추진과제를 자원, 시설, 프로그램, 수용자, 시간, 비용, 공정성, 법규, 인력교육, 여가산업 등의 영역으로 나누어서, 각각 3가지 이상의 세부 사업을 제시하시오.

10 우리나라 여가정책에서 가장 중요하게 고려하여야 할 이슈를 찾아서 논의하시오.

[사례 16-2] 2018국민여가활성화 기본계획 표 : 추진과제와 추진(협력)기관

(자료원: 문화체육관광부, 2018.06. 2018국민여가활성화 기본계획. pp.28-29)

추 진 과 제	추진(협력) 기관
전략 1. 여가참여기반 구축	
1-1. 여가권의 사회적 확산	
1-1-1. 여가친화기업인증제 확대	문체부
1-1-2. 여가의 발견 프로젝트 추진	문체부
1-1-3. 여가인식 확대를 위한 여가교육 강화	지자체
1-1-4. 〈삶을 살다!〉 여유 캠페인 실시	문체부(지자체)
1-1-5. 공감형 국민여가지수의 지속관리	문체부(지자체)
1-2. 잃어버린 삶의 시간 회복	
1-2-1. 노동시간 총량 관리	문체부, 인사처, 노동부, 기재부
1-2-2. 근로자 휴가권 강화	문체부, 인사처, 행안부, 기재부
1-2-3 공휴일 확대를 통한 국민휴식보장	노동부, 인사처
1-3. 일상의 여가공간 확대	
1-3-1. 생활밀착형 여가공간 확대	문체부, 지자체
1-3-2. 국공유지를 활용한 여가접근성 확대	기재부, 국토부, 지자체
1-3-3. 여가친화도시 구축 지원	문체부(지자체)
1-3-4. 여가공간 관리체계 구축	문체부, 지자체
전략 2. 여가접근성 개선	
2-1. 수요자 맞춤형 여가프로그램 확대	
2-1-1. 순수 장르의 대중화 지원	지자체
2-1-2. 예술체험 확대	문체부
2-1-3. 수요 창출형 여가프로그램 개발 지원	지자체
2-2. 장애 없는 여가서비스 구현	
2-2-1. 무장애 여가서비스 기반 조성	문체부, 지자체
2-2-2. 아동·청소년·여성 여가서비스 확대	문체부, 지자체
2-2-3. 실버세대 여가서비스 확대	문체부, 지자체
2-2-4. 직장인 '일과 여가의 균형' 지원	문체부
2-2-5. 소외계층에 대한 지원 확대	문체부, 지자체

추 진 과 제	추진(협력) 기관
2-3. 수요자 친화적 공급체계 구축	
2-3-1. 여가서비스 네트워킹 구축 지원	지자체
2-3-2. 복합여가서비스 모델개발 및 리모델링 지원	지자체
2-3-3. 스마트 여가정보체계 구축	지자체
2-3-4. 여가서비스 편의성 강화 지원	지자체
2-3-5. 여가활성화 추진체계 구축	문체부(지자체)
전략 3. 여가생태계 확대	
3-1. 여가서비스 전문인력 관리체계 구축	
3-1-1. 여가산업 분류체계 구축	문체부(통계청)
3-1-2. 여가전문인력 통합관리	문체부
3-1-3. 재정지원 여가서비스 일자리 창출	문체부(지자체)
3-1-4. 여가서비스러닝 시스템 구축	지자체
3-2. 미래 여가산업 생태계 구축	
3-2-1. 여가산업 종 다양성 확대	지자체
3-2-2. 지속가능한 여가산업 육성	지자체
3-2-3. 체험형 여가산업 플랫폼 구축	지자체

참고문헌

고동우(1998a). *관광의 심리적 체험과 만족감의 관계*. 고려대학교 대학원 박사학위
  논문.

고동우(1998b). 선행 관광행동 연구의 비판적 고찰: Annals of Tourism Research의
  연구논문을 중심으로. *관광학연구*, 22(1), 207-229.

고동우(1998c). 관광 후 평가 개념의 경험적 구분. *관광학연구*, 22(2), 309-316.

고동우(1999). 기획축제 참가자의 내재적 동기, 내재적 보상 및 후속태도. *관광레저연구*,
  11(2), 7-21.

고동우(2001). 기획축제 참가자의 여가 경험 : 내재적 동기론을 중심으로. *한국심리학
  회지:소비자·광고*, 1(2), 187-203.

고동우(2002a). 축구즐기기: 월드컵이야기, 중앙일보, 2002년 5월 28일자 제8면.

고동우(2002b). 여가경험의 변화과정 : 재미진화모형. *한국심리학회 연차학술발표대
  회논문집*, 465-470.

고동우(2002c). 여가동기와 체험의 이해 : 이중추동모형과 이중통로 여가체험모형.
  한국심리학회지: 소비자·광고, 3(2), 1-23.

고동우(2002d). 청소년 여가문화의 이해. *새교육*, 11월호.

고동우(2003).관광축제 방문자의 지출행동 비교. *관광레저연구*, 14(4), 25-38.

고동우(2004). 재미진화모형을 적용한 여가 체험: 프로야구와 프로축구를 중심으로.
  관광레저연구, 16(2), 85-105.

고동우(2018). 여행경력이 여행자 태도와 심리적 역량에 미치는 효과. *관광학연구*,
  42(7), 233-253.

고동우(2019). 여행경력 수준에 따른 행동양식의 변화 : 재미진화모형의 적용. *관광학
  연구*, 43(8), 159-181.

고동우·김병국(2016). 진지성 여가경험과 긍정심리자본 및 삶의 질의 관계구조. 한국 심리학회지: 소비자·광고, 17(1), 179-198.

고동우·정소정(2015).정신건강의 측면에서 본 진지한 여가활동과 가벼운 여가활동 의 비교. 관광학연구, 39(10), 217-237.

김미량(2008). 진지한 여가의 개념화와 척도개발. 서울대학교 대학원 박사학위논문.

김미량(2009). 진지한 여가 척도개발. 한국체육학회지, 48(4), 397-408.

김미량(2015). 진지한 여가 척도의 재정립. 한국체육학회지, 54(2), 313-322.

김민규(2015). 진지한 여가, 레크리에이션 전문화 및 여가중독의 관계. 여가학연구, 13(1), 89-104.

김민규·박수정(2014a). 한국형 여가중독 개념화 연구. 한국여가레크리에이션학회 지, 38(1), 1-16.

김민규·박수정(2014b). 여가중독 체험 형성에 관한 근거 이론적 분석. 한국여가레크 리에이션학회지, 38(3), 1-16.

김유선(2018). 주 52시간 상한제의 사회경제적 효과. 한국노동사회연구소(KLSI)의 ISSUE PAPER, 제1호, 1-20.

김채옥(2007). 관광경험이 삶의 질에 미치는 영향. 강원대학교 대학원 박사학위논문.

노안영·강영신(2003). 성격심리학. 학지사.

노용구(2001). 여가학. 대경북스.

마이클 폴리(2016)(김잔디 역, 2018). 본격재미탐구. 지식의 날개, 215-242.

문화체육관광부(2013). 2013여가백서. 동기관.

문화체육관광부(2016). 2016 국민여가활동조사. 동기관.

문화체육관광부(2016). 2016년 문화향수실태조사. 동기관.

문화체육관광부(2018). 2018국민여가활성화 기본계획(2018~2022). 동기관.

문화체육관광부(2019). 2018국민여가활동조사. 동기관.

부르디외, P.(1984)[2005]. 구별짓기 上, 下(최종철 역, 2005). 서울: 새물결.

부르디외·파세롱 (2000). 재생산 (이상호 역). 서울: 동문선

사행산업통합감독위원회(2019). 사행산업 매출액 통계. 동기관.

설민신(1997). 서구 사회에서 여가에 관한 역사·사회적 고찰. 한국사회체육학회지, 7, 85-95.

성영신(1989). 소비자 행동 연구의 경험론적 접근. 광고연구, 3(여름호), 5-17.

성영신·고동우·정준호(1996a). 여가 경험의 심리적 본질:재미란 무엇인가?. 소비자학연구, 7(2), 35-57.

성영신·고동우·정준호(1996b). 여가의 심리적 의미. 한국심리학회지 : 산업 및 조직, 9(2), 17-40.

엄서호(1998). 관광레저연구. 백산출판사.

엄서호·서천범(1999). 레저산업론. 학현사.

윤소영(2006). "2006 국민여가조사"결과. 2006 국민여가조사 심포지엄 자료집, 한국문화관광정책연구원.

윤지환(2002). 여가의 이해. 일신사.

이강욱·오훈성(2007). OECD 주요국 여가정책 사례연구. 문화관광연구원.

이수길·오갑진·정호권(2003). 현대인의 leisure life. 한올출판사. pp. 9-10.

이순행, 이희연, 정미라(2018). 한국판 성인놀이성 척도(K-APTS) 타당화 연구 : 대학생 집단을 중심으로. 한국심리학회지: 건강, 23(2), 397-425.

이승민(2008). 한국적 여가교육을 위한 지식체계 및 실행활성화 요인 탐색. 이화여자대학교 박사학위청구논문.

이장영·김문겸·김민규·박근수·류승호·강효민·이경상·이재규·안민석·이훈·박영옥·이금룡·최미란(2004). 여가. 일신사.

이정순(2005). 관광활동이 관광·여가 만족과 웰빙지각에 미치는 영향. 대구대학교 대학원 박사학위논문.

이준구·이창용(2015). 경제학원론(제5판). 문우사. p.54.

이학식·안광호·하영원(1997). 소비자행동: 마케팅전략적 접근. 서울: 법문사.

이흥표(2002). 도박의 심리. 학지사

장재윤·구자숙(1998). 보상이 내재적 동기 및 창의성에 미치는 효과: 개관과 적용. 한국심리학회지: 사회 및 성격, 12(2), 39-77.

전병길 · 고동우(2001). 레스토랑의 실내음악의 템포가 서비스시간 지각에 미치는 영
향. *관광학연구*, 26(2), 231-246.

조광익(2006). 여가 소비양식의 분석을 위한 문화자본 이론의 적용. *관광학연구*,
30(1), 379-401

조광익(2012). 여가 취향에 대한 경험 연구의 諸문제 : 문화자본 이론 연구를 중심으
로. *관광학연구*, 36(10), 351~381.

조 은(2001). 문화 자본과 계급 재생산 : 계급별 일상생활 경험을 중심으로. *사회와 역*
사. 60, 166~205.

조현호(2001). *여가론.* 대왕사.

중국음반및디지털출판협회 게임산업사이트. [2019년 중국 게임 산업 보고서].

중앙치매센터 자료실(2020). https://www.nid.or.kr/info/dataroom_list.aspx.

최샛별(2002). 상류계층 공고화에 있어서의 상류계층 여성과 문화자본. *한국사회학,*
36(1), 113-144.

최샛별(2006). 한국 사회에 문화 자본은 존재하는가?. *문화와 사회*, 1, 123-158.

최석호(2005). *한국사회와 한국여가.* 한국학술정보(주).

통계청(2000). *생활시간 조사보고서.* 동기관.

통계청(2016). *2016사회조사.* 동기관

통계청(2016). *장래추계인구(2015~2065).* 동기관.

통계청(2019). *장래인구추계(2017~2067).* 동기관.

통계청(2018). *KOSIS(인구총조사).* 동기관.

한국관광공사(1986). *국민 관광 연구의 이론과 실제.* 동공사.

한국관광공사(1997). *1996 국민 여행 실태조사.* 동공사.

한규석(2002). *사회심리학의 이해.* 학지사.

한국레저산업연구소(2001). *레저백서.* 동연구소.

한국문화관광정책연구원(2005). *주 40시간 근무제 실시 이후 근로자 여가생활 실태조*
사. 동공사.

한국문화관광연구원(2006). *2006국민여가조사.* 동기관.

한국문화관광연구원(2008). *2008여가백서*. 동기관.

한국문화관광연구원(2019). *2018국민여가조사*. 동기관.

한국인터넷진흥원/과학기술부(2019). *2018인터넷이용 실태조사*. 동기관.

한국철도공사(http://www.letskorail.com).

한국콘텐츠진흥원(2019). *2019대한민국 게임백서*. 동기관.

한라성(2019). *일-삶의 균형 제도가 조직몰입과 직무성과에 미치는 영향 연구 : K 공사를 중심으로*. 서울대학교 행정대학원 석사학위청구논문.

황선환·김미량(2010). 레크리에이션 전문화, 여가만족도 및 삶의 질의 관계. *한국사회체육학회지*, 42, 1287~1294.

황선환·김미량·이연주(2011). 진지한 여가가 주관적 삶의 질에 미치는 영향. *여가학연구*, 9(2), 1~16.

네이버 지식백과.(www.naver.com).

문화일보(신세미 기자). 2003.07.03. 팜므 파탈(이명옥 저/다빈치).

Ajzen, I., & Fishbein, M.(1980). *Understanding Attitudes and Predicting Social Behavior*. Englewood Cliffs, New Jersey ; Prentice-Hall.

Amabile, T. M.(1993). Motivational Synergy: Toward new conceptualizations of intrinsic and extrinsic motivation in the work place. *Human Resource Management Review, 3(3)*, 185-201.

Amabile, T.M., DeJong, W., & Lepper, M. R.(1976). Effects of Externally Imposed Deadlines on Subsequent Intrinsic Motivation. *Journal of Personality and Social Psychology, 34(1), 92-98.*

Atchley R. C. (1971). Retirement and Leisure Participation: Continuity or crisis?. *The Gerontologist, 11(1)*, 13-17.

Atchley R. C. (1989). A Continuity Theory of Normal Aging. *The Gerontologist, 29(2)*, 183-190.

Austin, D. R.(2001). The Therapeutic Recreation Process. In D. R. Austin& M. E. Crawford(Eds.), *Therapeutic Recreation: An Introduction.* Boston, MA: Allyn & Bacon.

Austin, D. R., & Crawford, M. E.(2001, Eds.). *Therapeutic Recreation: An Introduction.* Boston, MA: Allyn & Bacon.

Bailey, P. (1989). Leisure, Culture and the Historian: Reviewing the first generation of leisure historiography in Britain. *Leisure Studies, 8(2),* 107-127.

Baker, W. J. (1979). The Leisure Revolution in Victorian England: A review of recent literature. *Journal of Sport History, 6(3),* 76-87.

Bammel, G., & Burrus-Bammel, L. L. (1982). *Leisure and Human Behavior.* Dubuque, IA: William C. Brown.

Bandura, A.(1977). Self-Efficacy: Toward a unifying theory of behavioral change. *Psychological Review, 84(2),* 191-215.

Bandura, A.(1986). *Social Foundations of Thought and Action: A social cognitive theory.* Englewood Cliffs, NJ: Prentice-Hall.

Bandura, A. (1986). The Explanatory and Predictive Scope of Self-Efficacy Theory. *Journal of Social and Clinical Psychology,* 4(Special Issue: Self-Efficacy Theory in Contemporary Psychology), 359-373.

Barnett, L. A.(1984). Young Children's Resolution of Distress through Play. *Journal of Child Psychology and Psychiatry, 25(3),* 477-483.

Barnett, L. A., & Kleiber, D. A.(1982). Concomitants of Playfulness and the Early Childhood: Cognitive abilities and gender. *The Journal of Genetic Psychology,* 141(1), 115-127.

Baxter, L. A., & Dindia, K.(1990). 'Marital Partners' Perceptions of Marital Maintenance Strategies. *Journal of Social and Personal Relationships, 7(2),* 187-208.

Beard, J. G., & Ragheb, M. G.(1980). Measuring Leisure Satisfaction. *Journal of Leisure Research,* 12(1), 20-33.

Beard, J. G., & Ragheb, M. G.(1983). Measuring Leisure Motivation. *Journal of Leisure Research,* 15(3), 219-228.

Bello, D. C., & Etzel, M. J.(1985). The Role of Novelty in the Pleasure Travel Experience. *Journal of Travel Research,* 24(1), 20-26.

Berlyne, D. E.(1960). *Conflict, Arousal, and Curiosity.* NY: McGraw-hill.

Berlyne, D. E.(1963). Motivational Problems Raised by Exploratory and Epismetic Behavior. In Sigmund Koch (Ed.), *Psychology : A study of a science,* 5, 284-386, NY: McGraw-hill.

Backlund, E. A., & Kuentzel, W. F.(2013). Beyond Progression in Specialization Research: Leisure capital and participation change. *Leisure Sciences,* 35(3), 293-299.

Bourdieu, P.(1984). *Distinction: A social critique of the judgement of taste.* (Richard Nice translation) Cambridge: Harvard University Press.

Bregha, F. J. (1991). Leisure and Freedom Re-examined. In T. L. Goodale and P. A. Witt(Eds.), *Recreation and Leisure : Issues in an era of change(pp.30-37).* State College, PA: Venture Publishing.

Brightbill, C. K.(1960). *The Challenge of Leisure.* Englewood Cliffs, NJ: Prentice-Hall. p.32.

Brooks, J. B., & Elliot, D. M.(1971). Prediction of Psychological Adjustment at Age Thirty from Leisure Time Activities and Satisfactions in Childhood. *Human Development, 14(1),* 51-61.

Bryan, H. (1977). Leisure Value Systems and Recreational Specialization: The case of trout fishermen. *Journal of Leisure Research,* 9(3), 174-187.

Bullock, C., & Mahon, M.(1997). *Introduction to Recreation Services for People with Disabilities: A people centered approach.* Champaign, IL: Sagamore.

Caillois, Roger(1958)[이상률 역(1994). 놀이와 인간. 문예출판].

Caltabiano, M. L.(1995). Main and Stress-moderating Health Benefits of Leisure. *Loisir et Société / Society and Leisure,* 18(1), 33-52.

Cameron, J., & Pierce, W. D.(1994). Reinforcement, Reward and Intrinsic Motivation: A meta-analysis. *Review of Educational Research, 64(3),* 363-423.

Carlton, P. L., & Goldstein, L.(1987). Physiological Determinants of Pathological Gambling. In T. Galski(Eds.), *A handbook of pathological gambling(pp. 657-663).* Springfield, IL: Charles C. Thomas.

Chaiken, S. & Stangor, C.(1987). Attitudes and Attitude Change. *Annual Review of Psychology,* 38, 575-630.

Champoux, J. E. (1981). A Sociological Perspective on Work Involvement. *International Review of Applied Psychology,* 30(1), 65-86.

Chubb, M., & Chubb, H. R. (1981). *One Third of Our Time?: An introduction to recreation behavior and resources.* NY: John Wiley & Sons. p.15.

Clarkson-Smith, L., & Hartley, A.(1990). The Game of Bridge as an Exercise in Working Memory and Reasoning. *Journal of Gerontology,* 45(6), pp. 233-238.

Cohen, S. (1973). Property Destruction: Motives and meanings. In Ward, C. (ed.), *Vandalism.* London: The Architectural Press, pp. 23-53.

Coleman, D.(1993). Leisure Based Social Support, Leisure Dispositions and Health. *Journal of Leisure Research, 25(4),* 350-361.

Coleman, D., & Iso-Ahola, S. E.(1993). Leisure and Health: The role of social support and self-determination. *Journal of Leisure Research, 25(2),* 111-128.

Costa, P. T., & McCrae, R. R.(1985). *The NEO Personality Inventory.* Odessa, FL: Psychological Assessment Resources.

Costa, P. T., & McCrae, R. R.(1988). From Catalog to Classification : Murray's needs and the 5-factor model. *Journal of Personality and Social Psychology, 55(2)*, 258-265.

Coyle, C., Kinney, W., Riley, B., & Shank, J.(1991). *Benefits of Therapeutic Recreation :* A consensus view. Washington DC: National Institute on Disability and Rehabilitation Research.

Crandall, R.(1980). Motivations for Leisure. *Journal of Leisure Research, 12(1)*, 45-54.

Crandall, R., & Slivken, K.(1980). Leisure Attitudes and their Measurement. In S. E. Iso-Ahola(Ed.), *Social psychological perspectives on leisure and recreation(pp. 261-284)*. Springfield, IL: Charles C. Thomas.

Crawford, D. W., & Godbey, G. C.(1987). Reconceptualizing Barriers to Family Leisure. *Leisure Sciences, 9(2)*, 119-127.

Crawford, D. W., Jackson, E. L., & Godbey, G. C.(1991). A Hierarchical Model of Leisure Constraints. *Leisure Sciences, 13(4)*, 309-320.

Csikszentmihalyi, M.(1975). *Beyond Boredom and Anxiety.* San Francisco: Jossey-Bass

Csikszentmihalyi, M.(1981). Leisure and Socialization. *Social Forces: An International Journal of Social Research, 60(2)*, 332-340.

Csikszentmihalyi, M.(1990). *Flow: The psychology of optimal experience.* NY: Harper Perennial.

Csikszentmihalyi, M.(1993). *The Evolving Self.* NY: Harper & Row.

Csikszentmihalyi, M., & Csikszentmihalyi, I.(1988, Eds.). *Optimal Experience: Psychological studies of flow in consciousness.* NY: Cambridge University Press.

Csikszentmihalyi, M., & Kleiber, D. A.(1991). Leisure and Self-actualization. In B. L. Driver, Brown, P. J., and G. L. Peterson(Eds.), *Benefits of Leisure(pp.91- 102)*. State College, PA: Venture Publishing.

Cumming, E., & Henry, W.(1961). *Growing Old.* NY: Basic Book.

Dattilo, J., Dattilo, A. M., Samdahl, D. M., & Kleiber, D. A.(1994). Leisure Orientations and Self-esteem in Woman with Low Incomes Who Are Overweight. *Journal of Leisure Research, 26(1),* 23-38.

Dattilo, J., & Murphy, W.(1991). *Leisure Education Program Planning: A systematic approach.* State College, PA: Stackpole Books.

David, G., & Junaida, A.(2002). A Study of the Impacts of the Expectation of a Holiday on an Individual's Sense of Well-Being. *Journal of Vacation Marketing, 8(4),* 352-361.

David, G., & Junaida, A.(2004). Holidaytaking and the Sense of Well-Being. *Annals of Tourism Research, 31(1),* 103-121.

DeCarlo, T. J.(1974). Recreation Participation Patterns and Successful Aging. *Journal of Gerontology, 24(2),* 438-447.

De Charm, R.(1968). *Personal Causation : The internal affective determinants of behavior.* N.Y.:Academic Press.

Deci, E. L.(1971). Effects of Externally Mediated Rewards on Intrinsic Motivation. *Journal of Personality & Social Psychology,* 18(1), 105-115.

Deci, E. L.(1975). *Intrinsic Motivation.* N.Y.: Plenum.

Deci, E. L., & Ryan, R. M.(1985). *Intrinsic Motivation and Self-determination in Human Behavior.* NY: Plenum.

Deci, E. L., & Ryan, R. M. (1991). A Motivational Approach to Self: Integration in personality. In: R. Dienstbier (Ed.), *Nebraska Simposium on Motivation, Vol. 38 :* Perspectives on motivation (pp 237-288). Lincoln, NE: University of Nebraska Press.

De Grazia, S. (1962). *Of Time, Work and Leisure.* NY: Twenties Century Fund.

Diamond, J.(1997)(김진준 역. 2005). 『총, 균, 쇠』. 문학사상.

Douse, N. A., & McManus, I. C. (1983). The Personality of Fantasy Game Players. *British Journal of Psychology, 84(5)*, 505-510.

Dower, M.(1965). *The Challenge of Leisure.* London: Civic Trust. pp. 9-15.

Driver, B. L., & Brown, P. J.(1986). Probable Personal Benefits of Outdoor Recreation. In *A Literature Review of the President's Commission on Americans Outdoors.* GPO, Washington, D.C.,

Driver, B. L., Brown, P. J., & Peterson, G. L.(1991, Eds.), *Benefits of Leisure.* State College, PA: Venture Publishing.

Driver, B. L., & Knopf, R. C.(1977). Personality, Outdoor Recreation, and Expected Consequences. *Environment and Behavior, 9(2)*, 169-193.

Driver, B. L., Tinsley, H. E., & Manfredo, M. J.(1991). The Paragraphs about Leisure and Recreation Experience Preference Scales: Results from two inventories designed to assess the breadth of the perceived psychological benefits of leisure. In B. L. Driver, P. J. Brown, and G. L. Peterson(Eds.), *Benefits of Leisure(pp.263-286).* State College, PA: Venture Publishing.

Duerden, M. D., Courtright, S.H., & Widmer, M. A.(2018). Why People Play at Work : A theoretical examination of leisure-at-work. *Leisure Sciences,* 40(6), 634-648.

Dumazedier, J. (1960). Current Problems of the Sociology of Leisure. *International Social Science Journal, 12(winter)*, 526.

Dumazedier, J.(1974). *Prominent Recreation: America learns to play (2nd ed.).* NY: Appleton-Century-Crofts.

Eagly, A. H., & Chaiken, S.(1993). *The Psychology of Attitudes.* Harcourt Brace Jovanovich College.

Edginton, C. R., DeGraaf, D. G., Dieser, R. B., & Edginton, A. R.(2006). *Leisure and Life Satisfaction: Foundational perspectives(4th ed.).* NY: McGraw-Hill.

Eison, S.A., Lin, N., Lyons, M. J., Scherrer, J. F., & Griffith, K., True, W. R., Goldberg, J., & Tsuang, M. T.(1998). Familial Influences on Gambling Behavior: An analysis of 3359 twin pairs. *Addiction, 93(9)*, 1375-1384.

Elizur, D. (1991). Work and Nonwork Relations : The conical structure of work and home life relationship. *Journal of Organizational Behavior, 12*(4), 313–322.

Ellis, M. J.(1973). *Why People Play.* Englewood Cliffs, NJ: Prentice Hall.

Epstein, J.(1989). Confession of a Low Roller. In R. Atwan (Ed.), *The best American Essays.* NY: Ticker and Fields.

Erickson, E.(1963). *Childhood and Society.* NY: W. W. Norton & Co.

Festinger, L.(1957). *A Theory of Cognitive Dissonance.* IL: Row, Peterson.

Fine, G. A.(1989). Mobilizing Fun: Provisioning resources in leisure worlds. *Sociology of Sport Journal, 6(4)*, 319-334.

Finnicum, P. & Zeiger, J. B. (1996). Tourism and Wellness: A natural alliance in a natural state. *Parks and Recreation,* 31(9), 84–91.

Fishbein, M. (1963). An Investigation of the Relationships between Beliefs about an Object and the Attitude toward the Object. *Human Relations,* 16, 233-240.

Fishbein, M., & Ajzen I.(1975). *Belief, Attitude, Intention and Behavior.* Reading, MA: Addison- Wesley.

Frederick, C. J., Havitz, M., & Shaw, S. M.(1994). Social Comparison in Aerobic Exercise Classes: Propositions for analysing motives and participation. *Leisure Sciences, 16(3)*, 161-176.

Geurts, S., & Demerouti, E.(2003). Work/Non-Work Interface: A review of theories and findings. In Schabracq, M. J., Winnubst, J. A. M., & Cooper, C. L.(Eds.) *The Handbook of Work and Health Psychology, Ch.14(279–312).* Chichester: John Wiley & Sons.

Glynn, M. A., & Webster, J. (1992). The Adult Playfulness Scale : An initial assessment. *Psychological Reports, 71(1)*, 83-103.

Godbey, G.(2003). *Leisure in Your Life: An exploration.*[권두승·권문배·김정명·오세숙·조아미 공역(2005). *여가학으로 초대*. 학지사].

Gordon, C., Gaitz, C. M., & Scott, J. (1976). Leisure and Lives: Personal expressivity across the life span. In R. Binstock, and E. Shanas(Eds.), *Handbook of Aging and the Social Sciences (pp. 310-341).* NY: Van Nostrand Reinhold Company.

Gould, J., Moore, D., McGuire, F., & Stebbins, R. (2008). Development of the Serious Leisure Inventory and Measure. *Journal of Leisure Research,* 40(1), 47-68.

Gould, J. Moore, D., Karlin, N. J. Gaede, D. B., Walker, J. & Dotterweich, A. R. (2011). Measuring Serious Leisure in Chess: Model confirmation and method bias. *Leisure Sciences,* 33(4), 332-340.

Gunter, B. G., & Gunter, N. C. (1980). Leisure Styles: A conceptual framework for modem leisure. *Sociological Quarterly,* 21(3), 361-374.

Haggard, L. M., & Williams, D. R.(1992). Identity Affirmation through Leisure Activities: Leisure symbols of the self. *Journal of Leisure Research, 24(1),* 1-18.

Hamilton, J. A. (1981). Attention, personality, and the self-regulation of mood: Absorbing interest and boredom. In B. A., Maher,W. B. Maher, (Eds.), *Progress in Experimental Personality Research, 10,* 281-315).

Harper, W.(1986). Freedom in the Experience of Leisure. *Leisure Sciences: An Interdisciplinary Journal,* 8(2), 115-130.

Harvard Business School(2000). *Harvard Business Review on Work and Life Balance. Boston:* Harvard Business School Press.

Hebb, D. O.(1955). Drives and the Conceptual Nervous System. *Psychological Review, 62(4),* 243- 254.

Henderson, K. A. (1991). *Dimensions of Choice: A qualitative approach to recreation, parks, and leisure research.* PA: Venture Publishing.

Heo, J., Stebbins, R. A., Kim, J., & Lee, I. (2013). Serious Leisure, Life Satisfaction, and Health of Older Adults. *Leisure Sciences, 35(1),* 16-32.

Herscovitch, A. G.(1999). *Alcoholism and Pathological Gambling: Similarities and differences.* Holmes Beach, Florida, Learning Publication, Inc.

Hirschman, E. C. (1983). Predictors of Self-Projection, Fantasy Fulfilling, and Escapism. *Journal of Social Psychology, 120(1, June),* 63-76.

Hirschman, E. C. (1984). Experience Seeking: A Subjectivist perspective of consumption. *Journal of Business Research, Social Psychology, 12(March), 115-136.*

Hirschman, E., & Holbrook, M. B.(1982). Hedonic Consumption: Emerging concepts, methods, and propositions. *Journal of Marketing, 46(summer),* 92-101.

Hofstede, G.(1995).[차재호 · 나은영 역.(1995). *세계의 문화와 조직.* 학지사]

Holbrook, M. B. & E. Hirschman(1982). The Experiential Aspects of Consumption: Consumer fantasies, feelings, and fun. *Journal of Consumer Research, 9(sep.),* 132-140.

Holt, D. B.(1997). Distinction in America? Recovering Bourdieu's theory of tastes from its critics. *Poetics, 25(2/3),* 93-120.

Hooyman, N. & H. Kiyak(1996). *Social Gerontology(4th ed.).* Boston, MA: Allyn & Bacon.

Horner, S., & Swarbrooke. J.(2005). *Leisure Marketing: A global perspective.* Burington, MA, UK: Elsevier Butterworth Heinemann.

Horton, R. L.(1984). *Buyer Behavior: A decision-making approach.* Columbus: Charles & Merrill.

Howe, C. Z.(1988). Using Qualitative Structured Interviews in Leisure Research: Illustrations from one case study. *Journal of Leisure Research, 20(4)*, 305-323.

Huizinga, J. (1938). *Homo Ludens: A study of the play element in culture.* [김윤수 역(1993). 호모루덴스. 까치].

Hull, R. B. IV (1991). Mood as a Product of Leisure: Causes and consequences. In B. L. Driver, P. J. Brown and G. L. Peterson(Eds.), *Benefits of Leisure(pp. 249-262).* State College, PA: Venture Publishing.

Iso-Ahola, S. E.(1979). Some Social Psychological Determinants of Perceptions of Leisure: Preliminary evidence. *Leisure Sciences,* 2(3-4), 305-314,

Iso-Ahola, S. E.(1980, Ed.), *Social Psychological Perspectives on Leisure and Recreation.* Sringfield, IL: Charles C. Thomas.

Iso-Ahola, S. E.(1980). *The Social Psychology of Leisure and Recreation.* Dubuque, Iowa: Wm. C. Brown.

Iso-Ahola, S. E.(1982). Toward a Social Psychological Theory of Tourism Motivation: A rejoinder. *Annals of Tourism Research,* 9(2), 256-262.

Iso-Ahola, S. E.(1983). Toward a Social Psychology of Recreational Travel. *Leisure Science, 2(1), 45-56.*

Iso-Ahola, S. E.(1986). A Theory of Substitutability of Leisure Behavior. *Leisure Sciences, 8,* 367-389.

Iso-Ahola, S. E. (1999). Motivational Foundations of Leisure. In E. L. Jackson & T. L. Burton(Eds.), *Leisure Studies: Prospects for the twenty-first century* (pp. 35–49). College State, PA: Venture Publishing.

Iso-Ahola, S. E., & Crowley, E. D.(1991). Adolescent Substance Abuse and Leisure Boredom. *Journal of Leisure Research, 23(3),* 260-271.

Iso-Ahola, S. E., Graefe, A. R., & La Verde, D.(1989). Perceived Competence as a Mediator of the Relationship between High Risk Sports Participation and Self-esteem. *Journal of Leisure Research, 21(1),* 32-39.

Iso-Ahola, S. E., & Weissinger, E.(1990). Perceptions of Boredom in Leisure: Conceptualization, reliability and validity of the Leisure Boredom Scale. *Journal of Leisure Research, 22(1)*, 1-17.

Iwasaki, Y., & Mannell, R. C.(2000). Hierarchical Dimensions of Leisure Stress Coping. *Leisure Sciences, 22(3)*, 163-181.

Jackson, E., & Burton, T.(1989). *Understanding Leisure and Recreation: Mapping the past, charting the future.* Venture Publishing.

Jackson, E. L., & Dunn, E.(1988). Integrating Ceasing Participation with Other Aspects of Leisure Behavior. *Journal of Leisure Research, 20(1)*, 31-45.

Kane, J. E.(1972). *Psychological Aspects of Physical Education and Sport.* London, UK: Routledge and Kegan Paul.

Kaplan, M.(1960). *Leisure in America.* NY: John Wiley & Son.

Kelly, J. R. (1972). Work and Leisure: A simplified paradigm. *Journal of Leisure Research,* 4(1), 50-62.

Kelly, J. R. (1974). Socialization toward Leisure : A developmental approach. *Journal of Leisure Research,* 6(3), 181-193.

Kelly, J. R. (1977). Leisure Socialization : Replication and extension. *Journal of Leisure Research,* 9(2), 121-132.

Kelly, J. R.(1982/1990/1996). *Leisure(1st, 2nd, 3rd ed.).* Englewood Cliffs, NJ: Prentice-Hall.

Kelly, J. R.(1983). *Leisure Identities and Interactions.* London, UK: Allen and Unwin.

Kelly. J. R.(1987). Freedom to Be: A new sociology of leisure. *Journal of Leisure Research,* 19(3), 246-247.

Kelly, J. R.(1993). Leisure-family Research: Old and new issues. *World Leisure and Recreation, 35,* 5-9.

Kelly, J. R., & Godbey, G.(1992). *Sociology of Leisure.* State College, PA: Venture.

Kelly, J., & Kelly, J. R. (1994). Multiple Dimensions of Meaning in the Domains of Work, Family, and Leisure. *Journal of Leisure Research, 26(3),* 250-274.

Kelly, J. R., Steinkamp, M. W., & Kelly, J. R.(1987). Later-Life Satisfaction: Does leisure contribute? *Leisure Sciences, 9(3),* 189-200.

Kilpatrick, R., & Trew, K.(1985). Lifestyles and Psychological Well-being among Unemployed Men in Northern Ireland. *Journal of Occupational Psychology, 58(3),* 207-216.

Kirkcaldy, B. D.(1989). Gender and Personality Determinants of Recreational Interests. *Studia Psychologica, 32(1),* 115-127.

Kirkcaldy, B. D., & Furnham, A.(1991). Extraversion, Neuroticism, Psychoticism and Recreational Choices. *Personality and Individual Differences, 12(7),* 737-745.

Kleiber, D. A.(1979). Fate Control and Leisure Attitudes. *Leisure Sciences, 2(3-4),* 239-248.

Kleiber, D. A., & Hemmer, J. D.(1981). Sex Differences in the Relationship of Locus of Control and Recreational Sport Participation. *Sex Roles, 7,* 801-810.

Kleiber, D .A., & Kirshnit, C.(1991). Sport Involvement and Identity Formation. In L. Diament (Ed.), *Mind-Body Maturity: Psychological approaches to sport, exercise and fitness.* NY: Hemisphere.

Kleiber, D. A., & Kirshnit, C.(1991). Sport Involvement and Identity Formation. In L. Diamant(Ed.), *Mind-Body Maturity: Psychological approaches to sport, excercise and fitness.* NY: Hemisphere.

Kleiber, D. A., Walker, G. J., & Mannell, R. C. (2011,). *A Social Psychology of Leisure(2nd ed.).* Urbana, IL: Venture Publishing.

Klenosky, D. B., Gengler, C. E., & Mulvey, M. S.(1993). Understanding the Factors Influencing Ski Destination Choice: A Means-End analytic approach. *Journal of Leisure Research, 25(4)*, 362-379.

Kluckhohn, F., & Strodtbeck, F.(1961). *Variations in Value Orientation.* Evanston, IL: Row Peterson.

Kotler, P., & Armstrong, G.(2004). *Principles of Marketing(10th ed.).* Upper Saddle River, NJ: Pearson Education.

Kruglanski, A. W.(1975). The Endogenous-Exogenous Partition in Attribution Theory. *Psychological Review, 82(6)*, 387-406.

Kruglanski, A. W., Riter, A., Amitai, A., Margolin, B., Shabtai, L., & Zaksh, D.(1975). Can Money Enhance Intrinsic Motivation?: A test of the content-consequences hypothesis. *Journal of Personality and Social Psychology, 31(4), 744-750.*

Krugman, P., & Wells, R.(2015)(김재영, 박대근, 전병헌 공역, 2017). *경제학입문 (제4판).* 시그마프레스.

Kubey, R., & Csikszentmihalyi, M.(1990). *Television and the Quality of Life : How viewing shapes everyday experience.* Hillsdate, NJ : Lawrence Erlbaum.

Lacanienta, A., Duerden, M.D., Widmer. M.A.(2018). Leisure at Work and Employee Flourishing. *Journal of Leisure Research, 49(3-5)*, 311-332.

Ladouceur, R., & Walker, M.(1996). A Cognitive Perspective on Gambling. In P. M. Salkovskis (Ed.), *Trends in Cognitive and Behavioral Therapies.* Ch.6., John Wiley & Sons.

Langer, E. J.(1975). The Illusion of Control. *Journal of Personality and Social Psychology, 32(2),,* 311-328.

Larsen, R. J., Diener, E., & Cropanzano, R. S.(1987). Cognitive Operations Associated with Individual Differences in Affect Intensity. *Journal of Personality and Social Psychology, 53(4)*, 767-774.

Lazarus, R. S.(1999). *Stress and Emotion: A new synthesis.* NY: Springer.

Leary, M. R., & Atherton, S. C.(1986). Self-efficacy, Anxiety, and Inhibition in Interpersonal Encounters. *Journal of Social and Clinical Psychology, 4(3),* 256-267.

Lee, Y., & Halberg, K. J.(1989). An Exploratory Study of College Students' Perception of Freedom in Leisure and Shyness. *Leisure Sciences, 11(3),* 217-228.

Lepper, M. R., Greene, D., & Nisbett, R. E.(1973). Undermining Children's Intrinsic Motivation with Extrinsic Reward: A test of the "overjustification" hypothesis. *Journal of Personality and Social Psychology, 28(1),* 129-137.

Levy Jr., M. J. (1971). *The Structure of Societies. Princeton,* NJ: Princeton University Press.

Levy, J.(1978). *Play Behavior.* NY: Wiley and Sons.

Liang.Y.-W.(2018). Conceptualization and Measurement of Work–Leisure Facilitation. *Journal of Leisure Research, 49(2),*109-132.

Liang. Y.-W.(2020). Consequences of Work–Leisure Facilitation from Tour Leaders'/Guides' Perspectives : Self-efficacy and satisfaction. *Journal of Leisure Research, 51(2),* 206-229.

London, M., Crandall, R., & Fitzgibbons, D.(1977). The Psychological Structure of Leisure: Activities, needs, people. *Journal of Leisure Research, 9(4),* 252-263.

Loundsbury, J. W., & Hoopes, L. L.(1986). A Vacation from Work: Changes in work and nonwork outcomes. *Journal of Applied Psychology, 71(3),* 392-401.

Loy, J. W., McPerson, B. D., & Keynon, G.(1978). *Sport and Social Systems : A guide to the analysis, problems, and literature.* Reading, MA: Addison-Wesley.

Lyons, R. F., Sullivan, M. J. L., & Ritvo, P. G.(1995). *Relationships in Chronic Illness and Disability.* Newbury Park, CA: Sage.

MacCannell, D.(1976). *The Tourist: A new theory of the leisure class.* New York: Schocken Books.

Mageni, G. F., & Slabbert, A. D.(2005). Meeting the Challenge of the Work-life Balance in the South African Workplace. *South African Journal of Economic and Management Sciences,* 8(4), 393-401.

Mannell, R. C.(1984a). A Psychology for Leisure Research. *Loisir et Société / Society and Leisure, 7(1),* 13-21.

Mannell, R. C.(1984b). Personality in Leisure Theory: The self-as-entertainment construct. *Loisir et Société / Society and Leisure, 7(1),* 229-242.

Mannell, R. C.(1985). Reliability and Validity of Leisure-Specific Personality Measure: The self-as-entertainment construct. In *Abstracts from the 1985 Symposium on Leisure Research.* Alexandria, VA: National Recreation and Parks Association.

Mannell, R. C., & Bradley, W.(1986). Does Greater Freedom Always Lead to Greater Leisure?: Testing a Person X Environment Model of freedom and leisure. *Journal of Leisure Research,* 18(4), 215-230.

Mannell, R. C., & Iso-Ahola, S. E.(1987). Psychological Nature of Leisure and Tourism Experience. *Annals of Tourism Research, 14(3),* 314-331.

Mannell, R. C., & Kleiber, D. A.(1997). *A Social Psychology of Leisure.* PA: Venture.

Mannell, R. C., Zuzanek, J., & Larson, R. (1988). Leisure States and "Flow" Experiences: Testing perceived freedom and intrinsic motivation hypotheses. *Journal of Leisure Research,* 20(4), 289-304.

McCormick, B. P., Funderburk, J. A., Lee, Y., & Hale-Fought, M.(2005). Activity Characteristics and Emotional Experience: Predicting boredom and anxiety in the daily life of community mental health clients. *Journal of Leisure Research, 37(2),* 236-253.

McCrae, R. R., & John, O. P.(1992). An Introduction to the Five-Factor Model and its Application. *Journal of Personality, 60,* 175-215.

McFarlane, B. L.(1994). Specialization and Motivations of Birdwatchers. *Wildlife Society Bulletin,* 22(3), 361-370.

Miller, D. L. (1973). *Gods and Games : Toward a theology of play.* NY: Colophon.

Mundy, J., & Odum, L.(1979). *Leisure Education: Theory and practice.* NY: John Wiley and Sons.

Nickerson, N. P., & Ellis, G. D.(1991). Traveler Types and Activation Theory : A comparison of two models. *Journal of Travel Research, 29(3),* 26-31.

Neulinger, J.(1974). *The Psychology of Leisure : Research approaches to the study of leisure.* Springfield, Ⅲ.: Charles C. Thomas.

Neulinger, J.(1981b). *To Leisure: An Introduction.* Boston: Allyn & Bacon.

Neulinger, J.(1981b). *The Psychology of Leisure*(2nd ed.). Springfield, Ⅲ.: Charles C. Thomas.

Norman, W. T.(1963). Toward an Adequate Taxonomy of Personality Attributes : Replicated factor structure in peer nomination personality ratings. *Journal of Abnormal and Social Psychology, 66(6),* 574-583.

Orthner, D. K.(1985). Leisure and Conflict in Families. In B. G. Gunter, J. Stanley and R. St. Clair (Eds.), *Transition to Leisure : Conflict and leisure in families.* NY: University Press.

Orthner, D. K., & Mancini, J. A.(1991). Benefits of Leisure for Family Bonding. In B. L. Driver, Brown, P. J., & G. L. Peterson(Eds.), *Benefits of Leisure(pp.307- 328).* State College, PA: Venture Publishing.

Spreitzer, E., & Snyder, E. E.(1983). Correlates of Participation in Adult Recreational Sports. *Journal of Leisure Research,* 15(1), 27-38.

Parker, S. R.(1972). *Future of Work and Leisure.* NY: Praeger Publishers.

Parker, S. R.(1982). *Work and Retirement.* London: George Allen & Unwin.

Parker, S. R.(1983). *Leisure and Work.* London: George Allen & Unwin.

Patton, M. Q.(1980). *Qualitative Evaluation Methods.* Beverly Hills, CA: Sage Publishing. pp.88-89.

Pearce, P., & Stringer, P. F.(1991). Psychology and Tourism. *Annals of Tourism Research,* 18(1), 136-154.

Peele, S.(1989). *The Diseasing of America: Addiction treatment out of control.* Lexington, MA: Lexington.

Peiper, J.(1952). *Leisure : The basis of culture.* NY: New American Library. p.40.

Pernecky. T. (2019). The End of (Objective) Leisure. *Leisure Sciences 0:0,* 1-17. online published (DOI: 10.1080/01490400.2019.1665598).

Peterson, C. A., & Gunn, S. L.(1984). *Therapeutic Recreation Program Design : Principles and procedures.* Englewood Cliffs, NJ: Prentice Hall.

Peterson, C. A., & Stumbo, N.(2000). *Therapeutic Recreation Program Design : Principles and procedures.* Boston, MA: Allyn & Bacon.

Petty, R. E., & Cacioppo, J. T.(1981). *Attitudes and Persuasion: Classic and contemporary approaches.* Dubuque, IA: Wm. C. Brown.

Piaget, J.(1962). *Play, Dreams and Imitation in Childhood.* Boston, MA: Beacon.

Pieper, J. (1952). *Leisure, the Basis of Culture.* [translated by Alexander Dru : with an introduction by T.S. Eliot. 1999, Indianapolis : Liberty Fund.].

Pine II, B. J., & Gilomore, H. J.(1998). Welcome to the Experience Economy. *Harvard Business Review, 76(4),* 97-105.

Pine II, B. J. & H. J. Gilomore(1999). *The Experience Economy: Work is theatre & every business a stage.* Boston: HBS Press.

Rain, J. S., Lane, I. M., & Steiner, D. D. (1991). A Current Look at the Job Satisfaction/Life Satisfaction Relationship: Review and future considerations. *Human Relations, 44*(3), 287-307.

Rapoport, R. & Rapoport, R. N.(1975). *Leisure and the Family Life Cycle.* London: Routledge and Kegan Paul. p. 4.

Reissman, C., Aron, A., & Bergen, M. R.(1993). Shared Activities and Marital Satisfaction: Causal direction and self-expansion versus boredom. *Journal of Social and Personal Relationships, 10(2)*, 243-254.

Reynolds, T. J., & Guttman, J.(1988). Laddering Theory, Method, Analysis and Interpretation. *Journal of Advertising Research, 28(1)*, 11-31.

Ritchie, H. & Rose, M.(2019). *Alcohol Consumption.* Published online at OurWorldInData.org.['https://ourworldindata.org/alcohol-consumption']

Robertson, T. S., Zielinski, J., & Ward S.(1984). *Consumer Behavior.* IL: Scott, Foresman and Company.

Rojeck, C. (1985). *Capitalism & Leisure Theory.*[김문겸 역(2000). *자본주의와 여가.* 일신사]

Rojeck, C. (1995). *Decentring Leisure : Rethinking leisure theory.* [최석호·이진형 역(2002). *포스트모더니즘과 여가.* 일신사].

Rojeck, C.(2000). *Leisure and Culture.* Palgrave, Basingstoke.

Rojeck, C.(2005). An Outline of the Action Approach to Leisure Studies. *Leisure Studies, 24(1)*, 13-25.

Rokeach, M.(1979). *Understanding Human Values, Individual and Societal.* NY: Free.

Ross, J., & Ashton-Schaeffer, C.(2002). Therapeutic Recreation Practice Models. *In Stumbo, N. (ed.), Professional Issues in Therapeutic Recreation : On competence and outcomes.* Champaign, IL: Sagamore. p.169.

Rosenthal, R. J.(1992). Pathological Gambling. *Psychiatric Annals, 222,* 72-78.

Rotter, J. B.(1966). Generalized Expectancies for Internal versus External Control of Reinforcement. *Psychological Monographs: General and Applied, 80(1),* 1-28.

Ross, F. G.(1998). *The Psychology of Tourism(2nd ed.).* Melbourne, Australia: Hospitality Press.

Russell, B.(1968). *The Conquest of Happiness.* NY: Bantam Books.

Russell, R. V.(1996). *Pastimes: The context of contemporary leisure.* Iowa: Brown & Benchmark.

Ryan, R. M., & Deci, E. L. (2000). Self-Determination Theory and the Facilitation of Intrinsic Motivation, Social Development, and Well-being. *American Psychologist,* 55(1), 68–78.

Ryan, R. M., & Deci, E. L. (2002). Overview of Self-Determination Theory: An organismic-dialectical perspective. In E. L. Deci & R. M. Ryan (Eds.), *Handbook of Self-Determination Research (pp. 3–33).* NY: University of Rochester Press.

Samdahl, D.(1988). A Symbolic Interactionist Model of Leisure : Theory and empirical support. *Leisure Sciences, 10(1),* 27-39.

Schurr, K. T., Ashley, M. A., & Joy, K. L.(1977). A Multivariate Analysis of Male Athlete Characteristics. *Multivariate Experimental Clinical Research, 3(2),* 53-68.

Scott, D. (2012). Serious Leisure and Recreation Specialization: An Uneasy Marriage. *Leisure Sciences, 34(4),* 366-371.

Scott, D., & Shafer, C. S. (2001). Recreational Specialization: A critical look at the construct. *Journal of Leisure Research, 33(3),* 319–343.

Searle, M. S., Mactavish, J., & Brayley, R. E.(1993). Integrating Ceasing Participation with Other Aspects of Leisure Behavior: A replication and extension. *Journal of Leisure Research, 25(4),* 389-404.

Seligman, M. E. P.(1975). *Helplessness : On depression, development, and death.* SF: W. H. Freeman & Co.

Shamir, B.(1992). Some Correlates of Leisure Identity Salience: Three exploratory studies. *Journal of Leisure Research, 24(4),* 301-323.

Shary, J. M., & Iso-Ahola, S. E.(1989). Effects of a Control Relevant Intervention on Nursing Home Residents' Perceived Competence and Self-Esteem. *Therapeutic Recreation Journal, 23(1),* 7-16.

Shaw, S. M.(1992). Dereifying Family Leisure: An examination of woman's and men's everyday experience and perceptions of family time. *Leisure Sciences, 14(4),* 271-286.

Shaw, S. M.(1985). The Meaning of Leisure in Everybody Life. *Leisure Science, 7(1), 1-24.*

Shen, X. S., & Yarnal, C.(2010). Blowing Open the Serious-Casual Leisure Dichotomy : What's in there? *Leisure Sciences,* 32(2), 162–179.

Sherif, M., & Cantril, H.(1947), *The Psychology of Ego-Involvements.* NY: Wiley.

Shivers, J. S.(1981). *Leisure and Recreation Concepts: A critical analysis.* Boston: Allyn & Bacon.

Shivers, J. S., & deLisle, L. J.(1997). *The Story of Leisure.* Champaign, IL: Human Kinetics. p.42.

Skinner, B. F.(1953). *Science and Human.* NY: Macmillan.

Smith, S. L. J.(1990). *Dictionary of Concepts in Recreation and Leisure Studies.* NY: Greenwood Press.

Somers, D. A.(1971). The Leisure Revolution: Recreation in the American City, 1820–1920. *The Journal of Popular Culture,* 1(1), 125-149.

Stebbins, R. A.(1982). Serious Leisure: A conceptual statement. *Pacific Sociological Review, 25(2),* 25-72.

Stebbins, R. A.(1992). *Amateurs, Professionals, and Serious Leisure.* Montreal, QC: McGill-Queen's University.

Stebbins, R. A. (1997). Casual Leisure: A conceptual statement. *Leisure Studies,* 16(1), 17–25.

Stebbins, R. A. (2001b). The Costs and Benefits of Hedonism: Some consequences of taking casual leisure seriously. *Leisure studies,* 20(4), 305-309.

Stebbins, R. A. (2005). Recreational Specialization, Serious Leisure and Complex Leisure Activity. *Leisure Studies Association Newsletter,* 74, 32–35.

Stebbins, R. A. (2007). *Serious Leisure: A perspective for our times.* New Brunswick, NJ: Transaction Publishers.

Tait, M., Padgett, M., & Baldwin, T. (1989). Job and Life Satisfaction: A reevaluation of the strength of the relationship and gender effects as a function of the date of the study. *Journal of Applied Psychology,* 74(3), 502-507.

Tang, S., & Hall, V. C.(1995). The Overjustification Effect: A meta-analysis. *Applied Cognitive Psychology, 9(5),* 365-404.

Taylor, S. E., Peplau, L. A., & Sears, D. O.(1994). *Social Psychology*(8th Ed.,). NJ: Prentice-Hall.

Tinsley, H. E. A., Barrett, T. C., & Kass, R. A.(1977). Leisure Activities and Need Satisfaction. *Journal of Leisure Research, 9(2),* 110-120.

Tinsley, H. E. A., & Tinsley, D. J.(1986). A Theory of the Attributes, Benefits, and Causes of Leisure Experience. *Leisure Sciences, 8(1),* 1-45.

Toneatto, T.(1999). Cognitive Psychopathology of Problem Gambling. *Substance Use and Misuse, 34(11),* 1593-1604.

Tsaur, S-H., & Liang, Y-W. (2008). Serious Leisure and Recreation Specialization. *Leisure Sciences, 30(4),* 325-341.

Tucker, L. A.(1993). Television Viewing and Exercise Habits of 8,885 Adults. *Perceptual and Motor Skills, 77,* 938-939.

Van Andel, G.(1998). TR Service Delivery and TR Outcome Models. *Therapeutic Recreation Journal, 32(3),* 180-193.

Van Evra, J.(1990). *Television and Child Development.* Hillsdale, NJ: Erlbaum.

Van Raaij, W. F., van Veldhoven, G. M., & Warneryd, K. E.(1987). *Handbook of Economic Psychology.* London: Kluwer Academic Publishers.

Veblen, T.(1899). *The Theory of Leisure Class.* NY: B. W. Heubsch.

Wankel, L. M., & Berger, B. G.(1991). The Personal and Social Benefits of Sport and Physical Activity. In B. L. Driver, P. J. Brown and G. L. Peterson(Eds.), *Benefits of Leisure(pp. 121-144).* State College, PA: Venture Publishing.

Weiner, B. (1974, Ed.). *Achievement Motivation and Attribution Theory.* Morristown, NJ: General Learning Press.

Weissinger, E., & Iso-Ahola, S. E.(1984). Intrinsic Leisure Motivation, Personality and Physical Health. *Loisir et Société / Society and Leisure, 7(1),* 217-228.

Wilensky, H. L. (1960). Work, Careers and Social Integration. *International Social Science Journal,* 12(4), 543-560.

Willis, S., Maier, H., & Tosti-Vasey, J.(1993). Correlates of Crossword and Jigsaw Puzzle Playing in the Elderly. *Journal of Gerontology,* 48(4), 12-48.

Winefield, A. H., Tiggemann, M., Winefield, H. R., & Goldney, R. D.(1993). *Growing up with Unemployment: A longitudinal study of its psychological impact.* London, UK: Routledge.

Witt, P. A., & Ellis, G. D.(1984). The Leisure Diagnostic Battery: Measuring perceived freedom in leisure. *Loisir et Société / Society and Leisure, 7(1),* 109-124.

Wu, T., Scott, D., & Yang, C.-C. (2013). Advanced or Addicted?: Exploring the relationship of recreation specialization to flow experiences and online game addiction. *Leisure Sciences, 35*(3), 203-217.

Wu, C., & Shaffer, D. R. (1987). Susceptibility to Persuasive Appeals as a Function of Source Credibility and Prior Experience with the Attitude Object. *Journal of Personality and Social Psychology, 52*(4), 677-688.

Yiannakis, A., & Gibson, H.(1992). Roles Tourists Play. *Annals of Tourism Research*, 19(2), 287-303.

Zaichkowsky, J. L.(1990). Measuring the Involvement Construct. *Journal of Consumer Research,* 12(Dec.), 341-352.

Zuckerman, M.(1979). *Sensation Seeking: Beyond the optimal level of arousal.* Hillsdale, NJ: Lawrence Erlbaum.

Zuzanek, J., & Mannell, R. (1983). Work-Leisure Relationships from a Sociological and Social Psychological Perspective. *Leisure Studies*, 2(3), 327-344.

고동우

제주도 출신이다. 고려대학교 심리학과에서 학부, 석사, 박사를 마쳤다.
미국 코넷티컷 (Connecticut) 대학교에서 박사후연수 과정과 경기대학교 관광개발학과 대학원에서 BK21
박사후연구원을 거쳤다.
2003년부터 대구대학교 호텔관광학과 교수로 재직하고 있다.
저자는 여가관광심리학이라는 새로운 학문영역을 개척하였다. 지자체와 다양한 기관의 자문위원,
그리고 외부 강사로도 활동하였다.
독자적 이론으로 재미진화모형 등을 발표하였고, 약 100여 편의 논문과 저서를 냈다.
재미와 힐링의 메커니즘을 밝히는 데 매진하고 있다.